Vollständige Induktion

Florian André Dalwigk

Vollständige Induktion

Beispiele und Aufgaben bis zum Umfallen

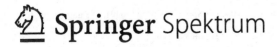

Florian André Dalwig
München, Deutschland

ISBN 978-3-662-58632-7   ISBN 978-3-662-58633-4 (eBook)
https://doi.org/10.1007/978-3-662-58633-4

Die Deutsche Nationalbibliothek verzeichnet diese Publikation in der Deutschen Nationalbibliografie; detaillierte bibliografische Daten sind im Internet über http://dnb.d-nb.de abrufbar.

Springer Spektrum
© Springer-Verlag GmbH Deutschland, ein Teil von Springer Nature 2019

Einbandabbildung: © deblik Berlin
Verantwortlich im Verlag: Iris Ruhmann

Springer Spektrum ist ein Imprint der eingetragenen Gesellschaft Springer-Verlag GmbH, DE und ist ein Teil
von Springer Nature.
Die Anschrift der Gesellschaft ist: Heidelberger Platz 3, 14197 Berlin, Germany

Vorwort

Vollständige Induktion ist eines der ersten (wenn nicht sogar *das* erste) Beweisverfahren, mit denen du in deinem Studium konfrontiert wirst. Dementsprechend kannst du mit an Sicherheit grenzender Wahrscheinlichkeit davon ausgehen, dass du in deiner Klausur eine Aufgabe dazu gestellt bekommen wirst. Als fleißiger Student oder zielstrebige Studentin möchtest du dich selbstverständlich darauf vorbereiten und ziehst dafür üblicherweise deine Vorlesungsmitschriften zurate. Spätestens dann wirst du erkennen, wie wenig Übungsmaterial zur vollständigen Induktion herausgegeben wird. Zudem sind die Lösungsskizzen meistens nur spärlich kommentiert und ermöglichen es kaum, sich ohne fremde Hilfe ausreichend vorzubereiten. Darüber hinaus meint man oft, die Vorgehensweise verstanden zu haben, nur um dann beim eigenständigen Nacharbeiten festzustellen, wie viele Fragen eigentlich noch unbeantwortet sind.

Genau aus diesen Problemen heraus ist die Idee für dieses Buch entstanden. Ich bin seit meinem dritten Semester als Tutor in Mathe-Fächern tätig und weiß auch aus eigener Erfahrung, wo anfangs die Verständnisprobleme beim Nachvollziehen der vollständigen Induktion liegen. Dieses mittlerweile über mehrere Jahre gereifte Wissen möchte ich gerne an dich weitergeben.

Wie ist das Buch aufgebaut?

Direkt im ersten Kapitel („Der studentenfreundliche Einstieg in die vollständige Induktion") bekommst du alle wichtigen Informationen rund um das Beweisverfahren im Schnelldurchlauf an die Hand. Es handelt sich um ein *Last-minute-Angebot*, mit dem du einen leichten Zugang zum Thema finden oder dein bisher erworbenes Wissen festigen kannst. Hier findest du außerdem über 25 Fragen, die ich immer wieder in Tutorien gehört habe, und ein Rezept, mit dem dir jeder Induktionsbeweis gelingt.

Direkt daran schließt die ausführliche Erklärung des Induktionsverfahrens an, die mehr theoretischen Background liefert. Besonders Mathematikstudenten werden dabei auf ihre Kosten kommen. Doch auch wenn du mit Mathe auf dem Kriegsfuß stehst, wirst du hieran deinen Spaß haben. Die Erfahrung hat gezeigt, dass der Begriff der *Unendlichkeit* viele zum Philosophieren einlädt und man darüber einen Zugang zu den spannenden Seiten der

Mathematik findet. Deshalb wird in diesem Kapitel über diesen Weg das Tor zu den Induktionsbeweisen aufgestoßen. Neben spannenden Gedankenmodellen wie „Hilberts Hotel" schaust du hinter die Kulissen der Abbildungstheorie, lernst deinen ersten hebräischen Buchstaben und erhältst eine Antwort auf die „Gretchenfrage der natürlichen Zahlen".

Im dritten Kapitel („Die Klassiker unter den Induktionsbeweisen") werden vier wichtige Sätze aus der Mathematik durch vollständige Induktion bewiesen. Anders als in der Vorlesung bekommst du hierbei jeden einzelnen Schritt ausführlich erklärt und bist nicht gezwungen, in Windeseile die Hieroglyphen deines Profs von der Tafel abzuschreiben. Stattdessen kannst du dich entspannt zurücklehnen und die Argumentation bei einer Tasse Tee auf dich wirken lassen.

Die letzten beiden Kapitel („Die Problemklassen" und „Übungsaufgaben zur vollständigen Induktion") sind der Kern dieses Buchs. In Kap. 4 werden insgesamt fünf verschiedene Problemklassen für Induktionsbeweise vorgestellt: Summenformeln, Produktformeln, Teilbarkeitszusammenhänge, Ungleichungen, allgemeine Ableitungsformeln und Rekursionsformeln. Diese bilden (fast) alle möglichen *Aufgabentypen* zur vollständigen Induktion in Klausuren ab. Für jede Problemklasse wird ein eigenes Beweisrezept formuliert, an dem du dich orientieren kannst. Das ist allerdings optional, da das Rezept aus dem ersten Kapitel bereits ausreicht. In Kap. 5 gibt es für alle Problemklassen eine Vielzahl an Übungsaufgaben für *Einsteiger*, *Fortgeschrittene* und *Profis*. Mit insgesamt über 100 Aufgaben kannst du dich nicht über zu wenig Übungsmaterial beklagen.

Es wurde bewusst auf ein Grundlagenkapitel verzichtet, um den Fokus auf das zu lenken, weshalb du dieses Buch überhaupt liest: die vollständige Induktion. Allerdings werden wichtige Sätze, die für das Verständnis der Lösungen zu den Beweisaufgaben notwendig sind, in dem Problemklassenkapitel angegeben. Um dich auch rechentechnisch nicht im Stich zu lassen, findest du im Anhang eine Formelsammlung, die wichtige Umformungsregeln enthält. Diese werden zur Wahrung der Übersichtlichkeit über Kürzel (z. B. **P2** oder $\Sigma 3$) in den Beweisen referenziert.

Wie arbeite ich mit dem Buch?

So vielseitig wie Induktionsbeweise sein können ist auch meine Zielgruppe aufgestellt. Abhängig davon, mit welcher Intention du dieses Buch liest, empfehle ich dir verschiedene Kapitel:

- **Ich möchte Aufgaben üben** In diesem Fall kannst du direkt in Kap. 5 einsteigen. Wenn dein Prof in den Übungsaufgaben z. B. häufig Summenformeln abfragt, solltest Du den Fokus auf diese Aufgaben legen. Erfahrungsgemäß kommen diese übrigens am häufigsten in Klausuren vor. Außerdem ist es sinnvoll, den zu der jeweiligen Problemklasse zugehörigen Abschnitt in Kap. 4 zu lesen.

- **Morgen ist die Prüfung!** Ruhe bewahren! Egal, ob du nun schon mehrere Stunden Induktionstheorie hinter dir hast oder einen Crashkurs brauchst. In jedem Fall ist Kap. 1 die beste Wahl, um sich ein letztes Mal alles Wichtige ins Gedächtnis zu rufen. Insbesondere die FAQ-Sektion am Ende dieses Kapitels ermöglicht dir eine schnelle und unkomplizierte Erfolgskontrolle. Stelle dir einfach vor, du müsstest einem Laien Antworten auf die Fragen aus den FAQs geben: Würdest du das hinbekommen?
- **Ich möchte die Beweise aus der Vorlesung nachvollziehen** Wenn es um bestimmte Beweise geht, ist Kap. 3 eine gute Wahl. Ergänzend dazu sind die ersten beiden Kapitel lesenswert (Kap. 1, wenn es schnell gehen muss und Kap. 2, wenn du Zeit hast).
- **Ich möchte mehr über Hintergründe der vollständigen Induktion erfahren** Kap. 2 ist deine erste Anlaufstelle.

Für schnelle Antworten auf häufig gestellte Fragen zu einem bestimmten Themengebiet sind die FAQ-Sektionen am Ende ausgewählter Kapitel gedacht. Bevor du dir vorschnell die Lösungen anschaust, solltest du unbedingt ein wenig grübeln und dir den entsprechenden Abschnitt zu deinem Problem in Kap. 4 zu Gemüte führen. Solltest du dann immer noch nicht weiter wissen, kannst du ein wenig spicken. Die Beweise sind optisch so aufbereitet, dass du entsprechende Passagen zuhalten kannst, ohne gleich den gesamten Beweis zu sehen.

Ein Wort des Dankes

Mein Dank gilt . . .

- . . . allen Studenten, die meine Tutorien besucht haben. Ohne sie wäre die Idee für dieses Buch nicht entstanden.
- . . . den Mitarbeitern des Springer-Verlags und dort ganz besonders Frau Iris Ruhmann für die hervorragende Zusammenarbeit während der Schreibphase, das stets schnelle Feedback und die ausgezeichneten inhaltlichen Vorschläge.
- . . . allen interessierten Lesern dieses Buchs, die mir das Vertrauen entgegenbringen, sie indirekt durch ihre Prüfungsvorbereitungsphase begleiten zu dürfen.

Ich wünsche dir viel Spaß beim Lesen, eine effektive Arbeit mit dem Buch und viel Erfolg für deine nächste Mathe-Klausur!

31.10.2018   Florian André Dalwigk

Inhaltsverzeichnis

Der studentenfreundliche Einstieg in die vollständige Induktion

1

Inhaltsverzeichnis

Dieses Kapitel ist ein Schnelldurchgang durch die Welt der Induktionsbeweise und als *Last-minute-Crashkurs* kurz vor der Klausur anzusehen. Vertieft wird diese Thematik in dem folgenden Kap. 2 „Die Theorie hinter der vollständigen Induktion". Auf den nächsten Seiten bekommst du alles Wichtige zu dieser Beweistechnik in komprimierter Form präsentiert.

1.1 Was ist vollständige Induktion?

Während man in der Physik unter *Induktion* die Erzeugung von Spannungen und Strömen durch bewegte Magnetfelder versteht, meint die Mathematik mit *vollständiger Induktion* ein Beweisschema, mit dem man Aussagen beweisen kann. Allerdings nicht irgendwelche Aussagen, sondern solche wie:

- „Für alle natürlichen Zahlen n ist 2^n eine gerade Zahl."
- „Die Summe aller natürlichen Zahlen von 1 bis n kann durch $0{,}5 \cdot n \cdot (n + 1)$ berechnet werden."
- „Für alle natürlichen Zahlen n ab 4 ist 2^n größer als n^2."
- „Für alle natürlichen Zahlen n ab 2 kann die Summe $\sum_{k=1}^{n} 2 \cdot k$ durch $n^2 + n - 2$ berechnet werden."
- „Der Nachfolger einer natürlichen Zahl ist immer größer als sein Vorgänger."

© Springer-Verlag GmbH Deutschland, ein Teil von Springer Nature 2019
F.A. Dalwigk, *Vollständige Induktion*, https://doi.org/10.1007/978-3-662-58633-4_1

Kurzum: Es geht um Aussagen der Form:

- „Für alle natürlichen Zahlen gilt . . . “
- „Für alle natürlichen Zahlen ab m gilt . . . “

Die natürlichen Zahlen $\mathbb{N}$ sind dabei die Menge $\mathbb{N} := \{1, 2, 3, \ldots\}$. $\mathbb{N}_0$ beschreibt alle natürlichen Zahlen inklusive der 0. Um zu signalisieren, dass die natürlichen Zahlen ab einer bestimmten Zahl m gemeint sind, schreibt man $\mathbb{N}_{\geq m} := \{m, m + 1, m + 2, m + 3, \ldots\}$.

1.2   Von Dominoketten und der Unendlichkeit

„Bis zur Unendlichkeit und noch viel weiter“, sagte einst ein Astronaut in einem weltbekannten Animationsfilm Mitte der 1990er-Jahre. Doch was versteht man eigentlich unter dem Begriff *Unendlichkeit*? Einfach ausgedrückt bedeutet *unendlich*, dass etwas *nicht endlich* ist. Im Kontext der vollständigen Induktion findest du die Unendlichkeit bei den Objekten, um die es in dem Beweis geht, nämlich den natürlichen Zahlen. Von ihnen gibt es (abzählbar) unendlich viele. Da deine Lebenszeit begrenzt ist, wirst du nicht alle Fälle durchprobieren können, um z. B. zu zeigen, dass die Summe der ersten n natürlichen Zahlen durch $0,5 \cdot n \cdot (n + 1)$ berechnet werden kann. Sonst müsstest du mit $n = 1, n = 2, n = 3, \ldots, n = 7855, n = 7856$ und unendlich lange so weiter prüfen, ob die Aussage stimmt. Stattdessen verlässt du dich auf das *Domino-Prinzip*. Stoße gedanklich mal den ersten Dominostein einer Dominokette um (Induktionsanfang). Was passiert? Der erste Dominostein n_0 fällt um und stößt den nächsten Stein in der Kette um. Ein beliebiger Stein n in der Dominokette stößt seinen Nachfolger $n + 1$ um. Der $(n + 1)$-te Stein stößt dann wiederum seinen Nachfolger $(n + 2)$ um und immer so weiter. Am Ende werden sie alle fallen. Der Fall eines Steins entspricht im Kontext eines Induktionsbeweises dem Testen der Behauptung für ein n. Wenn also der dritte Dominostein fällt, würde für das Beispiel mit der Summe der ersten n natürlichen Zahlen sichergestellt sein, dass $1 + 2 + 3 = 6$ durch $0,5 \cdot 3 \cdot (3 + 1) = 0,5 \cdot 3 \cdot 4 = 0,5 \cdot 12 = 6$ berechnet werden kann. Das ist eigentlich der Kerngedanke, den du im Hinterkopf behalten solltest, wenn es um die vollständige Induktion geht, denn dieses Bild vermittelt eine Vorstellung dessen, was dieses Beweisverfahren eigentlich leistet. Die gesamte Thematik wird in Kap. 2 vertieft. In Abschn. 1.3 geht es erstmal darum dir zu zeigen, aus welchen Schritten ein Induktionsbeweis besteht und wie du sicherstellen kannst, dass der erste Stein n_0 umfällt und ein Stein n seinen Nachfolger $n + 1$ umstößt.

1.3   Das Induktionsrezept

Immer dann, wenn du in einer Klausur Formulierungen wie „Beweisen Sie, dass die Aussage . . . für alle natürlichen Zahlen ab m gilt“ liest, solltest du deinem Prof einen Lösungsvorschlag mit dem Induktionsrezept kochen. Was brauchst du alles dafür?

1. Einen Induktionsanfang, den du für einen Startwert n_0 zeigst,
2. eine Induktionsvoraussetzung,
3. eine Induktionsbehauptung und
4. einen Induktionsschritt.

Die Reihenfolge der einzelnen Schritte ist dabei entscheidend, da das Ergebnis sonst ungenießbar wird (du würdest die Pizza ja auch nicht schon ohne Belag in den Ofen schieben).

1. **Induktionsanfang** Wenn kein Startwert vorgegeben ist, probierst du es einfach mal mit der 1 und testest, ob $\mathcal{A}(n_0)$ eine wahre Aussage ist. Wenn dem so ist, hast du deinen Startwert für den Induktionsbeweis gefunden.[1] In der Regel ist dieser aber vorgegeben. Falls nicht, ist der Startwert fast immer die 0 (für $\mathbb{N}_0$) oder die 1 (für $\mathbb{N}_0$). Für eine Aussage der Form „Für alle natürlichen Zahlen ab m" ist m der Startwert.

2. **Induktionsvoraussetzung** Die Induktionsvoraussetzung ist (wie der Name bereits vermuten lässt) die Voraussetzung dafür, dass der Induktionsbeweis überhaupt gelingen kann. Du nimmst dabei an, dass die Behauptung für (mindestens) eine natürliche Zahl n gilt. Welche das ist, spielt keine Rolle. Einige Professoren bevorzugen es, wenn du statt der Induktionsvariable n (so nennt man die Variable, die hinter dem „für alle" steht) eine andere Variable (z. B. m) wählst. In dem Übungsbeispiel dieses Kapitels werden beide Herangehensweisen präsentiert. Mit der Induktionsvoraussetzung beschreibst du $\mathcal{A}(n)$ (bzw. $\mathcal{A}(m)$).

3. **Induktionsbehauptung** Während du in der Induktionsvoraussetzung annimmst, dass die Behauptung für eine natürliche Zahl n (bzw. m) gilt, nimmst du in der Induktionsbehauptung an, dass die Aussage $\mathcal{A}(n)$ (bzw. $\mathcal{A}(m)$) auch für den Nachfolger $n + 1$ (bzw. $m + 1$), also $\mathcal{A}(n + 1)$ (bzw. $\mathcal{A}(m + 1)$) gilt. Damit stellst du sicher, dass der nachfolgende Stein $n + 1$ (bzw. $m + 1$) des Steins n (bzw. m) umfällt. Die Induktionsbehauptung lautet also: „Wenn $\mathcal{A}(n)$ (bzw. $\mathcal{A}(m)$) für ein n (bzw. m) gilt, dann gilt sie auch für den Nachfolger $n + 1$ (bzw. $m + 1$)." In Formeln: $\mathcal{A}(n) \implies \mathcal{A}(n + 1)$ (bzw. $\mathcal{A}(m) \implies \mathcal{A}(m + 1)$). Die Induktionsbehauptung ist *nicht*, dass $\mathcal{A}(n)$ für alle natürlichen Zahlen gilt. Das ist die Schlussfolgerung aus dem Induktionsanfang und der Induktionsbehauptung.

4. **Induktionsschritt** Im Induktionsschritt beweist du schlicht und ergreifend die Induktionsbehauptung.

Diese Beschreibung lässt sich in einem kurzen, aber ausdrucksstarken Statement mit hoher mathematischer Schlagkraft zusammenfassen:

$$(\mathcal{A}(n_0) \wedge (\mathcal{A}(n) \implies \mathcal{A}(n + 1))) \implies \forall n \in \mathbb{N} : \mathcal{A}(n)$$

---

[1] Manchmal ist jedoch der erstbeste passende Wert kein geeigneter Startwert, z. B. weil der Nachfolger eine falsche Aussage liefert. Deshalb solltest du nicht nur deinen Startwert n_0, sondern auch den Nachfolger $n_0 + 1$ ausprobieren. Wenn der Startwert vorgegeben ist, erübrigt sich allerdings dieser Schritt und du arbeitest direkt mit diesem.

In Worten ausgedrückt bedeutet das: Wenn die Aussage $\mathcal{A}$ für einen Startwert $n_0 \in \mathbb{N}$ gilt und aus der Gültigkeit der Aussage $\mathcal{A}$ für ein $n \in \mathbb{N}$ folgt, dass $\mathcal{A}$ auch für den Nachfolger $n + 1$ gültig ist, gilt die Behauptung für alle natürlichen Zahlen.

Anhand *des Klassikers* unter den Induktionsbeweisen schlechthin (der *Gauß'schen Summenformel*) bekommst du den Beweis für die Behauptung „Für alle natürlichen Zahlen $n \in \mathbb{N}$ kann die Summe $1 + 2 + .. + n = \sum_{k=1}^{n} k$ durch $0{,}5 \cdot n \cdot (n + 1)$ berechnet werden" vorgekocht. Die Behauptung kannst du mit den Sprachmitteln der Mathematik stark verknappen:

$$\forall n \in \mathbb{N} : \underbrace{\sum_{k=1}^{n} k = 0{,}5 \cdot n \cdot (n + 1)}_{\mathcal{A}(n)}$$

Beweis 1.1 Der Beweis läuft wie folgt ab:

1. **Induktionsanfang** $\mathcal{A}(n_0)$
   Im Induktionsanfang musst du zeigen, dass die Behauptung für einen Startwert n_0 gilt. Da $\mathcal{A}(n)$ für alle natürlichen Zahlen $\mathbb{N}$ gelten soll, ist $n_0 = 1$ der Startwert. Diesen setzt du in beide Seiten von $\mathcal{A}(n)$ ein und prüfst, ob dasselbe Ergebnis herauskommt:
   a) $\sum_{k=1}^{n_0} k = \sum_{k=1}^{1} k = 1$,
   b) $\frac{n_0 \cdot (n_0 + 1)}{2} = \frac{1 \cdot (1 + 1)}{2} = 1 \checkmark$
   Den Test mit dem Nachfolger $n_0 = 2$ musst du hier nicht zusätzlich aufschreiben. Das ist eher für dich gedacht, um zu sehen, ob du den „richtigen" Startwert erwischt hast. Das wird aber im Normalfall erst dann wichtig, wenn du dich eigenständig auf die Suche nach einem geeigneten Startwert begeben sollst. Für den überwiegenden Teil der Aufgaben ist 0 (für $\mathbb{N}_0$) oder 1 bereits die richtige Wahl.

2. **Induktionsvoraussetzung** $\mathcal{A}(n)$
   Die Induktionsvoraussetzung zu formulieren ist überhaupt kein Problem. Schreibe einfach die Behauptung $\mathcal{A}(n)$ ab und setze ein „es existiert (mindestens) eine natürliche Zahl n" in Form von „$\exists n \in \mathbb{N}$" davor:

$$\exists n \in \mathbb{N} : \sum_{k=1}^{n} k = 0{,}5 \cdot n \cdot (n + 1)$$

3. **Induktionsbehauptung** $\mathcal{A}(n + 1)$
   Zum Formulieren der Induktionsbehauptung schreibst du einfach die Induktionsvoraussetzung ohne die Information „es existiert (mindestens) eine natürliche Zahl n" ab und ersetzt jedes n in $\mathcal{A}(n)$ durch $n + 1$:

$$\sum_{k=1}^{n+1} k = 0{,}5 \cdot (n + 1) \cdot ((n + 1) + 1)$$

Es schadet nicht, wenn du zuvor noch erwähnst, dass die Gültigkeit von $\sum_{k=1}^{n} k = 0{,}5 \cdot n \cdot (n+1)$ für ein $n \in \mathbb{N}$ vorausgesetzt wird. Komme bloß nicht auf die Idee, ein $\forall n \in \mathbb{N}$ an die Stelle des $\exists n \in \mathbb{N}$ treten zu lassen! Das ist nämlich gerade das, was aus dem Induktionsanfang und der Induktionsbehauptung folgt. Man kann es nicht oft genug schreiben und sagen: Die Induktionsbehauptung ist die Implikation $\mathcal{A}(n) \implies \mathcal{A}(n+1)$.

4. **Induktionsschluss** $\mathcal{A}(n) \implies \mathcal{A}(n+1)$

   Jetzt kommt der Schritt, für den du die meisten Punkte bekommst. Du musst aus $\mathcal{A}(n)$ (der Induktionsvoraussetzung) folgern, dass $\mathcal{A}(n+1)$ eine wahre Aussage ist. Beginne dafür mit der rechten Seite der Summenformel aus der Induktionsbehauptung:

$$\sum_{k=1}^{n+1} k$$

Wende nun die Regel $\Sigma 3$ mit $f(k) = k$ auf $\sum_{k=1}^{n+1} k$ an, um das Summenzeichen aufzuspalten und die Induktionsvoraussetzung wiederzufinden:

$$= \left(\sum_{k=1}^{n} k \right) + (n+1)$$

Aus der Induktionsvoraussetzung ist bekannt, dass für ein $n \in \mathbb{N}$ die Summenformel $\sum_{k=1}^{n} k = 0{,}5 \cdot n \cdot (n+1)$ gilt. Ersetze den eingeklammerten Teil also durch die rechte Seite der Induktionsvoraussetzung:

$$= (0{,}5 \cdot n \cdot (n+1)) + (n+1)$$
$$= 0{,}5 \cdot n \cdot (n+1) + (n+1)$$

Es ist $1 = 2 \cdot 0{,}5$. Wenn du den zweiten Summanden also mit $2 \cdot 0{,}5$ multiplizierst, änderst du den Wert nicht, kannst aber $0{,}5 \cdot (n+1)$ ausklammern:

$$= 0{,}5 \cdot n \cdot (n+1) + 0{,}5 \cdot 2 \cdot (n+1)$$
$$= 0{,}5 \cdot (n+1) \cdot (n+2)$$
$$= 0{,}5 \cdot (n+1) \cdot ((n+1)+1) \checkmark$$

Und damit bist du schon am Ende des Beweises angekommen, da du unter Zuhilfenahme der Induktionsvoraussetzung schließen konntest, dass die Summenformel nicht nur für n, sondern auch für seinen direkten Nachfolger $n+1$ gilt, d.h., ein (beliebiger) Stein stößt seinen Nachfolger um. Aber warum ist es ausreichend, am Ende $0{,}5 \cdot (n+1) \cdot ((n+1)+1)$ herauszubekommen? Die Antwort ist einfach: $\sum_{k=1}^{n+1} k = 0{,}5 \cdot (n+1) \cdot ((n+1)+1)$ soll eine wahre Aussage sein. Wenn du links anfängst, nur gültige Schlüsse ziehst und rechts wieder rauskommst, handelt es sich um eine wahre Aussage. Da auch der erste Dominostein umfällt (Induktionsanfang), folgt mit dem Prinzip der vollständigen Induktion, dass die Summenformel

$$\sum_{k=1}^{n} k = 0{,}5 \cdot n \cdot (n+1)$$

für alle natürlichen Zahlen gilt.   □

Wie versprochen folgt nun die Beweisvariante, bei der ab der Induktionsvoraussetzung nicht mehr die Induktionsvariable, sondern eine andere Variable $m \in \mathbb{N}$ verwendet wird, um deutlich hervorzuheben, dass nun ein beliebiges m herausgegriffen und das Verhalten für den Nachfolger $m+1$ untersucht wird. Der Beweis wird zwar minimal formuliert, doch er würde dir in einer Klausur trotzdem die volle Punktzahl bescheren:

Beweis 1.2 Es ist wieder zu zeigen, dass die Summenformel $\sum_{k=1}^{n} 0{,}5 \cdot n \cdot (n+1)$ für alle $n \in \mathbb{N}$ gilt.

1. **Induktionsanfang** $\mathcal{A}(n_0)$
   Für den Startwert $n_0 = 1$ gilt:
   a) $\sum_{k=1}^{n_0} k = \sum_{k=1}^{1} k = 1,$
   b) $\frac{n_0 \cdot (n_0+1)}{2} = \frac{1 \cdot (1+1)}{2} = 1 \checkmark$
   An dem Induktionsanfang ändert sich offensichtlich nichts.

2. **Induktionsvoraussetzung** $\mathcal{A}(m)$
   Sei $m \in \mathbb{N}$ beliebig aber fest:

$$\exists m \in \mathbb{N} : \sum_{k=1}^{m} k = 0{,}5 \cdot m \cdot (m+1)$$

3. **Induktionsbehauptung** $\mathcal{A}(m+1)$
   Unter der Voraussetzung, dass die Summe $\sum_{k=1}^{m} k$ für ein $m \in \mathbb{N}$ durch $0{,}5 \cdot m \cdot (m+1)$ berechnet werden kann, folgt für dessen Nachfolger $m+1$:

$$\sum_{k=1}^{m+1} k = 0{,}5 \cdot (m+1) \cdot ((m+1)+1)$$

4. **Induktionsschluss** $\mathcal{A}(m) \implies \mathcal{A}(m+1)$

$$\sum_{k=1}^{m+1} k$$

$$= \left(\sum_{k=1}^{m} k \right) + (m+1)$$

$$= (0,5 \cdot m \cdot (m + 1)) + (m + 1)$$
$$= 0,5 \cdot m \cdot (m + 1) + (m + 1)$$
$$= 0,5 \cdot m \cdot (m + 1) + 0,5 \cdot 2 \cdot (m + 1)$$
$$= 0,5 \cdot (m + 1) \cdot (m + 2)$$
$$= 0,5 \cdot (m + 1) \cdot ((m + 1) + 1) \checkmark \qquad \square$$

Auf Basis des vorangegangenen Beispiels, das in noch ausführlicherer Form in Kap. 2 behandelt wird, und all dem, was du bisher über die vollständige Induktion gelernt hast, kann ein einfaches Rezept formuliert werden, mit dem du zum Drei-Sterne-Mathematiker wirst.

Satz 1.1 (Der Induktionsalgorithmus)
Sei $\mathcal{A}(n)$ eine Aussage über die natürlichen Zahlen $n \in \mathbb{N}_{\geq n_0}$:

1. *Induktionsanfang (Umwerfen des ersten Dominosteins)*
   Prüfe, ob die Aussage $\mathcal{A}(n)$ für den Startwert $n = n_0 \in \mathbb{N}_{\geq n_0}$ erfüllt ist: $\mathcal{A}(n_0)$.
   Liefert $\mathcal{A}(n_0)$ keine wahre Aussage, dann bist du an dieser Stelle bereits fertig und die Behauptung $\forall n \in \mathbb{N}_{\geq n_0} : \mathcal{A}(n)$ ist falsch.
2. *Induktionsvoraussetzung*
   Formuliere die Induktionsvoraussetzung:
   a) formalisiert: $\exists n \in \mathbb{N}_{\geq n_=} : \mathcal{A}(n)$,
   b) verbalisiert: „Die Aussage $\mathcal{A}(n)$ gilt für (mindestens) ein $n \in \mathbb{N}_{\geq n_0}$."
3. *Induktionsbehauptung*
   Formuliere die Induktionsbehauptung. Es ist zu zeigen:
   a) formalisiert: $\mathcal{A}(n) \Longrightarrow \mathcal{A}(n + 1)$,
   b) verbalisiert: „Unter der Voraussetzung, dass die Aussage $\mathcal{A}(n)$ für ein $n \in \mathbb{N}_{\geq n_0}$
   gilt, gilt sie auch für den Nachfolger von n (also $\mathcal{A}(n + 1)$)."
4. *Induktionsschluss (der Nachfolger eines beliebigen Dominosteins fällt um)*
   Beweise die Induktionsbehauptung $\mathcal{A}(n) \Longrightarrow \mathcal{A}(n + 1)$.
5. *Beweisende*
   Schließe den Beweis mit der Beweisbox $\square$.

Dieser Algorithmus liefert eine allgemeine Herangehensweise an Induktionsbeweisaufgaben verschiedener Problemklassen. In Kap. 4 wirst du Verfeinerungen dieses Algorithmus kennenlernen, um schnell zu wissen, was du tun musst. Dies ist deshalb möglich, weil sich viele Beweisschritte immer wieder wiederholen. *Wichtig*: Diese Verfeinerungen sind ein Feature und keinesfalls Grundvoraussetzung für Induktionsbeweise. Es reicht völlig aus, wenn du den Induktionsalgorithmus aus diesem Abschnitt beherrschst!

1.4   FAQ

Startwert 0 (bzw. 1)   Ist der Startwert für die Induktion immer 0 (bzw. 1), oder kann man auch andere Werte verwenden?

▶   Nein, der Startwert ist nicht immer 0 (bzw. 1). Betrachte dazu folgende Ungleichung: $2^n > n + 1$. Für den Startwert $n = 0$ ist $2^0 > 0 + 1 \iff 1 > 1$, was offensichtlich ein Widerspruch ist. Auch für $n = 1$ ist $2^1 > 1 + 1 \iff 2 > 2$ keine wahre Aussage. Erst ab $n = 2$ stimmt die Ungleichung. Es kann folglich verschiedene Startwerte geben.

Unendlich langer Beweis   Die Dominokette ist unendlich lang. Also würde es doch auch unendlich lange dauern, bis sie komplett umgefallen ist. Somit würde der Beweis doch ewig dauern und niemals vollständig sein, oder?

Wie jede Analogie, so hat auch diese ihre Grenzen. Für physikalische Betrachtungen ist die Zeit, die ein Dominostein zum Umfallen benötigt, relevant. In der Mathematik verhält sich das aber anders. Hier ist nur wichtig, *dass* die Dominosteine umfallen und nicht, wie lange sie dafür benötigen. Der Beweis ist abgeschlossen, sobald du die Induktionsbehauptung gezeigt hast, weil du dadurch weißt, dass jeder Dominostein seinen Nachfolger umstoßen wird.

Induktionsanfang weglassen   Brauche ich immer einen Induktionsanfang oder kann ich den auch einfach weglassen. Er ist ohnehin sehr leicht zu zeigen. Warum bekomme ich dafür Punkte?

▶   Ja, der Induktionsanfang ist immer nötig. Man kann sich leicht zu der Aussage „Wenn ich den schwierigen Induktionsschluss zeigen konnte, dann wird der Induktionsanfang schon stimmen" verleiten lassen, was allerdings fatal wäre. Eine Induktion ohne Anfang ist wie eine Dominokette ohne ersten Stein. Solche unvollständigen Beweise kennt man auch unter dem Begriff „unvollständige Induktion". Auch wenn der Induktionsanfang sehr einfach ist, ist er nicht minder wichtig und wird deshalb auch mit Punkten belohnt. Wenn du immer noch nicht überzeugt bist, dann sieh dir im Folgenden an, wie man durch unvollständige Induktion (ohne Induktionsanfang) zeigen kann, dass für alle natürlichen Zahlen 10^n durch 3 teilbar ist:

1. **Induktionsvoraussetzung** $\mathcal{A}(n)$
   10^n ist ohne Rest durch 3 teilbar.
2. **Induktionsbehauptung** $\mathcal{A}(n + 1)$
   10^{n+1} ist ohne Rest durch 3 teilbar.
3. **Induktionsschluss** $\mathcal{A}(n) \implies \mathcal{A}(n + 1)$
   10^{n+1} ist ohne Rest durch 3 teilbar. Wendet man das Potenzgesetz $a^{x+y} = a^x \cdot a^y$ mit $a = 10, x = n$ und $y = 1$ auf (10^{n+1}) an, so ergibt sich: $10 \cdot 10^n$. Nach der Induktionsvoraussetzung ist 10^n ohne Rest durch 3 teilbar. Demzufolge ist auch das Produkt $10 \cdot 10^n$ durch 3 teilbar. $\square$

Die Box am Ende dieses „Beweises" steht dort wahrlich unverdient. Der Beweis ist nämlich *unvollständig*, da man keinen Startwert $n \in \mathbb{N}$ finden kann, für den die Zehnerpotenz 10^n ohne Rest durch 3 teilbar ist! Merke dir also: **Eine Induktion ohne Anfang ist keine gute Idee!**

Induktion nur für natürliche Zahlen? Kann man mit vollständiger Induktion nur Aussagen über die natürlichen Zahlen beweisen?

▶ Nein. Die vollständige Induktion kann auch auf Eigenschaften von Objekten (Strukturen, Zahlen, Mengen, . . .), die man mit den natürlichen Zahlen abzählen kann, angewendet werden. Ein gutes Beispiel ist der Beweis des Schubfachprinzips. Beachte aber, dass es sich hierbei um *abzählbar unendlich viele* (Definition 2.8) Objekte handelt.

Induktionsschritt oder Induktionsschluss? Mein Prof sagt immer *Induktionsschritt* statt Induktionsschluss. Was ist denn richtig?

▶ Beides ist richtig. Dein Prof meint mit „Induktionsschritt" die Kombination aus Induktionsbehauptung und Induktionsschluss.

Wann verwende ich vollständige Induktion? Wie kann ich erkennen, ob ich eine Aussage mit vollständiger Induktion oder einem anderen Verfahren beweisen soll?

▶ In Klausuren ist meistens angegeben, wann man die vollständige Induktion verwenden soll. Taucht in der Behauptung ein Summen- oder Produktzeichen auf, so ist dies ebenfalls ein guter Indikator. Ansonsten kann man die Objekte (Strukturen, Zahlen, Mengen, . . .) auf Eigenschaften untersuchen, die man mit den natürlichen Zahlen abzählen kann. Ein gutes Beispiel ist der Beweis des Schubfachprinzips.

Warum fällt jeder Dominostein um? Woher weiß ich, dass jeder nachfolgende Dominostein umfällt, wenn ich das für einen beliebigen Stein zeige? Es könnte ja sein, dass diese nicht gleich weit entfernt voneinander stehen.

▶ Auch hier versagt die Domino-Analogie. Im Gegensatz zu realen Objekten gelten die Gesetze der Physik nicht für Zahlen. Der Abstand zweier aufeinanderfolgender natürlichen Zahlen ist exakt 1. Es gibt auch keine weiteren Faktoren (wie z. B. ein Luftstoß oder eine unebene Oberfläche), die Einfluss auf ihre Eigenschaften haben. Dass es aus mathematischer Sicht hiervon keine Ausnahmen gibt, wird in der Frage „Gibt es Ausnahmefälle ‚in der Mitte'?" ausführlich beantwortet.

Gibt es Ausnahmefälle „in der Mitte"? Angenommen ich habe eine Behauptung mit vollständiger Induktion bewiesen. Kann es passieren, dass es „in der Mitte" (also z. B. nach den ersten 1000 natürlichen Zahlen) einen Fall gibt, für den die Behauptung doch nicht mehr gilt?

▶ Nein. Mit dem Induktionsschluss hast du bereits gezeigt, dass ein beliebig herausgegriffener Dominostein aus der Kette seinen Nachfolger umstößt, sobald er selbst umgestoßen wurde. Mit dem Induktionsanfang hast du den ersten Stein umgestoßen, wodurch gerade wegen des Induktionsschlusses ab hier dann jeder weitere fällt.

Induktionsschritt/-schluss weglassen Ich finde den Induktionsschritt/-schluss immer sehr schwer zu lösen. Kann man den auch weglassen, und was würde dann passieren?

▶ Nein, man kann den Induktionsschritt/-schluss nicht einfach weglassen! Was würde passieren? Nun, du würdest erstens nur ein bis zwei Punkte für den Induktionsanfang bekommen und zweitens in deinem Beweis keine wirkliche Aussage treffen, denn „2 ist ohne Rest durch 2 teilbar und somit eine gerade Zahl" sagt z. B. nichts darüber aus, ob das für die anderen natürlichen Zahlen auch gilt. Bildlich gesprochen würde ein umgefallener Dominostein seinen Nachfolger nicht mitreißen. Merke dir also: **Eine Induktion ohne Schluss ist keine gute Idee!**

Unterschied Behauptung und Induktionsvoraussetzung Nehme ich in der Induktionsvoraussetzung nicht genau das an, was ich eigentlich zeigen will?

▶ Nein. Es gibt einen gravierenden Unterschied zwischen dem, was die Behauptung aussagt, und der Induktionsvoraussetzung: Die Behauptung gilt *für alle natürlichen Zahlen* (ab dem Startwert n_0), wohingegen in der Induktionsvoraussetzung angenommen wird, dass die behauptete Aussage *für (mindestens) eine* natürliche Zahl gilt. Dies spiegelt sich auch in der verwendeten Symbolik wider:

- Behauptung: $\overset{\forall}{\underset{\uparrow}{}} n \in \mathbb{N} : \mathcal{A}(n)$,
- Induktionsvoraussetzung: $\overset{\exists}{\underset{\uparrow}{}} n \in \mathbb{N} : \mathcal{A}(n)$.

Was genau ist die Induktionsbehauptung? Wo genau verbirgt sich in dem Formalismus

$$(\mathcal{A}(n_0) \wedge (\mathcal{A}(n) \implies \mathcal{A}(n+1))) \implies \forall n \in \mathbb{N} : \mathcal{A}(n)$$

die Induktionsbehauptung?

▶ Die Induktionsbehauptung ist die Implikation (Schlussfolgerung) $\mathcal{A}(n) \implies \mathcal{A}(n+1)$. *Wichtig*: Die Induktionsbehauptung ist *nicht* $\forall n \in \mathbb{N} : \mathcal{A}(n)$. Das ist die Schlussfolgerung aus dem Induktionsanfang und der Induktionsbehauptung.

q.e.d. vergessen Ist es schlimm, wenn ich das *q.e.d* (oder die Beweisbox □) am Ende meines Beweises vergesse?

▶ Nein. Im Regelfall gibt es dafür auch keinen Punktabzug in Klausuren. Bei wissenschaftlichen Arbeiten gehört es aber zum „guten Stil" das Ende eines Beweises zu kennzeichnen. Dafür bietet sich neben dem *q.e.d.* auch die Beweisbox □ an.

Induktionsvoraussetzung oder Induktionsbehauptung einsetzen? Wird beim Beweis mit vollständiger Induktion (z. B. bei Summenformeln) die Induktionsvoraussetzung oder die Induktionsbehauptung verwendet, um die Implikation $\mathbb{A}(n) \implies \mathcal{A}(n+1)$ im Induktionsschluss zu zeigen?

▶ $\mathbb{A}(n) \implies \mathcal{A}(n+1)$ ist bereits die Induktionsbehauptung. Du musst die Induktionsvoraussetzung ($\exists n \in \mathbb{N} : \mathcal{A}(n)$) im Laufe deines Beweises der Induktionsbehauptung im Induktionsschritt einsetzen.

Beweis ohne Anwendung der Induktionsvoraussetzung? Kann es passieren, dass man bei einem Induktionsbeweis ohne Anwendung der Induktionsvoraussetzung auskommt?

▶ Wenn du während deines gesamten Beweises nirgendwo die Induktionsvoraussetzung anwenden musst, machst du irgendetwas falsch.

Induktionsbeweis in drei Schritten Wir haben in der Vorlesung einen Induktionsbeweis in drei Schritten (Induktionsanfang, Induktionsvoraussetzung und Induktionsschluss durchgeführt). Welche Variante (die in dem Buch oder die aus der Vorlesung) stimmt denn nun?

▶ Beide. Die Variante in diesem Buch unterscheidet noch einmal explizit zwischen der Induktionsvoraussetzung und der Induktionsbehauptung. In deiner Beweisvariante hast du vermutlich einen Satz der Form „sei *n* beliebig, aber fest" gefolgt von der Behauptung gelesen. Das ist die Voraussetzung, die in diesem Buch um die Induktionsbehauptung (also dass die Behauptung nicht nur für das beliebige, aber fest gewählte *n*, sondern auch für dessen Nachfolger *n* + 1 gilt) ergänzt wird.

Induktion mit Obergrenze Ich möchte beweisen, dass eine Behauptung von 1 bis 100 gilt. Kann ich dafür die vollständige Induktion nutzen?

▶ Da du eine begrenzte Menge an zu überprüfenden Fällen hast, ist eine Verifikation auch über ein Computerprogramm möglich. Immerhin müssen „nur" 100 Fälle ausprobiert werden. Für den Nachweis per Hand empfiehlt sich jedoch eine andere Strategie. Du könntest z B. versuchen zu zeigen, dass *n* + 1 aus *n* folgt, wenn $n \leq 100$ ist. Allerdings besteht der große Vorteil der vollständigen Induktion gerade darin, dass man dadurch unendlich viele Fälle abdecken kann, was hier gar nicht nötig ist. Versuche es daher in solch einem Fall mit einem anderen (direkten oder indirekten Beweisansatz.

Beweisschritte ausschreiben Ist es nicht etwas übertrieben, Aussagen wie $\frac{1+1}{2} = \frac{2}{2} = 1$ auszuschreiben? Der Prof sieht doch, was gemeint ist.

▶ Ein Beweis sollte (im Optimalfall) für jeden nachvollziehbar sein. Um dieses Ziel zu erreichen, bedarf es einer detaillierten Beschreibung der vollzogenen Gedankengänge. Man kann sich natürlich darüber streiten, ob der Zwischenschritt $\frac{2}{2}$ hier nötig ist. Allerdings stellt sich dann wiederum die Frage, wo man die Grenze zieht. Ist z. B. die Umformung von $\frac{(n+1)\cdot(2n^2+n+6n+6)}{6}$ zu $\frac{(n+1)(n+2)(n+3)}{6}$ ohne die Angabe von Zwischenschritten direkt ersichtlich? Im Zweifelsfall gilt: je detaillierter, desto besser.

Unterschied Deduktion und Induktion Was unterscheidet die Deduktion von der Induktion?

▶ Unter einer Deduktion (lat. deductio: weiterführen) versteht man eine logische Schlussfolgerung, die vom Allgemeinen zum Speziellen führt. Es werden also aus Voraussetzungen (Prämissen) logisch notwendige Konsequenzen (Schlussfolgerungen) gezogen. Bei der Induktion hingegen handelt es sich um ein abstrahierendes Schlussverfahren, bei dem man eine Menge von Einzelfällen betrachtet und darauf aufbauend auf allgemeine Gesetzmäßigkeiten schließt. Man kann z. B. beobachten, dass $1 + 3 = 4$, $1 + 3 + 5 = 9$, $1 + 3 + 5 + 7 = 16$ und $1 + 3 + 5 + 7 + 9 = 25$ ist. Aus diesen Einzelfällen schließt man auf eine allgemeingültige Regel, nämlich dass die Summe der ersten n ungeraden Zahlen n^2 ist. Um zu beweisen, dass diese Regel tatsächlich stimmt, verwendet man dann die vollständige Induktion.

Ich komme nicht auf das Ergebnis Ich habe im Induktionsschritt versucht, so lange umzuformen, bis das richtige Ergebnis herauskommt. Der Ausdruck, den ich erhalte, lässt sich aber nicht in die Form bringen, obwohl ich sehr viel probiert habe. Heißt das, dass die Formel nicht stimmt? Soll ich dann schreiben „mit dem Prinzip der vollständigen Induktion folgt, dass die Behauptung nicht stimmt"?

▶ Du solltest nicht schreiben, dass die Behauptung nicht stimmt (und schon gar nicht, dass du das durch vollständige Induktion gezeigt hast)! Du könntest dich auch einfach verrechnet haben. Außerdem sind Argumente der Form „ich habe versucht umzuformen, komme aber nicht auf das Ergebnis" auf derselben Stufe wie „ich finde kein Gegenbeispiel" und somit nicht tragbar! Sollte die Behauptung tatsächlich nicht stimmen (und der Prof dir eine Falle gestellt haben), versuchst du einen Widerspruch zu erzeugen, indem du eine Gleichheit der „beiden Seiten" im Induktionsschluss annimmst und nach nachvollziehbar dokumentierten sowie legitimen mathematischen Umformungen eine falsche Aussage (z. B. $1 = 0$) herleitest.

Startwert finden Woher weiß ich, welcher Startwert für die Behauptung verwendet werden muss, wenn er nicht gegeben ist?

▶ Den Startwert bekommt man durch Ausprobieren heraus. Man startet sinnvollerweise bei $n = 0$ und wählt, falls n nach dem Einsetzen in die Behauptung einen Widerspruch produziert, die nächstgrößere natürliche Zahl.

Behauptungen anders beweisen Kann man eine Behauptung, die mit vollständiger Induktion bewiesen werden soll, auch anders zeigen?

▶ Auch wenn sich die vollständige Induktion in vielen Bereichen der Mathematik als Standardbeweisform etabliert hat (insbesondere bei Summenformeln), kann man diesen Weg durchaus verlassen und eine andere Beweisargumentation ansetzen (wie z. B. direkte oder indirekte Beweise). Häufig sind diese Alternativmöglichkeiten aber umständlicher und schwerer nachzuvollziehen, da man bei einem Induktionsbeweis ein vorgegebenes Schema verwenden kann und nicht „mathematisch kreativ" werden muss. Steht in einer Klausuraufgabe jedoch „Beweisen Sie durch vollständige Induktion, dass . . . ", dann sollte man den Anweisungen auch Folge leisten, wenn man an Punkten für seine Arbeit interessiert ist.

Bezug zur Realität Wieso brauche ich vollständige Induktion überhaupt? Kann man das praktisch anwenden?

▶ Es gibt sogar sehr viele Anwendungen dafür. Der offensichtlichste Bezug zur Realität ist die Tatsache, dass es in fast allen Mathematikklausuren des ersten Semesters mindestens eine Aufgabe dazu gibt. Auch in der Programmierung können Formeln, von denen man aufgrund eines mathematischen Beweises weiß, dass sie für keine natürliche Zahl zu Fehlern führen (in dieser Hinsicht also fail-safe ist), für einen erheblichen performance boost sorgen. Ein gutes Beispiel dafür ist die Gauß'sche Summenformel.

Listing 1.1 Implementierung der Gaußschen Summenformel im Vergleich

```java
// Summe der Zahlen von 1 bis n.
public int sumOneToN(int n) {
  int sum = 0;
  // n Iterationen
  for (int i = 1; i <= n; i++) {
    sum += i;
  }
  return sum;
}


// Berechnung mit Gauss'scher Summenformel.
public int gaussFormula(int n) {
  return (n * (n + 1)) / 2;
}
```

Man schärft zudem durch das Verstehen, Anwenden und Formulieren von mathematischen Beweisen seine Argumentationsfähigkeiten, was einem viele Vorteile im Alltag verschaffen kann.

Reihenkonvergenz mit Induktion zeigen Kann man mit vollständiger Induktion zeigen, dass eine Reihe konvergent oder divergent ist? In der Vorlesung hatten wir z. B. bewiesen, dass

$$\sum_{k=0}^{n} q^k = \frac{1 - q^{n+1}}{1 - q}$$

ist. Brauche ich dann überhaupt noch die Grenzwertbetrachtung?

▶ Es ist zwar richtig, dass du den Zusammenhang

$$\sum_{k=0}^{n} q^k = \frac{1 - q^{n+1}}{1 - q}$$

mit vollständiger Induktion beweisen kannst, doch eine Aussage über den Grenzwert triffst du dadurch noch lange nicht! Dies Untersuchung muss separat durchgeführt werden. Für den Aufbau eines IKEA-Regals reicht schließlich auch nicht nur ein Hammer. Hierfür werden viele (verschiedene) Werkzeuge benötigt. Auch wenn du den Zusammenhang „für alle natürlichen Zahlen" (also abzählbar unendlich viele) gezeigt hast, ist damit noch kein Grenzwert bestimmt. Zudem müssen weitere Informationen über q bekannt sein. Ist $|q| < 1$, $|q| > 1$ oder gar $|q| = 1$? Trotzdem kann man nicht alle Aspekte dieser Frage pauschal verneinen, denn es ist sehr wohl möglich, die vollständige Induktion als Argumentation für oder gegen die Konvergenz einer Reihe einzusetzen. Betrachte hierzu die Reihe

$$\sum_{k=1}^{\infty} \frac{n!}{n^n}.$$

Um zu zeigen, dass diese Reihe konvergent ist, kann man die vollständige Induktion einsetzen (aber das allein reicht eben nicht). Um z. B. über das Majorantenkriterium argumentieren zu können, kannst du als Vorbereitung mit vollständiger Induktion zeigen, dass $\frac{n!}{n^n} \leq \frac{1}{n^2}$ für alle $n \in \mathbb{N}_{\geq 5}$ ist. Der Werkzeuganalogie folgend reicht aber der Hammer (vollständige Induktion) nicht aus! Es wird mindestens noch ein Schraubenzieher (Majorantenkriterium) benötigt, um ein akzeptables Ergebnis zu erhalten.

Induktion für reelle Zahlen Kann man für die vollständige Induktion auch die reellen Zahlen verwenden?

▶ Nein. Der Beweisgedanke scheitert bereits an der Frage, was der Nachfolger einer reellen Zahl ist. Bei der vollständigen Induktion gehst du von einer Aussage $\mathcal{A}(n)$ aus und zeigst, dass sie auch für $\mathcal{A}(n+1)$ gilt. So kannst du abzählbar unendlich (Definition 2.8) viele Teilaussagen beweisen. Wie du aber weißt, gibt es überabzählbar unendlich viele reelle Zahlen. Das Prinzip der vollständigen Induktion lässt sich jedoch erweitern, was dann schrittweise z. B. zur *transfiniten Induktion* (Ohlbach und Eisinger, 2017) führt.

Nachfolger des Startwerts testen Ist der Test, ob die Behauptung auch für den Nachfolger $n_0 + 1$ des Startwerts n_0 funktioniert, Teil eines Induktionsbeweises?

▶ Nein. Du prüfst, ob für den Startwert eine wahre Aussage herauskommt. Der Beweis der Induktionsbehauptung („Gilt die Behauptung für ein n, so gilt sie auch für $n + 1$") impliziert bereits, dass der n_0-te Dominostein den $(n_0 + 1)$-ten Dominostein umwirft. Wenn du dich auf die Suche nach einem geeigneten Startwert begibst (und dieser nicht vorgegeben ist), solltest du zwar prüfen, ob für deinen vermuteten Startwert n_0 auch der direkte Nachfolger die Behauptung erfüllt, doch dies ist nicht Teil des Induktionsbeweises. Die Ungleichung $2^n > n^2$ ist ein schönes Beispiel dafür, wie die Glaubwürdigkeit eines scheinbar geeigneten Startwerts ($n_0 = 1$) durch seinen Nachfolger ($n_0 + 1 = 2$) konterkariert wird.

Teilaussagen Was ist, wenn bestimmte Teilaussagen (z. B. $\mathcal{A}(0)$ und $\mathcal{A}(1)$) wahr sind und der Induktionsbeweis erst ab einem Wert $n \geq 5$ „lückenlos" funktioniert?

▶ Es spricht nichts dagegen, diese Teilaussagen gleich mit zu verifizieren. Wenn du dich auf die Suche eines geeigneten Startwerts begibst, zeigst du (sofern du deine Überlegungen sauber notierst) ohnehin, welche der Teilaussagen wahr sind und welche nicht. Ein gutes Beispiel ist die Ungleichung $2^n > n^2$, die für alle natürlichen Zahlen $n \geq 5$ gilt. Für $n = 0$ und $n = 1$ ist sie allerdings ebenfalls wahr, doch für $n = 2$, $n = 3$ und $n = 4$ nicht:

- $n = 0$: $2^n = 2^0 = 1 > 0 = 0^2 = n^2 \checkmark$,
- $n = 1$: $2^n = 2^1 = 2 > 1 = 1^2 = n^2 \checkmark$,
- $n = 2$: $2^n = 2^2 = 4 > 4 = 2^2 = n^2 \perp$,
- $n = 3$: $2^n = 2^3 = 8 > 9 = 3^2 = n^2 \perp$,
- $n = 4$: $2^n = 2^4 = 16 > 16 = 4^2 = n^2 \perp$.

Erst ab $n = 5$ ist die Ungleichung wieder erfüllt.

Aussage umformulieren Kann ich eine Aussage, die mit vollständiger Induktion bewiesen werden soll, für den Beweis umformulieren?

▶ Ja. Solange diese beiden Aussagen äquivalent sind, ist das erlaubt (und oft auch nötig). Bei den Aufgaben der Problemklasse *Teilbarkeitszusammenhänge* (Abschn. 5.3) wird das häufig gemacht. Die Aussage, dass $8^n - 1$ für alle $n \in \mathbb{N}_0$ ohne Rest durch 7 teilbar ist (Aufgabe 5.37), ist genau dann wahr, wenn $\frac{8^n-1}{7}$ für alle $n \in \mathbb{N}_0$ eine ganze Zahl ist. Die beiden Aussagen

- $\forall n \in \mathbb{N}_0 : 7 \mid 8^n - 1$,
- $\forall n \in \mathbb{N}_0 : \frac{8^n-1}{7} \in \mathbb{Z}$

sind äquivalent. Wenn du keine Umformulierungen vornehmen dürftest, wäre ein formal sauberer Beweis oft sehr viel schwieriger als eigentlich nötig.

Die Theorie hinter der vollständigen Induktion

2

Inhaltsverzeichnis

Warnung: Dieses Kapitel ist für Eilige aufgrund seiner Länge und Tiefe nicht geeignet! Wenn du also morgen die Klausur schreibst und der Prokrastination geschuldet jetzt erst mit dem Lernen beginnst, solltest du den weitaus kürzeren Weg des „Studentenfreundlichen Einstiegs" (Kap. 1) wählen. Wenn der Klausurtermin allerdings noch in ferner Zukunft liegt oder du einfach tiefer in das Thema vollständige Induktion eintauchen willst, ist dieses Kapitel ein absolutes Muss! Neben dem Induktionsalgorithmus und *dem* „Klassiker" unter den Induktionsbeweisen, lernst du in diesem Kapitel, woher das Induktionsprinzip stammt und auf welchen mathematischen Axiomen es beruht. Doch damit nicht genug: Gleich zu Beginn tauchst du ein in die faszinierende Welt der Unendlichkeit – ein Begriff, um den sich viele Mythen ranken, die dringend einer Klärung bedürfen. Der Unendlichkeitsbegriff lädt nicht nur zu fachlich, sondern auch philosophisch spannenden Fragestellungen ein.

2.1 Hilberts Hotel

Dieser Abschnitt beginnt mit einer wichtigen Erkenntnis, die du auf jeden Fall verinnerlichen musst: *Unendlich ist keine Zahl!* Auch wenn diese Annahme oftmals mühsame mathematische Argumentationsarbeit einsparen würde, führt sie zu falschen Ergebnissen (oder zu zufällig richtigen Ergebnissen, deren Argumentation jedoch nicht zu gebrauchen

© Springer-Verlag GmbH Deutschland, ein Teil von Springer Nature 2019
F.A. Dalwigk, *Vollständige Induktion*, https://doi.org/10.1007/978-3-662-58633-4_2

ist). Dass unendlich keine Zahl ist, bedeutet auch, dass man damit nicht wie mit Zahlen rechnen darf. Beliebte *Fehler* in Klausuren sind Annahmen wie:

- $\infty - \infty = 0$ (Das ist falsch!),
- $\frac{\infty}{\infty} = 1$ (Nimm das niemals an!),
- $\infty^0 = 1$ (Das stimmt nicht!),
- $1^\infty = 1$ (Das gibt definitiv Punktabzug in Klausuren!),
- $\infty \cdot 0 = 0$ (Auch das ist ein falscher Freund!).

Gib dich niemals mit diesen „falschen Freunden" ab. Die Ausdrücke „$\infty - \infty$", „$\frac{\infty}{\infty}$", „∞^0", „1^∞" und „$\infty \cdot 0$" sind nicht definiert! Auch wenn das Symbol ∞ nichts anderes als eine um 90° gedrehte 8 ist, macht es die Unendlichkeit noch lange nicht zur Zahl! Doch wie kann man sich die Unendlichkeit überhaupt vorstellen?

Der deutsche Mathematiker *David Hilbert* hat ein anschauliches Modell zur Einführung des Begriffs der Unendlichkeit entwickelt, das auch unter dem Namen „Hilberts Hotel" bekannt ist (Casiro, 2005). Stell dir vor, du reist ins Ausland und hast vor lauter Vorfreude vergessen, ein Hotel zu buchen. Unglücklicherweise ist gerade Hochsaison und alle Hotels in der Nähe des Strands sind bereits ausgebucht, sodass du auf die Hotels am Stadtrand ausweichen musst. Allerdings fällt dir am Zielflughafen ein Reklameschild auf: „Hotel Hilbert: Unendlich viele Zimmer – Das ganze Jahr über!". Passenderweise ist das „Hotel Hilbert" nur fünf Minuten Fußmarsch vom Strand entfernt. Erleichtert machst du dich auf den Weg und bittest nach deiner Ankunft einen freundlich lächelnden Portier um ein Zimmer. Nebenbei fragst du, ob das Werbeversprechen ernst gemeint sei, woraufhin der Portier antwortet: „Ja. Wir haben in der Tat unendlich viele Zimmer mit den Zimmernummern 1, 2, 3, 4 und bis ins Unendliche so weiter. Doch leider sind wir bereits völlig ausgebucht." Ungläubig entgegnest du: „Sie sagten doch gerade, dass Sie unendlich viele Zimmer haben. Wie können Sie dann ausgebucht sein?" Der Portier antwortet: „Wir haben derzeit unendlich viele Gäste. Aber kein Problem. In jedem der Zimmer befindet sich ein Lautsprecher, über den ich den Gästen Anweisungen erteilen kann." In diesem Moment drückt der Portier auf einen Knopf am Tresen und spricht folgende Worte in ein Mikrofon: „Liebe Hotelgäste. Es ist wieder Zeit für einen Zimmerwechsel. Bitte addieren Sie 1 zu Ihrer aktuellen Zimmernummer und gehen Sie in dieses Zimmer. Vielen Dank!" Du hörst aufgehende Türen, Schritte und das Geräusch von einfallenden Schlössern. In dieser Zeitspanne hat jeder Gast das Zimmer mit der Nummer n verlassen und ist in das Zimmer mit der Nummer $n + 1$ gewechselt. Der Portier lächelt dich freundlich an und sagt: „So, das Zimmer mit der Nummer 1 ist nun für Sie frei!" Du bedankst dich freundlich und beziehst, noch immer irritiert von dem dir gerade gebotenen Schauspiel, dein Zimmer. Welche mathematische Erkenntnis kann hieraus gewonnen werden?

$$\infty + 1 = \infty$$

In ein Hotel mit unendlich vielen Zimmern passt immer noch ein weiterer Gast rein! Wenn ∞ eine natürliche Zahl wäre, so würde die obige Gleichung einen Widerspruch darstellen, denn dann könnte man ∞ auf beiden Seiten der Gleichung abziehen und erhielte die Aussage $1 = 0$, was offensichtlich falsch ist. Demnach ist $|\mathbb{N}| = \infty$, doch $\infty \notin \mathbb{N}$, weil ∞ keine natürliche Zahl ist!

Selbst wenn du ein Fan von *Douglas Adams* bist und lieber das Zimmer mit der Nummer 42 beziehen möchtest, würde das kein Problem darstellen. Der Portier müsste lediglich alle Gäste ab Zimmernummer 42 dazu auffordern, in das Zimmer mit der darauffolgenden Nummer $n + 1$ zu wechseln. Die Gäste in den Zimmern 1 bis 41 könnten dort bleiben. Dieses Modell ist für den Anfang etwas gewöhnungsbedürftig. Drei Fragen tauchen dabei immer wieder auf:

Volles Hotel mit unendlich vielen Zimmern Das Hotel mitunendlichen vielen Zimmern hat bereits unendlich viele Gäste und ist demnach schon voll. Wie kann trotzdem ein weiterer Gast in dem Hotel Platz finden?

▶ Löse dich von den Eigenschaften endlicher Mengen und Zahlen. Man kann nicht bis unendlich zählen! Es gibt selbst im Hotel Hilbert kein Zimmer mit der Nummer ∞ und auch keinen unendlichsten Gast. Ein Hotel mit unendlich vielen Zimmern kann also niemals voll sein, denn sonst hätte es nur endlich viele Zimmer. Auch wenn der Portier sagt, dass bereits unendlich viele Gäste in dem Hotel untergekommen sind, kann für immer noch einem weiteren Gast Platz gemacht werden.

Effizienteres Vorgehen Könnte man nicht einfach dem letzten Gast im vollbesetzten Hotel Hilbert sagen, dass er ein Zimmer weiterrücken soll? Somit müssten weniger Hotelgäste ihren Platz räumen.

▶ Auch hier wird wieder fälschlicherweise angenommen, dass es einen unendlichsten Gast gibt. Es gibt keinen „letzten Gast", den man ein Zimmer weiterschicken kann, da die Hotelzimmer bis ins Unendliche fortgesetzt werden.

Unendlich lange Wartezeit Würde es nicht unendlich lange dauern, bis ein Zimmer frei wird?

▶ Die Zeit spielt hierbei keine Rolle. Es handelt sich lediglich um ein Modell zur Veranschaulichung des Unendlichkeitsbegriffs. Man kann dieses Problem jedoch lösen, indem man (wie zuvor beschrieben) davon ausgeht, dass alle Hotelgäste die Aufforderung zum Zimmerwechsel gleichzeitig hören. Auf diese Weise erfolgen alle Neubezüge parallel statt sequenziell.

Wenn das Hotel Hilbert immer noch einen weiteren Gast mit der Methode des Portiers aufnehmen kann, könnte man doch theoretisch unendlich viele weitere Gäste aufnehmen. Auch darauf gibt das Modell eine Antwort. Stelle dir vor, du hast die Reise als Teil einer Reisegruppe geplant, die unendlich viele Teilnehmer hat. Finden alle Reisenden Platz im Hotel Hilbert oder muss (mindestens) einer unter dem Himmelszelt schlafen? Viele antworten auf diese Frage mit „Nein" und argumentieren, dass man (wie bei dem vorangegangenen Verfahren zur Freigabe von Zimmer 1) lediglich jeden Gast auffordern müsse, unendlich viele Zimmer weiterzugehen. Wie du mittlerweile aber weißt, gibt es keinen „unendlichsten Gast" und auch kein Zimmer mit der Nummer ∞. Demnach existieren auch die Zimmernummern $\infty + 1$, $\infty + 2$, $\infty + 3$ usw. nicht. Der Trick besteht darin, jeden Gast dazu aufzufordern, seine aktuelle Zimmernummer zu verdoppeln (mit 2 zu multiplizieren) und in dieses Zimmer zu wechseln (also von Zimmer n in das Zimmer mit der Nummer $2n$). Als Ergebnis sind nur noch alle Zimmer mit einer geraden (d. h. ohne Rest durch 2 teilbaren) Zimmernummer belegt. Die Teilnehmer der unendlich großen Reisegruppe können nun in den Zimmern mit ungerader Nummer untergebracht werden. Interessant ist an dieser Stelle, dass in „einer Unendlichkeit" scheinbar „zwei Unendlichkeiten" enthalten sind. Es gibt nämlich unendlich viele gerade und gleichzeitig unendlich viele ungerade natürliche Zahlen, was zu der Erkenntnis

$$\infty + \infty = \infty$$

führt. Man kann statt mit geraden auch mit ungeraden Zimmernummern argumentieren, da es hiervon ebenfalls unendlich viele gibt. Jeder Gast muss dazu von dem Zimmer n in das Zimmer $2n + 1$ wechseln.

Nachdem die gesamte Reisegruppe im Hotel Hilbert untergebracht worden ist, fahren unendlich viele Reisebusse vor, die jeweils unendlich viele Insassen haben. Selbstverständlich wollen alle im Hotel Hilbert einchecken. Die Frage ist nun: Kann Hotel Hilbert auch dieser Anforderung gerecht werden? Ja! Der Portier wirkt anfangs etwas beunruhigt, doch erinnert sich glücklicherweise daran, dass es unendlich viele Primzahlen gibt. Dies hatte *Die Elemente* verewigt. Aber welche Rolle spielen hier die Primzahlen? Der Portier geht bei der Zimmerzuweisung folgendermaßen vor:

1. Jeder aktuell im Hotel befindliche Gast bekommt die erste Primzahl (2) zugewiesen. Die Gäste werden nun wieder zu einem Umzug aufgefordert. Dabei wechselt der Gast in Zimmernummer n in das Zimmer mit der Nummer 2^n. Beispielsweise wechselt der Gast in Zimmer 3 in Zimmer $2^3 = 8$.

2. Der erste der unendlich vielen Busse, deren Sitzplätze jeweils mit 1, 2, 3 usw. durchnummeriert sind, bekommt die zweite Primzahl (3) zugewiesen. Jeder Insasse in diesem Bus nimmt seine aktuelle Sitzplatznummer n und bezieht Zimmer 3^n, das zuvor durch die Hotelgäste freigemacht wurde. Beispielsweise bekommt der Insasse auf Sitzplatz 3 in Bus 1 das Zimmer $3^3 = 27$.

3. Dem zweiten Bus wird die dritte Primzahl (5) zugewiesen. Jeder Insasse in diesem Bus nimmt seine aktuelle Sitzplatznummer n und bezieht Zimmer 5^n. Beispielsweise bekommt der Insasse auf Sitzplatz 2 in Bus 2 das Zimmer $5^2 = 25$.

4. Allgemein gilt: Dem k-ten Bus wird die $(k + 1)$-te Primzahl zugewiesen. Jeder Insasse in Bus k nimmt seine aktuelle Sitzplatznummer n und bezieht Zimmer p_{k+1}^n, wobei

p_{k+1} die $(k+1)$-te Primzahl ist. Beispielsweise bekommt der Insasse auf Sitzplatz 3 in Bus $k = 4$ das Zimmer $11^3 = 1331$. Da alle durch p_{k+1}^n berechneten Zimmernummern als Faktoren lediglich die 1 und p_{k+1}^i mit $1 \leq i \leq n$ besitzen, muss sich kein Gast das Zimmer mit einem anderen Gast teilen und alle kommen unter. Die Zuteilung erfolgt also völlig überschneidungsfrei. Bei dieser Art der Aufteilung bleiben einige Zimmer sogar frei, da ihre Nummern keine Potenzen einer Primzahl sind. Hierzu zählt z. B. die 6, die aus den Primfaktoren 2 und 3 besteht. 9 hingegen ist z. B. besetzt, da das Quadrat der (zweiten) Primzahl 3 die Zimmernummer $3^2 = 9$ ergibt.

Es gelingt also tatsächlich, jeden der unendlich vielen Insassen in jedem der unendlich vielen Busse als Gast aufzunehmen, was dem Hotel trotzdem „nur" einen unendlich hohen Gewinn einbringt. Ein unendlich oft unendlich hoch erwirtschafteter Gewinn bleibt eben „nur" ein unendlich hoher Gewinn. Die daraus gewonnene Erkenntnis ist:

$$\infty \cdot \infty = \infty$$

Die besprochenen Zuteilungsstrategien sind nur deshalb möglich, weil hier die „geringste" Stufe der Unendlichkeit vorliegt: die abzählbare Unendlichkeit der natürlichen Zahlen. Der deutsche Mathematiker Georg Cantor hat diese Form der Unendlichkeit „abzählbar" getauft (Tabak, 2004). Diese abzählbare Unendlichkeit kann durch die Kardinalzahl $\aleph_0$ (gesprochen: „Aleph null", Aleph $\aleph$ ist ein hebräischer Buchstabe) repräsentiert werden. Mit einer Kardinalzahl kann die Mächtigkeit (Kardinalität) einer Menge angegeben werden. Merke dir also:

▶ „Es gibt *abzählbar unendlich viele* natürliche Zahlen."

Oder anders ausgedrückt: $|\mathbb{N}| = \aleph_0$. Für ein „reelles Hotel Hilbert", das neben positiven, negativen und gebrochenen auch irrationale Zimmernummern sowie ein π-tes Zimmer besäße, wäre die zuvor beschriebene Zuteilungssystematik nicht möglich. Im Vergleich zu den natürlichen Zahlen gibt es *überabzählbar unendlich viele* reelle Zahlen. Einen Beweis dafür stellt *Cantors zweites Diagonalargument* dar, das Georg Cantor drei Jahre nach seinem ersten Überabzählbarkeitsbeweis (Cantor, 1874) im Jahre 1877 veröffentlichte (Schubert, 2012). Das erste Diagonalargument bezieht sich übrigens auf die Abzählbarkeit der rationalen Zahlen $\mathbb{Q}$, die intuitiv nicht selbstverständlich ist. Nicht verwunderlich ist vor diesem Hintergrund jedoch, dass die ganzen Zahlen ebenfalls abzählbar sind. Wenn man weiß, dass auch die rationalen Zahlen $\mathbb{Q}$ abzählbar sind, liegt die Übertragung der Abzählbarkeit auf die ganzen Zahlen $\mathbb{Z}$ nahe, da es *gefühlt* mehr rationale als ganze Zahlen gibt. Die Betonung liegt hierbei auf *gefühlt*! Es gilt nämlich:

$$|\mathbb{N}| = |\mathbb{Z}| = |\mathbb{Q}| = \aleph_0$$

Da der Fokus dieses Abschnitts auf der Entwicklung eines Gespürs für die verschiedenen Formen der Unendlichkeit liegt, wird auf eine ausführliche mathematische Begründung dieser Feststellung verzichtet. Für den Moment reicht es zu glauben, dass das so ist. Einen Beweis wirst du in der Vorlesung noch früh genug präsentiert bekommen.

Eine andere Definition der Abzählbarkeit fußt auf Begriffen der Abbildungstheorie. Hierzu ist zunächst einmal ein solides Grundwissen zu Abbildungen und ihren Eigenschaften vonnöten, das dir selbstverständlich nicht vorenthalten werden soll.

Definition 2.1 (Abbildung/Funktion)

Seien A und B Mengen. Eine Abbildung (Funktion) von A nach B ist eine Vorschrift, die jedem Element $a \in A$ genau ein Element $b = f(a) \in B$ zuordnet. Die Menge B, auf die abgebildet wird, nennt man auch *Ziel-* oder *Bildmenge*. Die Menge A, von der aus auf B abgebildet wird, bezeichnet man als *Urbildmenge*.   ◆

Die Verwendung der Begriffe *Abbildung* und *Funktion* hängt vom Kontext ab, in dem du dich gerade befindest. Bist du in der Analysis unterwegs, wirst du den Begriff *Funktion* lesen, wohingegen du in der (linearen) Algebra eher den Begriff *Abbildungen* hören wirst. Wirklich neu ist diese Definition nicht: Immerhin wird der Funktionsbegriff in der Mittelstufe genau so eingeführt. Zu einer Abbildung/Funktion gehören immer zwei Dinge:

1. Die Information, welche Mengen aufeinander abgebildet werden: $f : A \longrightarrow B$ (die Menge A wird auf die Menge B abgebildet).
2. Die Abbildungs-/Funktionsvorschrift, mit der man die Elemente aus A auf B abbildet: $f(x) = \square$. Dabei steht das $\square$ für einen beliebigen Ausdruck in Abhängigkeit von x, wie z. B. $\square = -42 \cdot x^3$, also $f(x) = -42 \cdot x^3$.

Eine formal korrekte Definition der Normalparabel, wie man sie aus der Schule kennt, wäre demnach:

$$f : \mathbb{R} \longrightarrow \mathbb{R}, f(x) = x^2$$

Man ist jedoch nicht an diese Schreibweise gebunden. Häufig begegnet einem auch die Variante

$$f : \mathbb{R} \longrightarrow \mathbb{R}, x \longmapsto x^2,$$

hinter der sich dasselbe wie für $f(x) = x^2$ verbirgt. Die folgende Definition charakterisiert den Funktionstyp, mit dem du dich vermutlich zu einem überwiegenden Teil in der Oberstufen-Analysis beschäftigt hast.

Definition 2.2 (Reelle Funktion)

Sei $f : A \longrightarrow B$ eine Funktion. Sind A und B jeweils Teilmengen von $\mathbb{R}$ (also $A \subseteq \mathbb{R}$ und $B \subseteq \mathbb{R}$), dann nennt man f eine *reelle Funktion*. Eine *reelle Funktion* ist also eine Abbildung von den reellen Zahlen in die reellen Zahlen.   ◆

Definition 2.3 (Injektivität)

Eine Abbildung $f : A \longrightarrow B$ heißt *injektiv*, wenn für alle $a_1, a_2 \in A$ mit $f(a_1) = f(a_2)$ folgt, dass $a_1 = a_2$ ist. Für eine injektive Abbildung f schreibt man auch $f : A \rightarrowtail B$. ◆

Bildlich gesprochen wird jedes Element der Zielmenge B höchstens einmal (d. h. kein oder genau einmal) getroffen. Es kann also nicht passieren, dass zwei verschiedene a_1, a_2 auf dasselbe Element $b \in B$ abgebildet werden. Eine alternative Definition geht davon aus, dass $a_1 \neq a_2$ ist, und fordert, dass dann auch $f(a_1) \neq f(a_2)$ gilt. Dies ist vor allem (aber nicht nur) dann der Fall, wenn A weniger Elemente als B enthält, also $|A| < |B|$ ist.

Beispiel 2.1

Die Funktion $f : \mathbb{Z} \longrightarrow \mathbb{Z}$ mit $f(x) = x$ ist injektiv, weil jedes Element in der Zielmenge $\mathbb{Z}$ von nur einem Element getroffen wird. ■

Definition 2.4 (Surjektivität)

Eine Abbildung $f : A \longrightarrow B$ heißt *surjektiv*, wenn für jedes Element $b \in B$ (mindestens) ein Element $a \in A$ mit $f(a) = b$ existiert. Für eine surjektive Abbildung f schreibt man auch $f : A \twoheadrightarrow B$. ◆

Bei einer surjektiven Abbildung wird jedes Element aus der Zielmenge getroffen. Es kann dabei durchaus passieren, dass ein Element aus der Zielmenge B von mehr als einem Element aus A getroffen wird (deshalb der in Klammern gesetzte Zusatz „mindestens"). Dies ist vor allem (aber nicht nur) dann der Fall, wenn A mehr Elemente als B enthält, also $|A| > |B|$ ist.

Beispiel 2.2

Die Funktion $f : \mathbb{R} \longrightarrow \mathbb{R}$ mit $f(x) = 2 \cdot x$ ist surjektiv, weil jedes Element in der Zielmenge $\mathbb{R}$ getroffen wird. ■

Es folgt eine wichtige Begriffsdefinition, die auf den bisherigen Eigenschaften Injektivität (Definition 2.3) und Surjektivität (Definition 2.4) aufbaut:

Definition 2.5 (Bijektivität)

Eine Abbildung $f : A \longrightarrow B$ heißt *bijektiv*, wenn sie injektiv und surjektiv ist. ◆

In diesem Fall liegt eine Eins-zu-eins-Abbildung der Elemente von A auf die Elemente von B vor. Jedes Element aus B wird von genau einem Element aus A getroffen. Für eine bijektive Abbildung f kann man auch $f : A \hookrightarrow B$ schreiben.

Beispiel 2.3

Die Funktion $f : \mathbb{N} \longrightarrow \mathbb{N}$ mit $f(x) = x$ ist bijektiv, weil sie injektiv und surjektiv ist. f ist injektiv, weil jedes Element der Zielmenge $\mathbb{N}$ von höchstens (und in diesem Fall sogar genau) einem Element getroffen wird. f ist surjektiv, da jedes Element in der Zielmenge $\mathbb{N}$ von mindestens (und in diesem Fall sogar genau) einem Element getroffen wird. ∎

Eine wichtige Aussage für bijektive Abbildungen bezieht sich auf die Mächtigkeit der Mengen, die aufeinander abgebildet werden.

Satz 2.1 (Mächtigkeit der Urbild- und Bildmenge einer bijektiven Abbildung)
Sei $f : A \longrightarrow B$ eine bijektive Abbildung. Dann besitzen A und B gleich viele Elemente:
$|A| = |B|$.

Diese Erkenntnis ist bei näherer Betrachtung nicht wirklich überraschend: Wenn A mehr Elemente als B enthalten würde, dann gäbe es mindestens ein Element in B, das zwei Urbilder in A hat (f wäre *nicht injektiv* und somit per Definition auch *nicht bijektiv*). Wenn B mehr Elemente als A hätte, dann würde nicht jedes Element in B ein Urbild in A haben (f wäre *nicht surjektiv* und somit per Definition auch *nicht bijektiv*). Die logische Konsequenz ist, dass A und B gleichmächtig sind, wenn f bijektiv ist. *Aber Vorsicht*: Die Umkehrung gilt *nicht*! Auch wenn in $f : \mathbb{R} \longrightarrow \mathbb{R}$ die Urbild- und Bildmenge gleichmächtig sind, ist $f(x) = x^2$ *nicht* bijektiv.

Einige Abbildungen/Funktionen sind weder injektiv noch surjektiv. Dieser Typ kann mit einer weiteren Definition versehen werden:

Definition 2.6 (Ajektivität)
Eine Abbildung $f : A \longrightarrow B$ heißt *ajektiv*, wenn sie weder injektiv, noch surjektiv ist. ◆

Beispiel 2.4
Die Funktion $f : \mathbb{R} \longrightarrow \mathbb{R}$ mit $f(x) = x^2$ ist ajektiv, da sie weder injektiv, noch surjektiv ist. f ist nicht injektiv, weil z. B. $f(-1) = 1 = f(1)$, aber $-1 \neq 1$. f ist nicht surjektiv, weil negative Zahlen in der Zielmenge $\mathbb{R}$ wegen des Quadrats überhaupt nicht getroffen werden können. Für eine ajektive Abbildung f kann man auch $f : A \overset{\cdot}{\hookrightarrow} B$ schreiben. ∎

Definition 2.7 (Abzählbarkeit)
Eine Menge M heißt *abzählbar*, wenn es eine surjektive Abbildung φ von den natürlichen Zahlen nach M gibt:

$$\varphi : \mathbb{N} \longrightarrow M$$ ◆

Beispiel 2.5
Die natürlichen Zahlen sind somit (trivialerweise) abzählbar, da es (mindestens) eine surjektive Abbildung von den natürlichen $\mathbb{N}$ Zahlen in die natürlichen Zahlen gibt, wie z. B. $f : \mathbb{N} \longrightarrow \mathbb{N}$ mit $f(x) = x$. Diese Abbildung bezeichnet man auch als „identische Abbildung". ∎

Die reellen Zahlen $\mathbb{R}$ sind nicht abzählbar, da es keine surjektive Abbildung von den natürlichen Zahlen $\mathbb{N}$ in die reellen Zahlen $\mathbb{R}$ gibt, was das vollbesetzte „reelle Hotel Hilbert" bei der Umverteilung der Gäste in eine logistische Unmöglichkeit stürzt. Die (bijektive) Abbildung $f : \mathbb{N} \hookrightarrow \mathbb{R}$ existiert nicht!

Definition 2.8 (Abzählbare Unendlichkeit)
Eine Menge M heißt *abzählbar unendlich*, wenn M *abzählbar* (siehe Definition 2.7) und *nicht endlich* ist.   ◆

Unter Zuhilfenahme von Definition 2.8 kann ein Kriterium formuliert werden, mit dem genau entscheidbar ist, wann eine Menge *abzählbar unendlich* viele Elemente enthält.

Satz 2.2 (Wann ist eine Menge abzählbar unendlich?)
Eine Menge M heißt genau dann abzählbar unendlich, wenn es eine bijektive Abbildung $\varphi : \mathbb{N} \longrightarrow M$ von den natürlichen Zahlen $\mathbb{N}$ nach M gibt.

Durch dieses Kriterium, das an dieser Stelle ebenfalls beweislos bleibt und der Appell „Besuche deine Vorlesungen!" genügen muss, wird dir ein Werkzeug zur Einordnung verschiedener Mengen in den vielschichtigen Kosmos der Unendlichkeit in die Hand gedrückt! Das Wissen um die verschiedenen Formen der Unendlichkeit ebnet den Pfad zum Verständnis der Induktionsidee. Besonders die Unterscheidung zwischen der abzählbaren und überabzählbaren Unendlichkeit ist fundamental und wird nicht umsonst in mehreren Vorlesungseinheiten vertieft thematisiert.

Nun kennst du den Unterschied zwischen den verschiedenen Formen der Unendlichkeit und bist von dem Ziel „Mit endlicher Vorstellungskraft ins Unendliche zu denken"nicht mehr weit entfernt. Obwohl ein Hotel, das Platz für unendlich viele Gäste bietet, in der Realität nicht umsetzbar ist, kannst du mathematisch fundiert Platzprobleme und Zuteilungsstrategien beurteilen. Zudem weißt du, wie die Mächtigkeit verschiedener Zahlenmengen ($\mathbb{N}, \mathbb{Z}, \mathbb{Q}, \mathbb{R}$) miteinander zusammenhängt, und hast deinen (vermutlich ersten) hebräischen Buchstaben ($\aleph$) kennengelernt. Viel Wissen zu Themen, über die man sich zuvor kaum Gedanken gemacht und sie als selbstverständlich hingenommen hat, hält auch Abschn. 2.2 bereit, in dem es um die Axiomatisierung der natürlichen Zahlen geht.

2.2 Die Peano-Axiome

Jeder kennt sie, jeder arbeitet mit ihnen und niemand wird ihre Wichtigkeit infrage stellen: Zahlen. Obwohl sie so greifbar scheinen, sind sie gleichzeitig ein sehr abstraktes Konzept. Man kann sie als mathematische Objekte auffassen, durch die sich die Welt beschreiben lässt. Während der eigenen mathematischen Ausbildung wird der Zahlenraum schrittweise erweitert, um verschiedene Phänomene sinnvoll beschreiben zu können. Denn jemandem π Euro zu schenken, ergibt ebenso wenig Sinn, wie von negativen Größen zu sprechen.

Tab. 2.1 Zahlenarten

Zahlenart	Symbol	Vertreter
Natürliche Zahlen	$\mathbb{N}$	$1, 2, 3, 4, 5, \ldots$
Ganze Zahlen	$\mathbb{Z}$	$\ldots, -2, -1, 0, 1, 2, \ldots$
Rationale Zahlen	$\mathbb{Q}$	$\frac{a}{b}$ mit $a, b \in \mathbb{Z}$ und $b \neq 0$
Reelle Zahlen	$\mathbb{R}$	$\ldots, -\sqrt{7}, \ldots, 0, \ldots, \sqrt{2}, \ldots, \pi, \ldots, e, \ldots$
Komplexe Zahlen	$\mathbb{C}$	$a + b \cdot i$ mit $a, b \in \mathbb{R}$ und $i = \sqrt{-1}$

Abb. 2.1 Darstellung der Zahlenmengen als Venn-Diagramm

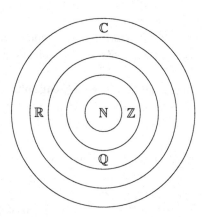

Um Mathe-Novizen nicht mit zu vielen unterschiedlichen Zahlentypen auf einmal zu überfordern, geht man systematisch (und über mehrere Jahre hinweg) vor. Den Streifzug durch die Zahlenwelt beginnt man dabei bei den natürlichen Zahlen, da sie einem zuerst im Leben begegnen.

Um eine Einordnung der natürlichen Zahlen in den Zahlenkosmos vornehmen zu können, muss man wissen, zwischen welchen Zahlenarten überhaupt unterschieden werden kann. In Tab. 2.1 ist eine Übersicht der Zahlenmengen dargestellt, mit denen man während Schule und Studium üblicherweise in Berührung kommt. In einem Venn-Diagramm lassen sich die Beziehungen der verschiedenen Zahlenmengen übersichtlich veranschaulichen, wie man in Abb. 2.1 sehen kann. Zugegeben, dieses Venn-Diagramm sieht dem Bohr'schen Atommodell aus der Physik/Chemie sehr ähnlich und hat eine nicht minder große Bedeutung in der Mathematik. Ähnlich wie bei der Chomsky-Hierarchie, in der formale Sprachen nach verschiedenen Typen klassifiziert und untereinander in Beziehung gesetzt werden, lassen sich Zahlen sehr präzise in diesem Diagramm einordnen und voneinander unterscheiden. Die Teilmengenbeziehung

$$\mathbb{N} \subset \mathbb{Z} \subset \mathbb{Q} \subset \mathbb{R} \subset \mathbb{C}$$

erlaubt den Bau einer einfachen Merkhilfe für die Klassifikation der einzelnen Zahlenelemente: Ist eine Zahl z Element einer der Zahlenmengen, so ist sie automatisch auch Element aller rechts folgenden Zahlenmengen. Daraus folgt:

- Jede natürliche Zahl ist auch eine ganze, rationale, reelle und komplexe Zahl.
- Jede ganze Zahl ist auch eine rationale, reelle und komplexe Zahl.
- Jede rationale Zahl ist auch eine reelle und komplexe Zahl.
- Jede reelle Zahl ist auch eine komplexe Zahl.

Umgekehrt gelten diese Beziehungen aber nicht! Es ist z. B. nicht jede ganze Zahl eine natürliche Zahl, denn $-1 \in \mathbb{Z}$, aber $-1 \notin \mathbb{N}$.

Nun sind die natürlichen Zahlen schon etwas greifbarer. Doch welchen konkreten Benefit gewinnst du dadurch? Wieso ist das Wissen um diesen speziellen Zahlentyp so wichtig, dass es so viele Seiten in diesem Buch gewidmet bekommt? Erinnere dich an das ambitionierte Ziel „Mit endlicher Vorstellungskraft ins Unendliche denken", mit dem der Abschnitt zu Hilberts Hotel (Abschn. 2.1) endete. Du wirst nun das mathematische Werkzeug kennenlernen, das dir zum Gelingen dieses Kunststücks verhilft. Hierbei handelt es sich um das *Beweisprinzip der vollständigen Induktion*, mit dem man Aussagen *über die natürlichen Zahlen* $\mathbb{N}$ beweisen kann. Es ist sehr intuitiv zugänglich, da es im Prinzip um einfaches Zählen geht. Dieses Beweisverfahren ist jedoch nicht die Universallösung für alle Probleme, sondern funktioniert nur für die natürlichen Zahlen bzw. immer dann, wenn die Behauptung von Objekten (Strukturen, Zahlen, Mengen, …) spricht, für die eine eineindeutige Abbildung (Bijektion) zwischen ihnen und den natürlichen Zahlen existiert. Es gibt schließlich auch nicht *das* Werkzeug, mit dem alle Handwerksarbeiten problemlos erledigt werden können. Trotzdem muss man seine Werkzeuge sehr gut kennen und Merkmale benennen können, die z. B. einen Hammer zu einem Hammer machen.

Die Eigenschaften der natürlichen Zahlen $\mathbb{N}$ bilden das Fundament, mit dem das Beweisverfahren der vollständigen Induktion überhaupt erst möglich wird. Der italienische Mathematiker Guiseppe Peano legte 1889 mit den sogenannten *Peano-Axiomen* genau diese Eigenschaften fest. Bei einem Axiom handelt es sich im Kern um eine Aussage, die nicht hinterfragt bzw. deren Wahrheitsgehalt nicht bewiesen, sondern vorausgesetzt wird. So, wie du als Kind bei einer Sache, die du unbedingt verstehen wolltest, so lange nachgefragt hast, bis du als Antwort irgendwann „Weil es so ist" zu hören bekamst, so wird man in der Mathematik nach einer endlichen Abfolge von Fragen irgendwann bei den Axiomen landen, die man als gegeben voraussetzt. Hierzu zählen auch die Peano-Axiome.

Definition 2.9
1. 1 ist eine natürliche Zahl.
2. Jede natürliche Zahl n hat eine natürliche Zahl $n' (= n + 1)$ als Nachfolger.
3. 1 ist kein Nachfolger einer natürlichen Zahl.
4. Natürliche Zahlen mit gleichem Nachfolger sind gleich.
5. Enthält eine Teilmenge M der natürlichen Zahlen die 1 und mit jeder natürlichen Zahl auch deren Nachfolger, dann enthält M jede natürliche Zahl ($M = \mathbb{N}$). ◆

In dieser (ursprünglichen) Fassung der Peano-Axiome ist 1 die kleinste natürliche Zahl. Später ersetzte Peano die 1 durch die 0. Damit ändern sich die Axiome 1, 3 und 5:

- 0 ist eine natürliche Zahl.
- 0 ist kein Nachfolger einer natürlichen Zahl.
- Enthält eine Teilmenge M der natürlichen Zahlen die 0 und mit jeder natürlichen Zahl auch deren Nachfolger, dann enthält M jede natürliche Zahl ($M = \mathbb{N}$).

Es ist ein ewiges Streitthema und mathematisch nicht festgelegt, ob die 0 zu den natürlichen Zahlen zählt oder nicht. Das Deutsche Institut für Normung (DIN) hat jedoch eine klare Meinung dazu, denn nach der DIN-Norm 5473 gehört die 0 dazu (DIN 5473, 2007). Wer also eine Aussage über die natürlichen Zahlen machen möchte, muss im gleichen Atemzug erwähnen, ob die 0 für ihn mit inbegriffen ist. Um zu jedem Zeitpunkt genau zu wissen, was gemeint ist, behilft man sich am besten mit einer Notationskonvention.

Definition 2.10
- $\mathbb{N} := \{1, 2, 3, \ldots\}$ (die natürlichen Zahlen ohne die 0),
- $\mathbb{N}_0 := \mathbb{N} \cup \{0\} = \{0, 1, 2, 3, \ldots\}$ (die natürlichen Zahlen inklusive der 0),
- $\mathbb{N}_{\geq m} := \mathbb{N} \setminus \{0, 1, 2, \ldots, m-1\} = \{m, m+1, m+2, \ldots\}$ (alle natürlichen Zahlen $\geq m$). ◆

Da die Gretchenfrage der natürlichen Zahlen („Wie hältst du's mit der 0?") beantwortet ist, kann der Fokus nun auf die Grundidee des Induktionsverfahrens gelegt werden.

2.3 Die Grundidee der vollständigen Induktion

Nach dem 5. Peano-Axiom, das man auch (und nicht umsonst) als Induktionsaxiom bezeichnet, umfasst M genau dann alle natürlichen Zahlen $\mathbb{N}$, wenn $1 \in M$ ist und der Nachfolger jeder in M enthaltenen Zahl ebenfalls in M liegt. Um zu beweisen, dass eine Aussage $\mathcal{A}$ für alle $n \in \mathbb{N}$ gilt (also $\forall n \in \mathbb{N} : \mathcal{A}(n)$), fasst man M als die Menge aller natürlichen Zahlen auf, für die $\mathcal{A}(n)$ gilt, und wendet darauf das Induktionsaxiom an. Genau auf dieser Überlegung basiert das Beweisprinzip der vollständigen Induktion. Die Argumentationslogik lässt sich dabei in einer einfachen Aussage zusammenfassen:

> Wenn man weiß, dass eine Aussage $\mathcal{A}$ über die natürlichen Zahlen $\mathbb{N}$ für einen Startwert $n_0 \in \mathbb{N}$ gilt (also $\mathcal{A}(n_0)$), und aus der Aussage für n (also $\mathcal{A}(n)$) folgt, dass die Aussage auch für den Nachfolger $n + 1$ gültig ist (also $\mathcal{A}(n + 1)$), dann gilt die Aussage für alle natürlichen Zahlen (also $\forall n : \mathcal{A}(n)$).

In der Sprache der Mathematik kann dieses Statement sehr präzise formuliert werden:

$$(\mathcal{A}(n_0) \wedge (\mathcal{A}(n) \implies \mathcal{A}(n+1))) \implies \forall n \in \mathbb{N} : \mathcal{A}(n)$$

Abb. 2.2 Das Induktionsprinzip als Dominokette

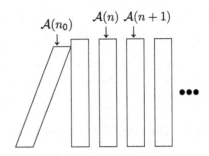

Dabei bezeichnet man n (also die Variable, über welche die vollständige Induktion durchgeführt wird) als *Induktionsvariable*. Bildlich vorstellen kannst du dir diese Vorgehensweise durch eine Dominokette (siehe Abb. 2.2).

> Wenn du den ersten Dominostein am Anfang einer Dominokette umwirfst und außerdem gilt, dass, wenn ein Dominostein umfällt, auch sein Nachfolger umfällt, dann fallen alle Dominosteine um.

Die einzelnen Dominosteine seien (mit 1 beginnend) durchnummeriert und repräsentieren dabei jeweils die Aussagen in Abhängigkeit von ihrer Nummer, die durch k angegeben wird. Der erste Dominostein ($k = 1$) in der Kette symbolisiert $\mathcal{A}(1)$, der zweite Dominostein ($k = 2$) steht für $\mathcal{A}(2)$ und immer so weiter. Da die natürlichen Zahlen betrachtet werden, von denen es abzählbar unendlich viele gibt, erhält man eine abzählbar unendlich lange Dominokette. Ein umgestoßener Dominostein mit der Nummer k bedeutet, dass die Behauptung für $\mathcal{A}(k)$ gezeigt wurde. Ansonsten ist die Behauptung für die entsprechende Nummer noch zu zeigen.

Wenn du also den Dominostein am Anfang der Kette umstößt ($\mathcal{A}(n_0)$) und du weißt, dass ein (beliebiger) umgestoßener Dominostein seinen Nachfolger ebenfalls zu Fall bringt ($\mathcal{A}(n) \implies \mathcal{A}(n + 1)$), dann wird konsequenterweise jedes Element in der Kette umgestoßen ($\forall n \in \mathbb{N} : \mathcal{A}(n)$). Trotz einer abzählbar unendlich langen Kette weißt du aufgrund des Dominoeffekts, dass jedes Kettenglied umfallen wird.

Anders würde es sich verhalten, wenn man den Beweis durch Umstoßen jedes einzelnen Dominosteins zu führen versucht. Bei einer endlich langen Kette wäre das vielleicht noch möglich, doch spätestens bei einer Behauptung, die für alle natürlichen Zahlen gelten soll, ist dieser naive Ansatz nicht mehr möglich. Selbst ein Computer könnte niemals alle nötigen Tests durchführen, da

- abzählbar unendlich viele Fälle ausprobiert werden müssten und
- die Implementierung der natürlichen Zahlen auf einem Rechner einer oberen Schranke unterliegt und somit nicht alle Fälle ausprobiert werden können. Für Java definiert z. B.

der Datentyp *Long* den Maximalwert von $2^{63} - 1$. Die Behauptung kann somit schon nicht mehr für die natürliche Zahl 2^{63} überprüft werden.

Hinweis: Die Nummern der einzelnen Dominosteine hängen davon ab, ob die Behauptung für $\mathbb{N}$, $\mathbb{N}_0$ oder $\mathbb{N}_{\geq m}$ formuliert wurde.

2.4 Die Gauß'sche Summenformel

Schon zu Lebzeiten nannte man Carl Friedrich Gauß einen „Princeps Mathematicorum" (Fürst der Mathematiker). Es ist fast unglaublich, wie viele mathematische Entdeckungen er in seinen fast 78 Lebensjahren gemacht hat. Bereits in der Volksschule erkannte man seine mathematische Begabung. So berichtete Wolfgang Sartorius von Waltershausen, dass Gauß im Alter von gerade einmal 9 Jahren in kürzester Zeit die Summe einer arithmetischen Reihe berechnen konnte: „Der junge Gauss war kaum in die Rechenclasse eingetreten, als Büttner [der Lehrer von Gauß] die Summation einer arithmetischen Reihe aufgab. Die Aufgabe war indess kaum ausgesprochen als Gauss die Tafel mit den im niedern Braunschweiger Dialekt gesprochenen Worten auf den Tisch wirft: »Ligget se'.« (Da liegt sie.)" – Georg Wolfgang Sartorius von Waltershausen (Waltershausen, 1856).

Die Rede ist von der Summe der Zahlen 1 bis 100, also $1 + 2 + \ldots + 99 + 100$. Es handelt sich dabei um eine arithmetische Reihe, weil die zugrunde liegenden Folgenglieder $1, 2, 3$, usw. alle einen festen Abstand (nämlich 1) voneinander besitzen. Da Gauß mit dieser Aufgabe sehr schnell fertig war, liegt die Vermutung nahe, dass er nicht stur die Summanden zu addieren begonnen hat, sondern sich eine effiziente Lösungsmöglichkeit überlegte.

Sein „Trick" bestand darin, von außen nach innen vorgehend jeweils die kleinste und größte Zahl zu summieren: $1 + 100 = 101, 2 + 99 = 101, 3 + 98 = 101, \ldots, 49 + 52 = 101$ und $50 + 51 = 101$. Man erkennt, dass durch diese Art der Summation stets 101 herauskommt. Doch was brachte Gauß dieses Vorgehen? Jetzt musste er nur noch 50-mal die Summe 101 addieren, was durch die einfache Multiplikation $50 \cdot 101$ möglich ist (und das ist auch als Neunjähriger keine unüberwindbare Hürde). Wie oft die Summe 101 verwendet werden muss, sieht man durch die verkürzte Schreibweise mit den Punkten nicht direkt. Du kannst die Anzahl aber an dem ersten Summanden in der letzten Addition $(\underset{\uparrow}{50} + 51 = 101)$ ablesen, da dieser von 1 bis einschließlich 50 hochgezählt wurde.

Du fragst dich jetzt bestimmt, ob das z. B. auch für die Summe der Zahlen von 1 bis 1000 geht. Oder allgemein für die Summe der Zahlen von 1 bis n, wobei n eine beliebige natürliche Zahl ist. Probiere dieses Verfahren doch einmal für $1 + 2 + \ldots + 20$ aus. Mithilfe des Summenzeichens lässt sich diese Summe durch

$$\sum_{k=1}^{20} k$$

verkürzt aufschreiben. Du gehst nun wie Gauß vor und bildest von außen nach innen jeweils die Summe aus der größten und kleinsten Zahl: $1 + 20 = 21, 2 + 19 = 21, 3 + 18 =$

$21, \ldots, 9 + 12 = 21$ und $10 + 11 = 21$. An dem ersten Summanden in der letzten Addition $\underset{\uparrow}{10} + 11 = 21$ kann man ablesen, wie oft die 21 addiert werden muss (nämlich 10-mal). Es wird also das Produkt $10 \cdot 21$, was das Ergebnis 210 liefert. Durch einen Taschenrechner lässt sich dieses Ergebnis zwar überprüfen, doch du wirst mit diesem Trick wohl schneller sein als dieser, da das Eintippen von $1 + 2 + \ldots + 19 + 20$ einige Zeit in Anspruch nimmt. Insbesondere dann, wenn die Obergrenze n in die Zehntausende geht.

Aus diesen Überlegungen kann man eine Formel ableiten, mit der die Berechnung im Kopf nochmals vereinfacht wird:

$$\frac{n(n+1)}{2}$$

Da Gauß diese Formel bereits im Kindesalter „entdeckt" haben soll, bezeichnet man diese Summenformel auch als „Kleiner Gauß". Soll aber mit diesem einfachen Ausdruck wirklich die Berechnung der Summe $\sum_{k=1}^{n} k = 1 + 2 + \ldots + n$ möglich sein? Ein erster Überzeugungsversuch gelingt durch die Überprüfung der beiden Rechenbeispiele am Anfang:

- Die Summe der Zahlen von 1 bis 100 war 5050. Mit der obigen Formel erhält man für $n = 100$: $\frac{100 \cdot (100+1)}{2} = \frac{100 \cdot 101}{2} = \frac{10.100}{2} = 5050$. Das stimmt offenbar ✓
- Die Summe der Zahlen von 1 bis 20 war 210. Mit der obigen Formel erhält man für $n = 20$: $\frac{20 \cdot (20+1)}{2} = \frac{20 \cdot 21}{2} = \frac{420}{2} = 210$. Das stimmt offenbar auch ✓

Und wie sieht es mit $n = 42$ aus? Oder $n = 111$? Oder $n = 314.159$? Statt alle (abzählbar unendlich vielen) Möglichkeiten auszuprobieren, was nicht nur ein Buch, sondern ganze Bibliotheken füllen würde, kommt das Beweisprinzip der vollständigen Induktion zum Einsatz. Da eine Aussage über die natürlichen Zahlen zu beweisen ist, ist eine Anwendung dieses Verfahrens auch legitim.

Die Behauptung ist nun, dass sich die Summe der ersten n Zahlen für alle natürlichen Zahlen durch $\frac{n(n+1)}{2}$ ergibt. Anders ausgedrückt gilt *für alle $n \in \mathbb{N}$*:

$$\sum_{k=1}^{n} k = \frac{n \cdot (n+1)}{2}$$

Beweis 2.1 Der Beweis läuft wie folgt ab:

1. **Induktionsanfang $\mathcal{A}(n_0)$**
   Zuerst musst du dir überlegen, wo der Beweis gestartet und damit die Dominokette angestoßen werden soll. Hierzu wählst du den kleinstmöglichen Wert, *ab* dem die Behauptung gilt. Warum? Nun, der erste Stein, den man in einer Dominokette umstößt, befindet sich auch nicht irgendwo in der Mitte, sondern ganz am Anfang (und ab da gilt dann unsere Behauptung). Da die natürlichen Zahlen ohne die 0 betrachtet werden

(ℕ), fängst du bei 1 als Startwert an und prüfst, ob die Behauptung hierfür gilt. Es ist
also $n_0 = 1$, und du zeigst durch Einsetzen in beide Seiten der Behauptung, dass $\mathcal{A}(1)$
wahr ist. Es muss links und rechts dasselbe Ergebnis herauskommen. Ansonsten würde die Formel für die 1 nicht funktionieren und du müsstest einen anderen Startwert
einschlagen.

(a) $\displaystyle\sum_{k=1}^{n_0} k = \sum_{k=1}^{1} k = 1,$

(b) $\frac{n_0 \cdot (n_0+1)}{2} = \frac{1 \cdot (1+1)}{2} = 1$ ✓

Mit $1 = 1$ erhältst du eine wahre Aussage und bringst so den ersten Dominostein zu
Fall, da du jetzt gezeigt hast, dass es egal ist, ob man die Summe $\sum_{k=1}^{n} k$ für $n = 1$
ausrechnet oder die Formel $\frac{n(n+1)}{2}$ nutzt.

Du wunderst dich wahrscheinlich, weshalb der kleinstmögliche Wert *ab dem* und nicht
für den eine Behauptung gilt, gesucht ist. Betrachte dazu z. B. die Behauptung, dass
$2^n \geq n^2$ ist. Für $n = 1$ ist $2^1 \geq 1^2 \iff 2 \geq 1$ eine wahre Aussage. Für $n = 2$
stimmt das auch noch, denn $2^2 \geq 2^2 \iff 4 \geq 4$ ist auch wahr. Aber bei $n = 3$ stößt
du mit $2^3 \geq 3^2 \iff 8 \geq 9$ auf ein Problem. Deswegen ist es nicht verkehrt, mehrere
Startwerte auszuprobieren, bis man den passenden gefunden hat.

2. **Induktionsvoraussetzung** $\mathcal{A}(n)$

Die Induktionsvoraussetzung macht ihrem Namen alle Ehre. Sie ist die Voraussetzung dafür, dass unser Beweis überhaupt funktionieren kann. Nicht umsonst kennt
man den Begriff Induktionsvoraussetzung auch unter dem Synonym „Induktionsannahme": Hier triffst du nämlich die Annahme, dass die zu zeigende Behauptung für
(mindestens) eine beliebige, aber feste natürliche Zahl gilt. Dass dem so ist, hast du
einen Schritt zuvor beim Induktionsanfang bereits gezeigt, indem du die Formel für
ein spezielles $n_0 \in \mathbb{N}$ (hier: $n_0 = 1$) getestet hast. Aus diesem Grund kannst du also
annehmen, dass es eine natürliche Zahl gibt, für welche die Behauptung stimmt. Und
genau diese natürliche Zahl ist der Startwert n_0.

Zum Formulieren der Induktionsvoraussetzung schreibst du einfach die Behauptung
ab und ersetzt „für alle " durch „es existiert (mindestens) ein" (∃):

$$\exists n \in \mathbb{N} : \sum_{k=1}^{n} k = \frac{n \cdot (n+1)}{2}$$

Lasse dich nicht von der Formulierung der Induktionsvoraussetzung irritieren! Im ersten Moment sieht es so aus, als würde man genau das annehmen, was eigentlich zu
zeigen ist. Die Wirklichkeit sieht jedoch anders aus: Die Behauptung spricht davon,
dass der Zusammenhang *für alle* natürlichen Zahlen gilt. Man nimmt aber an bzw.
setzt voraus, dass die behauptete Aussage *für (mindestens) eine* natürliche Zahl gilt.

3. **Induktionsbehauptung** $\mathcal{A}(n + 1)$

Man nimmt in der Induktionsvoraussetzung an, dass die Behauptung für eine (beliebige) natürliche Zahl n gilt. Es ist nun zeigen, dass die Behauptung auch für den
Nachfolger von n (also $n + 1$) gültig ist. Gelingt dieses Kunststück, dann gilt die Be-

hauptung nicht nur für die 1 (wie bereits im Induktionsanfang gezeigt wurde), sondern auch für den Nachfolger der 1, nämlich die 2. Doch nicht nur für die 2, sondern auch für ihren Nachfolger 3 und für den Nachfolger der 3 und immer so weiter, weil man annimmt (und später zeigt), dass die Aussage für eine *beliebige* natürliche Zahl und ihren Nachfolger gilt.

Zum Formulieren der Induktionsbehauptung schreibt man die Induktionsvoraussetzung ohne die Information „es existiert (mindestens) eine natürliche Zahl" ab und ersetzt jedes n auf der rechten Seite durch $n + 1$:

$$\sum_{k=1}^{n+1} k = \frac{(n + 1) \cdot ((n + 1) + 1)}{2}$$

4. **Induktionsschluss** $\mathcal{A}(n) \implies \mathcal{A}(n + 1)$

Jetzt beginnt die eigentliche Denkarbeit. Mit diesem Schritt soll garantiert werden, dass der nachfolgende Dominostein eines umgestoßenen Dominosteins ebenfalls fällt. Zu diesem Zeitpunkt hat man lediglich den ersten Stein umgestoßen, doch der angestoßene Nachfolger fällt nicht um und die Kette verharrt in diesem Zustand, was physikalisch natürlich nicht möglich ist.

Dieses Problem behebt man durch schrittweises Schließen von der linken Gleichungsseite in der Induktionsbehauptung auf die rechte. Die Umformungen sollen logisch begründet sein. Aktuell fehlt noch das Wissen darüber, ob $\sum_{k=1}^{n+1} k = \frac{(n+1) \cdot ((n+1)+1)}{2}$ tatsächlich wahr ist. Auch offensichtliche Umformungen sollten aufgeschrieben werden. Stelle dir vor, wie du es am liebsten erklärt bekommen würdest. Verstehe dich als Dienstleister, der potenzielle Kunden von seinem Produkt überzeugen möchte. Da du so viele Kunden wie möglich an dich binden willst, musst du den Zugang zu deinem Produkt so einfach wie möglich gestalten. Dein Produkt ist der Induktionsbeweis und der Prof ist der Kunde. Mit dieser Einstellung fährt man nun fort:

$$\sum_{k=1}^{n+1} k$$

Verwende **Σ3** mit $f(k) = k$, um das Summenzeichen aufzuspalten:

$$= \left(\sum_{k=1}^{n} k \right) + (n + 1)$$

Verwende an dieser Stelle die Induktionsvoraussetzung $\sum_{k=1}^{n} k = \frac{n \cdot (n+1)}{2}$. Du nimmst schließlich an, dass die Aussage für ein (beliebiges) n gilt und zeigt, dass sie auch für dessen Nachfolger gilt. Dieser Schritt kommt in jedem Induktionsbeweis vor. Wenn du also mal nicht weiterwissen solltest, versuche irgendwo die Induktionsvoraussetzung wiederzufinden und die linke Seite der Induktionsvoraussetzung durch die rechte zu ersetzen:

$$= \left(\frac{n \cdot (n+1)}{2} \right) + (n+1)$$

$$= \frac{n \cdot (n+1)}{2} + (n+1)$$

Erweitere den zweiten Summanden mit 2 und addiere die Brüche:

$$= \frac{n \cdot (n+1)}{2} + \frac{2 \cdot (n+1)}{2}$$

$$= \frac{n \cdot (n+1) + 2 \cdot (n+1)}{2}$$

Klammere den Faktor $n+1$ aus:

$$= \frac{(n+1) \cdot (n+2)}{2}$$

$$= \frac{(n+1) \cdot ((n+1)+1)}{2} \checkmark$$

An dieser Stelle bist du fertig, da jetzt genau das dasteht, was in der Induktionsbehauptung formuliert wurde. Ganz oben am Anfang des Induktionsschlusses stand die linke Seite der Induktionsbehauptung $\sum_{k=1}^{n+1} k$. Diese hast du schrittweise umgeformt und kommst am Ende auf die rechte Seite der Induktionsbehauptung $\frac{(n+1) \cdot ((n+1)+1)}{2}$. Die physikalischen Gesetze sind nun wieder hergestellt, da jetzt für einen beliebigen Dominostein auch dessen Nachfolger umfällt. Die Beweisführung wird durch die Beweisbox geschlossen. $\square$

Tipps:

1. Auch wenn es für den Induktionsschluss in Klausuren die meisten Punkte gibt, kann man mit den Schritten 1 bis 3 einige *„Punkte retten"*.
2. Manchmal ist es hilfreich, beim Induktionsschluss die linke Seite der Behauptung ganz oben und die rechte ganz unten zu notieren. Dazwischen nähert man sich entweder durch Umformen des unteren oder oberen Terms an. Wenn in der letzten Zeile z. B. $(n+1)^2$ steht, dann kann man eine Zeile darüber bereits die ausmultiplizierte Form $(n^2 + 2 \cdot n + 1)$ notieren. Liest man nun von oben nach unten, so ergibt sich eine logisch schlüssige Umformung. Dadurch spart man sich ggf. die lange Suche nach einer „smarten" Umformung.
3. Nicht alle Dozenten fordern, dass man die Induktionsvoraussetzung aufschreibt. Frage also am besten in der Vorlesung nach, *ob es gefordert ist!*
4. Es kann sein, dass der Dozent von dir verlangt, die Induktionsvoraussetzung und -behauptung mit einem anderen Variablennamen (z. B. m statt n) zu formulieren. Die eigentliche Beweisführung im Induktionsschritt erfolgt analog. Frage also am besten in der Vorlesung nach, *wie man vorgehen soll!*

5. Es ist möglich, dass der Dozent die Induktionsbehauptung und den Induktionsschluss in Kombination als *Induktionsschritt* bezeichnet.

6. Statt *Induktionsanfang* verwendet man auch den Begriff *Induktionsverankerung*.

7. Wie heißt es doch so schön: Ein nicht markiertes Skript ist ein nicht gelesenes Skript. Besonders in der Anfangszeit ist es wichtig, sich zu den Beweisen viele Notizen zu machen, Fragen aufzuschreiben und diese in der Vorlesung oder den Tutorien zu klären. Typischerweise hat man einen Beweis erst dann richtig verstanden, wenn man ihn in eigenen Worten wiedergeben kann (ohne ihn zuvor wie ein Gedicht auswendig gelernt zu haben, versteht sich). Die Mathematik ist zwar ein tolles Werkzeug, um unabhängig von der Sprache präzise Aussagen zu formulieren, doch ein zu stark gelebter Minimalismus macht dem Leser oft das Leben schwer. Hat man den Begriff „Grenzwert einer Folge" noch nie gehört, wird einem der Ausdruck

$$\forall \epsilon > 0 : \exists N \in \mathbb{N} : \forall n \geq N : |a_n - a| < \epsilon$$

keine große Hilfe sein (es sei denn, man ist Mathematik-Muttersprachler). Erst durch das Verständnis der einzelnen Bestandteile dieser Aussage und die Übersetzung in die „natürliche Sprache" wird der Begriff im Gedächtnis verankert. Versuche dich deshalb bei den Beweisen in diesem Buch an einer verbalen Beschreibung der einzelnen Schritte und arbeite dich langsam zu den verkürzten Schreibweisen vor. Du wirst merken, dass es gar nicht so leicht ist, die Beweisschritte in Prosa so präzise auszuformulieren, dass sie inhaltlich stimmen. Aber daran merkst du, ob du die Vorgehensweise wirklich verstanden hast!

2.5 Alles klar?! Theorie hinter der vollständigen Induktion

Mit dem bis hierher gesammelten Wissen sollten die folgenden Aufgaben kein Problem für dich darstellen.

2.5.1 Entwicklung einer eigenen Formel

Aufgaben

2.1

i. Was berechnet der folgende Ausdruck?

$$\sum_{k=1}^{n} 2 \cdot k - 1$$

ii. Entwickle eine Formel, mit der man den Wert der Summe aus Aufgabenteil i. schnell (d. h. theoretisch auch im Kopf) berechnen kann.

iii. Beweise deine Formel aus Aufgabenteil ii.

2.5.2 Ein weiterer Induktionsbeweis

Aufgaben

2.2 Betrachte die folgende Summenformel:

$$\sum_{k=0}^{n} 2^k = 2^{n+1} - 1$$

Beweise durch vollständige Induktion, dass diese Formel für alle natürlichen Zahlen inklusive der 0 gilt.

2.5.3 Lösungen

Lösung Aufgabe 2.1

i. Zunächst gilt es herauszufinden, was die Funktion hinter dem Summenzeichen (also $f(k) = 2 \cdot k - 1$) berechnet. Durch Einsetzen der ersten vier Werte der Laufvariablen k erhält man:

a) $f(1) = 2 \cdot 1 - 1 = 2 - 1 = 1$,
b) $f(2) = 2 \cdot 2 - 1 = 4 - 1 = 3$,
c) $f(3) = 2 \cdot 3 - 1 = 6 - 1 = 5$ und
d) $f(4) = 2 \cdot 4 - 1 = 8 - 1 = 7$.

Offenbar handelt es sich bei $f(k) = 2 \cdot k - 1$ um eine Funktion, mit der die k-te ungerade natürliche Zahl berechnet wird. Die Laufvariable geht von $k = 1$ bis $k = n$ und berechnet mit jedem Schritt die k-te ungerade natürliche Zahl. Die so entstandenen Werte werden durch das Summenzeichen aufaddiert. Der Ausdruck $\sum_{k=1}^{n} 2 \cdot k - 1$ berechnet also die *Summe der ersten n ungeraden Zahlen*.

ii. In Aufgabenteil i. wurden die ersten vier Werte der Funktion $f(k)$ ausgerechnet: $f(1) = 1$, $f(2) = 3$, $f(3) = 5$ und $f(4) = 7$. Lässt man die Obergrenze n schrittweise von $n = 1$ bis (einschließlich) $n = 4$ laufen, ergeben sich folgende Summenwerte:

a) $\sum_{k=1}^{1} 2 \cdot k - 1 = f(1) = 1$,

b) $\sum_{k=1}^{2} 2 \cdot k - 1 = f(1) + f(2) = 1 + 3 = 4$,

c) $\sum_{k=1}^{3} 2 \cdot k - 1 = f(1) + f(2) + f(3) = 1 + 3 + 5 = 9$ und

d) $\sum_{k=1}^{4} 2 \cdot k - 1 = f(1) + f(2) + f(3) + f(4) = 1 + 3 + 5 + 7 = 16$.

Es fällt auf, dass auf der rechten Seite der Gleichung ausschließlich Quadratzahlen stehen, denn $1 = 1^2$, $4 = 2^2$, $9 = 3^2$ und $16 = 4^2$. Daraus lässt sich eine direkte

Verbindung zur Obergrenze n herstellen:

$$\sum_{k=1}^{n} 2 \cdot k - 1 = n^2$$

Die quadrierte Obergrenze ergibt offenbar den Wert der ersten n ungeraden Zahlen.

iii. Dass du durch Ausprobieren den Beweis für alle natürlichen Zahlen nicht in endlicher Zeit leisten kannst, wird dir mittlerweile klar sein. Das Werkzeug der Wahl ist hier die vollständige Induktion. Zuvor musst du aber noch eine Behauptung aufstellen. Da du zeigen willst, dass deine Formel aus Aufgabenteil ii. für alle natürlichen Zahlen gilt, kann die Behauptung wie folgt lauten: „Für alle natürlichen Zahlen $n \in \mathbb{N}$ gilt: $\sum_{k=1}^{n} 2 \cdot k - 1 = n^2$". Die Formulierung „für alle" kann durch den Allquantor $\forall$ ersetzt werden. Zudem ist der Zusatz „natürliche Zahlen" an dieser Stelle obsolet, da man die Zugehörigkeit von n bereits durch $n \in \mathbb{N}$ signalisiert. Eine rein mathematische Formulierung der Behauptung lautet also:

$$\forall n \in \mathbb{N} : \sum_{k=1}^{n} 2 \cdot k - 1 = n^2$$

Beweis 2.2 Für den Beweis kommt der Induktionsalgorithmus aus Satz 1.1 zum Einsatz.

a) **Induktionsanfang** $\mathcal{A}(n_0)$

Sei $n_0 = 1$. Setze den Startwert n_0 in die Behauptung ein und vergleiche die Ergebnisse:

i. $\sum_{k=1}^{n_0} 2 \cdot k - 1 = \sum_{k=1}^{1} 2 \cdot k - 1 = 2 \cdot 1 - 1 = 2 - 1 = 1,$

ii. $n_0^2 = 1^2 = 1 \checkmark$

b) **Induktionsvoraussetzung** $\mathcal{A}(n)$

$$\exists n \in \mathbb{N} : \sum_{k=1}^{n} 2 \cdot k - 1 = n^2$$

c) **Induktionsbehauptung** $\mathcal{A}(n + 1)$

Unter der Voraussetzung, dass $\sum_{k=1}^{n} 2 \cdot k - 1 = n^2$ für (mindestens) ein n gilt, folgt:

$$\sum_{k=1}^{n+1} 2 \cdot k - 1 = (n + 1)^2$$

Diesen Ausdruck erhältst du, indem du jedes n in $\sum_{k=1}^{n} 2 \cdot k - 1 = n^2$ durch $n + 1$ ersetzt.

d) **Induktionsschluss** $\mathcal{A}(n) \implies \mathcal{A}(n+1)$

Am Ende deines Beweises muss die rechte Seite der Induktionsbehauptung, also $(n+1)^2$, herauskommen. Beginne deine Beweisführung mit der linken Seite der Summenformel aus der Induktionsbehauptung:

$$\sum_{k=1}^{n+1} 2 \cdot k - 1$$

Verwende **Σ3** mit $f(k) = 2 \cdot k - 1$, um die Summe aufzuspalten:

$$= \left(\sum_{k=1}^{n} 2 \cdot k - 1 \right) + 2 \cdot (n+1) - 1$$

$$= \left(\sum_{k=1}^{n} 2 \cdot k - 1 \right) + 2n + 1$$

Verwende die Induktionsvoraussetzung $\sum_{k=1}^{n} 2 \cdot k - 1 = n^2$:

$$= \left(n^2 \right) + 2n + 1$$

Wende die erste binomische Formel **B1** mit $a = n$ und $b = 1$ auf $(n^2 + 2n + 1)$ an:

$$= (n+1)^2 \checkmark$$

Damit ist der Beweis vollbracht und wird mit der Beweisbox $\square$ abgeschlossen. $\square$

Lösung Aufgabe 2.2

Beweis 2.3 Im Gegensatz zur vorangegangenen Aufgabe, soll diese Aussage für alle natürlichen Zahlen inklusive der 0 gelten. Dies hat direkte Auswirkungen auf die Wahl des Startwerts.

1. **Induktionsanfang** $\mathcal{A}(n_0)$

   Sei $n_0 = 0$. Setze den Startwert n_0 in die Behauptung ein und vergleiche die Ergebnisse:

   a) $\sum_{k=1}^{n_0} 2^k = \sum_{k=1}^{1} 2^k = 2^1 = 2$,

   b) $n_0^2 = 1^2 = 1 \checkmark$

2. **Induktionsvoraussetzung** $\mathcal{A}(n)$

$$\exists n \in \mathbb{N} : \sum_{k=1}^{n} 2^k = 2^{n+1} - 1$$

3. **Induktionsbehauptung** $\mathcal{A}(n+1)$

   Unter der Voraussetzung, dass $\sum_{k=1}^{n} 2^k = 2^{n+1} - 1$ für (mindestens) ein n gilt, folgt:

   $$\sum_{k=1}^{n+1} 2^k = 2^{(n+1)+1} - 1$$

   Diesen Ausdruck erhältst du, indem du jedes n in $\sum_{k=1}^{n} 2^k = 2^{n+1} - 1$ durch $n+1$ ersetzt.

4. **Induktionsschluss** $\mathcal{A}(n) \implies \mathcal{A}(n+1)$

   Am Ende deines Beweises muss die rechte Seite der Induktionsbehauptung, also $2^{n+1} - 1$, herauskommen. Beginne deine Beweisführung mit der linken Seite der Summenformel aus der Induktionsbehauptung:

   $$\sum_{k=1}^{n+1} 2^k$$

Verwende $\Sigma\,3$ mit $f(k) = 2^k$, um das Summenzeichen aufzuspalten:

$$= \left(\sum_{k=1}^{n} 2^k\right) + 2^{n+1}$$

Verwende die Induktionsvoraussetzung $\sum_{k=1}^{n} 2^k = 2^{n+1} - 1$:

$$= \left(2^{n+1} - 1\right) + 2^{n+1}$$
$$= 2^{n+1} + 2^{n+1} - 1$$
$$= 2 \cdot 2^{n+1} - 1$$

Wende das Potenzgesetz **P2** mit $a = 2$, $x = 1$ und $y = n+1$ auf $(2 \cdot 2^{n+1})$ an:

$$= 2^{(n+1)+1} - 1\,\checkmark \qquad\qquad\qquad \square$$

Die Klassiker unter den Induktionsbeweisen 3

Inhaltsverzeichnis

Es gibt Fragestellungen, die hochschulübergreifend in den ersten Semestern eines jeden MINT-Studiengangs auftauchen. Oft werden die Beweise dieser wichtigen Sätze nur kurz behandelt, schnell (und unverständlich) an die Tafel gepinselt oder mit einem Verweis auf das Vorlesungsskript übersprungen. Das folgende Kapitel soll diesem Problem Abhilfe schaffen, indem zunächst die Wichtigkeit der jeweiligen mathematischen Errungenschaften herausgestellt und anschließend *Schritt für Schritt* der Beweis durch vollständige Induktion geführt wird.

Um welche *Klassiker* geht es?

- binomischer Lehrsatz,
- Mächtigkeit der Potenzmenge,
- Anzahl der Permutationen von n Elementen,
- Geometrische Summenformel.

Im Studium wirst du besonders in den Fächern *Analysis*, *Wahrscheinlichkeitstheorie* und *Diskrete Mathematik* mit diesen Sätzen konfrontiert.

Am Ende dieses Kapitels wirst du wissen, was sich hinter jedem dieser Schlagwörter verbirgt und wie man mathematisch sauber die damit verbundenen Aussagen beweist.

© Springer-Verlag GmbH Deutschland, ein Teil von Springer Nature 2019
F.A. Dalwigk, *Vollständige Induktion*, https://doi.org/10.1007/978-3-662-58633-4_3

3.1   Der binomische Lehrsatz

Jeder kennt sie, jeder „liebt" sie: die *binomischen Formeln*. Die einen singen sie, die anderen bauen sich vor Kreativität strotzende Eselsbrücken und wieder andere listen sie einfach nur auf:

- $(a + b)^2 = a^2 + 2 \cdot a \cdot b + b^2$ (1. binomische Formel),
- $(a - b)^2 = a^2 - 2 \cdot a \cdot b + b^2$ (2. binomische Formel),
- $(a + b) \cdot (a - b) = a^2 - b^2$ (3. binomische Formel).

Während man dieses Wissen meistens noch vor der Pubertät erlangt, bleibt vielen die algorithmische Herangehensweise zur Berechnung von $(a+b)^n$ für immer verborgen. Als Leser dieses Buchs bzw. Student eines MINT-Fachs zählst du allerdings nicht zu dieser Gruppe, da du nun Bekanntschaft mit dem *binomischen Lehrsatz* machst.

Satz 3.1 (Binomischer Lehrsatz)
Seien $n \in \mathbb{N}_0$ und $a, b \in \mathbb{R}$. Dann gilt:

$$(a + b)^n = \sum_{k=0}^{n} \binom{n}{k} \cdot a^{n-k} \cdot b^k$$

Beispiel 3.1 (Binomischer Lehrsatz)
Die erste binomische Formel $(a + b)^2$ kann mit dem *binomischen Lehrsatz* wie folgt berechnet werden:

$$\begin{aligned}
(a + b)^2 &= \sum_{k=0}^{2} \binom{2}{k} \cdot a^{2-k} \cdot b^k \\
&= \underbrace{\binom{2}{0}}_{=1} \cdot a^{2-0} \cdot b^0 + \underbrace{\binom{2}{1}}_{=2} \cdot a^{2-1} \cdot b^1 + \underbrace{\binom{2}{2}}_{=1} \cdot a^{2-2} \cdot b^2 \\
&= 1 \cdot a^2 \cdot 1 + 2 \cdot a^1 \cdot b^1 + 1 \cdot a^0 \cdot b^2 \\
&= a^2 + 2 \cdot a \cdot b + b^2
\end{aligned}$$
∎

Beispiel 3.2 (Binomischer Lehrsatz)
$(a - b)^3 = (a + (-b))^3$ kann mit dem *binomischen Lehrsatz* wie folgt berechnet werden:

$$(a - b)^3 = (a + (-b))^3 = \sum_{k=0}^{3} \binom{3}{k} \cdot a^{3-k} \cdot (-b)^k$$

$$= \underbrace{\binom{3}{0}}_{=1} \cdot a^{3-0} \cdot (-b)^0 + \underbrace{\binom{3}{1}}_{=3} \cdot a^{3-1} \cdot (-b)^1 + \underbrace{\binom{3}{2}}_{=3} \cdot a^{3-2} \cdot (-b)^2$$

$$+ \underbrace{\binom{3}{3}}_{=1} \cdot a^{3-3} \cdot (-b)^3$$

$$= 1 \cdot a^3 \cdot 1 + 3 \cdot a^1 \cdot (-b)^1 + 3 \cdot a^1 \cdot (-b)^2 + 1 \cdot 1 \cdot (-b)^3 = a^3 - 3 \cdot a^2 \cdot b$$
$$+ 3 \cdot a \cdot b^2 - b^3 \qquad \blacksquare$$

Die Aufgabe besteht nun darin, Satz 3.1 für alle natürlichen Zahlen inklusive der 0 zu beweisen. Es ist also zu zeigen:

$$\forall n \in \mathbb{N}_0 : (a+b)^n = \sum_{k=0}^{n} \binom{n}{k} \cdot a^{n-k} \cdot b^k$$

Beweis 3.1 (Binomischer Lehrsatz) Die Kunst bei dem Beweis des binomischen Lehrsatzes besteht zum Großteil darin, nicht den Überblick zu verlieren. Vieles läuft sehr mechanisch ab, weshalb es von Vorteil ist, routiniert mit den Tool aus dem mathematischen Werkzeugkasten umgehen zu können.

1. **Induktionsanfang** $\mathcal{A}(n_0)$

   Da der binomische Lehrsatz für alle natürlichen Zahlen inklusive der 0 gilt, ist der Startwert des Induktionsbeweises $n_0 = 0$. Dieser wird nun in beide Seiten der Behauptung eingesetzt und geprüft, ob in beiden Fällen dasselbe Ergebnis herauskommt. Ist das der Fall, konntest du den Induktionsanfang zeigen:

   (a) $(a+b)^{n_0} = (a+b)^0 = 1$,

   (b) $\sum_{k=0}^{n_0} \binom{n_0}{k} \cdot a^k \cdot b^{n_0-k} = \sum_{k=0}^{0} \binom{0}{k} \cdot a^k \cdot b^{0-k} = \binom{0}{0} \cdot a^0 \cdot b^{0-0} = 1 \cdot 1 \cdot 1 = 1 \checkmark$

   Im Gegensatz zu den bisherigen Beweisen in diesem Buch, taucht der Endwert des Summenzeichens (n) auch in $f(k)$ auf (nämlich in dem Binomialkoeffizienten und dem Exponenten des Faktors b). Hier muss ebenfalls in alle n der Startwert $n_0 = 0$ eingesetzt werden.

2. **Induktionsvoraussetzung** $\mathcal{A}(n)$

   Es existiert (mindestens) ein $n \in \mathbb{N}_0$, für das der Ausdruck $(a+b)^n$ durch die Summe $\sum_{k=0}^{n} \binom{n}{k} \cdot a^k \cdot b^{n-k}$ berechnet werden kann. Formal bedeutet das:

$$\exists n \in \mathbb{N}_0 : (a+b)^n = \sum_{k=0}^{n} \binom{n}{k} \cdot a^k \cdot b^{n-k}$$

3. **Induktionsbehauptung** $\mathcal{A}(n+1)$

Unter der Voraussetzung, dass $(a+b)^n$ für ein $n \in \mathbb{N}_0$ durch die Summe $\sum_{k=0}^{n} \binom{n}{k} \cdot$ $a^k \cdot b^{n-k}$ berechnet werden kann, gilt:

$$(a+b)^{n+1} = \sum_{k=0}^{n+1} \binom{n+1}{k} \cdot a^k \cdot b^{(n+1)-k}$$

Diesen Ausdruck erhältst du, indem du jedes n in $(a+b)^n = \sum_{k=0}^{n} \binom{n}{k} \cdot a^k \cdot b^{n-k}$ durch $n+1$ ersetzt. Auch hier gilt es wieder zu beachten, dass das n nicht nur der Endwert des Summenzeichens, sondern gleichzeitig integraler Bestandteil der Bildungsfunktion $f(k)$ ist.

4. **Induktionsschluss** $\mathcal{A}(n) \implies \mathcal{A}(n+1)$

Am Ende deines Induktionsbeweises muss die rechte Seite der Induktionsbehauptung, also $\sum_{k=0}^{n} \binom{n}{k} \cdot a^k \cdot b^{n-k}$, herauskommen. Beginne deine Beweisführung mit der linken Seite der Behauptung:

$$(a+b)^{n+1}$$

Wende das Potenzgesetz **P2** mit der Basis $(a+b)$, $x = n$ und $y = 1$ (rückwärts) auf $(a+b)^{n+1}$ an:

$$= (a+b)^n \cdot (a+b)$$

Verwende die Induktionsvoraussetzung, um $(a+b)^n$ durch die Summe $\sum_{k=0}^{n} \binom{n}{k} \cdot a^k \cdot b^{n-k}$ zu ersetzen:

$$= \left(\sum_{k=0}^{n} \binom{n}{k} \cdot a^k \cdot b^{n-k} \right) \cdot (a+b)$$

$$= \left(\sum_{k=0}^{n} \binom{n}{k} \cdot a^k \cdot b^{n-k} \right) \cdot a + \left(\sum_{k=0}^{n} \binom{n}{k} \cdot a^k \cdot b^{n-k} \right) \cdot b$$

$$= a \cdot \left(\sum_{k=0}^{n} \binom{n}{k} \cdot a^k \cdot b^{n-k} \right) + b \cdot \left(\sum_{k=0}^{n} \binom{n}{k} \cdot a^k \cdot b^{n-k} \right)$$

Nun kommt für die beiden Summenzeichen jeweils **Σ4** (Herausziehen eines konstanten Faktors) mit $c = a$ bzw. $c = b$ und $\sum_{k=k_0}^{n} f(k) = \left(\sum_{k=0}^{n} \binom{n}{k} \cdot a^k \cdot b^{n-k} \right)$ (rückwärts) zum Einsatz. Da a und b von der Laufvariable k unabhängige Konstanten sind, ist die Anwendung dieser Regel erlaubt:

$$= \left(\sum_{k=0}^{n} \binom{n}{k} \cdot a \cdot a^k \cdot b^{n-k} \right) + \left(\sum_{k=0}^{n} \binom{n}{k} \cdot a^k \cdot b \cdot b^{n-k} \right)$$

Wende anschließend das Potenzgesetz **P2** mit der Basis a, $x = 1$ und $y = a^k$ auf $a \cdot a^k$ an und (analog) **P2** mit der Basis b, $x = 1$ und $y = n - k$ auf $b \cdot b^{n-k}$:

$$= \left(\sum_{k=0}^{n} \binom{n}{k} \cdot a^{k+1} \cdot b^{n-k} \right) + \left(\sum_{k=0}^{n} \binom{n}{k} \cdot a^{k} \cdot b^{n-k+1} \right)$$

Nun folgt ein auf den ersten Blick seltsam anmutender Schritt. Die nächsten Umformungen werden mit dem Ziel, den Ausdruck

$$a^{n+1} + \left(\sum_{k=1}^{n} \binom{n}{k-1} \cdot a^{k} \cdot b^{n-k+1} \right) + \left(\sum_{k=1}^{n} \binom{n}{k} \cdot a^{k} \cdot b^{n-k+1} \right) + b^{n+1}$$

zu erhalten, vollzogen. Dies erlaubt nämlich im weiteren Verlauf eine Umformung, die dich sehr nahe ans Ziel bringt. Aber immer der Reihe nach! Als Erstes soll der Summand a^{n+1} aus der Summe herausgezogen werden. Dies erreichst du, indem du den Endwert des ersten Summenzeichens um 1 verringerst, sodass dort $n - 1$ statt n steht. Hierfür führst du eine Verschiebung des Endwerts um $\Delta = -1$ für das erste Summenzeichen durch:

$$= \left(\sum_{k=0}^{n-1} \binom{n}{k} \cdot a^{k+1} \cdot b^{n-k} \right) + \underbrace{\overbrace{\binom{n}{n}}^{=1} \cdot a^{n+1} \cdot \overbrace{b^{n-n}}^{b^0=1}}_{f(n)} + \left(\sum_{k=0}^{n} \binom{n}{k} \cdot a^{k} \cdot b^{n-k+1} \right)$$

$$= \left(\sum_{k=0}^{n-1} \binom{n}{k} \cdot a^{k+1} \cdot b^{n-k} \right) + a^{n+1} + \left(\sum_{k=0}^{n} \binom{n}{k} \cdot a^{k} \cdot b^{n-k+1} \right)$$

Aus dem zweiten Summenzeichen muss der Summand b^{n+1} extrahiert werden. Hierfür lohnt sich ein Blick auf den Faktor b^{n-k+1} in der Bildungsfunktion $f(k)$ des zweiten Summenzeichens. Welchen Wert muss k in b^{n-k+1} annehmen, damit b^{n+1} herauskommt? Natürlich $k = 0$, denn $b^{n-0+1} = b^{n+1}$. Und was passiert, wenn du den Ausdruck $f(0)$ aus dem Summenzeichen herausziehst? Richtig! Der Startwert des Summenzeichens ist dann $k = 1$. Du führst also eine Verschiebung des Startwerts um $\Delta = 1$ durch:

$$= \left(\sum_{k=0}^{n-1} \binom{n}{k} \cdot a^{k+1} \cdot b^{n-k} \right) + a^{n+1} + \underbrace{\overbrace{\binom{n}{0}}^{=1} \cdot \overbrace{a^0}^{=1} \cdot b^{n-0+1}}_{f(0)} + \left(\sum_{k=1}^{n} \binom{n}{k} \cdot a^{k} \cdot b^{n-k+1} \right)$$

$$= \left(\sum_{k=0}^{n-1} \binom{n}{k} \cdot a^{k+1} \cdot b^{n-k} \right) + a^{n+1} + b^{n+1} + \left(\sum_{k=1}^{n} \binom{n}{k} \cdot a^{k} \cdot b^{n-k+1} \right)$$

$$= b^{n+1} + \left(\sum_{k=0}^{n-1} \binom{n}{k} \cdot a^{k+1} \cdot b^{n-k} \right) + \left(\sum_{k=1}^{n} \binom{n}{k} \cdot a^{k} \cdot b^{n-k+1} \right) + a^{n+1}$$

Das sieht schon sehr nach dem aus, was vor wenigen Rechenschritten als Ziel festgelegt wurde. Nur das erste Summenzeichen weicht noch von der Wunschform ab. Diese kann jedoch durch eine einfache Indexverschiebung erreicht werden. Wende hierzu $\Sigma 5$ mit $\Delta = 1$ auf $\sum_{k=0}^{n-1} \binom{n}{k} \cdot a^{k+1} \cdot b^{n-k}$ an. Dabei muss jedes k in $f(k)$ um 1 *verringert* werden, da auf den Start- und Endwert jeweils 1 *addiert* wird:

$$= b^{n+1} + \left(\sum_{k=0+\Delta}^{n-1\Delta} \binom{n}{(k-\Delta)} \cdot a^{(k-\Delta)+1} \cdot b^{n-(k-1)} \right) + \left(\sum_{k=1}^{n} \binom{n}{k} \cdot a^{k} \cdot b^{n-k+1} \right) + a^{n+1}$$

$$= b^{n+1} + \left(\sum_{k=0+1}^{n-1+1} \binom{n}{(k-1)} \cdot a^{(k-1)+1} \cdot b^{n-(k-1)} \right) + \left(\sum_{k=1}^{n} \binom{n}{k} \cdot a^{k} \cdot b^{n-k+1} \right) + a^{n+1}$$

$$= b^{n+1} + \left(\sum_{k=1}^{n} \binom{n}{k-1} \cdot a^{k} \cdot b^{n-k+1} \right) + \left(\sum_{k=1}^{n} \binom{n}{k} \cdot a^{k} \cdot b^{n-k+1} \right) + a^{n+1}$$

Voilà! Der Olymp ist schon zu über 50 % erklommen! Jetzt kannst mit $\Sigma 1$ die beiden Summenzeichen zu einem zusammenfassen, da sie beide *denselben Startwert, denselben Endwert* und *dieselbe Laufvariable* besitzen:

$$= b^{n+1} + \left(\sum_{k=1}^{n} \binom{n}{k-1} \cdot a^{k} \cdot b^{n-k+1} + \binom{n}{k} \cdot a^{k} \cdot b^{n-k+1} \right) + a^{n+1}$$

Wenn du jetzt noch $a^{k} \cdot b^{n-k+1}$ ausklammerst, sieht das Ganze wieder wesentlich übersichtlicher aus:

$$= b^{n+1} + \left(\sum_{k=1}^{n} \left(\binom{n}{k-1} + \binom{n}{k} \right) \cdot a^{k} \cdot b^{n-k+1} \right) + a^{n+1}$$

Wende nun **B9** (rückwärts) auf die Summe $\binom{n}{k-1} + \binom{n}{k}$ an:

$$= b^{n+1} + \left(\sum_{k=1}^{n} \binom{n+1}{k} \cdot a^{k} \cdot b^{n-k+1} \right) + a^{n+1}$$

Der geklammerte Ausdruck entspricht (bis auf die Intervallgrenzen) genau dem, was Ende dieses steinigen Wegs deinen Beweis abschließen sollte. Es muss lediglich der Startwert bei $k = 0$ und der Endwert bei $k = n + 1$ liegen. Eine *Indexverschiebung* funktioniert hier leider nicht, da diese für den *Start-* und *Endwert* in dieselbe Richtung läuft (entweder werden beide um m erhöht oder um m verringert). Wenn du dir allerdings die beiden Summanden a^{n+1} und b^{n+1} außerhalb der Klammer ansiehst, wirst du Folgendes feststellen:

a) Für $k = 0$ gilt: $\binom{n+1}{0} \cdot a^0 \cdot b^{n-0+1} = 1 \cdot 1 \cdot b^{n+1} = b^{n+1}$

b) Für $k = n + 1$ gilt: $\binom{n+1}{n+1} \cdot a^{n+1} \cdot b^{n-(n+1)+1} = 1 \cdot a^{n+1} \cdot b^{n-n-1+1} = a^{n+1} \cdot b^0 =$
$a^{n+1} \cdot 1 = a^{n+1}$

An den Außengrenzen stehen also bereits die Summanden, die nur darauf warten, dass
man ihnen den Zutritt zum Summenzeichen gewährt:

$$= \sum_{k=0}^{n+1} \binom{n+1}{k} \cdot a^k \cdot b^{n-k+1}$$

$$= \sum_{k=0}^{n+1} \binom{n+1}{k} \cdot a^k \cdot b^{(n+1)-k} \checkmark$$

Damit ist der Olymp erklommen und der wohl längste Beweis in diesem Buch
abgeschlossen.   □

3.2 Die Mächtigkeit der Potenzmenge

Um eine Aussage über die Mächtigkeit von Potenzmengen treffen zu können, musst du
zunächst erfahren, was die Potenzmenge überhaupt ist.

Definition 3.1 (Potenzmenge)
Sei A eine Menge. Die *Potenzmenge* $\mathcal{P}(A)$ von A ist die Menge, die alle Teilmengen von
A enthält:

$$\mathcal{P}(A) := \{X \mid X \subseteq A\} \qquad\qquad \blacklozenge$$

Eine in diesem Zusammenhang häufig auftauchende Frage ist, ob die leere Menge $\emptyset$ und
die Menge A selbst in der Potenzmenge $\mathcal{P}(A)$ auftauchen. Die Antwort ist *Ja*, denn sowohl
$\emptyset$, als auch A sind Teilmengen von A. Nicht umsonst wird bei der Charakterisierung der
Elemente (die übrigens Mengen sind) in $\mathcal{P}(A)$ nicht die echte Teilmengenbeziehung $\subset$,
sondern $\subseteq$ verwendet. Auf diese Weise ist auch A selbst mit eingeschlossen.

Eine Potenzenge kann übrigens auch Teilmenge einer anderen Potenzmenge sein. Liegt
eine Teilmengenbeziehung zwischen zwei Mengen A und B vor, kann man eine inter-
essante Feststellung machen.

Satz 3.2 (Teilmengenbeziehung für Potenzmengen)
Seien A und B Mengen mit $A \subseteq B$. Dann gilt:

$$\mathcal{P}(A) \subseteq \mathcal{P}(B)$$

Für $A \subset B$ gilt analog:

$$\mathcal{P}(A) \subset \mathcal{P}(B)$$

Beispiel 3.3 (Potenzmenge)
Die Potenzmenge $\mathcal{P}(A)$ der Menge $A := \{0, 1\}$ ist gegeben durch:

$$\mathcal{P}(A) = \{\emptyset, \{0\}, \{1\}, \{0, 1\}\}$$ ∎

Beispiel 3.4 (Potenzmenge)
Die Potenzmenge $\mathcal{P}(B)$ der Menge $B := \{0, 1, 2, 3\}$ ist gegeben durch:

$$\mathcal{P}(B) = \left\{ \begin{array}{l} \emptyset, \{0\}, \{1\}, \{2\}, \{3\}, \{0, 1\}, \{0, 2\}, \{0, 3\}, \{1, 2\}, \{1, 3\}, \{2, 3\}, \\ \{0, 1, 2\}, \{1, 2, 3\}, \{0, 1, 2, 3\} \end{array} \right\}$$ ∎

Beispiel 3.5 (Teilmengenbeziehung zwischen Potenzmengen)
Da A (aus Beispiel 3.3) eine Teilmenge von B (aus Beispiel 3.4) ist, ist auch die Potenzmenge $\mathcal{P}(A)$ vollständig in $\mathcal{P}(B)$ enthalten. ∎

Wäre es nicht schön, wenn man die Mächtigkeit der Potenzmenge (also die Anzahl ihrer Elemente) bestimmen könnte, ohne diese zuvor vollständig angeben zu müssen? Besonders nach Beispiel 3.4 wird dir die Notwendigkeit einer einfachen (und vor allem schnellen) Berechnungsmöglichkeit sicherlich bewusst geworden sein. Diesen Bedarf deckt der folgende Satz.

Satz 3.3 (Die Mächtigkeit der Potenzmenge)
Sei M eine Menge mit $|M| = n$ Elementen. Dann besitzt die Potenzmenge $\mathcal{P}(M)$ der Menge M für alle $n \in \mathbb{N}_0$ genau 2^n Elemente.

Wenn du die Mächtigkeiten der Mengen aus den beiden Beispielen mit denen ihrer Potenzmengen vergleichst, wirst du feststellen, dass Satz 3.3 zu funktionieren scheint.

- In Beispiel 3.3 enthält A genau 2 Elemente. Für die Potenzmenge gilt: $|\mathcal{P}(A)| = 4 = 2^2 \checkmark$
- In Beispiel 3.4 enthält B genau 4 Elemente. Für die Potenzmenge gilt: $|\mathcal{P}(B)| = 16 = 2^4 \checkmark$

Doch wie so oft könnte es reiner Zufall gewesen sein, dass die bislang unbewiesene Behauptung hier funktioniert. Um auch den letzten Zweifler davon zu überzeugen, dass die Potenzmenge einer Menge mit n Elementen tatsächlich 2^n (Teil-)Mengen beinhaltet, wird diese Behauptung nun allgemein durch vollständige Induktion für alle natürlichen Zahlen $n \in \mathbb{N}_0$ bewiesen. Die Potenzmenge (und ihre Mächtigkeit) besitzt besonders in der *Wahrscheinlichkeitsrechnung* eine hohe Relevanz. Mit ihr kann der sogenannte *Ereignisraum* bestimmt werden, der für ein Zufallsexperiment die Kombination aller möglichen Ausgänge beschreibt. Weiß man um die Mächtigkeit des Ereignisraums, so kann man die Wahrscheinlichkeit eines bestimmten Ereignisses berechnen.

Bevor es an den heiß ersehnten Beweis geht, wird eine andere mathematische Erkenntnis eingeschoben, die dich gedanklich auf den eigentlichen Beweis dieses Abschnitts vorbereiten soll und am Ende sogar noch eine weitere Übungsaufgabe motiviert. Es handelt sich um die Frage nach der Anzahl der k-elementige Teilmengen einer n-elementigen Menge M. Diese entspricht nämlich genau dem Wert des Binomialkoeffizienten $\binom{n}{k}$.

Satz 3.4 (Anzahl der k-elementigen Teilmengen einer n-elementigen Menge)
Sei $M := \{m_1, m_2, \ldots, m_n\}$ eine Menge mit $n \in \mathbb{N}$ Elementen. Es gibt genau

$$\binom{n}{k}$$

k-elementigen Teilmengen von M (dabei ist $k \leq n$).

Beispiel 3.6 (Anzahl der k-elementigen Teilmengen einer n-elementigen Menge)
Gegeben sei die Menge $M := \{A, B, C, D\}$. Diese besitzt $n = 5$ Elemente. Gesucht ist nun die Anzahl der 0-, 1-, 2-, 3- und 4-elementigen Teilmengen von M.

- **0-elementige Teilmengen** Es gibt genau *eine* Teilmenge von M, die keine Elemente enthält, nämlich die *leere Menge* $\emptyset$. Dies entspricht dem Wert des Binomialkoeffizienten $\binom{4}{0} = 1$ ✓
- **1-elementige Teilmengen** Es gibt genau 4 Teilmengen von M mit einem Element, nämlich: $\{A\}, \{B\}, \{C\}$ und $\{D\}$. Dies entspricht dem Wert des Binomialkoeffizienten $\binom{4}{1} = 1$ ✓
- **2-elementige Teilmengen** Es gibt genau 6 Teilmengen von M mit zwei Elementen, nämlich: $\{A, B\}, \{A, C\}, \{A, D\}, \{B, C\}, \{B, D\}$ und $\{C, D\}$. Dies entspricht dem Wert des Binomialkoeffizienten $\binom{4}{2} = 6$ ✓
- **3-elementige Teilmengen** Es gibt genau 4 Teilmengen von M mit drei Elementen, nämlich: $\{A, B, C\}, \{A, B, D\}, \{A, C, D\}$ und $\{B, C, D\}$. Dies entspricht dem Wert des Binomialkoeffizienten $\binom{4}{3} = 4$ ✓
- **4-elementige Teilmengen** Es gibt genau *eine* Teilmenge von M, die vier Elemente enthält, nämlich die Menge M selbst: $\{A, B, C, D\}$. Dies entspricht dem Wert des Binomialkoeffizienten $\binom{4}{4} = 1$ ✓

Fasst du all diese Teilmengen in einer neuen Menge zusammen, so erhältst du die Potenzmenge $\mathcal{P}(M)$ von M:

$$\left.\begin{array}{l} \emptyset, \{A\}, \{B\}, \{C\}, \{D\}, \{A, B\}, \{A, C\}, \{A, D\}, \{B, C\}, \{B, D\}, \\ \{C, D\}, \{A, B, C\}, \{A, B, D\}, \{A, C, D\}, \{B, C, D\}, \{A, B, C, D\} \end{array}\right\} = \mathcal{P}(M)$$

Vor dem Hintergrund des zu zeigenden Satzes 3.3 ist es nicht verwunderlich, dass die Summe aller k-elementigen Teilmengen der 4-elementigen Menge M genau $16 = 2^4 =$

$2^n = 2^{|M|}$ (und damit die Mächtigkeit der Potenzmenge $\mathcal{P}(M)$) ergibt:

$$|\mathcal{P}(M)| = \underbrace{\binom{4}{0}}_{=1} + \underbrace{\binom{4}{1}}_{=4} + \underbrace{\binom{4}{2}}_{=6} + \underbrace{\binom{4}{3}}_{=4} + \underbrace{\binom{4}{4}}_{=1} = 16 = 2^4 \qquad \blacksquare$$

Beweis 3.2 (Anzahl der k-elementigen Teilmengen einer n-elementigen Menge) Der Beweis von Satz 3.4 erfolgt durch vollständige Induktion über die Anzahl der Elemente in M. Zur besseren Kennzeichnung der verschiedenen Mengen wird die Anzahl der Elemente in M tiefgestellt hinter M geschrieben.[1] Mit T_k^n sind im Folgenden die k-elementigen Teilmengen der n-elementigen Menge M_n gemeint.[2]

1. **Induktionsanfang** $\mathcal{A}(n_0)$

   Da in Satz 3.4 von einer n-elementigen mit $n \in \mathbb{N}$ ausgegangen wird, enthält M_n mindestens ein Element (ansonsten stünde dort $n \in \mathbb{N}_0$[3]). Der Startwert lautet also $n_0 = 1$, d. h., du gehst von einer Menge M_1 mit *genau einem* Element aus: $M_1 := \{m_1\}$. Diese Menge besitzt die beiden Teilmengen $\emptyset$ ($k = 0$) und $\{m_1\}$ ($k = 1$). Du musst nun prüfen, ob der Binomialkoeffizient für alle $k \leq n_0$ tatsächlich die Anzahl der k-elementigen Teilmengen von M_1 angibt. Für $k = 0$ gilt:
   - $T_0^{n_0} = T_0^1 = 1$ (es gibt nur die 0-elementige Teilmenge $\emptyset$),
   - $\binom{n_0}{0} = \binom{1}{0} = 1$ ✓

   Für $k = 1$ gilt:
   - $T_1^{n_0} = T_1^1 = 1$ (es gibt nur die 1-elementige Teilmenge $\{m_1\}$),
   - $\binom{n_0}{1} = \binom{1}{1} = 1$ ✓

   Damit ist der Induktionsanfang gezeigt.

2. **Induktionsvoraussetzung** $\mathcal{A}(n)$

   Du hast im Induktionsanfang einen Fall gefunden, für den die Behauptung stimmt. Du setzt also voraus, dass es (mindestens) ein n aus den natürlichen Zahlen gibt, für das die Anzahl der k-elementigen Teilmengen einer n-elementigen Menge M_n durch $\binom{n}{k}$ berechnet werden kann. Mathematisch ausgedrückt bedeutet das:

   $$\exists n \in \mathbb{N} : T_k^n = \binom{n}{k}$$

3. **Induktionsbehauptung** $\mathcal{A}(n + 1)$

   Zum Formulieren der Induktionsbehauptung ersetzt du jedes n aus der Induktionsvoraussetzung durch $n + 1$. Im Kontext der zu zeigenden Behauptung nimmst du also an,

---

[1] M_3 meint z. B. eine Menge mit 3 Elementen.

[2] T_2^3 meint z. B. die 2-elementigen Teilmengen einer 3-elementigen Menge M_3.

[3] Der Satz gilt auch für $n \in \mathbb{N}_0$. Da in Satz 3.4 von $n \in \mathbb{N}$ die Rede ist, wird der Startwert $n_0 = 1$ gewählt.

dass sich die Anzahl der k-elementigen Teilmengen einer $(n + 1)$-elementigen Menge
$M_{n+1} := \{m_1, m_2, \ldots, m_n, m_{n+1}\}$ durch $\binom{n+1}{k}$ berechnen lässt:

$$T_k^{n+1} = \binom{n + 1}{k}$$

Dabei setzt du selbstverständlich voraus, dass $T_k^n = \binom{n}{k}$ für ein beliebiges, aber festes $n \in \mathbb{N}$ gilt, und musst im nun folgenden Induktionsschluss beweisen, dass die Behauptung auch für den Nachfolger $n + 1$ gilt.

4. **Induktionsschluss** $\mathcal{A}(n) \implies \mathcal{A}(n + 1)$

   Hier müssen nun mehrere Fälle für k unterschieden werden. Warum? Die Behauptung bezieht sich auf alle k-elementigen Teilmengen von M_{n+1}. k kann für eine $(n + 1)$-elementige Menge die Werte $0, 1, 2, \ldots, n$ und $n + 1$ annehmen. Eine sinnvolle Fallunterscheidung ist $k = 0$, $k = n + 1$ und $0 < k < n + 1$ (warum das sinnvoll ist, wirst du noch sehen).

   - **Fall 1** ($k = 0$) Die $(n + 1)$-elementige Menge M_{n+1} besitzt genau eine Teilmenge mit 0 Elementen, nämlich die leere Menge. Es ist also $T_0^{n+1} = 1$, was dem Wert des Binomialkoeffizienten $\binom{n+1}{0} = 1$ entspricht ✓

   - **Fall 2** ($k = n + 1$) Die $(n + 1)$-elementige Menge M_{n+1} besitzt genau eine Teilmenge mit $n + 1$ Elementen, nämlich die Menge M_{n+1} selbst. Es ist also $T_{n+1}^{n+1} = 1$, was dem Wert des Binomialkoeffizienten $\binom{n+1}{n+1} = 1$ entspricht ✓

   - **Fall 3** ($0 < k < n + 1$) Die beiden vorangegangenen Fälle waren für die Randbetrachtung sinnvoll und kamen ohne die direkte Anwendung der Induktionsvoraussetzung aus. Dies ändert sich nun für den Fall aller zwischen 0 (exklusive) und $n + 1$ (exklusive) liegenden k. Noch einmal zur Erinnerung: M_{n+1} besitzt die Form $M_{n+1} := \{m_1, m_2, \ldots, m_n, m_{n+1}\}$. Für M_{n+1} können zwei verschiedene Arten von k-elementigen Teilmengen unterschieden werden, nämlich diejenigen, die das $(n + 1)$-te Element m_{n+1} enthalten, und diejenigen, die es *nicht* enthalten. Hier liegt eine binäre Entscheidung mit sich gegenseitig ausschließenden Optionen vor! Nun kommt die Induktionsvoraussetzung ins Spiel. Für diejenigen k-elementigen Teilmengen, die m_{n+1} *nicht* enthalten, wurde vorausgesetzt, dass sich ihre Anzahl durch $\binom{n}{k}$ ermitteln lässt:

$$T_k^n = \binom{n}{k}$$

Warum ist das so? Fehlt der $(n + 1)$-elementigen Menge M_{n+1} das $(n + 1)$-te Element, so liegt die n-elementige Menge M_n (und damit die Situation aus der Induktionsvoraussetzung) vor. Doch was ist mit den k-elementigen Teilmengen, die m_{n+1} enthalten? Das ist der eigentliche Knackpunkt des Beweises, der ihn so kompliziert erscheinen lässt. Betrachte dazu die k-elementige Teilmenge A_k von M_{n+1} mit $m_{n+1} \in A_k$. Entfernst du das $(n + 1)$-te Element m_{n+1} aus A_k, so erhältst du die Menge $B_{k-1} := A_k \setminus \{m_{n+1}\}$, die $k-1$ statt k Elemente enthält. Was ist jetzt passiert? du hast mit B_{k-1} eine $(k-1)$-elementige Teilmenge von M_n gefunden, da B_{k-1} das Element m_{n+1} nicht enthält. Du hast schließlich aus der k-elementigen Menge A_k, die m_{n+1} enthält, m_{n+1} entfernt. Mit der Induktionsvoraussetzung folgt für die $(k-1)$-elementige Teilmenge der n-elementigen Menge M_n:

$$T_{k-1}^n = \binom{n}{k-1}$$

Doch wie hilft dir das jetzt weiter? Schließlich geht es doch gerade um die k-elementigen Teilmengen, die m_{n+1} enthalten. Betrachte dazu die folgende Abbildung:

$$f : A_k \longrightarrow B_{k-1}, \, f(A_k) = B_{k-1} = A_k \setminus \{m_{n+1}\}$$

Diese Abbildung ordnet jeder k-elementigen Teilmenge, die das $(n+1)$-te Element m_{n+1} enthält, *genau eine* Menge B_{k-1} zu, die durch das Entfernen von m_{n+1} aus A_k entsteht. Umgekehrt erhältst du aus B_{k-1} wieder (eindeutig) A_k, indem du das Element m_{n+1} in die Menge B_{k-1} einfügst: $A_k = B_{k-1} \cup \{m_{n+1}\}$. Demnach ist f eine *bijektive Abbildung* (Definition 2.5). Weil f bijektiv ist, sind die Mengen A_k und B_{k-1} gleichmächtig (Satz 2.1). Es gibt folglich genau $\binom{n}{k-1}$ k-elementige Teilmengen von M_{n+1}, die das Element m_{n+1} enthalten:

$$T_{k-1}^n = \binom{n}{k-1}$$

Fügst du alle k-Teilmengen dieser beiden Typen (m_{n+1} ist *enthalten* oder *nicht enthalten*) zusammen,[4] so erhältst du alle k-elementigen Teilmengen von M_{n+1}:

$$T_k^n + T_{k-1}^n = \binom{n}{k} + \binom{n}{k-1}$$

Mit **B9** folgt:

$$\binom{n}{k} + \binom{n}{k-1} = \binom{n+1}{k} = T_k^{n+1} \checkmark$$

Da nun alle Fälle gezeigt wurden, kann der Beweis mit der Beweisbox geschlossen werden. $\square$

Die Potenzmenge $\mathcal{P}(M_n)$ einer n-elementigen Menge M_n ist (wie mittlerweile mantrahaft wiederholt wurde) die Menge, die alle Teilmengen von M_n enthält.[5] Dass Satz 3.3 gilt und

---

[4] Dieses Zusammenführen ist überschneidungsfrei möglich, da die beiden Typen disjunkt sind.
[5] Auch hier wird die Anzahl der Elemente in M tiefgestellt hinter das M geschrieben, um die Ähnlichkeit zum vorangegangenen Beweis zu erhalten.

$\mathcal{P}(M_n)$ für alle $n \in \mathbb{N}_0$ wirklich 2^n Elemente besitzt, wirst du nun zeigen. Wenn du den vorangegangenen Beweis verstanden hast, wird dich dieser wahrscheinlich langweilen, da du hier nicht einmal eine Fallunterscheidung benötigst!

Beweis 3.3 (Mächtigkeit der Potenzmenge) Das Mittel der Wahl ist (wie hätte es auch anders sein können?) die vollständige Induktion.

1. **Induktionsanfang** $\mathcal{A}(n_0)$
   Da die Behauptung für alle $n \in \mathbb{N}_0$ bewiesen werden soll, prüfst du zuerst, ob sie für den Startwert $n_0 = 0$ gilt. $n = n_0 = 0$ bedeutet, dass $M_{n_0} = M_0$ keine Elemente besitzt. Die einzige Menge, für die das der Fall ist, ist die *leere Menge*. Also ist $M_0 = \{\} = \emptyset$. Die Potenzmenge $\mathcal{P}(\emptyset)$ der leeren Menge ist die Menge, welche die leere Menge enthält: $\mathcal{P}(\emptyset) = \{\emptyset\} = \{\{\}\}$. Die Potenzmenge der leeren Menge besitzt also genau ein Element (die leere Menge) und $1 = 2^0 = 2^{n_0}$. ✓

2. **Induktionsvoraussetzung** $\mathcal{A}(n)$
   Es existiert ein beliebiges, aber festes $n \in \mathbb{N}_0$, für das die Potenzmenge $\mathcal{P}(M_n)$ der n-elementigen Menge $M_n := \{m_1, m_2, \ldots, m_n\}$ genau 2^n Elemente besitzt. Mathematisch kann man die Induktionsvoraussetzung kurz und knapp formulieren:

$$\exists n \in \mathbb{N}_0 : |M_n| = n \implies |\mathcal{P}(M_n)| = 2^n$$

3. **Induktionsbehauptung** $\mathcal{A}(n+1)$ Unter der Voraussetzung, dass ein $n \in \mathbb{N}_0$ existiert, für das die Potenzmenge $\mathcal{P}(M_n)$ der n-elementigen Menge $M_n := \{m_1, m_2, \ldots, m_n\}$ genau 2^n Elemente besitzt, hat die Potenzmenge $\mathcal{P}(M_{n+1})$ der $(n+1)$-elementigen Menge $M_{n+1} := \{m_1, m_2, \ldots, m_n, m_{n+1}\}$ genau 2^{n+1} Elemente:

$$|M_{n+1}| = n + 1 \implies |\mathcal{P}(M_{n+1})| = 2^{n+1}$$

Diesen Ausdruck erhältst du, indem du jedes n in $|M_n| = n \implies |\mathcal{P}(M_n)| = 2^n$ durch $n + 1$ ersetzt.

4. **Induktionsschluss** $\mathcal{A}(n) \implies \mathcal{A}(n+1)$
   Sei M_{n+1} also eine $(n+1)$-elementige Menge der Form $M_{n+1} := \{m_1, m_2, \ldots, m_n, m_{n+1}\}$. Die Menge M_n ist eine Teilmenge von M_{n+1}, denn:

$$\{m_1, m_2, \ldots, m_n\} \subset \{m_1, m_2, \ldots, m_n, m_{n+1}\}$$

M_n hat n Elemente und ihre Potenzmenge nach der Induktionsvoraussetzung genau 2^n Elemente. Für den nächsten gedanklichen Schritt solltest du dir die Potenzmenge $\mathcal{P}(M_n)$ einmal allgemein aufschreiben:

$$\mathcal{P}(M_n) := \{U_1, U_2, \ldots, U_{2^n-1}, U_{2^n}\}$$

Dabei sind U_1 bis U_{2^n} die Teilmengen von M_n, da die Potenzmenge von M_n nach Definition 3.1 die Menge all ihrer Teilmengen ist. Da M_n eine Teilmenge von M_{n+1} ist, ist auch die Potenzmenge $\mathcal{P}(M_n)$ eine Teilmenge der Potenzmenge $\mathcal{P}(M_{n+1})$ (Satz 3.2). Die Teilmengen U_1 bis U_{2^n} sind *Elemente* der Potenzmenge $\mathcal{P}(M_{n+1})$: $U_1 \in \mathcal{P}(M_{n+1}), U_2 \in \mathcal{P}(M_{n+1}), \ldots, U_{2^n} \in \mathcal{P}(M_{n+1})$. Die Frage ist nun, welche Elemente die Potenzmenge $\mathcal{P}(M_{n+1})$ enthält (um die geht es immerhin). Sie enthält neben allen Elementen aus $\mathcal{P}(M_n)$ noch die Mengen, die entstehen, wenn man das in M_n fehlende Element m_{n+1} in jede der Teilmengen in $\mathcal{P}(M_n)$ schreibt. Die Potenzmenge von M_n sieht also folgendermaßen aus:

$$\mathcal{P}(M_{n+1}) := \Big\{ \underbrace{T_1, T_2, \ldots, T_{2^n}}_{2^n \times}, \underbrace{T_1 \cup \{m_{n+1}\}, T_2 \cup \{m_{n+1}\}, \ldots, T_{2^n} \cup \{m_{n+1}\}}_{2^n \times} \Big\}$$

Auf diese Art kommen noch einmal 2^n Teilmengen hinzu, da man in jede der (nach Induktionsvoraussetzung) 2^n Teilmengen in $\mathcal{P}(M_n)$ das Element m_{n+1} einträgt:

$$\mathcal{P}(M_{n+1}) = 2^n + 2^n = 2 \cdot 2^n$$

Durch Anwendung des Potenzgesetzes **P2** mit $a = 2$, $x = 1$ und $y = n$ erhältst du

$$\mathcal{P}(M_{n+1}) = 2 \cdot 2^n = 2^{n+1}.$$

Und genau das war zu zeigen!   □

Dieser Abschnitt wird nun mit dem Ausblick auf die zu Beginn versprochene Übungsaufgabe geschlossen. Man kann die Mächtigkeit der Potenzmenge von M auch als die Anzahl aller 0-, 1-, 2-, $\ldots$, n-elementigen Teilmengen von M auffassen. Mit dem Wissen, dass es für jede n-elementige genau $\binom{n}{k}$ k-elementige Teilmengen gibt, gilt:

$$|\mathcal{P}(M)| = \binom{n}{0} + \binom{n}{1} + \binom{n}{2} + \ldots + \binom{n}{n} = \sum_{k=0}^{n} \binom{n}{k}$$

Da bereits bewiesen wurde, dass $|\mathcal{P}(M)| = 2^n$ für alle $n \in \mathbb{N}_0$ gilt, müsste auch folgende Aussage wahr sein:

$$\sum_{k=0}^{n} \binom{n}{k} = 2^n \checkmark$$

In Aufgabe 5.13 wirst du die Gelegenheit bekommen, genau das zu zeigen!

3.3 Die Anzahl der Permutationen von *n* Elementen

Stelle dir vor, du möchtest dir eine Playlist aus verschiedenen deiner insgesamt n Lieblingsmusikstücke $m_1, m_2, \ldots, m_n$ zusammenstellen. Selbstverständlich führst du auch unter deinen Lieblingsliedern eine Rangliste, die jedoch von deiner aktuellen Stimmung oder der Jahreszeit abhängt („Last Christmas" von *Wham* ist bspw. nicht unbedingt ein Sommerhit). Du stellst dir in diesem Zusammenhang die Frage, auf wie viele verschiedene Arten deine n Lieblingsmusikstücke in der Playlist angeordnet werden können. Angenommen, du hast $n = 3$ Lieblingslieder:

- $m_1 = $ „Last Christmas" (*Wham*),
- $m_2 = $ „Mamma Mia" (*ABBA*),
- $m_3 = $ „Der Erlkönig" (*Franz Schubert*).

Dann könntest du z. B. für die kalten Wintertage „Last Christmas" (m_1) auf Platz 1 setzen, „Der Erlkönig" auf Platz 2 und „Mamma Mia" auf den letzten Platz. Im Sommer ändert sich vielleicht dein Favorit und plötzlich rutscht „Mamma Mia" auf die 1. Kombinatorisch betrachtet hast du drei Möglichkeiten für die Wahl des ersten Platzes. Danach verbleiben noch zwei Lieder, aus denen du wählen kannst. Am Schluss ist nur noch eines übrig. Insgesamt ergeben sich auf diese Weise $3 \cdot 2 \cdot 1 = 6$ verschiedene Platzierungsmöglichkeiten, nämlich $m_1 m_2 m_3$, $m_1 m_3 m_2$, $m_2 m_1 m_3$, $m_2 m_3 m_1$, $m_3 m_1 m_2$ und $m_3 m_2 m_1$.

Wie sieht es nun aber mit den eingangs erwähnten n Liedern aus? Du hast n Möglichkeiten für die Wahl des ersten Platzes. Danach verbleiben noch $n - 1$ Lieder, aus denen du wählen kannst. Nach der Wahl eines weiteren Songs sind es noch $n - 2$ und immer so weiter. Am Schluss ist nur noch eines übrig. Insgesamt ergeben sich auf diese Weise $n \cdot (n - 1) \cdot (n - 2) \cdot \ldots \cdot 3 \cdot 2 \cdot 1 = n!$ verschiedene Platzierungsmöglichkeiten. Mit $n!$ (gesprochen: „n Fakultät") kann die Anzahl der Anordnungen von n Elementen bestimmt werden! Diese Überlegung ist so wichtig, dass ihr ein eigener Satz gewidmet wird.

Satz 3.5 (Anzahl der Anordnungsmöglichkeiten von *n* Elementen)
Gegeben seien n unterscheidbare Elemente $m_1, m_2, \ldots, m_n$. Dann lassen sich diese auf $n!$ verschiedene Arten anordnen.

Dieser Satz ist geradezu prädestiniert für einen Beweis durch vollständige Induktion, da es hier um *einfaches Zählen und Anordnen* geht. n ist dabei eine natürliche Zahl, über die der Beweis geführt wird.

Beweis 3.4 (Anzahl der Anordnungsmöglichkeiten von *n* Elementen) Der Beweis soll für alle $n \in \mathbb{N}$ gezeigt werden.

1. **Induktionsanfang** $\mathcal{A}(n_0)$
   Der Induktionsbeweis startet bei $n_0 = 1$. In diesem Fall hättest du nur ein absolutes Lieblingslied, dem du eine eigene Playlist spendierst. Von einer Play*list* zu sprechen,

wäre dann zwar unpassend, doch geht es um den formalen Beweis von Satz 3.5, weshalb ein praxistauglicher Realitätsbezug in diesem Fall nicht zwingend gegeben sein muss.

Ein Element lässt sich offensichtlich auf genau *eine Art* anordnen (das Lieblingslied wird einfach in die Playlist gepackt, und da sich dort kein weiteres Lied befindet, ist keine Anordnung notwendig). Außerdem ist $n_0! = 1! = 1$. Damit ist der Induktionsanfang gezeigt.

2. **Induktionsvoraussetzung** $\mathcal{A}(n)$

   n unterscheidbare Elemente können auf $n!$ verschiedene Arten angeordnet werden.

3. **Induktionsbehauptung** $\mathcal{A}(n+1)$

   Unter der Voraussetzung, dass n unterscheidbare Elemente auf $n!$ verschiedene Arten angeordnet werden können, können $n+1$ unterscheidbare Elemente auf $(n+1)!$ verschiedene Arten angeordnet werden.

4. **Induktionsschluss** $\mathcal{A}(n) \implies \mathcal{A}(n+1)$

   Am Ende deines Induktionsbeweises muss herauskommen, dass es $(n+1)!$ verschiedene Anordnungsmöglichkeiten für $n+1$ Elemente gibt. Gegeben seien nun also $n+1$ Elemente $m_1, m_2, \ldots, m_n, m_{n+1}$. Für das zu den n Elementen $m_1, m_2, \ldots, m_n$ neu hinzugekommene Element m_{n+1} gibt es $(n+1)$ verschiedene Anordnungsmöglichkeiten. Im Playlist-Beispiel würdest du statt n Lieblingsliedern $n+1$ auswählen (z. B. wenn du in der Weihnachtszeit neben „Last Christmas" zusätzlich noch Gefallen an „Driving Home For Christmas" gefunden hast) und könntest einen der $n+1$ Plätze in der Playlist für dieses Lied wählen. Für die verbliebenen n Elemente $m_1, m_2, \ldots, m_n$ gibt es nach der Induktionsvoraussetzung genau $n!$ verschiedene Anordnungsmöglichkeiten. Insgesamt ergeben sich für alle betrachteten $n+1$ Elemente genau $(n+1) \cdot n!$ verschiedene Anordnungsmöglichkeiten. Mit **F3** folgt: $(n+1) \cdot n! = (n+1)!$. Damit ist der Induktionsschluss gezeigt und der Beweis vollendet, d. h., es ist nun eine *bewiesene* Tatsache, dass es für n unterscheidbare Elemente genau $n!$ verschiedene Anordnungsmöglichkeiten gibt.   □

Theoretisch könnte dieser Beweis auch bei $n_0 = 0$ starten, da es genau eine Möglichkeit gibt, 0 Elemente anzuordnen. Dieser Fall wird mathematisch durch das leere Produkt (Π6) abgebildet. Im Kontext des Playlist-Beispiels ergibt eine leere Playlist ($n = 0$) noch weniger Sinn als eine Playlist mit nur einem Lied ($n = 1$). Am Beweis selbst ändert sich nur der Startwert.

3.4 Die geometrische Summenformel

Vor langer, langer Zeit wurde im fernen Indien *das* Strategiespiel mit den 64 Schlachtfeldern erfunden, das man auch als „Spiel der Könige" kennt: Schach (Technische Universität München, 2012). Doch nicht nur heute weiß Schach Menschen aus allen Gesellschaftsschichten zu begeistern. Schon damals war der indische Kaiser *Sheram* fasziniert von der Scharfsinnigkeit dieses Spiels und die schier unmöglich scheinende Anzahl an möglichen Spielsituationen. Einer Sage nach soll Sheram, als er erfuhr, dass einer seiner Unternamen das Spiel erfunden hat, diesen zu sich bestellt haben. *Zeta*, so der Name des Erfinders, sollte als Belohnung einen freien Wunsch erhalten und dabei keine falsche Bescheidenheit zeigen. So äußerte er also folgenden Wunsch: „Mein Gebieter! Bitte befiel, mir für das erste Schachfeld nur ein einziges Reiskorn auszuhändigen, für das zweite zwei Reiskörner, für das dritte vier Reiskörner, für das achte acht Reiskörner und für jedes der verbleibenden 60 Felder jeweils doppelt so viele Reiskörner wie für das vorherige Feld!" Was denkst du? Für wie viele Mahlzeiten wird der Lohn für die Erfindung des Schachspiels wohl gereicht haben? Der Wunsch klingt erstmal äußerst bescheiden. Dieser Ansicht war auch Sheram. Dass ihn dieser Wunsch 18.446.744.073.709.551.615 (in Worten „achtzehn Quintillionen vierhundertsechsundvierzig Quadrillionen siebenhundertvierundvierzig Trillionen dreiundsiebzig Billionen siebenhundertneun Millionen fünfhundertfünfzigtausend sechshundertfünfzehn") Reiskörner kosten wird, hat er zu Beginn wohl nicht vermutet. Woran liegt das? Wir Menschen denken von Natur aus nun einmal *linear* und *nicht exponentiell*. Ähnlich verhält es sich auch mit dem *Zinseszinseffekt*.

Doch wie kommt diese unvorstellbar hohe Summe zustande? In der Sage kann die Gesamtzahl an Reiskörern durch die Summe

$$1 + 2 + 4 + 8 + 16 + 32 + \ldots$$

berechnet werden. Zur besseren Übersicht wird diese Summe mit dem Summenzeichen ausgedrückt. Der Name der Laufvariable kann dabei beliebig gewählt werden (in diesem Fall k). Jeder Summand ist das Doppelte des vorangegangenen Summanden (außer der erste Summand, da dieser keinen Vorgänger hat). $f(k)$ ist also gegeben durch $f(k) = 2^k$. Den ersten Summanden (1) erhält man durch Einsetzen von $k = 0$ in $f(k)$. Der Startwert für das Summenzeichen ist demnach $k_0 = 0$. Der letzte Summand ist aus Übersichtlichkeitsgründen und um des Aha-Effekts wegen nicht aufgeführt. Du weißt aber, dass insgesamt 64 Summanden addiert werden, da ein Schachbrett 64 Felder besitzt. Da bei $k = 0$ zu zählen begonnen wird, liegt der Endwert bei $n = 64 - 1 = 63$. Mit diesen Informationen kann die Summe der von Sheram zu zahlenden Reiskörner durch

$$\sum_{k=0}^{63} 2^k$$

angegeben werden. Diese Summe durch Addition der einzelnen Summanden auszurechnen ist reine Sträflingsarbeit und keinem Studenten zuzumuten. Zum Glück gibt es eine einfache Formel, mit der man den Wert dieser Summe direkt berechnen kann. Diese kennst du sogar schon, weil du ihre Allgemeingültigkeit in Form einer deiner ersten Induktionsbeweise in Aufgabe 2.2 (siehe Abschn. 2.5) gezeigt hast. Zur Erinnerung:

$$\sum_{k=0}^{n} 2^k = 2^{n+1} - 1$$

Mit $n = 63$ ergibt sich die unvorstellbare Summe von 18.446.744.073.709.551.615 Reis-körnern durch die simple Rechnung

$$\sum_{k=0}^{63} 2^k = 2^{63+1} - 1 = 2^{64} - 1 = 18.446.744.073.709.551.615$$

Doch was wäre, wenn Zeta statt des Doppelten jeweils das Dreifache des vorangegan-genen Feldes gefordert hätte? Oder das Vierfache? Für jeden dieser Spezialfälle müsste eine neue Summenformel gefunden und bewiesen werden. Das muss einfacher gehen! Betrachte dazu folgenden Satz.

Satz 3.6 (Geometrische Summenformel)
Gegeben sei die Summe

$$\sum_{k=0}^{n} q^k = q^0 + q^1 + q^2 + \ldots + q^n.$$

Für alle $q \in \mathbb{R} \setminus \{1\}$ (alle reellen Zahlen ohne die 1) gilt:

$$\sum_{k=0}^{n} q^k = \frac{1 - q^{n+1}}{1 - q}$$

Diese *geometrische Summenformel* kann für die Lösung des allgemeinen Reiskörner-Schachbrett-Problems (dreifache, vierfache, ..., n-fache Anzahl an Reiskörnern für jedes weitere Feld) verwendet werden. Für den Fall $q = 2$ erhältst du genau die in Aufgabe 2.2 bewiesene Summenformel:

$$\sum_{k=0}^{n} 2^k = \frac{1 - 2^{n+1}}{1 - 2} = \frac{1 - 2^{n+1}}{-1} = -1 \cdot \left(1 - 2^{n+1}\right) = 2^{n+1} - 1$$

Um sicherzugehen, dass die *geometrische Summenformel* allgemeingültig ist, muss selbst-verständlich noch ein überzeugender Beweis her!

Beweis 3.5 (Geometrische Summenformel) Auch wenn in Satz 3.6 „für alle $q \in \mathbb{R} \setminus \{1\}$" steht, bezieht sich der Induktionsbeweis auf die obere Grenze n.

1. **Induktionsanfang** $\mathcal{A}(n_0)$
   Lasse dich an dieser Stelle nicht täuschen und fälschlicherweise annehmen, dass der Startwert $n_0 = 2$ ist, da es bei $q = 1$ ein Problem in der Formel gibt: q und n sind unabhängig voneinander zu betrachten! Der Induktionsbeweis bezieht sich auf n und nicht auf die reelle Zahl q, für die ein Induktionsbeweis gar nicht möglich wäre (sie-he FAQ-Sektion von Kap. 1). Die Induktionsvariable ist also n. Der kleinstmögliche

Startwert, ab dem die Gleichung erfüllt ist, lautet $n_0 = 0$. Diesen setzt du in beide Seiten der Gleichung ein und erhältst:

(a) $\displaystyle\sum_{k=0}^{n_0} q^k = \sum_{k=0}^{0} q^k = q^0 = 1,$

(b) $\displaystyle\frac{1-q^{n_0+1}}{1-q} = \frac{1-q^1}{1-q} = \frac{\cancel{1-q}}{\cancel{1-q}} = 1\checkmark$

2. **Induktionsvoraussetzung** $\mathcal{A}(n)$

   Es wird angenommen, dass die zu zeigende Summenformel für eine beliebige, aber feste natürliche Zahl n gilt. Und erneut: Der Induktionsbeweis wird für n und nicht für q geführt! Formal kannst du die Induktionsvoraussetzung folgendermaßen notieren:

$$\exists n \in \mathbb{N}_0 : \sum_{k=0}^{n} q^k = \frac{1-q^{n+1}}{1-q}$$

3. **Induktionsbehauptung** $\mathcal{A}(n+1)$

   Unter der Voraussetzung, dass die Summe $\displaystyle\sum_{k=0}^{n} q^k$ für ein $n \in \mathbb{N}_0$ durch $\frac{1-q^{n+1}}{1-q}$ berechnet werden kann, gilt:

$$\sum_{k=0}^{n+1} q^k = \frac{1-q^{(n+1)+1}}{1-q}$$

   Diesen Ausdruck erhältst du, indem du jedes n in $\sum_{k=0}^{n} q^k = \frac{1-q^{n+1}}{1-q}$ durch $n+1$ ersetzt.

4. **Induktionsschluss** $\mathcal{A}(n) \Longrightarrow \mathcal{A}(n+1)$

   Am Ende deines Induktionsbeweises muss die rechte Seite der Induktionsbehauptung, also $\frac{1-q^{(n+1)+1}}{1-q}$, stehen. Beginne deine Beweisführung mit der linken Seite der Summenformel:

$$\sum_{k=0}^{n+1} q^k$$

   Verwende $\mathbf{\Sigma 3}$ mit $f(k) = q^k$, um die Summe aufzuspalten:

$$= \left(\sum_{k=0}^{n} q^k\right) + q^{n+1}$$

   An dieser Stelle kommt die Induktionsvoraussetzung zum Tragen. Dort hast du angenommen, dass die Summenformel $\sum_{k=0}^{n} q^k = \frac{1-q^{n+1}}{1-q}$ für (mindestens) ein $n \in \mathbb{N}_0$ gilt:

$$= \left(\frac{1-q^{n+1}}{1-q}\right) + q^{n+1}$$

Jetzt musst du auf diesen Ausdruck nur noch so lange algebraische Umformungen anwenden, bis du $\frac{1-q^{n+2}}{1-q}$ erhältst. Ein erster Schritt zum Erreichen dieses Ziels ist es, $\frac{1-q^{n+1}}{1-q}$ und q^{n+1} auf einen gemeinsamen Nenner zu bringen, was durch Erweitern von q^{n+1} mit $1-q$ und anschließende Addition zu $\frac{1-q^{n+1}}{1-q}$ möglich ist:

$$= \frac{1-q^{n+1}}{1-q} + \frac{q^{n+1} \cdot (1-q)}{1-q}$$

$$= \frac{1-q^{n+1} + q^{n+1} \cdot (1-q)}{1-q}$$

Im nächsten Schritt multiplizierst du $q^{n+1} \cdot (1-q)$ aus und fasst die entstandenen Summanden im Zähler zusammen:

$$= \frac{1-q^{n+1} + q^{n+1} \cdot 1 - q^{n+1} \cdot q}{1-q}$$

$$= \frac{1+\left(-q^{n+1}+q^{n+1}\right) - q^{n+1} \cdot q}{1-q}$$

$$= \frac{1+0-q^{n+1} \cdot q}{1-q}$$

$$= \frac{1-q^{n+1} \cdot q}{1-q}$$

Wende das Potenzgesetz **P3** mit $a = q$, $x = n+1$ und $y = 1$ auf $q^{n+1} \cdot q$ an:

$$= \frac{1-q^{(n+1)+1}}{1-q}\,\checkmark$$

Herzlichen Glückwunsch! Du hast einen weiteren Klassiker unter den Induktionsbeweisen verstanden. $\qquad\square$

Anknüpfend an die Frage, ob man eine Behauptung auch ohne vollständige Induktion zeigen kann (siehe FAQ-Sektion von Kap. 1), soll anhand des Beweises der geometrischen Summenformel gezeigt werden, dass es tatsächlich „auch ohne" geht.

Beweis 3.6 (Geometrische Summenformel (ohne Induktion)) Zu zeigen ist, dass für alle $q \in \mathbb{R} \setminus \{1\}$

$$\sum_{k=0}^{n} q^k = \frac{1-q^{n+1}}{1-q}$$

gilt. Es ist:

$$\sum_{k=0}^{n} q^k = q^0 + q^1 + q^2 + \ldots + q^n$$

Wenn du beide Seiten der Gleichung mit q multiplizierst, dann erhältst du:

$$q \cdot \sum_{k=0}^{n} q^k = q \cdot q^0 + q \cdot q^1 + q \cdot q^2 + \ldots + q \cdot q^n$$

Wende für jeden Summanden auf der rechten Seite das Potenzgesetz **P2** mit $x = 1$ und $y = k$ (also nacheinander $y = 1, y = 2, \ldots, y = n$) an:

$$= q \cdot \sum_{k=0}^{n} q^k = q^1 + q^2 + q^3 + \ldots + q^{n+1}$$

Betrachte nun die Differenz der beiden Summen:

$$\sum_{k=0}^{n} q^k - q \cdot \sum_{k=0}^{n} q^k$$
$$= \left(q^0 + q^1 + q^2 + q^3 + \ldots + q^n \right) - \left(q^1 + q^2 + q^3 + \ldots + q^{n+1} \right)$$
$$= q^0 + \underbrace{(q^1 - q^1)}_{=0} + \underbrace{(q^2 - q^2)}_{=0} + \underbrace{(q^3 - q^3)}_{=0} + \ldots + \underbrace{(q^n - q^n)}_{=0} - q^{n+1}$$
$$= q^0 - q^{n+1} = 1 - q^{n+1}$$

Es ist also:

$$\sum_{k=0}^{n} q^k - q \cdot \sum_{k=0}^{n} q^k = 1 - q^{n+1}$$

Klammere das Summenzeichen $\sum_{k=0}^{n} q^k$ auf der linken Seite der Gleichung aus:

$$\iff \sum_{k=0}^{n} q^k \cdot (1 - q) = 1 - q^{n+1}$$

Dividiere nun beide Seiten durch $1 - q$ (das ist ohne Probleme möglich, weil $q \in \mathbb{R} \setminus \{1\}$ und somit $q \neq 1$ ist):

$$\iff \sum_{k=0}^{n} q^k = \frac{1 - q^{n+1}}{1 - q}$$

Du hast nun durch einen *direkten Beweis* gezeigt, dass die Behauptung stimmt. $\square$

An dieser Stelle sei noch einmal ausdrücklich darauf hingewiesen, dass man mit der vollständigen Induktion *keine* Konvergenzbeweise führt! Mit vollständiger Induktion zeigen zu wollen, dass für alle $q \in \mathbb{R} \setminus \{1\}$

$$\sum_{k=0}^{\infty} q^k = \frac{1}{1-q}$$

gilt, ist *keine gute Idee*! In der FAQ-Sektion von Kap. 1 wurde genau diese Frage schon einmal beantwortet. Dass mehrere Stellen in diesem Buch immer wieder darauf hinweisen, soll dir zeigen, dass es sich hierbei um einen klassischen Erstsemesterfehler handelt, den du jetzt vermeiden wirst, was dir gegenüber deinen Kommilitonen einen gewaltigen Wissensvorsprung verschafft.

Die Problemklassen

4

Inhaltsverzeichnis

Behauptungen, die durch vollständige Induktion bewiesen werden können, lassen sich in verschiedene Problemklassen unterteilen. Durch diese Strukturierung gewinnst du einen besseren Überblick über Aufgaben, mit denen du dich möglicherweise in Klausuren konfrontiert siehst. Zudem wird dadurch die Möglichkeit geschaffen, für jede der Klassen eine speziell dafür optimierte Lösungsstrategie zu entwickeln. Wie du in diesem Kapitel feststellen wirst, gibt es für jeden Aufgabentyp Besonderheiten, auf die man achten muss, und Tricks, die dir das Leben spürbar erleichtern werden. Zudem wirst du erkennen, dass jede Klasse durchaus ihre Berechtigung besitzt, auch wenn man das anfangs gar nicht so recht glauben mag. Insbesondere bei den „Teilbarkeitszusammenhängen" sehen viele nicht direkt konkrete Anwendungsfelder oder Benefits, die sich z. B. aus der Erkenntnis, dass $n^2 + n$ für alle natürlichen Zahlen n immer eine gerade Zahl ist, ergeben. Sieh dieses Kapitel als das an, was es ist: eine Sammlung (fast) aller möglichen Induktionsbeweisklassen und als Planungsinstrument für eine erfolgreiche Klausurvorbereitung!

© Springer-Verlag GmbH Deutschland, ein Teil von Springer Nature 2019
F.A. Dalwigk, *Vollständige Induktion*, https://doi.org/10.1007/978-3-662-58633-4_4

4.1   Summenformeln

Die ersten Induktionsbeweise, denen du aller Wahrscheinlichkeit nach im Studium begegnen wirst, sind Beweise für „Summenformeln". Da die Gauß'sche Summenformel (Abschn. 2.4) ebenfalls zu dieser Kategorie zählt und es sich hierbei um *das* Einführungsbeispiel schlechthin handelt, ist es durchaus nachvollziehbar, dass man in der Vorlesung eine Zeitlang bei diesem Aufgabentyp bleibt. Summenformeln vereinen außerdem die (üblicherweise) zum Semesterbeginn eingeführte Summennotation (samt dazugehörigem Regelwerk für Umformungen) mit deinen bereits aufkeimenden Ansätzen mathematisch präziser Argumentationen. Diese Problemklasse wird mit hoher Wahrscheinlichkeit auch diejenige sein, die dir im Studium am häufigsten begegnen wird, da die Konzeption und Korrektur solcher Beweisaufgaben für den Dozenten sehr zeiteffizient ist, was letztlich auch den Studenten zugutekommt. Darüber hinaus ist die Kenntnis solcher Formeln und das Wissen, dass diese für alle natürlichen Zahlen funktionieren, auch für den Entwurf effizienter Algorithmen relevant. Es macht aus Programmiersicht laufzeittechnisch nämlich einen großen Unterschied, ob in einer For-Schleife 100-mal hintereinander eine bestimmte Berechnung durchgeführt werden muss, oder das einmalige Einsetzen des Endwerts in eine Formel bereits ausreicht.

Eine Summenformel besteht für gewöhnlich aus einer endlichen Summe, die in Form eines Summenzeichens dargestellt wird, sowie einem Ausdruck in Abhängigkeit von dem Endwert des Summenzeichens. Formal ausgedrückt könnte man das wie folgt notieren:

$$\sum_{k=k_0}^{n} f(k) = g(n).$$

Dabei ist $g(n)$ eine Funktion in Abhängigkeit von dem Endwert des Summenzeichens n. Betrachte exemplarisch die Summenformel

$$\sum_{k=1}^{n} k^2 = \underbrace{\frac{1}{6} \cdot n \cdot (n+1) \cdot (2 \cdot n + 1)}_{g(n)}$$

Der vorherige Formalismus kann anhand dieses konkreten Beispiels mit Leben gefüllt werden:

- $k_0 = 1$,
- $f(k) = k^2$,
- $\frac{1}{6} \cdot n \cdot (n+1) \cdot (2 \cdot n + 1) = g(n)$.

Für den Beweis gehst du nun nach dem klassischen Induktionsalgorithmus (Satz 1.1) vor. Eine Verfeinerung dieses Algorithmus (die keinesfalls obligatorisch, sondern optional ist) findest du direkt im Anschluss an diesen Abschnitt. Das ist sozusagen das Rezept, mit dem du einen Induktionsbeweis für eine beliebige Summenformel der Form $\sum_{k=k_0}^{n} f(k) =$ $g(n)$ kochen kannst. Dieses Rezept spricht im Voraus bereits eine Zufriedenheitsgarantie für deinen Prof aus.

Doch zurück zur eigentlichen Fragestellung: *Wie läuft der Beweis der Summenformel* $\sum_{k=1}^{n} k^2 = \frac{1}{6} \cdot n \cdot (n+1) \cdot (2 \cdot n + 1)$ *für alle natürlichen Zahlen n nun ab?* Zunächst kann festgehalten werden, dass sich hinter dieser Fragestellung die folgende Behauptung verbirgt:

$$\forall n \in \mathbb{N} : \sum_{k=1}^{n} k^2 = \frac{1}{6} \cdot n \cdot (n+1) \cdot (2 \cdot n + 1)$$

Ausgesprochen bedeutet das: „Die Summe über k^2 für k von $k = 1$ bis $k = n$ kann für alle natürlichen Zahlen n direkt durch $\frac{1}{6} \cdot n \cdot (n+1) \cdot (2 \cdot n + 1)$ berechnet werden."

Beweis 4.1 k ist die Laufvariable des Summenzeichens und n die Induktionsvariable.

1. **Induktionsanfang** $\mathcal{A}(n_0)$
   Da die Behauptung für alle natürlichen Zahlen bewiesen werden soll, wird $n_0 = 1$ als Startwert gewählt und dieser in beide Seiten der Summenformel eingesetzt. Sind die Ergebnisse gleich, dann ist der Induktionsanfang gezeigt:

   a) $\displaystyle\sum_{k=1}^{n_0} k^2 , = \sum_{k=1}^{1} k^2 = 1^2 = 1$

   b) $\frac{1}{6} \cdot n_0 \cdot (n_0 + 1) \cdot (2 \cdot n_0 + 1) = \frac{1}{6} \cdot 1 \cdot (1 + 1) \cdot (2 \cdot 1 + 1) = \frac{1}{6} \cdot 2 \cdot 3 = \frac{6}{6} = 1 \checkmark$
   Da die Ergebnisse gleich sind, folgt als Nächstes die *Formulierung der Induktionsvoraussetzung.*

2. **Induktionsvoraussetzung** $\mathcal{A}(n)$
   Es gibt (mindestens) ein n, für das die Summe der ersten n (natürlichen) Quadratzahlen direkt durch das Produkt $\frac{1}{6} \cdot n \cdot (n+1) \cdot (2 \cdot n + 1)$ berechnet werden kann. Um das Ganze mathematisch kurz und knapp zu halten, musst du einfach nur die Summenformel abschreiben und davor ein „es existiert (mindestens) eine natürliche Zahl n" in Form des Existenzquantors $\exists n \in \mathbb{N}$ schreiben:

   $$\exists n \in \mathbb{N} : \sum_{k=1}^{n} k^2 = \frac{1}{6} \cdot n \cdot (n+1) \cdot (2 \cdot n + 1)$$

3. **Induktionsbehauptung** $\mathcal{A}(n+1)$
   Unter der Voraussetzung, dass die Summe der ersten n Quadratzahlen für ein $n \in \mathbb{N}$ durch $\frac{1}{6} \cdot n \cdot (n+1) \cdot (2 \cdot n + 1)$ berechnet werden kann, folgt, dass die Summe der ersten $n + 1$ Quadratzahlen durch $\frac{1}{6} \cdot (n+1) \cdot ((n+1) + 1) \cdot (2 \cdot (n+1) + 1)$ berechnet werden kann. Für die Klausur musst du bei Summenformeln lediglich die Induktionsvoraussetzung abschreiben, den Präfix mit dem Existenzquantor $\exists n \in \mathbb{N}$

(also alles vor und inklusive des Doppelpunkts) entfernen und *alle n* auf *beiden Seiten* der Summenformel durch den Nachfolger $n + 1$ ersetzen:

$$\sum_{k=1}^{n+1} k^2 = \frac{1}{6} \cdot (n + 1) \cdot ((n + 1) + 1) \cdot (2 \cdot (n + 1) + 1)$$

4. **Induktionsschluss** $\mathcal{A}(n) \Longrightarrow \mathcal{A}(n + 1)$
   Am Ende deines Beweises muss die rechte Seite der Summenformel aus der Induktionsbehauptung, also $\frac{1}{6} \cdot (n + 1) \cdot ((n + 1) + 1) \cdot (2 \cdot (n + 1) + 1)$, herauskommen. Beginne deine Beweisführung mit der linken Seite der Summenformel aus der Induktionsbehauptung:

$$\sum_{k=1}^{n+1} k^2$$

Verwende die Regel $\Sigma 3$ mit $f(k) = k^2$, um das Summenzeichen aufzuspalten:

$$= \left(\sum_{k=1}^{n} k^2 \right) + (n + 1)^2$$

Verwende die Induktionsvoraussetzung und ersetze so $\sum_{k=1}^{n+1} k^2$ durch $\frac{1}{6} \cdot n \cdot (n + 1) \cdot (2 \cdot n + 1)$:

$$= \left(\frac{1}{6} \cdot n \cdot (n + 1) \cdot (2 \cdot n + 1) \right) + (n + 1)^2$$

$$= \frac{1}{6} \cdot n \cdot (n + 1) \cdot (2 \cdot n + 1) + (n + 1)^2$$

Multipliziere den Summanden $(n + 1)^2$ mit 1 (in Form von $\frac{6}{6}$) und klammere anschließend den Faktor $\frac{1}{6} \cdot (n + 1)$ aus:

$$= \frac{1}{6} \cdot n \cdot (n + 1) \cdot (2 \cdot n + 1) + \frac{6}{6} \cdot (n + 1)^2$$

$$= \frac{1}{6} \cdot (n + 1) (n \cdot (2 \cdot n + 1) + 6 \cdot (n + 1))$$

$$= \frac{1}{6} \cdot (n + 1) (n \cdot 2 \cdot n + n + 6 \cdot n + 6)$$

$$= \frac{1}{6} \cdot (n + 1) (2 \cdot n^2 + 7 \cdot n + 6)$$

Bis zu der Form, die am Ende deines Induktionsbeweises stehen muss, fehlen noch die beiden Faktoren hinter $\frac{1}{6} \cdot (n + 1)$ (also $((n + 1) + 1)$ und $(2 \cdot (n + 1) + 1)$). Wenn du bei deinen Überlegungen von der Richtigkeit der zu beweisenden Summenformel ausgehst, liegt der Schluss nahe, dass $2 \cdot n^2 + 7 \cdot n + 6$ dem noch fehlenden Produkt entspricht. Und tatsächlich: Wenn du das Produkt $(n + 2) \cdot (2 \cdot n + 3)$ ausmultiplizierst, erhältst du den Term $2 \cdot n^2 + 7 \cdot n + 6$. Von $2 \cdot n^2 + 7 \cdot n + 6$ kannst du mit einer Polynomdivision das Produkt $(n + 2) \cdot (2 \cdot n + 3)$ berechnen. Für diesen einfachen Fall genügen aber die letzten beiden Schritte, die den Beweis vervollständigen:

$$= \frac{1}{6} \cdot (n + 1) \cdot (n + 2) \cdot (2 \cdot n + 3)$$

$$= \frac{1}{6} \cdot (n + 1) \cdot (n + 2) \cdot (2 \cdot n + 2 + 1)$$

$$= \frac{1}{6} \cdot (n + 1) \cdot ((n + 1) + 1) \cdot (2 \cdot (n + 1) + 1) \checkmark$$

Du hast nun Schritt für Schritt den Ausdruck $\sum_{k=1}^{n+1} k^2$ zu $\frac{1}{6} \cdot (n+1) \cdot ((n+1)+1) \cdot (2 \cdot (n+1)+1)$ umgeformt und damit gezeigt, dass die Implikation $\mathcal{A}(n) \implies \mathcal{A}(n+1)$ erfüllt ist. Da der Induktionsanfang $\mathcal{A}(n_0) = \mathcal{A}(1)$ ebenfalls wahr ist, folgt mit dem Prinzip der vollständigen Induktion, dass die Summenformel $\sum_{k=1}^{n} k^2 = \frac{1}{6} \cdot n \cdot (n+1) \cdot (2 \cdot n+1)$ für alle $n \in \mathbb{N}$ gültig ist. $\qquad\square$

Einige Professoren bevorzugen es, wenn du die Formulierung der Induktionsvoraussetzung und der Induktionsbehauptung, sowie den anschließenden Induktionsschluss mit einem anderen Buchstaben (also nicht die Induktionsvariable) durchführst. An der Rechnung und Argumentation selbst ändert sich dabei überhaupt nichts. Damit wird nur noch einmal hervorgehoben, dass es sich bei den Schritten nach dem Induktionsanfang um eine *beliebige*, aber feste natürliche Zahl handelt. Selbstverständlich sollst du an derselben Aufgabe einmal sehen, wie die entsprechenden Professoren ihre ganz spezielle Vorliebe gelebt sehen wollen. Es ist (wieder) zu zeigen:

$$\forall n \in \mathbb{N} : \sum_{k=1}^{n} k^2 = \frac{1}{6} \cdot n \cdot (n + 1) \cdot (2 \cdot n + 1)$$

Beweis 4.2 k ist die Laufvariable des Summenzeichens und n die Induktionsvariable.

1. **Induktionsanfang $\mathcal{A}(n_0)$**

   a) $\sum_{k=1}^{n_0} k^2, = \sum_{k=1}^{1} k^2 = 1^2 = 1$

   b) $\frac{1}{6} \cdot n_0 \cdot (n_0 + 1) \cdot (2 \cdot n_0 + 1) = \frac{1}{6} \cdot 1 \cdot (1 + 1) \cdot (2 \cdot 1 + 1) = \frac{1}{6} \cdot 2 \cdot 3 = \frac{6}{6} = 1 \checkmark$
   Am Induktionsanfang ändert sich also nichts.

2. **Induktionsvoraussetzung $\mathcal{A}(m)$** An die Stelle der Induktionsvariable tritt jetzt ein beliebiges, aber festes $m \in \mathbb{N}$:

$$\exists m \in \mathbb{N} : \sum_{k=1}^{m} k^2 = \frac{1}{6} \cdot m \cdot (m + 1) \cdot (2 \cdot m + 1)$$

Du solltest tunlichst davon absehen, die Laufvariable des Summenzeichens als Nachfolger der Induktionsvariable zu verwenden. Es gibt schließlich so viele Buchstaben im lateinischen Alphabet, dass eine Namenskollision vermieden werden kann.

3. **Induktionsbehauptung** $\mathcal{A}(m + 1)$ Die Induktionsbehauptung verwendet bei dieser Beweisvariante ebenfalls das m, für das die Gültigkeit der Summenformel vorausgesetzt wurde, und dessen Nachfolger, den du nun betrachtest:

$$\sum_{k=1}^{m+1} k^2 = \frac{1}{6} \cdot (m + 1) \cdot ((m + 1) + 1) \cdot (2 \cdot (m + 1) + 1)$$

4. **Induktionsschluss** $\mathcal{A}(m) \implies \mathcal{A}(m + 1)$

$$\sum_{k=1}^{m+1} k^2$$

$$= \left(\sum_{k=1}^{m} k^2\right) + (m + 1)^2$$

$$= \left(\frac{1}{6} \cdot m \cdot (m + 1) \cdot (2 \cdot m + 1)\right) + (m + 1)^2$$

$$= \frac{1}{6} \cdot m \cdot (m + 1) \cdot (2 \cdot m + 1) + (m + 1)^2$$

$$= \frac{1}{6} \cdot m \cdot (m + 1) \cdot (2 \cdot m + 1) + \frac{6}{6} \cdot (m + 1)^2$$

$$= \frac{1}{6} \cdot (m + 1) \left(m \cdot (2 \cdot m + 1) + 6 \cdot (m + 1)\right)$$

$$= \frac{1}{6} \cdot (m + 1) \left(m \cdot 2 \cdot m + m + 6 \cdot m + 6\right)$$

$$= \frac{1}{6} \cdot (m + 1) \left(2 \cdot m^2 + 7 \cdot m + 6\right)$$

$$= \frac{1}{6} \cdot (m + 1) \cdot (m + 2) \cdot (2 \cdot m + 3)$$

$$= \frac{1}{6} \cdot (m + 1) \cdot ((m + 1) + 1) \cdot (2 \cdot (m + 1) + 1)\checkmark \qquad \qquad \square$$

4.1.1 Der Induktionsalgorithmus für Summenformeln

Satz 4.1

Sei $\mathcal{A}(n)$ eine Aussage, die eine Summenformel der Form $\sum_{k=k_0}^{n} f(k) = g(n)$ beschreibt. Diese soll für alle natürlichen Zahlen $n \in \mathbb{N}_{\geq n_0}$ bewiesen werden. Es ist zu zeigen:

$$\forall n \in \mathbb{N}_{\geq n_0} : \sum_{k=k_0}^{n} f(k) = g(k)$$

1. **Induktionsanfang** *(Umwerfen des ersten Dominosteins)*
   Teste, ob die Aussage $\mathcal{A}(n)$ *für den Startwert* $n = n_0$ *wahr ist, indem du* n_0 *in beide Seiten der Gleichung*

$$\sum_{k=k_0}^{n} f(k) = g(n)$$

   einsetzt und prüfst, ob $\sum_{k=k_0}^{n_0} f(k)$ *und* $g(n_0)$ *gleich sind. Sind beide Seiten ungleich* ($\mathcal{A}(n_0)$ *ist also keine wahre Aussage*), *so bist du an dieser Stelle bereits fertig und die Behauptung* $\forall n \in \mathbb{N}_{\geq n_0} : \sum_{k=k_0}^{n} f(k) = g(n)$ *ist **falsch**.*

2. **Induktionsvoraussetzung**
   Formuliere die Induktionsvoraussetzung:
   a) *formalisiert:* $\exists n \in \mathbb{N}_{\geq n_0} : \sum_{k=k_0}^{n} f(k) = g(n)$ *(bzw.* $\exists n \in \mathbb{N}_0 : \sum_{k=k_0}^{n} f(k) = g(n)$),
   b) *verbalisiert: „Die Summe* $\sum_{k=k_0}^{n} f(k)$ *kann für (mindestens) ein* $n \in \mathbb{N}_{\geq n_0}$ *durch den Ausdruck* $g(n)$ *berechnet werden."*

3. **Induktionsbehauptung**
   Formuliere die Induktionsbehauptung. Es ist zu zeigen:
   a) *formalisiert:* $\sum_{k=k_0}^{n} f(k) = g(n) \implies \sum_{k=k_0}^{n+1} f(k) = g(n+1)$,
   b) *verbalisiert: „Unter der Voraussetzung, dass die Summe* $\sum_{k=k_0}^{n} f(k)$ *für ein* $n \in \mathbb{N}$ *(bzw.* $n \in \mathbb{N}_0$) *durch den Ausdruck* $g(n)$ *berechnet werden kann, kann die Summe* $\sum_{k=k_0}^{n+1} f(k)$ *durch den Ausdruck* $g(n+1)$ *(mit dem direkten Nachfolger von* n) *berechnet werden."*

4. **Induktionsschluss** *(der Nachfolger eines beliebigen Dominosteins fällt um)*
   Beweise die Induktionsbehauptung, indem du zuerst $\sum_{k=k_0}^{n+1} f(k)$ *mit Regel* $\Sigma 3$ *zu* $\left(\sum_{k=k_0}^{n} f(k)\right) + f(n+1)$ *aufspaltest. Verwende als Nächstes die Induktionsbehauptung, um* $\sum_{k=k_0}^{n} f(k)$ *durch* $g(n)$ *zu ersetzen. Forme den entstandenen Ausdruck* $g(n) + f(n+1)$ *algebraisch so lange um, bis du* $g(n+1)$ *erhältst.*

5. **Beweisende**
   Signalisiere das Ende deines Beweises durch $\square$, *q.e.d. oder w.z.z.w.*

4.1.2 FAQ

Warum $((n+1)+1)$ **statt** $n+2$**?** Wieso wird bei Summenformeln immer $(n+1)$ in Klammern gesetzt und nicht verrechnet? So könnte man doch z. B. $(n+1)+1$ zu $n+2$ zusammenfassen.

▶ Dies ist der Tatsache geschuldet, dass man so $\mathcal{A}(n)$ und $\mathcal{A}(n+1)$ optisch sauber unterscheiden kann. Besonders dann, wenn man $(n+1)$ mit anderen Termbestandteilen verrechnet, geht diese Trennung verloren.

Laufvariable runterzählen Kann man die Laufvariable des Summenzeichens auch runterzählen?

▶ Die Laufvariable des Summenzeichens wird inkrementiert, d. h. in jedem Durchlauf um 1 *erhöht*. Beim Herunterzählen müsste die Laufvariabel in jedem Schritt um 1 *verringert* (dekrementiert) werden. Dies ist bei der Definition des Summenzeichens nicht vorgesehen. Es ist allerdings möglich, die Summanden in *umgekehrter Reihenfolge* zu addieren:

$$\sum_{k=0}^{100} 100 - k = 100 + 99 + 98 + \ldots + 2 + 1 + 0 = 0 + 1 + 2 + \ldots + 98 + 99 + 100$$

$$= \sum_{k=0}^{100} k$$

Andere Schrittweite für die Laufvariable Kann man die Laufvariable auch in jedem Schritt um einen anderen Faktor (z. B. 0,5) erhöhen?

▶ Nein! Die Laufvariable des Summenzeichens ist als natürliche Zahl definiert und wird in jedem Schritt inkrementiert (also um 1 erhöht). Es kann aber sehr wohl eine Schrittweite von 0,5 für die einzelnen Summanden erreicht werden, indem man die Laufvariable durch 2 teilt:

$$\sum_{k=1}^{n} \frac{k}{2} = 0,5 + 1 + 1,5 + 2 + \ldots + \frac{n-1}{2} + \frac{n}{2}$$

Um allgemein eine Schrittweite $s \in \mathbb{R}_{>0}$ zu erreichen, kann man die einzelnen Summanden mit s multiplizieren:

$$\sum_{k=1}^{n} k \cdot s = 1 \cdot s + 2 \cdot s + 3 \cdot s + \ldots + (n-1) \cdot s + n \cdot s$$

Da man die Schrittweite des Summenzeichens in $f(k)$ simulieren kann, ist die Einführung eines Summenzeichens, das von 1 verschiedene Schrittweiten zulässt, überflüssig.

Indexverschiebung bei einer unendlichen Summe/Reihe Wie kann man für eine unendliche Summe/Reihe eine Indexverschiebung vornehmen? Was passiert mit dem Endwert (∞)?

▶ Unendlich ist keine Zahl und jede Zahl, die du zu unendlich addierst (oder von unendlich subtrahierst), führt wieder zu unendlich. Gegeben sei die unendliche Summe/Reihe

$$\sum_{k=5}^{\infty} k^2 = 5^2 + 6^2 + 7^2 + \ldots$$

Wenn du beim Startwert $k = 0$ starten willst, subtrahierst du vom Start- sowie vom Endwert jeweils 5 und addierst 5 auf die Variable k in der Bildungsfunktion $f(k) = k$:

$$\sum_{k=5-5}^{\infty-5} (k + 5)^2 = \sum_{k=0}^{\infty} (k + 5)^2 = (0 + 5)^2 + (1 + 5)^2 + (2 + 5)^2 + \ldots$$
$$= 5^2 + 6^2 + 7^2 + \ldots$$

Einen tieferen Einblick zum *Verhalten im Unendlichen* erhältst du in Abschn. 2.1 (*Hilberts Hotel*). Beachte, dass sich diese Frage bei Induktionsbeweisen für Summenformeln in der Regel nicht stellt, da du den Beweis für ein $n \in \mathbb{N}$ durchführst und ∞ *keine* natürliche Zahl ist.

4.2 Produktformeln

Üblicherweise spinnt man den Vorlesungsfaden nach den Summenformeln mit den *Produktformeln* weiter. Bis auf das Symbol (Σ bzw. Π) unterscheiden sich Summen- und Produktformeln von der Beweisvorgehensweise technisch kaum voneinander.

Eine Produktformel besteht für gewöhnlich aus einem endlichen Produkt, das in Form eines Produktzeichens dargestellt wird, sowie einem Ausdruck in Abhängigkeit von dem Endwert des Produktzeichens. Formal könnte man das wie folgt notieren:

$$\prod_{k=k_0}^{n} f(k) = g(n)$$

Dabei ist $g(n)$ eine Funktion in Abhängigkeit von dem Endwert des Produktzeichens n. Betrachte exemplarisch die Produktformel

$$\prod_{k=1}^{n} 2^k = \underbrace{2^{0,5 \cdot n \cdot (n+1)}}_{g(n)} .$$

Der vorangegangenen allgemeinen Formulierung kann mit diesem Beispiel Leben eingehaucht werden:

- $k_0 = 1$,
- $f(k) = 2^k$,
- $2^{0,5 \cdot n \cdot (n+1)} = g(n)$.

Auch hier arbeitest du für den Beweis den klassischen Induktionsalgorithmus (Satz 1.1) Schritt für Schritt ab. Auch für Produktformeln gibt es eine Verfeinerung des Induktionsalgorithmus, der das mathematische Kochbuch um ein weiteres Rezept erweitert.

Doch wie läuft der Beweis der Produktformel $\prod_{k=1}^{n} 2^k = 2^{0,5 \cdot n \cdot (n+1)}$ für alle natürlichen Zahlen n nun ab? Hinter dieser Frage steckt ein mathematisches Statement:

$$\forall n \in \mathbb{N} : \prod_{k=1}^{n} 2^k = 2^{0,5 \cdot n \cdot (n+1)}$$

Ausgesprochen bedeutet das: „Das Produkt über 2^k für k von $k = 1$ bis $k = n$ kann für alle natürlichen Zahlen n direkt durch $2^{0,5 \cdot n \cdot (n+1)}$ berechnet werden."

Beweis 4.3 k ist die Laufvariable des Produktzeichens und n die Induktionsvariable.

1. **Induktionsanfang** $\mathcal{A}(n_0)$
   Da die Behauptung für alle natürlichen Zahlen bewiesen werden soll, wird $n_0 = 1$ als Startwert gewählt und dieser in beide Seiten der Summenformel eingesetzt. Sind die Ergebnisse gleich, dann ist der Induktionsanfang gezeigt:
   a) $\prod_{k=1}^{n_0} 2^k = \prod_{k=1}^{1} 2^k = 2^1 = 2,$
   b) $2^{0,5 \cdot n_0 \cdot (n_0+1)} = 2^{0,5 \cdot 1 \cdot (1+1)} = 2^{0,5 \cdot 1 \cdot 2} = 2^1 = 2\checkmark$
   Da die Ergebnisse gleich sind, folgt als Nächstes die *Formulierung der Induktionsvoraussetzung.*

2. **Induktionsvoraussetzung** $\mathcal{A}(n)$
   Es existiert (mindestens) ein n, für welches Produkt der ersten n Zweierpotenzen direkt durch das Produkt $2^{0,5 \cdot n \cdot (n+1)}$ berechnet werden kann. Um das Ganze mathematisch kurz und knapp zu halten, musst du einfach nur die Produktformel abschreiben und davor ein „es existiert (mindestens) eine natürliche Zahl n" in Form des Existenzquantors $\exists n \in \mathbb{N}$ schreiben:

   $$\exists n \in \mathbb{N} : \prod_{k=1}^{n} 2^k = 2^{0,5 \cdot n \cdot (n+1)}$$

3. **Induktionsbehauptung** $\mathcal{A}(n+1)$
   Unter der Voraussetzung, dass das Produkt der ersten n Zweierpotenzen für ein $n \in \mathbb{N}$ durch $2^{0,5 \cdot n \cdot (n+1)}$ berechnet werden kann, folgt, dass das Produkt der ersten $n+1$ Zweierpotenzen durch $2^{0,5 \cdot (n+1) \cdot ((n+1)+1)}$ berechnet werden kann. Für die Klausur musst du bei Produktformeln lediglich die Induktionsvoraussetzung abschreiben, den Präfix mit dem Existenzquantor $\exists n \in \mathbb{N}$ (also alles vor und inklusive des Doppelpunkts) entfernen und *alle n* auf *beiden Seiten* der Produktformel durch den Nachfolger $n + 1$ ersetzen:

   $$\prod_{k=1}^{n+1} 2^k = 2^{0,5 \cdot (n+1) \cdot ((n+1)+1)}$$

4. **Induktionsschluss** $\mathcal{A}(n) \implies \mathcal{A}(n+1)$

Am Ende deines Beweises muss die rechte Seite der Produktformel aus der Induktionsbehauptung, also $2^{0,5 \cdot (n+1) \cdot ((n+1)+1)}$, herauskommen. Beginne deine Beweisführung mit der linken Seite der Produktformel aus der Induktionsbehauptung:

$$\prod_{k=1}^{n+1} 2^k$$

Verwende die Regel $\mathbf{\Pi 3}$ mit $f(k) = 2^k$, um das Produktzeichen aufzuspalten:

$$= \left(\prod_{k=1}^{n} 2^k \right) \cdot 2^{n+1}$$

Verwende die Induktionsvoraussetzung und ersetze so $\prod_{k=1}^{n} 2^k$ durch $2^{0,5 \cdot n \cdot (n+1)}$:

$$= \left(2^{0,5 \cdot n \cdot (n+1)} \right) \cdot 2^{n+1}$$
$$= 2^{0,5 \cdot n \cdot (n+1)} \cdot 2^{n+1}$$

Wende das Potenzgesetz $\mathbf{P2}$ mit $a = 2$, $x = 0,5 \cdot n \cdot (n+1)$ und $y = n+1$ auf $2^{0,5 \cdot n \cdot (n+1)} \cdot 2^{n+1}$ an:

$$= 2^{0,5 \cdot n \cdot (n+1) + (n+1)}$$

Multipliziere den zweiten Summanden $(n+1)$ im Exponenten mit 1 (in Form von $0,5 \cdot 2$) und klammere anschließend den Faktor $0,5 \cdot (n+1)$ aus:

$$= 2^{0,5 \cdot n \cdot (n+1) + 0,5 \cdot 2 \cdot (n+1)}$$
$$= 2^{0,5 \cdot (n+1) \cdot (n+2)}$$
$$= 2^{0,5 \cdot (n+1) \cdot ((n+1)+1)} \checkmark$$

Du hast nun Schritt für Schritt den Ausdruck $\prod_{k=1}^{n+1} 2^k$ zu $2^{0,5 \cdot (n+1) \cdot ((n+1)+1)}$ umgeformt und damit gezeigt, dass die Implikation $\mathcal{A}(n) \implies \mathcal{A}(n+1)$ erfüllt ist. Da der Induktionsanfang $\mathcal{A}(n_0) = \mathcal{A}(1)$ ebenfalls wahr ist, folgt mit dem Prinzip der vollständigen Induktion, dass die Produktformel $\prod_{k=1}^{n} 2^k = 2^{0,5 \cdot n \cdot (n+1)}$ für alle $n \in \mathbb{N}$ gültig ist. $\square$

Auch bei Produktformeln gibt es eine Variante, bei der die Induktionsvoraussetzung, die Induktionsbehauptung und der anschließende Induktionsschluss nicht mit der Induktionsvariable, sondern einer anderen Variable durchgeführt wird. An der Rechnung und Argumentation selbst ändert sich dabei wie schon bei den Summenformeln nichts. Es ist (erneut) zu zeigen:

$$\forall n \in \mathbb{N} : \prod_{k=1}^{n} 2^k = 2^{0,5 \cdot n \cdot (n+1)}$$

Beweis 4.4 k ist die Laufvariable des Summenzeichens und n die Induktionsvariable.

1. **Induktionsanfang** $\mathcal{A}(n_0)$

   a) $\displaystyle\prod_{k=1}^{n_0} 2^k = \prod_{k=1}^{1} 2^k = 2^1 = 2,$

   b) $2^{0,5 \cdot n_0 \cdot (n_0+1)} = 2^{0,5 \cdot 1 \cdot (1+1)} = 2^{0,5 \cdot 1 \cdot 2} = 2^1 = 2 \checkmark$

   Der Induktionsanfang bleibt gleich.

2. **Induktionsvoraussetzung** $\mathcal{A}(m)$ An die Stelle der Induktionsvariable tritt jetzt ein bestimmtes $m \in \mathbb{N}$:

$$\exists m \in \mathbb{N} : \prod_{k=1}^{m} 2^k = 2^{0,5 \cdot m \cdot (m+1)}$$

   Du solltest unbedingt davon absehen, die Laufvariable des Summenzeichens an die Stelle der Induktionsvariable treten zu lassen. Die Fülle an lateinischen Buchstaben erlaubt in der Regel eine kollisionsfreie Umbenennung der Induktionsvariable.

3. **Induktionsbehauptung** $\mathcal{A}(m + 1)$ Die Induktionsbehauptung verwendet bei dieser Beweisvariante ebenfalls das m, für das die Gültigkeit der Produktformel vorausgesetzt wurde und dessen Nachfolger du nun betrachtest:

$$\prod_{k=1}^{m+1} 2^k = 2^{0,5 \cdot (m+1) \cdot ((m+1)+1)}$$

4. **Induktionsschluss** $\mathcal{A}(m) \implies \mathcal{A}(m + 1)$

$$\prod_{k=1}^{m+1} 2^k$$

$$= \left(\prod_{k=1}^{m} 2^k\right) \cdot 2^{m+1}$$

$$= \left(2^{0,5 \cdot m \cdot (m+1)}\right) \cdot 2^{m+1}$$

$$= 2^{0,5 \cdot m \cdot (m+1)} \cdot 2^{m+1}$$

$$= 2^{0,5 \cdot m \cdot (m+1)+(m+1)}$$

$$= 2^{0,5 \cdot m \cdot (m+1)+0,5 \cdot 2 \cdot (m+1)}$$

$$= 2^{0,5 \cdot (m+1) \cdot (m+2)}$$

$$= 2^{0,5 \cdot (m+1) \cdot ((m+1)+1)} \checkmark \qquad \qquad \square$$

4.2.1   Der Induktionsalgorithmus für Produktformeln

Satz 4.2

Sei $\mathcal{A}(n)$ eine Aussage, die eine Produktformel der Form $\prod_{k=k_0}^{n} f(k) = g(n)$ beschreibt.
Diese soll für alle natürlichen Zahlen $n \in \mathbb{N}_{\geq n_0}$ gelten. Es ist zu zeigen:

$$\forall n \in \mathbb{N}_{\geq n_0} : \prod_{k=k_0}^{n} f(k) = g(k)$$

1. *__Induktionsanfang__ (Umwerfen des ersten Dominosteins)*
   Teste, ob die Aussage $\mathcal{A}(n)$ für den Startwert $n = n_0$ wahr ist, indem du den Startwert
   n_0 in beide Seiten der Gleichung

   $$\prod_{k=k_0}^{n} f(k) = g(n)$$

   einsetzt und prüfst, ob $\prod_{k=k_0}^{n_0} f(k)$ und $g(n_0)$ gleich sind. Sind beide Seiten ungleich
   ($\mathcal{A}(n_0)$ ist also keine wahre Aussage), so bist du an dieser Stelle bereits fertig und die
   Behauptung $\forall n \in \mathbb{N}_{\geq n_0} : \prod_{k=k_0}^{n} f(k) = g(n)$ (bzw. $\forall n \in \mathbb{N}_0 : \prod_{k=k_0}^{n} f(k) = g(n)$)
   ist __falsch__.

2. *__Induktionsvoraussetzung__*
   Formuliere die Induktionsvoraussetzung:
   a) *formalisiert: $\exists n \in \mathbb{N}_{\geq n_0} : \prod_{k=k_0}^{n} f(k) = g(n)$,*
   b) *verbalisiert: „Das Produkt $\prod_{k=k_0}^{n} f(k)$ kann für (mindestens) ein $n \in \mathbb{N}_{\geq n_0}$ durch*
      den Ausdruck $g(n)$ berechnet werden."

3. *__Induktionsbehauptung__*
   Formuliere die Induktionsbehauptung. Es ist zu zeigen:
   a) *formalisiert: $\prod_{k=k_0}^{n} f(k) = g(n) \implies \prod_{k=k_0}^{n+1} f(k) = g(n + 1)$,*
   b) *verbalisiert: „Unter der Voraussetzung, dass das Produkt $\prod_{k=k_0}^{n} f(k)$ für ein*
      $n \in \mathbb{N}_{\geq n_0}$ durch den Ausdruck $g(n)$ berechnet werden kann, kann das Produkt
      $\prod_{k=k_0}^{n+1} f(k)$ durch den Ausdruck $g(n + 1)$ (also mit dem Nachfolger von n) be-
      rechnet werden."

4. *__Induktionsschluss__ (der Nachfolger eines beliebigen Dominosteins fällt um)*
   Beweise die Induktionsbehauptung, indem du zuerst $\prod_{k=k_0}^{n+1} f(k)$ mit Regel $\Pi 3$ zu
   $\left(\prod_{k=k_0}^{n} f(k)\right) \cdot f(n + 1)$ aufspaltest. Verwende als Nächstes die Induktionsvoraus-
   setzung, um $\prod_{k=k_0}^{n} f(k)$ durch $g(n)$ zu ersetzen. Forme den entstandenen Ausdruck
   $g(n) \cdot f(n + 1)$ algebraisch so lange um, bis du $g(n + 1)$ erhältst.

5. *__Beweisende__*
   Signalisiere das Ende deines Beweises durch $\square$, q.e.d. oder w.z.z.w.

4.2.2 FAQ

Warum $((n+1)-1)$ statt n? Wieso wird bei Produktformeln immer $(n+1)$ in Klammern gesetzt und nicht verrechnet? So könnte man doch z. B. $(n+1)-1$ zu n zusammenfassen.

▶ Wie auch bei Summenformeln (siehe FAQ-Sektion von Abschn. 4.1), trennt man auf diese Weise $\mathcal{A}(n)$ und $\mathcal{A}(n+1)$ optisch sauber voneinander.

4.3 Teilbarkeitszusammenhänge

Die Zahlentheorie ist ein Gebiet der Mathematik, dessen praktische Relevanz viele Jahrhunderte lang nicht erkennbar war. Doch mit dem noch recht jungen Aufschwung der elektronischen Datenverarbeitung hat die Zahlentheorie immer mehr an Bedeutung gewonnen. Man kann sogar so weit gehen und sagen, dass ohne die Zahlentheorie eine sichere Kommunikation über das Internet nicht mehr möglich wäre, da sie eine elementare Grundlage der kryptografischen Verfahren zur Sicherstellung eines ausreichend hohen Kommunikationsschutzniveaus ist. Bekannte Verfahren wie z. B. der RSA-Algorithmus[1] fußen auf Primzahlen. Hierbei handelt es sich um Zahlen, die nur durch 1 und sich selbst ohne Rest teilbar sind.[2] Um effizient nach solchen Zahlen suchen zu können, gibt es verschiedene Algorithmen. Diese liefern *im Kleinen* zwar oft schnell zufriedenstellende Ergebnisse, doch im *Großen* (also bei Zahlen mit mehreren hundert Stellen) versagen diese aus laufzeittechnischer Sicht. Sie würden zwar nach endlicher Zeit terminieren (sonst wären es keine Algorithmen), doch ihre Laufzeit könnte in vielen Fällen (selbst bei der Mobilisierung aller auf diesem Planeten zur Verfügung stehenden Rechenpower) länger dauern, als das Universum alt ist, was mit ca. 13 Milliarden Jahren einer sehr langen Zeitspanne entspricht. Und das ist auch gut so! Andernfalls wäre das Internet ein offenes Buch ohne Geheimnisse. Es gibt jedoch einige Aussagen zur Teilbarkeit bestimmter Zahlen, die einem beim Aufspüren von Primzahlen und der Entwicklung von Primzahltests ein ganzes Stück Arbeit abnehmen können. Diese sind Gegenstand dieser Problemklasse. Wenn du z. B. weißt, dass 5^n+7 für alle $n \in \mathbb{m}$ gerade (d. h. ohne Rest durch 2 teilbar) ist, kannst du mit Sicherheit sagen, dass 5^n+7 keine Primzahl ist (und alle ganzzahligen Vielfache entsprechend auch nicht). Auch im Alltag kann es durchaus interessant sein, ob man eine bestimmte Anzahl von Gummibärchen gerecht unter n Kindern aufteilen kann. Kannst du

---

[1] Dieser Algorithmus wurde nach seinen Erfindern *Ron Rivest*, *Adi Shamir* und *Leonard Adleman* benannt.
[2] Die 1 selbst ist definitionsgemäß jedoch *keine* Primzahl, obwohl sie diese beiden Eigenschaften erfüllt. Die kleinste Primzahl ist 2. Eine *größte Primzahl* gibt es nicht, da es unendlich viele Primzahlen gibt.

z. B. $5^n + 7$ Gummibärchen gerecht (d. h., jeder bekommt dieselbe Anzahl) auf vier Kinder aufteilen? Eine gerade Zahl muss nämlich nicht automatisch ohne Rest durch 4 teilbar sein (die 2 selbst ist dafür ein gutes Beispiel).

Bevor du dich jedoch in den Beweis dieser und weiterer Aussagen stürzt, müssen einige Dinge geklärt werden, um überhaupt mathematisch sauber argumentieren zu können. Vieles, was als selbstverständlich erscheint, ist es nämlich oft gar nicht (und umgekehrt). Besonders dann nicht, wenn du noch keine Vorlesung zu algebraischen Strukturen gehört hast und mit Begriffen wie *Abgeschlossenheit bezüglich einer Verknüpfung* nichts anfangen kannst. Um an dieser Stelle keine vorlesungsfüllende Einführung in die Körper- und Zahlentheorie geben zu müssen, was vom eigentlichen Thema (Vollständige Induktion) ablenken würde, werden nur die keyfacts erwähnt, auf die du dich dann wiederum berufen kannst. Der wohl wichtigste Begriff dieses Abschnitts steckt bereits in seinem Namen: Wenn man über *Teilbarkeitszusammenhänge* sprechen möchte, muss zunächst klar definiert werden, was es überhaupt heißt, wenn eine Zahl eine andere teilt.

Definition 4.1 (Teilbarkeit)
Seien $a, b \in \mathbb{Z}$ ganze Zahlen und $a \neq 0$. a teilt b genau dann, wenn eine ganze Zahl $q \in \mathbb{Z}$ existiert, sodass $a \cdot q = b$ ist. Für „a teilt b" kann man das Symbol $|$ („teilt") verwenden. Diese Definition lässt sich formal wie folgt aufschreiben:

$$a \mid b \iff \exists q \in \mathbb{Z} : a \cdot q = b$$

Man kann auch sagen: b ist ohne Rest durch a teilbar.[3] a und b können auch natürliche Zahlen sein. Um einen möglichst großen Bereich abzudecken, neigen viele dazu, in der Definition des Begriffs *Teilbarkeit* a und b als ganze Zahlen anzusehen.   ◆

Beispiel 4.1 (Teilbarkeit)
Teilt 3 die Zahl 6? Das ist genau dann der Fall, wenn eine ganze Zahl q mit $3 \cdot q = 6$ existiert:

$$3 \mid 6 \iff \exists q \in \mathbb{Z} : 3 \cdot q = 6$$

Die Antwort ist offensichtlich *Ja*, denn es existiert eine ganze Zahl q, sodass $3 \cdot q = 6$ ist, nämlich $q = 2$.   ∎

Definition 4.2 (Teiler)
Sei $z \in \mathbb{Z}$ eine ganze Zahl. Alle natürlichen Zahlen $a_1, a_2, \ldots, a_n \in \mathbb{N}$, die z ohne Rest teilen, heißen *natürliche Teiler von z*. Um dich nicht mit zu vielen Einschränkungen und

---

[3] Teilen mit Rest ist für die Induktionsaufgaben in diesem Buch unwichtig und wird deshalb nicht näher behandelt.

Zusatzinformationen zu überladen, werden in diesem Buch die *natürlichen Teiler* einfach als *Teiler* bezeichnet.[4]   ◆

Beispiel 4.2 (Teiler)
Die Zahl 20 besitzt die Teiler 1, 2, 4, 5, 10 und 20, denn $1 \mid 20$, $2 \mid 20$, $4 \mid 20$, $5 \mid 20$, $10 \mid 120$ und $20 \mid 20$.   ■

Definition 4.3 (Teilermenge)
Sei $n \in \mathbb{N}$. Die Menge D_n, die alle Teiler von n enthält, heißt *Teilermenge*.   ◆

Beispiel 4.3 (Teilermenge)
Die Teilermenge von 42 ist gegeben durch: $D_{42} = \{1, 2, 3, 6, 7, 14, 21, 42\}$.   ■

Definition 4.4 (Teilerfremde Zahlen)
Zwei ganze Zahlen $a, b \in \mathbb{Z}$ heißen *teilerfremd*, wenn sie außer der 1, die Teiler jeder Zahl ist, keine gemeinsamen Teiler besitzen.   ◆

Beispiel 4.4 (Teilerfremde Zahlen)
Betrachte die Mengen der Teiler von 16 bzw. 25.

- Die Menge der Teiler von 16 lautet: $D_{16} = \{1, 2, 4, 8, 16\}$.
- Die Menge der Teiler von 25 lautet: $D_{25} = \{1, 5, 25\}$.

Die Schnittmenge der beiden Teilermengen ist gegeben durch: $D_{16} \cap D_{25} = \{1\}$. Die Zahlen 16 und 25 sind also *teilerfremd*, denn sie besitzen (außer der 1) keine gemeinsamen Teiler.   ■

Die nächsten Sätze geben Auskunft darüber, ob man bei der Durchführung verschiedener Rechenoperationen mit ganzen Zahlen wieder in den ganzen Zahlen landet. Auch das ist wichtig für eine solide Argumentation.

Satz 4.3 (Summe/Differenz ganzer Zahlen)
Wenn $a_1, a_2, \ldots a_n \in \mathbb{Z}$ ganze Zahlen sind, dann ist die Summe/Differenz $a_1 \pm a_2 \pm \ldots \pm a_n \in \mathbb{Z}$ auch eine ganze Zahl.

---

[4] Je nachdem, wie die Teilbarkeit in deiner Vorlesung definiert ist, werden auch die Teiler entweder nur aus den natürlichen Teilern bestehen, oder es wird explizit der Begriff *natürlicher Teiler* eingeführt. In diesem Buch spielt diese Unterscheidung keine Rolle. Es wird jedoch versucht, das „Beste" aus beiden Welten abzugreifen, d. h., die Teilbarkeit wurde für ganze Zahlen definiert, der Begriff Teiler auf die natürlichen Teiler reduziert und auf die Unterscheidung dieser beiden Teilertypen hingewiesen. Es gibt noch weitere Teilerarten (z. B. Primteiler), die hier aber getrost ignoriert werden können.

Im Fachjargon bezeichnet man diese Eigenschaft auch als *Abgeschlossenheit bezüglich der Addition (bzw. Subtraktion)*. Damit ist nur gemeint, dass du ganze Zahlen addieren (und subtrahieren) kannst, ohne plötzlich aus dieser Zahlenmenge „rauszufallen".

Satz 4.4 (Produkt ganzer Zahlen)
Wenn $a_1, a_2, \ldots, a_n \in \mathbb{Z}$ ganze Zahlen sind, dann ist auch das Produkt $a_1 \cdot a_2 \cdot \ldots \cdot a_n \in \mathbb{Z}$ eine ganze Zahl.

Diese Eigenschaft ganzer Zahlen nennt man auch *Abgeschlossenheit bezüglich der Multiplikation*. Die *Division* ist in den ganzen Zahlen *nicht abgeschlossen*, denn 3 und 2 sind ganze Zahlen, aber $3 \div 2 = 1{,}5$ ist *keine ganze*, sondern eine *rationale* Zahl.

Natürliche und ganze Zahlen können *gerade* oder *ungerade* sein. Da diese Eigenschaft für Teilbarkeitsbeweise eine wichtige Rolle spielt, wird ihr eine eigene Definition spendiert:

Definition 4.5 (Gerade und ungerade Zahlen)
Eine natürliche Zahl $n \in \mathbb{N}_0$ oder ganze Zahl $z \in \mathbb{Z}$ heißt *gerade*, wenn sie ohne Rest durch 2 teilbar ist. Das heißt, $2 \mid n \implies n$ ist gerade bzw. $2 \mid z \implies z$ ist gerade. Ansonsten ist n bzw. z *ungerade*. ◆

Der nachfolgende Satz ist für die Induktionsaufgaben in Kap. 5 essenziell.

Satz 4.5 (Gerade Zahlen)
Eine natürliche Zahl $n \in \mathbb{N}_0$ ist genau dann gerade, wenn

$$\frac{n}{2} \in \mathbb{Z}$$

eine ganze Zahl ist.

Diesen Gedanken kann man auch an das allgemeine Teilbarkeitsverständnis (Definition 4.1) knüpfen und ein weiteres Teilbarkeitskriterium stricken.

Satz 4.6 (Teilbarkeit und ganze Zahlen)
Eine natürliche Zahl $n \in \mathbb{N}_0$ ist genau dann ohne Rest durch $m \in \mathbb{N}$ teilbar, wenn

$$\frac{n}{m} \in \mathbb{Z}$$

eine ganze Zahl ist.

Satz 4.7 (Produkt einer geraden und einer ungeraden Zahl)
*Das Produkt $a \cdot b \in \mathbb{Z}$ einer geraden Zahl $a \in \mathbb{Z}$ und einer ungeraden Zahl $b \in \mathbb{Z}$ ist eine gerade Zahl. Mit dem Kommutativgesetz **R2** ist auch $b \cdot a$ eine gerade Zahl. Dieser Satz gilt auch für natürliche Zahlen.*

Satz 4.8 (Produkt zweier gerader Zahlen)
*Das Produkt $a \cdot b \in \mathbb{Z}$ zweier gerader Zahlen $a, b \in \mathbb{Z}$ ist eine gerade Zahl. Mit dem Kommutativgesetz **R2** ist auch $b \cdot a$ eine gerade Zahl. Dieser Satz gilt auch für natürliche Zahlen.*

Satz 4.9 (Produkt zweier ungerader Zahlen)
*Das Produkt $a \cdot b \in \mathbb{Z}$ zweier ungerader Zahlen $a, b \in \mathbb{Z}$ ist eine ungerade Zahl. Mit dem Kommutativgesetz **R2** ist auch $b \cdot a$ eine ungerade Zahl. Dieser Satz gilt auch für natürliche Zahlen.*

Satz 4.10 (Teilbarkeit durch das Produkt zweier teilerfremder Zahlen)
Seien $a, b, z \in \mathbb{Z}$ ganze Zahlen. Seien weiterhin a und b teilerfremd (Definition 4.4). Wenn z ohne Rest durch a und b teilbar ist, dann ist z auch ohne Rest $a \cdot b$ teilbar.

Beispiel 4.5 (Teilbarkeit durch das Produkt zweier teilerfremder Zahlen)
30 ist durch 2 und 3 teilbar. Mit diesem Wissen und Satz 4.10 ist 30 auch durch $2 \cdot 3 = 6$ teilbar. Wenn du dir die Teilermenge D_{30} von 30 ansiehst, stellst du fest, dass $6 \in D_{30}$ ist:

$$6 \in \underbrace{\{1, 2, 3, 5, 6, 10, 15, 30\}}_{D_{30}} \qquad \blacksquare$$

Ein wahrer Lebensretter ist der folgende Trick, der (wenn du ihn richtig anwendest) deine Professoren erstaunen und dir eine Menge Denkarbeit ersparen wird.

Satz 4.11 (Cleverer Trick)
Die Zahl 0 kann in Form der Differenz $0 = n - n$ mit $n \in \mathbb{R}$ dargestellt werden. Die Addition von $n - n$ zu einer Zahl $z \in \mathbb{R}$ ändert ihren Wert nicht:

$$z = z + \underbrace{n - n}_{=0}$$

Dieser *clevere Trick* kommt bei 75 % aller Induktionsaufgaben aus der Problemklasse *Teilbarkeitszusammenhänge* in diesem Buch vor. Teilbarkeitsbeweise mit vollständiger Induktion werden von vielen Studenten als unangenehm angesehen, da die Argumentation, weshalb eine Zahl nun ohne Rest durch eine andere Zahl teilbar ist, oft trivial erscheint, aber alles andere als trivial ist. Das ist allerdings eine Eigenheit der Zahlentheorie an sich, da man die Probleme und Fragestellungen oft sogar Schulkindern (Hartlieb und Unger, 2016) verständlich erklären kann, während die Beweise fundierte Kenntnisse höherer Mathematik erfordern. Der *clevere Trick* stellt hierbei eine erhebliche Erleichterung beim Schmieden belastbarer Argumentationsketten dar. Wann würde es besser passen, das Gummibärchen-Beispiel zu untersuchen, als jetzt? Gegeben seien also $5^n + 7$

Gummibärchen, die unter vier Kindern gerecht aufgeteilt werden sollen. Dabei sollen alle Gummibärchen verteilt werden, d. h., jedes Kind erhält $\frac{5^n+7}{4}$ Stück (es geht nur um die Anzahl und nicht um die Farbverteilung). Die Frage ist also, ob $5^n + 7$ für alle $n \in \mathbb{N}$ ohne Rest durch 4 teilbar ist. Um diese Frage bejahen zu können, muss $\frac{5^n+7}{4}$ für alle $n \in \mathbb{N}$ eine ganze Zahl sein (Satz 4.6). Es ist also zu zeigen:

$$\forall n \in \mathbb{N} : \frac{5^n + 7}{4} \in \mathbb{Z}$$

Beweis 4.5 n ist die Induktionsvariable.

1. **Induktionsanfang** $\mathcal{A}(n_0)$
   Da die Behauptung für alle natürlichen Zahlen gelten soll, wird $n_0 = 1$ als Startwert verwendet. du musst also überprüfen, ob $\frac{5^{n_0}+7}{4}$ eine ganze Zahl $\mathbb{Z}$ ist:

   $$\frac{5^{n_0} + 7}{4} = \frac{5^1 + 7}{4} = \frac{5 + 7}{4} = \frac{\cancel{12}}{\cancel{4}} = 3,$$

   und 3 ist eine ganze Zahl: $3 \in \mathbb{Z}\checkmark$. Im Kontext betrachtet hast du nun gezeigt, dass du für $n = 1$ die insgesamt resultierenden $5^1 + 7 = 12$ Gummibärchen gerecht auf die 4 Kinder verteilen kannst.

2. **Induktionsvoraussetzung** $\mathcal{A}(n)$
   Es existiert (mindestens) ein $n \in \mathbb{N}$, für das $\frac{5^n+7}{4}$ eine ganze Zahl ist. Formal bedeutet das:

   $$\exists n \in \mathbb{N} : \frac{5^n + 7}{4} \in \mathbb{Z}$$

   Du gehst davon aus, dass für ein bestimmtes n die Anzahl der resultierenden Gummibärchen gerecht auf vier Kinder verteilt werden kann.

3. **Induktionsbehauptung** $\mathcal{A}(n + 1)$
   Unter der Voraussetzung, dass $\frac{5^n+7}{4}$ für ein $n \in \mathbb{N}$ eine ganze Zahl ist, ist auch

   $$\frac{5^{n+1} + 7}{4} \in \mathbb{Z}$$

   eine ganze Zahl. Unter der Voraussetzung, dass du die $5^n + 7$ Gummibärchen für ein $n \in \mathbb{Z}$ gerecht auf vier Kinder aufteilen kannst, behauptest du, dass eine gerechte Aufteilung auch für $5^{n+1} + 7$ Gummibärchen möglich ist. Dass das wirklich stimmt, beweist du nun im Induktionsschluss.

4. **Induktionsschluss** $\mathcal{A}(n) \implies \mathcal{A}(n + 1)$
   Am Ende deines Beweises musst du $\frac{5^{n+1}+7}{4}$ so umgeformt haben, dass das Ergebnis eindeutig als ganze Zahl identifiziert werden kann, denn in der aktuellen Form ist das für niemanden sofort ersichtlich. Und selbst wenn: Dein Prof möchte sehen, ob du die Beweislogik verstanden hast, und auch einem Laien erklären kannst, weshalb du Recht

hast. Stelle dir einfach vor, du müsstest dir selbst vor Beginn deines Studiums erklären, weshalb $5^{n+1} + 7$ ohne Rest durch 4 teilbar ist. Wenn du dieses Vorgehen stets im Hinterkopf behältst, fährst du in den meisten Fällen eine sichere Schiene:

$$\frac{5^{n+1} + 7}{4}$$

Wende das Potenzgesetz **P2** mit $a = 5$, $x = n$ und $y = 1$ (rückwärts) auf 5^{n+1} an:

$$\frac{5^n \cdot 5 + 7}{4}$$

Und an dieser Stelle kommt bereits der *clevere Trick* aus Satz 4.11 zum Tragen: Du weißt nämlich aus der Induktionsvoraussetzung, dass $\frac{5^n+7}{4}$ ohne Rest durch 4 teilbar ist. Dieses Wissen musst du nur irgendwie auf den aktuellen Bruch anwenden können. Addiere deshalb 0 in Form von $4 \cdot 5^n - 4 \cdot 5^n$ zum Zähler dieses Bruchs:

$$\frac{5^n \cdot 5 + 7 + 4 \cdot 5^n - 4 \cdot 5^n}{4}$$

$$\frac{5^n \cdot 5 - 4 \cdot 5^n + 7 + 4 \cdot 5^n}{4}$$

$$\frac{(5^n + 7) + 4 \cdot 5^n}{4}$$

Und schon steht dort die Induktionsvoraussetzung. Du musst nur noch die beiden Brüche auseinanderziehen:

$$\frac{5^n + 7}{4} + \frac{4 \cdot 5^n}{4}$$

$$\frac{5^n + 7}{4} + \frac{\cancel{4} \cdot 5^n}{\cancel{4}}$$

$$\frac{5^n + 7}{4} + 5^n$$

Nach der Induktionsvoraussetzung ist $\frac{5^n+7}{4} \in \mathbb{Z}$ eine ganze Zahl. Darüber hinaus ist auch 5^n für alle n eine ganze Zahl, da die Multiplikation von zwei ganzen Zahlen wieder eine ganze Zahl ist (Satz 4.4). Die Summe zweier ganzer Zahlen ist wieder eine ganze Zahl (Satz 4.3), und daraus folgt:

$$\underbrace{\frac{5^n + 7}{4}}_{\in \mathbb{Z}} + \underbrace{5^n}_{\in \mathbb{Z}} \in \mathbb{Z} \checkmark$$

Damit ist der Induktionsschritt $\mathcal{A}(n) \implies \mathcal{A}(n + 1)$ gezeigt, und mit dem Prinzip der vollständigen Induktion folgt, dass $\frac{5^n+7}{4}$ für alle $n \in \mathbb{N}$ eine ganze Zahl ist. Mit Satz 4.6 folgt, dass $5^n + 7$ für alle $n \in \mathbb{N}$ ohne Rest durch 4 teilbar ist. □

Wenn du also einmal $5^n + 7$ Gummibärchen zur Hand hast, die du gerecht auf vier Kinder aufteilen möchtest, wirst du keines selbst essen oder wegwerfen müssen. Es wird kein einziges Gummibärchen übrig bleiben, und du kannst jedem Kind dieselbe Anzahl geben, wodurch du potentiellen Streitereien präventiv vorbeugst. Ganz nebenbei hast du damit auch bewiesen, dass die gerechte Verteilung auch für zwei Kinder gelingt, da eine durch 4 teilbare Zahl automatisch gerade ist. Damit lernst du direkt eine weitere Lektion: Manchmal kann es hilfreich sein, Aussagen in äquivalente Aussagen zu überführen und *deren* Wahrheitsgehalt zu überprüfen. Es gibt aber auch Fälle, bei denen die vollständige Induktion dem berühmten Schießen mit Kanonen auf Spatzen gleichkommt, da weitaus weniger Umformungen bereits eine wasserdichte Argumentationshülle bilden. Betrachte dazu die folgende Behauptung: Für alle $n \in \mathbb{N}$ ist $n \cdot (n + 1)$ eine gerade Zahl. Zuerst kommt der Beweis in der Geschmacksrichtung „Vollständige Induktion".

Die Aussage, dass $n \cdot (n + 1)$ für alle $n \in \mathbb{N}$ eine gerade Zahl ist, ist nach Satz 4.5 genau dann wahr, wenn $n \cdot (n + 1)$ für alle $n \in \mathbb{N}$ eine ganze Zahl ist. Du kannst die ursprüngliche Behauptung also beweisen, indem du die äquivalente Aussage

$$\forall n \in \mathbb{N} : \frac{n \cdot (n + 1)}{2} \in \mathbb{Z}$$

beweist.

Beweis 4.6 n ist die Induktionsvariable.

1. **Induktionsanfang** $\mathcal{A}(n_0)$
   Da die Behauptung für alle natürlichen Zahlen gelten soll, wird $n_0 = 1$ als Startwert verwendet. Du musst also überprüfen, ob $\frac{n_0 \cdot (n_0 + 1)}{2}$ eine ganze Zahl $\mathbb{Z}$ ist:

$$\frac{n_0 \cdot (n_0 + 1)}{2} = \frac{1 \cdot (1 + 1)}{2} = \frac{1 \cdot 2}{2} = \frac{\not{2}}{\not{2}} = 1,$$

   und 1 ist eine ganze Zahl: $1 \in \mathbb{Z} \checkmark$

2. **Induktionsvoraussetzung** $\mathcal{A}(n)$
   Es existiert (mindestens) ein $n \in \mathbb{N}$, für das $\frac{n \cdot (n+1)}{2}$ eine ganze Zahl ist. Formal bedeutet das:

$$\exists n \in \mathbb{N} : \frac{n \cdot (n + 1)}{2} \in \mathbb{Z}$$

3. **Induktionsbehauptung** $\mathcal{A}(n + 1)$
   Unter der Voraussetzung, dass $\frac{n \cdot (n+1)}{2}$ für ein $n \in \mathbb{N}$ eine ganze Zahl ist, ist auch

$$\frac{(n + 1) \cdot ((n + 1) + 1)}{2} \in \mathbb{Z}$$

   eine ganze Zahl.

4. **Induktionsschluss** $\mathcal{A}(n) \implies \mathcal{A}(n + 1)$

Am Ende deines Beweises musst du $\frac{(n+1)\cdot((n+1)+1)}{2}$ so umgeformt haben, dass das Ergebnis eindeutig als ganze Zahl identifiziert werden kann:

$$= \frac{(n + 1) \cdot ((n + 1) + 1)}{2}$$

$$= \frac{(n + 1) \cdot (n + 2)}{2}$$

Multipliziere den Zähler aus:

$$= \frac{n \cdot n + n \cdot 2 + 1 \cdot n + 1 \cdot 2}{2}$$

$$= \frac{n^2 + 2 \cdot n + n + 2}{2}$$

$$= \frac{n^2 + n + 2 \cdot n + 2}{2}$$

$$= \frac{n \cdot (n + 1) + 2 \cdot n + 2}{2}$$

Spalte den Bruch so auf, dass du die Induktionsvoraussetzung wiederfindest:

$$= \frac{n \cdot (n + 1)}{2} + \frac{2 \cdot n + 2}{2}$$

$$= \frac{n \cdot (n + 1)}{2} + \frac{2 \cdot (n + 1)}{2}$$

$$= \frac{n \cdot (n + 1)}{2} + \frac{\not{2} \cdot (n + 1)}{\not{2}}$$

$$= \frac{n \cdot (n + 1)}{2} + n + 1$$

Nach der Induktionsvoraussetzung ist $\frac{n\cdot(n+1)}{2} \in \mathbb{Z}$ eine ganze Zahl. Auch $n + 1$ ist für alle $n \in \mathbb{N}$ eine ganze Zahl (Satz 4.3). Daraus folgt:

$$\underbrace{\frac{n \cdot (n + 1)}{2}}_{\in \mathbb{Z}} + \underbrace{n + 1}_{\in \mathbb{Z}} \in \mathbb{Z} \checkmark$$

Damit ist der Induktionsschritt $\mathcal{A}(n) \implies \mathcal{A}(n + 1)$ gezeigt, und mit dem Prinzip der vollständigen Induktion folgt, dass $\frac{n\cdot(n+1)}{2}$ für alle $n \in \mathbb{N}$ eine ganze Zahl ist. Somit ist $n \cdot (n + 1)$ für alle $n \in \mathbb{N}$ eine gerade Zahl. Da du ganz ohne den *cleveren Trick* (Satz 4.11) ausgekommen bist, hast du nun auch eine Aufgabe aus den 25 % gesehen, bei denen du nicht auf den Trick angewiesen bist und die „nur" ein geschultes Umformungsauge erfordert.   □

Die weitaus schmackhaftere Variante ist die durch einen direkten Beweis.

Beweis 4.7 Es ist zu zeigen, dass $n \cdot (n + 1)$ für alle $n \in \mathbb{N}$ eine ganze Zahl ist. $n + 1$ ist der Nachfolger von n. Du musst zwei Fälle unterscheiden:

1. n ist *gerade*: Dann ist $n + 1$ ungerade, und mit dem Satz 4.7 folgt, dass $n \cdot (n + 1)$ gerade ist.
2. n ist *ungerade*: Dann ist $n + 1$ gerade, und mit dem Satz 4.7 folgt analog, dass $n \cdot (n+1)$ gerade ist.

Damit sind alle Fälle abgedeckt und die Behauptung ist bewiesen.   □

Man muss fairerweise ergänzen, dass Satz 4.9 als bewiesen vorausgesetzt wurde. Falls das in deiner Vorlesung nicht der Fall sein sollte, darfst du diesen nur dann zum Teil deiner Argumentation werden lassen, wenn du ihn dann *in der Klausur* beweist, was unter Umständen mehr Arbeit macht, als einfach das zu verwenden, was der Prof vorgibt. Um solche Probleme zu vermeiden, steht oftmals dabei, *wie* eine Behauptung bewiesen werden soll. Daran solltest du dich auch halten, da du sonst Gefahr läufst, trotz richtiger Argumentation punktetechnisch leer auszugehen.

4.3.1 Der Induktionsalgorithmus für Teilbarkeitszusammenhänge

Satz 4.12
Sei $\mathcal{A}(n)$ eine Aussage der Form „Für alle $n \in \mathbb{N}_{\geq n_0}$ ist die Zahl $g(n)$ ohne Rest durch $m \in \mathbb{N} \setminus \{0\}$ teilbar." Dabei ist $g(n)$ eine von n abhängige Zahl, z. B. $2^n - 1$. Überführe $\mathcal{A}(n)$ mit Hilfe von Satz 4.6 in die logisch äquivalente Aussage $\mathcal{A}'(n) := $ „Für alle $n \in \mathbb{N}_{\geq n_0}$ ist $\frac{g(n)}{m}$ eine ganze Zahl". Es ist zu zeigen:

$$\mathcal{A}'(n) := \forall n \in \mathbb{N}_{\geq n_0} : \frac{g(n)}{m} \in \mathbb{Z}$$

1. **Induktionsanfang** *(Umwerfen des ersten Dominosteins)*
   Teste, ob die Aussage $\mathcal{A}'(n)$ für den Startwert $n = n_0$ wahr ist, indem du

   $$\frac{g(n_0)}{m}$$

   ausrechnest. Wenn $\frac{g(n_0)}{m}$ keine ganze Zahl ist, bist du an dieser Stelle bereits fertig, und die Behauptung $\forall n \in \mathbb{N}_{\geq n_0} : \frac{g(n)}{m} \in \mathbb{Z}$ (bzw. $\forall n \in \mathbb{N}_0 : \frac{g(n)}{m} \in \mathbb{Z}$), sowie die logisch äquivalente Aussage $\mathcal{A}(n)$, ist falsch.

2. **Induktionsvoraussetzung**

   Formuliere die Induktionsvoraussetzung:

   a) *formalisiert:* $\exists n \in \mathbb{N}_{\geq n_0} : \frac{g(n)}{m} \in \mathbb{Z}$,

   b) *verbalisiert: „Es existiert (mindestens) ein $n \in \mathbb{N}_{\geq n_0}$, für das der Quotient, der bei der Division von $g(n)$ durch m entsteht, eine ganze Zahl ist. "*

3. **Induktionsbehauptung**

   Formuliere die Induktionsbehauptung. Es ist zu zeigen:

   a) *formalisiert:* $\frac{g(n)}{m} \in \mathbb{Z} \implies \frac{g(n+1)}{m} \in \mathbb{Z}$,

   b) *verbalisiert: „Unter der Voraussetzung, dass der Quotient, der bei der Division von $g(n)$ durch m entsteht, eine ganze Zahl ist, ist auch der Quotient $\frac{g(n+1)}{m}$ eine ganze Zahl. "*

4. **Induktionsschluss** *(der Nachfolger eines beliebigen Dominosteins fällt um)*

   Beweise die Induktionsbehauptung, indem du den Quotienten $\frac{g(n+1)}{m}$ so lange umformst, bis er eindeutig als ganze Zahl identifiziert werden kann. Sorge dafür, dass du den Bruch so aufteilen kannst, dass die Induktionsvoraussetzung erkennbar ist:

$$\frac{g(n)}{m} + \frac{h(n)}{m}$$

   Dabei ist $g(n) + h(n) = g(n + 1)$. In den meisten Fällen (in diesem Buch zu 75%) kannst du dabei den cleveren Trick (Satz 4.11) verwenden. Begründe anschließend, dass $\frac{h(n)}{m}$ ebenfalls eine gerade Zahl ist (z. B. durch Kürzen dieses Bruchs). Mit Satz 4.3 folgt, dass $\frac{g(n+1)}{m}$ eine ganze Zahl ist. Damit ist automatisch auch die logisch äquivalente Aussage $\mathcal{A}(n)$ bewiesen.

5. **Beweisende**

   Signalisiere das Ende deines Beweises durch $\square$, q.e.d. oder w.z.z.w.

4.3.2 FAQ

Ist Null eine gerade Zahl? Zählt die Null zu den geraden Zahlen?

▶ Nach Definition 4.5 ist eine Zahl genau dann gerade, wenn sie ohne Rest durch 2 teilbar ist (ansonsten ist sie ungerade). Nach dieser Definition ist die Null eine gerade Zahl, denn sie ist ohne Rest durch 2 teilbar.

Mathematischer Ausdruck für eine *gerade Zahl* Wie kann man eine *gerade (natürliche) Zahl* mathematisch darstellen?

▶ Eine Zahl ist genau dann gerade, wenn sie ohne Rest durch 2 teilbar ist (Satz 4.5). Für eine beliebige Zahl $k \in \mathbb{N}$ ist $2 \cdot k$ eine gerade Zahl, d. h., man kann eine gerade natürliche Zahl allgemein wie folgt darstellen: $2 \cdot k$ mit $k \in \mathbb{N}$. Wenn es um die natürlichen Zahlen inklusive der Null geht (0 ist nämlich eine gerade Zahl), musst du k aus $\mathbb{N}_0$ wählen.

Mathematischer Ausdruck für eine *ungerade Zahl* Wie kann man eine *ungerade (natürliche) Zahl* mathematisch darstellen?

▶ Eine Zahl ist genau dann gerade, wenn sie nicht ohne Rest durch 2 teilbar ist (abgeleitet aus Satz 4.5). Für eine beliebige Zahl $k \in \mathbb{N}$ ist $2 \cdot k + 1$ eine ungerade Zahl, da $2 \cdot k$ gerade ist und auf eine gerade eine ungerade Zahl folgt. Um die erste ungerade natürliche Zahl (1) mit $2 \cdot k + 1$ abbilden zu können, muss $k \in \mathbb{N}_0$ sein. Ungerade Zahlen können aber auch durch $2 \cdot k - 1$ mit $k \in \mathbb{N}$ dargestellt werden, denn auch der Vorgänger einer geraden Zahl ist ungerade.

Teilbarkeitsbeweise immer mit vollständiger Induktion? Gibt es für Teilbarkeitsbeweise Alternativen zur vollständigen Induktion?

▶ Ja, die gibt es. Oft kann man eine Aussage über die Teilbarkeit einer bestimmten Zahl auch direkt ohne vollständige Induktion beweisen. Ein gutes Beispiel ist der Beweis, dass $n \cdot (n + 1)$ eine gerade Zahl ist. In vielen Fällen ist ein Induktionsbeweis nicht die beste Wahl.

Modulo für die Teilbarkeitsdefinition Kann ich für den Induktionsbeweis die Behauptung auch mit dem Modulo-Operator formulieren (also z. B. „$\forall n \in \mathbb{N} : 2 \mid 2^n$" zu „$\forall n \in \mathbb{N} : 2^n \equiv 0 \bmod 2$")?

▶ Ja, das ist möglich. Du musst beim Beweisen dann entsprechend diese Schreibweise durch die Induktionsvoraussetzung, den Induktionsbeweis und den Induktionsschluss schleifen. Wichtig ist, dass du bei der Formulierung *konsistent* bleibst und nicht plötzlich zwischen den verschiedenen Definitionen der Teilbarkeit wechselst. Grundsätzlich gilt: Lege dich pro Beweis auf *eine* Definition fest!

Natürliche statt ganze Zahlen Kann ich die Behauptung „$f(n)$ ist für alle $n \in \mathbb{N}$ ohne Rest durch $m \in \mathbb{N}$ teilbar" auch in die logisch äquivalente Aussage „$\frac{f(n)}{m}$ ist für alle $\in \mathbb{N}$ eine natürliche Zahl $\mathbb{N}$" umformen? In dem Übungsbeispiel wurde nur von ganzen Zahlen Z gesprochen.

▶ Ja. Allerdings hängt das von deiner Definition der Teilbarkeit ab. Man kann den Teilbarkeitsbegriff nämlich über natürliche oder ganze Zahlen definieren, d. h. entweder

- $m \mid n \Longleftrightarrow \exists k \in \mathbb{Z} : m \cdot k = n$ oder
- $m \mid n \Longleftrightarrow \exists k \in \mathbb{N} : m \cdot k = n$.

Da du für n ausschließlich natürliche Zahlen verwendest (darüber läuft schließlich der Beweis) und die natürlichen Zahlen $\mathbb{N}$ eine echte Teilmenge der ganzen Zahlen $\mathbb{Z}$ sind

($\mathbb{N} \subset \mathbb{Z}$), bekommst du durch diese Beschränkung auf die „positiven Fälle" keine Schwierigkeiten. Allerdings solltest du dann darauf achten, dass du z. B. nicht Ergebnisse der Form $\frac{n-1}{2} = \frac{1-1}{2} = \frac{0}{2} = 0$ herausbekommst, da $0 \in \mathbb{N}_0$ aber $0 \notin \mathbb{N}$ ist. Bleibe deshalb am besten einfach bei den ganzen Zahlen.

4.4   Ungleichungen

Induktionsbeweise für Ungleichungen zählen bei dem überwiegenden Teil der Studenten zu den „Hassaufgaben" in Mathematikklausuren. Der Grund dafür ist einfach: Große Teile des sonst so einfach nachkochbaren Induktionsrezepts sind leider so allgemein formuliert, dass du sehr viel nach eigenem Gusto machen musst und die Gefahr besteht, dass du deinem Prof die Suppe stark versalzt oder zu lasch würzt. Konkret geht es um den Induktionsschluss, bei dem du nicht selten kreativ werden und ein „Händchen" für messerscharfe (mathematische) Argumente haben musst. Dieses Argument-Repertoir kannst du dir in diesem Buch aber Schritt für Schritt aufbauen. Dir stehen dafür insgesamt 15 Aufgaben aller Schwierigkeitsgrade und mit allen wichtigen Stolpersteinen zur Verfügung. Zusätzlich bekommst du in diesem Abschnitt einen guten Stil für den Beweis von Fragestellungen aus dieser Problemklasse anhand der Ungleichung $2^n > n^2$ für alle natürlichen Zahlen n ab einem Startwert n_0 beigebracht. Den Startwert erhältst du (falls in einer Aufgabenstellung nicht bereits vorgegeben) durch systematisches Einsetzen verschiedener Werte für n_0. Systematisch bedeutet in diesem Fall, dass du nicht wahllos aus den natürlichen Zahlen schöpfst, sondern bei 1 (oder 0 für $\mathbb{N}_0$) beginnst und dich nach oben durcharbeitest. $n_0 = 1\colon 2^1 = 2 > 1 = 1^2$ ist zwar augenscheinlich wahr, doch lasse dich dadurch nicht täuschen. Prüfe sicherheitshalber noch einmal nach, ob der Nachfolger $n_0 = 2$ ebenfalls funktioniert, da du sonst zwar den Induktionsanker über Bord wirfst, er dir aber keinen Mehrwert bringen wird.

- $n_0 = 2\colon 2^2 = 4 > 4 = 2^2 \perp$
- $n_0 = 3\colon 2^3 = 8 > 9 = 3^2 \perp$
- $n_0 = 4\colon 2^4 = 16 > 16 = 4^2 \perp$
- $n_0 = 5\colon 2^5 = 32 > 25 = 5^2 \checkmark$
- $n_0 = 5\colon 2^6 = 64 > 36 = 6^2 \checkmark$

$n_0 = 5$ scheint ein geeigneter Startwert zu sein, da auch der Nachfolger $n_0 = 6$ eine wahre Aussage liefert. Es ist also zu zeigen:

$$\forall n \in \mathbb{N}_{\geq 5} : 2^n > n^2$$

Beweis 4.8

1. **Induktionsanfang** $\mathcal{A}(n_0)$
Den Induktionsanfang hast du bereits im Vorfeld bei der Ermittlung eines geeigneten Startwerts gezeigt. Für $n_0 = 5$ gilt:

$$2^{n_0} = 2^5 = 32 > 25 = 5^2 = n_0^2 \checkmark$$

Da die Ungleichung für $n_0 = 5$ wahr ist, ist der Induktionsanfang gezeigt und als Nächstes steht die Formulierung der Induktionsvoraussetzung an.

2. **Induktionsvoraussetzung** $\mathcal{A}(n)$
Es existiert mindestens ein $n \in \mathbb{N}_{\geq 5}$, für das die Ungleichung $2^n > n^2$ wahr ist. Formal bedeutet das:

$$\exists n \in \mathbb{N}_{\geq 5} : 2^n > n^2$$

3. **Induktionsbehauptung** $\mathcal{A}(n+1)$
Unter der Voraussetzung, dass die Ungleichung $2^n > n^2$ für ein $n \in \mathbb{N}_{\geq 5}$ wahr ist, folgt:

$$2^{n+1} > (n+1)^2$$

4. **Induktionsschluss** $\mathcal{A}(n) \Longrightarrow \mathcal{A}(n+1)$
Am Ende deines Induktionsbeweises muss klar erkennbar sein, dass 2^{n+1} tatsächlich größer als $(n+1)^2$ ist. Beginne mit der linken Seite der Ungleichung aus der Induktionsbehauptung und arbeite nicht mit Äquivalenzumformungen, sondern einer Kette aus $>$- und $=$-Zeichen:

$$2^{n+1}$$

Wende das Potenzgesetz **P1** mit $a = 2$, $x = n$ und $y = 1$ (rückwärts) auf 2^{n+1} an:

$$= \underbrace{2^n}_{>n^2} \cdot 2$$

Nach der Induktionsvoraussetzung ist $2^n > n^2$. Somit ist auch das Produkt $2^n \cdot 2$ größer als $n^2 \cdot 2$, denn eine beidseitige Multiplikation der Ungleichung $2^n > n^2$ mit 2 liefert $2^n \cdot 2 > n^2 \cdot 2$ (eine Multiplikation mit der positiven Zahl 2 dreht das Vorzeichen nicht um):

$$> n^2 \cdot 2$$
$$= n^2 + \underbrace{n^2}_{>4 \cdot n}$$

Die Behauptung gilt für alle $n \geq 5$. Deshalb ist $n^2 > 4 \cdot n$. Denn selbst für den kleinstmöglich einsetzbaren Wert $n = 5$ ist $n^2 = 5^2 = 5 \cdot 5 > 4 \cdot 5$. Es folgt:

$$> n^2 + 4 \cdot n$$

Doch was hast du dadurch gewonnen? Du möchtest am Ende deines Beweises $> (n + 1)^2$ schreiben dürfen. Mit der ersten binomischen Formel **B1** folgt: $(n + 1)^2 = n^2 + 2 \cdot n + 1$. Du kannst die $4 \cdot n$ so aufteilen, dass du am Ende zweifelsfrei ein $>$-Zeichen setzen darfst:

$$= n^2 + 2 \cdot n + 2 \cdot n$$
$$> n^2 + 2 \cdot n + 1$$
$$= (n + 1)^2 \checkmark$$

Du hast nun Schritt für Schritt die Gültigkeit der Ungleichung $2^{n+1} > (n + 1)^2$ nachgewiesen und damit gezeigt, dass die Implikation $\mathcal{A}(n) \implies \mathcal{A}(n + 1)$ erfüllt ist. Da $\mathcal{A}(n_0) = \mathcal{A}(5)$ ebenfalls wahr ist (Induktionsanfang), folgt mit dem Prinzip der vollständigen Induktion, dass die Ungleichung $2^n > n^2$ für alle $n \in \mathbb{N}_{\geq 5}$ wahr ist. $\square$

Wie schon bei den Summen- und Produktformeln, gibt es auch für Ungleichungen die Variante, bei der man ab der Induktionsvoraussetzung nicht mehr die Induktionsvariable verwendet, sondern eine andere Variable einführt, für welche die Behauptung als wahr vorausgesetzt wird. Im Folgenden ist gezeigt, wie man den Beweis mit einer „neuen" Variable m ab der Induktionsvoraussetzung führt.

Beweis 4.9

1. **Induktionsanfang** $\mathcal{A}(n_0)$
   Für den Startwert $n_0 = 5$ gilt:

$$2^{n_0} = 2^5 = 32 > 25 = 5^2 = n_0^2 \checkmark$$

An dem Induktionsanfang ändert sich also nichts.

2. **Induktionsvoraussetzung** $\mathcal{A}(m)$

$$\exists m \in \mathbb{N}_{\geq 5} : 2^m > m^2$$

3. **Induktionsbehauptung** $\mathcal{A}(m + 1)$ Unter der Voraussetzung, dass die Ungleichung $2^m > m^2$ für ein $m \in \mathbb{N}_{\geq 5}$ wahr ist, ist sie auch für den Nachfolger $m + 1$ wahr:

$$2^{m+1} > (m + 1)^2$$

4. **Induktionsschluss** $\mathcal{A}(m) \implies \mathcal{A}(m+1)$

$$2^{m+1}$$
$$= \underbrace{2^m}_{>m^2} \cdot 2$$
$$> m^2 \cdot 2$$
$$= m^2 + \underbrace{m^2}_{>4 \cdot m}$$
$$> m^2 + 4 \cdot m$$
$$= m^2 + 2 \cdot m + 2 \cdot m$$
$$> m^2 + 2 \cdot m + 1$$
$$= (m+1)^2 \checkmark$$

Damit ist die Behauptung für alle $n \in \mathbb{N}_{\geq 5}$ bewiesen. $\quad\square$

Da sich die Vorgehensweise dieser Problemklasse nur schwer so algorithmisch erfassen lässt, dass sie dir beim Lernen weiterhilft,[5] folgt auf diesen Abschnitt direkt die FAQ-Sektion anstatt eines verfeinerten Induktionsalgorithmus.

4.4.1 FAQ

Wie kehrt man $\geq$ und $\leq$ um? Wie werden die Ungleichheitszeichen $\geq$ und $\leq$ richtig umgekehrt? Durch < und > oder $\leq$ und $\geq$?

▶ Die Umkehrung eines Ungleichheitszeichens ist *nicht* die Negation des Zeichens. Die Negation von $\geq$ ist <, und von $\leq$ ist es >. Die *Umkehrung* hingegen meint nichts anderes als eine vertikale Spiegelung, d. h., die Umkehrung von $\geq$ ist $\leq$ (und umgekehrt).

Ungleichheitszeichen bei der Multiplikation umkehren Wann wird das Ungleichheitszeichen bei der Multiplkation umgekehrt?

▶ Das Ungleichheitsszeichen einer Ungleichung wird bei der Multiplikation mit einer *negativen Zahl* umgekehrt. Aus 2 < 3 wird durch die Multiplikation mit -1 (negativ) die logisch äquivalente Ungleichung $2 \cdot (-1) > 3 \cdot (-1)$ bzw. $-2 > -3$. Die Multiplikation mit einer positiven Zahl hat hingegen *keinen Einfluss* auf das Ungleichheitszeichen.

---

[5] Es könnten innerhalb der Ungleichungsprobleme weitere Subklassen definiert werden, die dann mit einer modifizierten Form des Algorithmus abgedeckt werden können. Früher oder später stößt man dann aber auf ein ähnliches Problem wie bei der Kategorisierung: Wenn (im Extremfall) jedes einzelne Objekt eine eigene Kategorie bildet, sollte das Bilden von Kategorien infrage gestellt werden.

Ungleichheitszeichen bei der Addition umkehren Muss das Ungleichheitszeichen auch bei der Addition einer negativen Zahl umgekehrt werden?

▶ Nein. Nur die Multiplikation mit einer negativen Zahl sorgt für eine Umkehr des Ungleichheitsszeichens. Die Addition (und auch Subtraktion) einer negativen Zahl hat keinen Einfluss auf das Ungleichheitsszeichen, selbst wenn die Ergebnisse auf beiden Seiten ins Negative rutschen.

Ungleichung mit 0 multiplizieren Darf ich Ungleichungen mit 0 multiplizieren?

▶ Wenn das Ungleichheitszeichen $\geq$ oder $\leq$ ist, spricht (abgesehen vom Sinn) nichts dagegen, denn $3 \geq 2$ führt zu $3 \cdot 0 \geq 2 \cdot 0 \Longleftrightarrow 0 \geq 0$, was nicht falsch ist. Bei $>$ oder $<$ ist die resultierende Ungleichung jedoch falsch, denn $2 > 1$ wird zu $2 \cdot 0 > 1 \cdot 0 \Longleftrightarrow 0 > 0$, und $2 < 3$ wird zu $2 \cdot 0 < 3 \cdot 0 \Longleftrightarrow 0 < 0$, was in beiden Fällen einen Widerspruch darstellt.

Äquivalenzumformungen bei Ungleichungen Darf ich für die vollständige Induktion bei Ungleichungen auch Äquivalenzumformungen durchführen?

▶ Grundsätzlich gilt (wie schon bei Summen- und Produktformeln), dass Äquivalenzumformungen bei Induktionsbeweisen nicht gerne gesehen sind. Du solltest dich des Stils und der Aussagekraft wegen darum bemühen, das Konzept der Argumentations*kette* auch symbolisch abzubilden, d. h., von oben nach unten betrachtet sollte sich dein Beweis z. B. wie die Zeichenfolge $> \ldots > \ldots = \ldots > \ldots$ lesen.

Ungleichungen vor dem Beweis umformulieren Kann ich eine Behauptung der Form $\forall n \in \mathbb{N} : f(n) < g(n)$ beweisen, indem ich sie zu $\forall n \in \mathbb{N} : g(n) > f(n)$ umformuliere und das dann zeige?

▶ Ja. Wenn die beiden Ungleichungen logisch äquivalent sind, ist das möglich. In diesem Fall liest du die Behauptung einfach von der anderen Seite aus, d. h., wenn du $\forall n \in \mathbb{N} : g(n) > f(n)$ beweist, hast du automatisch auch $\forall n \in \mathbb{N} : f(n) < g(n)$ bewiesen.

Berücksichtigung der Eigenschaften von n Ab wann darf ich in meiner Beweisführung die Eigenschaften von n berücksichtigen? Angenommen, ich betrachte die Ungleichung $2^n > n^2$, die für alle $n \in \mathbb{N}_{\geq 5}$ bewiesen werden soll. Warum kann ich nicht im Induktionsschritt direkt hinschreiben, dass 2^{n+1} für alle $n \geq 5$ echt größer als $(n + 1)^2$ ist?

▶ Weil der Leser deines Beweises das nicht sofort sieht und das Einsetzen einer unteren Grenze kein starkes Argument ist. Dann bräuchtest du den ganzen Induktionsschritt nicht bzw. müsstest nirgendwo deine Induktionsvoraussetzung anwenden, was dir bei einem Beweis durch vollständige Induktion zu denken geben sollte. Wenn du in deinem

Beweis an dem Punkt $n^2 + n^2$ angekommen bist, kannst du mit $n \geq 5$ argumentieren, dass $n^2 > 4 \cdot n$ ist, weil das jeder mit ein bisschen Nachdenken einsieht. Bei $2^{n+1} > (n+1)$ ist das schon wesentlich schwieriger. Es gibt nicht *den* richtigen Beweis (schon gar nicht für Ungleichungen). Mit einem Beweis leistet man Überzeugungsarbeit, wobei einige Argumente mehr überzeugen können als andere, was wiederum die Qualität der Beweisführung bestimmt.

4.5 Allgemeine Ableitungsformeln

Kommst du gerade frisch vom Abitur, so wirst du hier (ohne auch nur eine Seite weiterlesen zu müssen) wohl den größten Nutzen sehen können. Allgemeine Ableitungsformeln helfen nicht nur bei der Entwicklung von Taylor-Polynomen, sondern liefern auch gleich ein Kontrollinstrument gratis dazu. Wenn du z. B. weißt, dass die n-te Ableitung der Funktion

$$f(x) = e^{ax+b}$$

für alle natürlichen Zahlen n durch die Formel

$$f^{(n)}(x) = a^n \cdot e^{ax+b}$$

berechnet werden kann, musst du zur Kontrolle, ob du in einer Klausur z. B. die dritte Ableitung von $f(x) = e^{2x+1}$ richtig ausgerechnet hast, nur $n = 3$, $a = 2$ und $b = 1$ in die allgemeine Ableitungsformel einsetzen. Die meisten würden im Kopf (oder auf einem Schmierzettel) noch einmal die gesamte Rechnung niederschreiben oder einfach hoffen, dass das ausgerechnete Ergebnis schon stimmen wird. Ansatz 1 verschlingt eine Menge Zeit und Ansatz 2 ist ein Spiel mit dem Feuer (vor allem dann, wenn dieses Ergebnis weiterverwendet werden muss und der Prof mit Teilpunkten geizt).

An dieser Stelle sei noch einmal die vielleicht neu erscheinende Notation erklärt: Statt über dem Funktionsnamen eine Strichliste für den Ableitungsgrad zu führen, gibt man diesen durch eine eingeklammerte Zahl an. Der Prof wird es dir danken, wenn du $f'''''(x)$ zu $f^{(5)}(x)$ verkürzt. Solltest du dich dennoch nicht von einer Strichliste lösen können, müsstest du in deinem Induktionsbeweis die n-te Ableitung konsequenterweise durch unbeholfen wirkende Konstrukte wie

$$f^{\overbrace{''' \cdots '}^{n-\text{mal}}}(x)$$

darstellen. An dieser Stelle wechselt vermutlich auch der letzte Zweifler freiwillig zur vorgeschlagenen Notation. Umgekehrt sorgt die Schreibweise $f^{(1)}$ aufgrund vorhandener Erfahrungswerte ebenfalls für Verwirrung, doch wenn du im Hinterkopf behältst, dass

- $f'(x) := f^{(1)}(x)$,
- $f''(x) := f^{(2)}(x)$,
- $f'''(x) := f^{(3)}(x)$

meint, sollte das gedankliche Umschalten zwischen diesen Darstellungsformen keine un-überwindbare Hürde darstellen. Einzig und allein der Begriff der „nullten Ableitung" könnte noch Bauchschmerzen verursachen. Seit Abschn. 2.2 weißt du: Steht in der Aufgabenstellung „Beweisen Sie für alle $n \in \mathbb{N}_0$", so beginnt der Induktionsanfang mit $n_0 = 0$. Wenn $n = 1$ die erste Ableitung ist, dann kann man die „nullte Ableitung" (also $f^{(0)}(x)$) als die Funktion selbst interpretieren. Setzt du z. B. in die zu Beginn dieses Abschnitts erwähnte allgemeine Ableitungsformel $f^{(n)}(x) = a^n \cdot e^{ax+b}$ den Wert $n = 0$ ein, so erhältst du

$$f^{(0)}(x) = \underbrace{a^0}_{=1} \cdot e^{ax+b} = e^{ax+b} = f(x).$$

Die Funktion $f(x)$ ist also „nullte Ableitung von sich selbst". Wenn in einer Klausur eine allgemeine Ableitungsformel für $n \in \mathbb{N}_0$ bewiesen werden soll, dann sind die für den Induktionsanfang vergebenen Punkte wirklich geschenkt! Du musst nämlich nur durch Einsetzen von $n = 0$ in $f^{(0)}$ zeigen, dass die Funktion $f(x)$ herauskommt. Für alle weiteren Fälle (also $n > 0$) ist mindestens eine Ableitung zu berechnen und dann mit der allgemeinen Formel zu vergleichen, was einen erheblichen Mehraufwand im Vergleich zum Induktionsanfang $n = 0$ bedeutet.

Bevor du als Einführungsbeispiel einen druckreifen Beweis der mittlerweile bereits bekannten Ableitungsformel kennenlernen wirst, bleibt die Frage zu klären, wie man überhaupt auf solche Zusammenhänge kommt. Methodisch muss man sich zunächst auf das Bilden mehrerer Ableitungen einstellen. Wie viele genau hängt von den Abstraktionsfähigkeiten des Theoretikers (in diesem Fall von dir) ab. Getreu dem Motto „Zwei ein Zufall, drei ein Muster" beginnt man üblicherweise mit den ersten drei Ableitungen. Für $f(x) = e^{ax+b}$ lauten diese:

- $f'(x) = f^{(1)}(x) = a \cdot e^{ax+b} = a^1 \cdot e^{ax+b}$,
- $f''(x) = f^{(2)}(x) = a \cdot a \cdot e^{ax+b} = a^2 \cdot e^{ax+b}$,
- $f'''(x) = f^{(3)}(x) = a \cdot a \cdot a \cdot e^{ax+b} = a^3 \cdot e^{ax+b}$.

Bereits jetzt kann man erkennen, dass mit jeder weiteren Ableitung ein weiteres a als Faktor an die Ableitung multipliziert wird. Fasst man die Faktoren zusätzlich zusammen, so wird ersichtlich, dass der Ableitungsgrad dem Exponenten von a entspricht. Solltest du diesen Zusammenhang jetzt noch nicht erkennen können oder deiner Vermutung zusätzliche Bestätigung verschaffen wollen, kannst du weitere Ableitungen bilden:

- $f^{(4)}(x) = a \cdot a \cdot a \cdot a \cdot e^{ax+b} = a^4 \cdot e^{ax+b}$,
- $f^{(5)}(x) = a \cdot a \cdot a \cdot a \cdot a \cdot e^{ax+b} = a^5 \cdot e^{ax+b}$.

Wie bereits erwähnt, kommt es auf deine Abstraktionsfähigkeit an. Gerade bei komplexen Funktionen, deren Ableitung die (mehrfache) Anwendung verschiedener Ableitungsregeln erfordert, ist jede gesparte Ableitung eine immense Arbeitserleichterung. In diesem Beispiel ist lediglich die Kettenregel mit der äußeren Funktion $f(x) = e^x$ und der inneren Funktion $g(x) = ax + b$ nötig, weshalb zwei zusätzliche Ableitungen nicht sonderlich ins Gewicht fallen.

Da sich die einzelnen Ableitungsfunktionen nur in ihren Exponenten unterscheiden, wird dieser zu dem Zählobjekt, für das die zu zeigende Behauptung (nicht die Induktionsbehauptung!) über die natürlichen Zahlen $\mathbb{N}$ formuliert wird.

Für die beliebig oft differenzierbare Funktion $f(x) = e^{ax+b}$ gilt für alle natürlichen Zahlen $n \in \mathbb{N}$:

$$f^{(n)}(x) = a^n \cdot e^{ax+b}$$

Wo kommt das „beliebig oft" auf einmal her? Diese Eigenschaft sichert dir die „Ableitbarkeit" zu und schafft einen formalen Rahmen, den du an dieser Stelle nicht näher betrachten musst.

Zu Übungszwecken ist die Behauptung an dieser Stelle über den natürlichen Zahlen ohne die 0 formuliert. Wie du im Falle der 0 verfahren würdest, wurde bereits erklärt und würde dich in aller Ausführlichkeit nur langweilen. In Übungsaufgaben und Klausuren solltest du genau darauf achten, ob die Aussage über $\mathbb{N}$ oder $\mathbb{N}_0$ formuliert ist.

Beweis 4.10 Für den Beweis kommt nun ganz traditionell der Induktionsalgorithmus (Satz 1.1) zum Einsatz.

1. **Induktionsanfang** $\mathcal{A}(n_0)$
   Als Startwert wird $n_0 = 1$ auserkoren. Damit ist gleichzeitig festgelegt, wie oft $f(x)$ abzuleiten ist. Immerhin ist im Induktionsanfang zu zeigen, dass für die Funktion $f(x) = e^{ax+b}$ die n_0-te Ableitung durch

$$f^{(n_0)}(x) = a^{n_0} \cdot e^{ax+b}$$

berechnet werden kann. In diesem Fall ist $n_0 = 1$, und mit dem Wissen, das du dir im Hinterkopf behalten und nun abrufen solltest, ist

$$f^{(n_0)}(x) = f^{(1)}(x) = f'(x).$$

Aus diesem Grund benötigst du für den Induktionsanfang die erste Ableitung. Wie detailliert der (mal mehr, mal weniger) lange Weg dorthin beschrieben werden soll,

hängt (wie immer) vom Prof ab. Es schadet nie, die verwendeten Ableitungsregeln anzugeben, was dir bei der Kontrolle deiner Ergebnisse letztendlich auch zugutekommt.
Du berechnest also nun die Ableitung von $f(x)$ mit Hilfe der Kettenregel (**A4**). Dabei
ist die äußere Funktion $f(x) = e^x$ und die innere Funktion $g(x) = ax + b$. Mit
$f(g(x))' = f'(g(x)) \cdot g'(x)$ folgt:

$$f'(x) = f^{(1)}(x) = a \cdot e^{ax+b}$$

Setze nun $n_0 = 1$ in die allgemeine Ableitungsformel ein und prüfe, ob der so entstandene Ausdruck die Form der gerade berechneten Ableitung $f'(x)$ besitzt. Sollte dem
nicht so sein, könntest du bereits den Stift niederlegen und hättest ein Gegenbeispiel
gefunden, das die restliche Beweisführung überflüssig machen würde:

$$f^{(n_0)}(x) = f^{(1)}(x) = a^1 \cdot e^{ax+b} = a \cdot e^{ax+b} = f'(x) \checkmark$$

Offenbar liefert die allgemeine Ableitungsformel dasselbe Ergebnis wie die händische
Berechnung. Somit ist klar, dass dein Werk noch nicht getan ist und du mit dem nächsten Schritt (dem Formulieren der Induktionsbehauptung) fortfahren musst.

2. **Induktionsvoraussetzung** $\mathcal{A}(n)$

In der Induktionsvoraussetzung nimmst du an, dass die zu beweisende Ableitungsformel für (mindestens) eine natürliche Zahl gilt. Im Induktionsanfang hast du mit $n_0 = 1$
bereits gezeigt, dass diese Annahme für ein n (nämlich $n = n_0 = 1$) zutrifft. Du musst
lediglich die Behauptung abschreiben und ein „Es existiert (mindestens) ein $n \in \mathbb{N}$,
für das gilt" vor die zu zeigende Formel setzen. In verkürzter Schreibweise bedeutet
das:

$$\exists n \in \mathbb{N} : f(x) = e^{ax+b} \implies f^{(n)}(x) = a^n \cdot e^{ax+b}$$

Mit dem Implikationspfeil $\implies$ wird ausgesagt, dass *wenn* die Funktion $f(x) = e^{ax+b}$
gegeben ist, die n-te Ableitung *dann* durch die Formel $f^{(n)}(x) = a^n \cdot e^{ax+b}$ berechnet
werden kann.

3. **Induktionsbehauptung** $\mathcal{A}(n + 1)$

Beim Formulieren der Induktionsbehauptung gehst du wie gewohnt vor und nimmst
zunächst an, dass die n-te Ableitung der Funktion $f(x) = e^{ax+b}$ für ein $n \in \mathbb{N}$ durch
$f^{(n)}(x) = a^n \cdot e^{ax+b}$ berechnet werden kann, und folgerst daraus, dass die $(n + 1)$-
Ableitung bei gegebener Funktion $f(x) = e^{ax+b}$ durch

$$a^{n+1} \cdot e^{ax+b}$$

berechnet werden kann.

Induktionsschluss $\mathcal{A}(n) \implies \mathcal{A}(n + 1)$

Auch wenn die Notation dazu einlädt, ist es nicht möglich, die $(n + 1)$-te Ableitung
$f^{(n+1)}$ durch Ausdrücke der Form $f^{(n)}(x) + f(n + 1)$ umzuformen, wie du es von den

Summen- und Produktformeln gewohnt bist. Stattdessen überlegt man sich zunächst, was überhaupt die $(n + 1)$-te Ableitung ist, und erkennt, dass man die $(n + 1)$-te Ableitung einer Funktion $f(x)$ durch Ableiten ihrer n-ten Ableitung erhält. Das klingt beim ersten Lesen vielleicht kompliziert, wird aber ersichtlich, wenn du für n verschiedene Zahlen einsetzt. Für $n = 4$ ist $f^{(4)}(x)$ die vierte Ableitung von $f(x)$. $f^{(n+1)}$ wäre für $n = 4$ die Funktion $f^{(4+1)}(x) = f^{(5)}(x)$ die fünfte Ableitung, die man durch Ableiten der vierten Ableitung von $f(x)$ erhält. Und genau das ist der Trick, mit dem man sich die Punkte in der Prüfung sichert. Wenn du darüber nachdenkst, wirst du schnell erkennen, dass du nur noch ein weiteres Mal ableiten musst. Schreibe dazu $f^{(n+1)}(x)$ zu $\left(f^{(n)}(x)\right)'$ um. Jetzt kommt bereits die Induktionsvoraussetzung zum Tragen. Da du annimmst, dass die n-te Ableitung der Funktion $f(x) = e^{ax+b}$ durch $a^n \cdot e^{ax+b}$ berechnet werden kann, kannst du den Ausdruck $\left(f^{(n)}(x)\right)'$ durch $\left(a^n \cdot e^{ax+b}\right)'$ ersetzen. Nun steht dort die nächste Handlungsanweisung: Leite den Ausdruck $a^n \cdot e^{ax+b}$ einmal nach x ab. Zugegeben: In der aktuellen Notationsvariante ist eine wichtige Information verlorengegangen, nämlich nach welcher Variable abgeleitet werden soll. Natürlich weiß der Leser deines Beweises aufgrund deiner vorherigen Ausführungen, was du meinst. Dennoch ist es nicht verkehrt, die Schritte des Induktionsschluss wie folgt zu notieren:

$$f^{n+1}(x) = \left(f^{(n)}(x)\right)' = \left(a^n \cdot e^{ax+b}\right)'$$

Andernfalls hängt es vom Prof ab, ob du an dieser Stelle Punkte verlierst. Das ist wie mit den Äquivalenzpfeilen $\Longleftrightarrow$, die eigentlich obligatorisch vor jeden Umformungsschritt bei Gleichungen gehören und dennoch von einem Großteil der Studenten vergessen werden. Wenn die Induktionsbehauptung tatsächlich stimmen sollte (und du richtig abgeleitet hast), müsstest du als Ergebnis die rechte Seite der Funktionsgleichung $f^{(n+1)}(x) = a^{n+1} \cdot e^{ax+b}$ erhalten. $a^n \cdot e^{ax+b}$ wird wie zuvor mit der Kettenregel (**A4**) abgeleitet. Dabei ist die äußere Funktion diesmal $a^n \cdot f(x) = a^n \cdot e^x$ und die innere Funktion nach wie vor $g(x) = ax + b$. Als Ergebnis erhältst du den Ausdruck $a \cdot a^n \cdot e^{ax+b}$. Durch das Potenzgesetz **P2** mit der Basis a, $x = 1$ und $y = n$ erhältst du $a^{1+n} \cdot e^{ax+b} = a^{n+1} \cdot e^{ax+b}$, was genau dem Ausdruck auf der rechten Seite von $f^{(n+1)}(x)$ entspricht. Damit bist du fertig! Am Ende sollte auf deinem Papier in etwa folgende Schlusskette zu sehen sein:

$$f^{n+1}(x) = \left(f^{(n)}(x)\right)' = \left(a^n \cdot e^{ax+b}\right)'$$
$$= a \cdot a^n \cdot e^{ax+b}$$
$$= a^{n+1} \cdot e^{ax+b} \checkmark$$

Auch hier stellt sich wieder die Frage, ob der Zwischenschritt $a \cdot a^n \cdot e^{ax+b}$ gewünscht wird. Wie zuvor gilt auch hier: Manchmal ist mehr eben doch mehr. Am Ende schließt du deinen Beweis mit der obligatorischen Box ab. $\square$

Tipps:

1. Die direkte Zusammenfassung der Faktoren (z. B. $3 \cdot 2 \cdot 1$ zu 6) ist nicht immer sinnvoll. Tauchen in den Ableitungen die (zusammengefassten) Faktoren

$$1, 2, 3, 24, 120, \ldots$$

auf, sieht man nicht auf Anhieb, dass sich dahinter $n!$ verbirgt. Es lohnt sich also durchaus, der aus dem Mathematikunterricht bekannten Anforderung, „so weit wie möglich zusammenzufassen", mit Ungehorsam zu begegnen:

$$\underbrace{1}_{=1=1!}, \underbrace{2 \cdot 1}_{=2=2!}, \underbrace{3 \cdot 2 \cdot 1}_{=6=3!}, \underbrace{4 \cdot 3 \cdot 2 \cdot 1}_{=24=4!}, \underbrace{5 \cdot 4 \cdot 3 \cdot 2 \cdot 1}_{=120=5!}, \ldots$$

2. Wenn du k Ableitungen benötigt hast, um einen „Prototypen" für die Form der n-ten Ableitung anzugeben, ist es sinnvoll, eine weitere Ableitung (also die $(k + 1)$-te) zu bilden und zu prüfen, ob du dieses Ergebnis auch mit deiner Formel für die n-te Ableitung mit $n = k + 1$ herausbekommst.

3. Notiere die Ableitungen, die du zum Herleiten der Formel für die n-te Ableitung benötigst, sauber untereinander, da du dich in deinem Induktionsbeweis direkt darauf beziehen und somit zusätzliche Schreibarbeit sparen kannst. Das ist allerdings nur für $n_0 > 0$ nötig, da du für $n_0 = 0$ im Induktionsanfang prüfst, ob die gegebene Funktion $f(x)$ mit der n-ten Ableitung für $n = n_0 = 0$ übereinstimmt und du im Induktionsschritt lediglich die n-te Ableitungsformel einmal ableiten musst.

4.5.1 Der Induktionsalgorithmus für allgemeine Ableitungsformeln

Mit $f^{(n)}(x) = g_n(x)$ ist im Folgenden gemeint, dass die n-te Ableitung einer beliebig oft differenzierbaren Funktion $f : \mathbb{R} \longrightarrow \mathbb{R}$ die Gestalt einer Funktion $g_n : \mathbb{R} \longrightarrow \mathbb{R}$ besitzt. Dabei taucht in $g_n(x)$ ein Parameter $n \in \mathbb{N}_{\geq n_0}$ auf, über dem die vollständige Induktion durchgeführt wird. Für das Einführungsbeispiel $f(x) = e^{ax+b}$ wäre $g_n(x) = a^n \cdot e^{ax+b}$, denn $f^{(n)}(x) = \underbrace{a^n \cdot e^{ax+b}}_{=g_n(x)}$. Es ist zu zeigen:

$$\forall n \in \mathbb{N}_{\geq n_0} : f(x) \Longrightarrow f^{(n)} = g_n(x)$$

Satz 4.13

Sei $\mathcal{A}(n)$ eine Aussage, die für eine beliebig oft differenzierbare Funktion $f(x)$ eine allgemeine Ableitungsfunktion $f^{(n)}(x)$ der Form $g_n(x)$ beschreibt. Diese soll für alle natürlichen Zahlen $n \in \mathbb{N}_{\geq n_0}$ gelten.

1. **Induktionsanfang** *(Umwerfen des ersten Dominosteins)*
   Teste, ob die Aussage $\mathcal{A}(n)$ für einen Startwert $n = n_0$ wahr ist, indem du für den Startwert
   a) *$n_0 = 0$ prüfst, ob die gegebene Funktion $f(x)$ mit dem Ergebnis der allgemeinen Ableitungsformel $f^{(n_0)}(x) = f^{(0)}(x) = f(x)$ übereinstimmt,*
   b) *$n_0 = 1$ die erste Ableitung $f'(x)$ der gegebenen Funktion $f(x)$ bildest und prüfst, ob diese mit dem Ergebnis der allgemeinen Ableitungsformel $f^{(n_0)}(x) = f^{(1)}(x) = f'(x)$ übereinstimmt.*
   *Wenn keine Übereinstimmung vorliegt ($\mathcal{A}(n_0)$ ist also keine wahre Aussage), dann bist du an dieser Stelle bereits fertig, und die Behauptung $\forall n \in \mathbb{N}_{\geq n_0} : f(x) \implies f^{(n)}(x) = g_n(x)$ ist **falsch**.*

2. **Induktionsvoraussetzung**
   Formuliere die Induktionsvoraussetzung:
   a) *formalisiert: $\exists n \in \mathbb{N}_{\geq n_0} : f(x) \implies f^{(n)}(x) = g_n(x)$,*
   b) *verbalisiert: „Für (mindestens) ein $n \in \mathbb{N}_{\geq n_0}$ ist die n-te Ableitung $f^{(n)}(x)$ der Funktion $f(x)$ durch $g_n(x)$ berechenbar."*

3. **Induktionsbehauptung**
   Formuliere die Induktionsbehauptung. Es ist zu zeigen:
   a) *formalisiert: $\left(f(x) \implies f^{(n)}(x) = g_n(x)\right) \implies \left(f(x) \implies f^{(n+1)}(x) = g_{n+1}(x)\right)$,*
   b) *verbalisiert: „Unter der Voraussetzung, dass die n-te Ableitung $f^{(n)}(x)$ der Funktion $f(x)$ für ein $n \in \mathbb{N}_{\geq n_0}$ durch $g_n(x)$ berechnet werden kann, kann die $(n+1)$-te Ableitung $f^{(n+1)}(x)$ der Funktion $f(x)$ durch $g_{n+1}(x)$ berechnet werden."*

4. **Induktionsschluss** *(der Nachfolger eines beliebigen Dominosteins fällt um)*
   Beweise die Induktionsbehauptung, indem du zuerst $f^{(n+1)}(x)$ zu $\left(f^{(n)}(x)\right)'$ umschreibst. Verwende als Nächstes die Induktionsvoraussetzung, um $f^{(n)}(x)$ durch $g_n(x)$ zu ersetzen. Leite $g_n(x)$ anschließend einmal ab und forme den entstandenen Ausdruck so lange um, bis du $g_{n+1}(x)$ erhältst.

5. **Beweisende**
   Signalisiere das Ende deines Beweises durch $\square$, q.e.d. oder w.z.z.w.

4.5.2 FAQ

Beschreibung des Ableitungswegs Wie detailliert muss ich beim Beweisen von allgemeinen Ableitungsformeln den Ableitungsweg beschreiben? Reicht die Angabe der Ableitungsregeln oder muss ich die Ableitung mit der h- bzw. x-x_0-Methode berechnen?

▶ Wenn in der Aufgabenstellung nicht explizit steht, dass die Ableitung mit der h- bzw. x-x_0-Methode berechnet werden soll, reicht die Angabe der Ableitungsregeln. Wie ausführlich die einzelnen Schritte angegeben werden sollen, hängt von deinem Prof ab. Orientiere dich an dem Detailgrad, der in der Schule von dir verlangt wurde. Notiere den Ableitungsweg so, wie du es dir von deinem Prof in der Vorlesung wünschen würdest.

Alternative Notation der $(n + 1)$-ten Ableitung In meiner Vorlesung wird die n-te Ableitung der Funktion $f(x)$ durch $\frac{\mathrm{d}^n f(x)}{x^n}$ notiert. Wie sieht mit dieser Schreibweise die $(n + 1)$-te Ableitung aus?

▶ Tausche in $\frac{\mathrm{d}^n f(x)}{x^n}$ jedes n durch ein $n + 1$ aus:

$$f^{(n+1)}(x) = \frac{\mathrm{d}^{n+1} f(x)}{\mathrm{d}x^{n+1}}$$

Du könntest aber auch dem gegebenen Ausdruck ein weiteres $\frac{\mathrm{d}}{\mathrm{d}x}$ voranstellen, womit du signalisierst, dass die n-te Ableitung ein weiteres Mal abgeleitet werden muss:

$$f^{(n+1)}(x) = \left(f^{(n)}(x)\right)' = \frac{\mathrm{d}}{\mathrm{d}x}\left(\frac{\mathrm{d}^{n+1} f(x)}{\mathrm{d}x^{n+1}}\right)$$

Anwendung der Potenzgesetze auf die n-te Ableitung Ich habe den Ausdruck $f^{(n+1)}(x)$ mit Hilfe des Potenzgesetzes **P2** zu $f^{(n)}(x) \cdot f^{(1)}(x)$. Allerdings komme ich an dieser Stelle nicht weiter. Mache ich etwas falsch?

▶ Ja! Die Potenzgesetze dürfen hier *nicht* angewendet werden, wie das folgende Gegenbeispiel zeigt: Sei $f(x) = x^2$. Die erste Ableitung $f^{(1)}(x)$ ist gegeben durch $f^{(1)}(x) = 2x$. Die zweite Ableitung $f^{(2)}(x) = f^{(1+1)}(x)$ wäre mit dem Potenzgesetz **P2** für $a = f$ und $x = y = 1$ durch $f^{(1)}(x) \cdot f^{(1)}(x) = 2x \cdot 2x = 4x^2$ gegeben, was offensichtlich nicht stimmt. Die zweite Ableitung von $f(x)$ lautet nämlich $f^{(2)}(x) = 2$.

4.6 Rekursionsformeln

Gleich zu Beginn dieses Abschnitts heißt es einmal mehr: Vokabeln lernen!

Definition 4.6 (Folgen und Folgenglieder)
Gegeben sei eine Menge M. Eine Abbildung

$$f : \mathbb{N} \longrightarrow M, n \mapsto f(n) := a_n$$

heißt *Folge*, und a_n ist das n-te *Folgenglied*.   ◆

Es gibt verschiedene Schreibweisen für Folgen. Geläufig sind z. B. (a_n), $(a_n)_{\in \mathbb{N}}$ oder die funktionsähnliche Notation $a(n)$. Um Folgen auch optisch von den Funktionen hervorzuheben, wird die Variante (a_n) (ohne tiefgestelltes $n \in \mathbb{N}$) verwendet, d. h., $(a_n) = n^2 = (1^2, 2^2, 3^3, \ldots) = (1, 4, 9, \ldots)$ beschreibt z. B. die Folge aller Quadratzahlen. a_n ist dabei das n-te Folgenglied.

In deiner Analysisvorlesung werden direkt zu Beginn des Themenblocks *Folgen* zwei spezielle Folgentypen vorgestellt: *arithmetische* und *geometrische* Folgen.

Definition 4.7 (Arithmetische Folge)
Eine Zahlenfolge (a_n), bei der die Differenz $d = a_{n+1} - a_n$ der beiden aufeinanderfolgenden Folgenglieder a_n und a_{n+1} konstant ist, heißt *arithmetische Folge*. Die rekursive Darstellung einer arithmetischen Folge ist gegeben durch

$$a_{n+1} = a_n + d. \qquad \blacklozenge$$

Eine rekursive Folgendefinition benötigt Startglieder. Die Anzahl der benötigten Startglieder ist daran gekoppelt, wie „tief" die Rekursion ist. Für $a_{n+1} = a_n + a_{n-1} + a_{n-2} + \ldots + a_{n-k}$ mit $k \in \mathbb{N}$ werden $k + 1$ Startwerte benötigt. Diese Folge kann auch zu

$$a_{n+1+k} = a_{n+k} + a_{n-1+k} + a_{n-2+k} + \ldots + \underbrace{a_{n-k+k}}_{a_n}$$

umgeschrieben werden. Nichtsdestotrotz werden auch in diesem Fall $k + 1$ Startwerte benötigt.

Beispiel 4.6 (Arithmetische Folge)
$(a_n) = (2, 4, 6, 8, \ldots)$ ist eine arithmetische Folge, denn die Differenz $d = a_{n+1} - a_n$ ist konstant: $a_2 - a_1 = 4 - 2 = 2, a_3 - a_2 = 6 - 4 = 2, a_4 - a_3 = 8 - 6 = 2$ usw. $\blacksquare$

Satz 4.14 (Explizite Darstellung einer arithmetischen Folge)
Die explizite Darstellung einer arithmetischen Folge $a : \mathbb{N} \longrightarrow \mathbb{R}$ ist gegeben durch

$$a_n = a_1 + (n - 1) \cdot d$$

mit $d \in \mathbb{R}$. Mit dieser Darstellung kann das n-te Folgenglied direkt ohne Rekursion berechnet werden.

Der Beweis dieses Satzes wird Teil der Problemklassenanalyse für Rekursionsformeln in Abschn. 4.6 sein.

Beispiel 4.7 (Explizite Darstellung einer arithmetischen Folge)
Gegeben sei die rekursiv definierte arithmetische Folge $a : \mathbb{N} \longrightarrow \mathbb{R}$ mit $a_{n+1} = a_n + 5$ und dem Startwert $a_1 = 1$. Das n-te Folgenglied kann explizit durch $a_n = a_1 + (n-1) \cdot 5$ berechnet werden. Für $n = 100$ gilt: $a_{100} = a_1 + (100-1) \cdot 5 = 1 + 99 \cdot 5 = 1 + 495 = 496$. Ohne die explizite Darstellung würdest du 99 Rekursionsschritte benötigen, um auf dieses Ergebnis zu kommen. $\blacksquare$

Definition 4.8 (Geometrische Folge)
Eine Zahlenfolge (g_n), bei der der Quotient $q = \frac{g_{n+1}}{g_n}$ der beiden aufeinanderfolgenden Folgenglieder g_n und g_{n+1} mit $g_n \neq 0$ konstant ist, heißt *geometrische Folge*. Die rekur-

sive Darstellung einer geometrischen Folge ist gegeben durch

$$g_{n+1} = g_n \cdot q.$$ ◆

Beispiel 4.8 (Geometrische Folge)
$(g_n) = (1, 2, 4, 8, 16, \ldots)$ ist eine geometrische Folge, denn der Quotient $q = \frac{g_{n+1}}{g_n}$ ist konstant: $\frac{g_2}{g_1} = \frac{2}{1} = 2$, $\frac{g_3}{g_2} = \frac{4}{2} = 2$, $\frac{g_4}{g_3} = \frac{8}{4} = 2$, $\frac{g_5}{g_4} = \frac{16}{8} = 2$ usw. ■

Satz 4.15 (Explizite Darstellung einer geometrischen Folge)
Die explizite Darstellung einer geometrischen Folge $g : \mathbb{N} \longrightarrow \mathbb{R}$ ist gegeben durch

$$g_n = g_1 \cdot q^{n-1}$$

mit $q \in \mathbb{R} \setminus \{0\}$. Mit dieser Darstellung kann das n-te Folgenglied direkt ohne Rekursion berechnet werden.

Diesen Satz wirst du eigenständig in Aufgabe 5.86 beweisen dürfen.

Beispiel 4.9 (Explizite Darstellung einer geometrischen Folge)
Gegeben sei die rekursiv definierte geometrische Folge $g_{n+1} = 3 \cdot a_n$ mit dem Startwert $g_1 = 1$. Das n-te Folgenglied kann explizit durch $g_n = g_1 \cdot q^{n-1}$ berechnet werden. Für $n = 10$ gilt: $a_{10} = 1 \cdot 3^{10-1} = 3^9 = 19.683$. Ohne die explizite Darstellung würdest du neun Rekursionsschritte benötigen, um auf dieses Ergebnis zu kommen. ■

Rekursiv definierte Folgen haben den Nachteil, dass man zur Berechnung des n-ten Folgenglieds zuerst die ersten $n - 1$ Folgenglieder nacheinander berechnen muss. Wenn du z. B. wissen willst, welches das 42. Glied der rekursiv definierten Folge $a_{n+1} = a_n + 1$ mit dem Startwert $a_1 = 2$ ist, musst du einen langen Rechenweg beschreiten:

- $a_2 = a_1 + 1 = 2 + 1 = 3$,
- $a_3 = a_2 + 1 = 3 + 1 = 4$,
- $a_4 = a_3 + 1 = 4 + 1 = 5$,
- $\ldots$,
- $a_{42} = a_{41} + 1 = 42 + 1 = 43$.

Natürlich siehst du bei dieser rekursiven Folge schnell, dass du nur 41-mal die 1 zum Startwert addieren musst, um das 42. Folgenglied zu erhalten (auch ohne das Wissen um die explizite Darstellung arithmetischer Folgen). Es gibt aber auch Folgen, für die man die explizite Darstellung nicht so leicht ermitteln kann. Oder erkennst du sofort, wie das n-te Folgenglied der Folge $b_{n+1} = 2 - \frac{1}{b_n}$ berechnet werden soll? Falls nein, könnte dich Aufgabe 5.88 im Übungsteil interessieren.

Apropos arithmetische Folgen: Für Satz 4.14 steht noch ein Beweis aus. Dieser wird als Lehrstück für diesen Aufgabentypen genutzt. Die Kunst besteht darin herauszufinden, was du wo beim Anwenden der Induktionsvoraussetzung einsetzen musst. Wenn du das verstanden hast, ist dieser Beweistyp ein sehr dankbarer Punktespender. Es ist zu zeigen, dass das n-te Folgenglied der rekursiv definierten arithmetischen Folge $a_{n+1} = a_n + d$ mit $d \in \mathbb{R}$ und dem Startwert a_1 explizit durch $a_n = a_1 + (n-1) \cdot d$ berechnet werden kann, d. h.:

$$\forall n \in \mathbb{N} : a_{n+1} = a_n + d \implies a_n = a_1 + (n-1) \cdot d$$

Beweis 4.11 n ist die Induktionsvariable.

1. **Induktionsanfang** $\mathcal{A}(n_0)$
   Da die Behauptung für alle natürlichen Zahlen bewiesen werden soll, wird $n_0 = 1$ als Startwert gewählt. Du musst nun testen, ob das n_0-te (also erste) Folgenglied durch die explizite Darstellung $a_n = a_1 + (n-1) \cdot d$ berechnet werden kann. Für $n_0 = 1$ muss also der vorgegebene Startwert a_1 herauskommen:

$$a_{n_0} = a_1 + (n_0 - 1) \cdot d = a_1 + (1 - 1) \cdot d = a_1 + 0 \cdot d = a_1 \checkmark$$

2. **Induktionsvoraussetzung** $\mathcal{A}(n)$
   Es existiert (mindestens) eine natürliche Zahl n, für die das n-te Folgenglied der rekursiv definierten arithmetischen Folge $a_{n+1} = a_n + d$ mit dem Startwert $a_1 \in \mathbb{R}$ durch die explizite Darstellung $a_n = a_1 + (n-1) \cdot d$ mit $d \in \mathbb{R}$ berechnet werden kann. Formal bedeutet das:

$$\exists n \in \mathbb{N} : a_{n+1} = a_n + d \implies a_n = a_1 + (n-1) \cdot d$$

3. **Induktionsbehauptung** $\mathcal{A}(n+1)$
   Unter der Voraussetzung, dass das n-te Folgenglied der rekursiv definierten Folge $a_{n+1} = a_n + d$ mit dem Startwert $a_1 \in \mathbb{R}$ und $d \in \mathbb{R}$ für ein $n \in \mathbb{N}$ durch die explizite Darstellung $a_n = a_1 + (n-1) \cdot d$ berechnet werden kann, kann das $(n+1)$-te Folgenglied explizit durch

$$a_{n+1} = a_n + ((n+1) - 1) \cdot d$$

   berechnet werden.

4. **Induktionsschluss** $\mathcal{A}(n) \implies \mathcal{A}(n+1)$
   Am Ende deines Beweises musst du aus der Rekursionsgleichung $a_{n+1} = a_n + d$ und ihrer expliziten Darstellung $a_n = a_1 + (n-1) \cdot d$ hergeleitet haben, dass $a_{n+1} = a_1 + ((n+1) - 1) \cdot d$ zur direkten Berechnung des $(n+1)$-ten Folgenglieds (d. h. ohne Rekursion) verwendet werden kann. Passenderweise steht auf der rechten Seite der

Rekursionsgleichung bereits a_{n+1}, sodass du nur noch die Induktionsvoraussetzung auf a_n anwenden musst:[6]

$$a_{n+1} = a_n + d$$
$$= (a_1 + (n-1) \cdot d) + d$$
$$= a_1 + (n-1) \cdot d + d$$

Klammere den Faktor d aus:

$$= a_1 + (n-1+1) \cdot d$$
$$= a_1 + ((n+1)-1) \cdot d \checkmark$$

Dadurch hast du bewiesen, dass die Implikation $\mathcal{A}(n) \implies \mathcal{A}(n+1)$ erfüllt ist. Da $\mathcal{A}(n_0) = \mathcal{A}(1)$ ebenfalls wahr ist (Induktionsanfang), folgt mit dem Prinzip der vollständigen Induktion, dass das n-te Folgenglied der rekursiv definierten arithmetischen Folge $a_{n+1} = a_n + d$ durch die explizite Darstellung $a_n = a_1 + (n-1) \cdot d$ berechnet werden kann. $\square$

Und das war es bereits! Wie du siehst, ist dieser Aufgabentyp besonders leicht. Du musst nur Erinnerung behalten, dass du für die explizite Darstellung des Nachfolgers von n im Induktionsschritt die rekursive Darstellung a_{n+1} nutzen kannst und dort die Induktionsvoraussetzung auf das n-te Folgenglied a_n auf der rechten Seite anwendest. Dieses Vorgehen wird in dem verfeinerten Induktionsalgorithmus für Rekursionsformeln in Abschn. 4.6.1 noch einmal zusammengefasst.

4.6.1 Der Induktionsalgorithmus für Rekursionsformeln

Sei $f(n)$ ($f : \mathbb{N} \longrightarrow \mathbb{R}$) eine von $n \in \mathbb{N}$ abhängige Funktion, in der das n-te Folgenglied a_n einer Folge $a : \mathbb{N} \longrightarrow \mathbb{R}$ auftaucht. Sei $g(n)$ ($g : \mathbb{N} \longrightarrow \mathbb{R}$) ebenfalls eine von n abhängige Funktion, die den Startwert a_1 enthält.

Satz 4.16
Sei $\mathcal{A}(n)$ eine Aussage, die für eine rekursiv definierte Folge $a_n : \mathbb{N} \longrightarrow \mathbb{R}$ mit $a_{n+1} = f(n)$ und dem Startwert a_1 eine explizite Darstellung $a_n = g(n)$ angibt.

*1. **Induktionsanfang** (Umwerfen des ersten Dominosteins)*
   Teste, ob die Aussage $\mathcal{A}(n)$ für den Startwert $n_0 = 1 \in \mathbb{N}$ wahr ist, indem du diesen in die explizite Darstellung $g(n)$ einsetzt und prüfst, ob $g(n_0) = a_1$ herauskommt. Sollte

---

[6] Dieser Punkt ist wichtig: Du sollst die explizite Formel beweisen und *nicht* die rekursive. Die rekursive Form nutzt du aus, um die explizite beweisen zu können.

a_1 *nicht herauskommen ($\mathcal{A}(n_0)$ ist also keine wahre Aussage), dann bist du an dieser*
Stelle bereits fertig, und die Behauptung $\forall n \in \mathbb{N} : a_{n+1} = f(n) \implies a_n = g(n)$ ist
falsch.

2. ***Induktionsvoraussetzung***
   Formuliere die Induktionsvoraussetzung:
   a) *formalisiert: $\exists n \in \mathbb{N} : a_{n+1} = f(n) \implies a_n = g(n)$,*
   b) *verbalisiert: „Für (mindestens) ein $n \in \mathbb{N}$ kann das n-te Folgenglied der rekursiv*
      definierten Folge $a_{n+1} = f(n)$ explizit durch $a_n = g(n)$ berechnet werden. "

3. ***Induktionsbehauptung***
   Formuliere die Induktionsbehauptung. Es ist zu zeigen:
   a) *formalisiert: $(a_{n+1} = f(n) \implies a_{n+1} = g(n)) \implies (a_{n+1} = f(n) \implies a_{n+1} =$*
      $g(n+1))$,
   b) *verbalisiert: „Unter der Voraussetzung, dass das n-te Folgenglied der rekursiv de-*
      finierten Folge $a_{n+1} = f(n)$ für ein $n \in \mathbb{B}$ explizit durch $a_n = g(n)$ berechnet
      werden kann, kann das $(n+1)$-te Folgenglied explizit durch $a_{n+1} = g(n+1)$
      berechnet werden. "

4. ***Induktionsschluss*** *(der Nachfolger eines beliebigen Dominosteins fällt um)*
   Beweise die Induktionsbehauptung, indem du direkt die Induktionsvoraussetzung an-
   wendest. Dies gelingt durch Ersetzen des n-ten Folgenglieds a_n in $f(n)$ durch den
   Ausdruck $g(n)$. Forme den entstandenen Ausdruck so lange um, bis du $g(n+1)$ er-
   hältst.

5. ***Beweisende***
   Signalisiere das Ende deines Beweises durch $\square$, q.e.d. oder w.z.z.w.

4.7 Matrizen

Induktionsbeweisaufgaben für die n-ten Potenzen von Matrizen zählen zu den Orchideen
in Mathematikklausuren,[7] bieten aber viel Potenzial für Aufgaben zum Einstudieren des
algorithmischen Vorgehens dieser Beweistechnik. Praktisch bieten sie jedoch ein enor-
mes Einsparpotenzial von Rechenleistung. Matrizenmultiplikationen (insbesondere für
eine hohe Anzahl an Zeilen und Spalten) sind (auch für den Rechner) sehr aufwendi-
ge Operationen. Wer sich mit Googles PageRank-Algorithmus[8] auskennt, weiß, dass im
Hintergrund sehr große Matrizen miteinander multipliziert werden, was ohne geschickte
Rechentricks und das Ausnutzen diverser Matrizeneigenschaften selbst hochleistungsfähi-
ge Computersysteme in die Knie zwingt. Um eine $(m \times n)$-Matrix mit einer $(n \times o)$-Matrix

---

[7] Im Umfeld der linearen Algebra gibt es jedoch sehr viele Induktionsbeweise, z. B. zur Invertier-
barkeit des Produkts invertierbarer Matrizen.
[8] Mit diesem Algorithmus entscheidet Google, wie weit „vorne" eine Webseite gelistet ist, d. h., wie
relevant sie im Vergleich zum Rest des Internets ist.

zu multiplizieren, sind allgemein

$$m \cdot n \cdot o + m \cdot (n - 1) \cdot o = m \cdot o \cdot (n + n - 1) = m \cdot o \cdot (2 \cdot n - 1)$$

Rechenoperationen ($m \cdot n \cdot o$ Multiplikationen und $m \cdot (n - 1) \cdot o$ Additionen) nötig. Für „handelsübliche" Matrizen mit $m = 3$, $n = 3$ und $o = 4$ sind das bereits

$$m \cdot o \cdot (2 \cdot n - 1) = 3 \cdot 4 \cdot (2 \cdot 3 - 1) = 3 \cdot 4 \cdot (6 - 1) = 3 \cdot 4 \cdot 5 = 120$$

Operationen. In der Praxis geht die Anzahl der Zeilen und Spalten nicht selten in den vierstelligen Bereich.

Da du gerade gebannt diesen Abschnitt liest, möchtest du vermutlich nicht nur einen Motivator für die Bearbeitung derartiger Aufgaben haben, sondern auch ein Beispiel. Sei dazu $A \in \mathbb{R}^{2 \times 2}$ eine (2×2)-Matrix mit

$$A := \begin{bmatrix} 0 & 1 \\ 1 & 0 \end{bmatrix}$$

(das ist *nicht* die (2×2)-Einheitsmatrix). Die Behauptung ist, dass die n-te Potenz von $A^n = \underbrace{A \cdot A \cdot \ldots \cdot A}_{n\times}$ für alle $n \in \mathbb{N}$ die Matrix

$$0{,}5 \cdot \begin{bmatrix} 1 + (-1)^n & 1 + (-1)^{n+1} \\ 1 + (-1)^{n+1} & 1 + (-1)^n \end{bmatrix}$$

ergibt. Formalisiert bedeutet das:

$$\forall n \in \mathbb{N} : A := \begin{bmatrix} 0 & 1 \\ 1 & 0 \end{bmatrix} \implies A^n = 0{,}5 \cdot \begin{bmatrix} 1 + (-1)^n & 1 + (-1)^{n+1} \\ 1 + (-1)^{n+1} & 1 + (-1)^n \end{bmatrix}$$

Ein Induktionsbeweis muss her!

1. **Induktionsanfang** $\mathcal{A}(n_0)$
   Als Startwert wird $n_0 = 1$ gewählt. Diesen setzt du in die Matrix

$$0{,}5 \cdot \begin{bmatrix} 1 + (-1)^n & 1 + (-1)^{n+1} \\ 1 + (-1)^{n+1} & 1 + (-1)^n \end{bmatrix}$$

ein und prüfst, ob $A^{n_0} = A^1 = A$ herauskommt:

$$0,5 \cdot \begin{bmatrix} 1 + (-1)^{n_0} & 1 + (-1)^{n_0+1} \\ 1 + (-1)^{n_0+1} & 1 + (-1)^{n_0} \end{bmatrix} = 0,5 \cdot \begin{bmatrix} 1 + (-1)^1 & 1 + (-1)^{1+1} \\ 1 + (-1)^{1+1} & 1 + (-1)^1 \end{bmatrix}$$

$$= 0,5 \cdot \begin{bmatrix} 1 + (-1) & 1 + (-1)^2 \\ 1 + (-1)^2 & 1 + (-1) \end{bmatrix} = 0,5 \cdot \begin{bmatrix} 0 & 1 + 1 \\ 1 + 1 & 0 \end{bmatrix}$$

$$= 0,5 \cdot \begin{bmatrix} 0 & 2 \\ 2 & 0 \end{bmatrix} = \begin{bmatrix} 0,5 \cdot 0 & 0,5 \cdot 2 \\ 0,5 \cdot 2 & 0,5 \cdot 0 \end{bmatrix} = \begin{bmatrix} 0 & 1 \\ 1 & 0 \end{bmatrix} = A \checkmark$$

2. **Induktionsvoraussetzung** $\mathcal{A}(n)$

Für die Matrix A existiert (mindestens) eine natürliche Zahl $n \in \mathbb{N}$, für welche n-te Potenz A^n durch die Matrix

$$0,5 \cdot \begin{bmatrix} 1 + (-1)^n & 1 + (-1)^{n+1} \\ 1 + (-1)^{n+1} & 1 + (-1)^n \end{bmatrix}$$

berechnet werden kann. Formal bedeutet das:

$$\exists n \in \mathbb{N} : A = \begin{bmatrix} 0 & 1 \\ 1 & 0 \end{bmatrix} \implies A^n = 0,5 \cdot \begin{bmatrix} 1 + (-1)^n & 1 + (-1)^{n+1} \\ 1 + (-1)^{n+1} & 1 + (-1)^n \end{bmatrix}$$

3. **Induktionsbehauptung** $\mathcal{A}(n + 1)$

Unter der Voraussetzung, dass für die Matrix A ein $n \in \mathbb{N}$ existiert, sodass die n-te Potenz von A durch die Matrix

$$0,5 \cdot \begin{bmatrix} 1 + (-1)^n & 1 + (-1)^{n+1} \\ 1 + (-1)^{n+1} & 1 + (-1)^n \end{bmatrix}$$

berechnet werden kann, ist die Berechnung der $(n + 1)$-ten Potenz von A durch

$$A^{n+1} = 0,5 \cdot \begin{bmatrix} 1 + (-1)^{n+1} & 1 + (-1)^{(n+1)+1} \\ 1 + (-1)^{(n+1)+1} & 1 + (-1)^{n+1} \end{bmatrix}$$

möglich.

4. **Induktionsschluss** $\mathcal{A}(n) \Longrightarrow \mathcal{A}(n+1)$

Am Ende deines Beweises muss die rechte Seite der Induktionsbehauptung, also die Matrix

$$0{,}5 \cdot \begin{bmatrix} 1 + (-1)^{n+1} & 1 + (-1)^{(n+1)+1} \\ 1 + (-1)^{(n+1)+1} & 1 + (-1)^{n+1} \end{bmatrix},$$

herauskommen. Ausgangspunkt deiner Umformungen ist die $(n+1)$-te Potenz von A:

$$A^{n+1}$$

Wende (analog zu den reellen Zahlen) das Potenzgesetz **P2** mit $a = A$, $x = n$ und $y = 1$ auf A^{n+1} an:

$$= A^n \cdot A$$

$$= A^n \cdot \begin{bmatrix} 0 & 1 \\ 1 & 0 \end{bmatrix}$$

Wende nun die Induktionsvoraussetzung auf A^n an:

$$0{,}5 \cdot \begin{bmatrix} 1 + (-1)^n & 1 + (-1)^{n+1} \\ 1 + (-1)^{n+1} & 1 + (-1)^n \end{bmatrix} \cdot \begin{bmatrix} 0 & 1 \\ 1 & 0 \end{bmatrix}$$

$$= 0{,}5 \cdot \begin{bmatrix} 1 + (-1)^{n+1} & 1 + (-1)^n \\ 1 + (-1)^n & 1 + (-1)^{n+1} \end{bmatrix}$$

Es ist $(-1) \cdot (-1) = 1$, und deshalb kannst du $(-1)^n$ auch durch $(-1)^n \cdot 1 = (-1)^n \cdot (-1) \cdot (-1) = (-1)^n \cdot (-1)^2$ ausdrücken, da eine Multiplikation mit 1 das Ergebnis nicht ändert:[9]

$$= 0{,}5 \cdot \begin{bmatrix} 1 + (-1)^{n+1} & 1 + (-1)^n \cdot (-1)^2 \\ 1 + (-1)^n \cdot (-1)^2 & 1 + (-1)^{n+1} \end{bmatrix}$$

Wende das Potenzgesetz **P2** mit $a = -1$, $x = n$ und $y = 2$ (rückwärts) auf alle Vorkommen von $(-1)^n \cdot (-1)^2$ in der aktuellen Darstellung der Matrix an:

$$= 0{,}5 \cdot \begin{bmatrix} 1 + (-1)^{n+1} & 1 + (-1)^{n+2} \\ 1 + (-1)^{n+2} & 1 + (-1)^{n+1} \end{bmatrix}$$

$$0{,}5 \cdot \begin{bmatrix} 1 + (-1)^{n+1} & 1 + (-1)^{(n+1)+1} \\ 1 + (-1)^{(n+1)+1} & 1 + (-1)^{n+1} \end{bmatrix} \checkmark$$

---

[9] 1 ist das neutrale Element bezüglich der Multiplikation in $\mathbb{R}$.

Du hast nun Schritt für Schritt die Gültigkeit der Implikation $\mathcal{A}(n) \implies \mathcal{A}(n+1)$ gezeigt. Da der Induktionsanfang $\mathcal{A}(n_0) = \mathcal{A}(1)$ ebenfalls wahr ist, folgt mit dem Prinzip der vollständigen Induktion, dass die n-te Potenz der Matrix A durch

$$A^n = 0{,}5 \cdot \begin{bmatrix} 1 + (-1)^n & 1 + (-1)^{n+1} \\ 1 + (-1)^{n+1} & 1 + (-1)^n \end{bmatrix}$$

berechnet werden kann.

Statt $12 \cdot (n-1)$ Rechenoperationen, musst du zur Berechnung der n-ten Potenz der Matrix A nur n in die Matrix A^n einsetzen.

4.7.1 Der Induktionsalgorithmus für Matrizen (n-te Potenz)

Satz 4.17
Sei $\mathcal{A}(n)$ eine Aussage, die für eine $(m \times m)$-Matrix $A \in \mathbb{K}^{m \times m}$ ($m \in \mathbb{N}$) die n-te Potenz ($n \in \mathbb{N}_{\geq n_0}$) in Form einer $(m \times m)$-Matrix $B_n \in \mathbb{K}^{m \times m}$ angibt, deren Elemente von n abhängen:

$$\mathcal{A}(n) := \forall n \in \mathbb{N}_{\geq n_0} : A \in \mathbb{K}^{m \times m} \implies A^n = B_n$$

In Worten heißt das: „Für alle $n \in \mathbb{N}$ gilt: Für die Matrix $A \in \mathbb{K}^{m \times m}$ kann die n-te Potenz A^n mit $n \in \mathbb{N}_{\geq n_0}$ durch die $(m \times m)$-Matrix B_n berechnet werden."

1. *Induktionsanfang (Umwerfen des ersten Dominosteins)*
   Teste, ob die Aussage $\mathcal{A}(n)$ für einen Startwert $n = n_0$ wahr ist, indem du
   a) *die n_0-te Potenz von A (also A^{n_0}) berechnest,*
   b) *den Startwert n_0 in die Elemente in B_n einsetzt (also B_{n_0} angibst) und*
   c) *prüfst, ob in beiden Fällen dieselbe Matrix herauskommt.*
   *Wenn die beiden Ergebnismatrizen nicht übereinstimmen ($\mathcal{A}(n_0)$ ist also keine wahre Aussage), so bist du an dieser Stelle bereits fertig, und die Behauptung $\forall n \in \mathbb{N}_{\geq n_0} : A \in \mathbb{K}^{m \times m} \implies A^n = B_n$ ist **falsch**.*
2. *Induktionsvoraussetzung*
   Formuliere die Induktionsvoraussetzung:
   a) *formalisiert: $\exists n \in \mathbb{N}_{\geq n_0} : A \in \mathbb{K}^{m \times m} \implies A^n = B_n$,*
   b) *verbalisiert: „Für (mindestens) ein $n \in \mathbb{N}_{\geq n_0}$ kann die n-te Potenz der $(m \times m)$-Matrix A durch die Matrix B_n berechnet werden."*

3. **Induktionsbehauptung**

   Formuliere die Induktionsbehauptung. Es ist zu zeigen:

   a) *formalisiert:* $(A \in \mathbb{K}^{m \times m} \implies A^n = B_n) \implies A \in \mathbb{K}^{m \times m} \implies A^{n+1} = B_{n+1}$,

   b) *verbalisiert:* „*Unter der Voraussetzung, dass die die n-te Potenz der $(m \times m)$-Matrix A durch die Matrix B_n berechnet werden kann, kann die $(n+1)$-te Potenz der Matrix A durch B_{n+1} berechnet werden.*"

4. **Induktionsschluss** *(der Nachfolger eines beliebigen Dominosteins fällt um)*

   Beweise die Induktionsbehauptung, indem du zuerst A^{n+1} analog zu dem Potenzgesetz **P2** *mit $a = A$, $x = n$ und $y = 1$ zu $A^n \cdot A$ umformst. Wende die Induktionsvoraussetzung an und ersetze so A^n durch B_n. Berechne das Matrizenprodukt $B_n \cdot A$ und forme das Ergebnis so lange um, bis du B_{n+1} erhältst.*

5. **Beweisende**

   Signalisiere das Ende deines Beweises durch $\square$, q.e.d. oder w.z.z.w.

Übungsaufgaben zur vollständigen Induktion

5

Inhaltsverzeichnis

Nun ist es an der Zeit, das über die letzten vier Kapitel gesammelte Wissen einzustudieren, um bestmöglich auf die Klausur vorbereitet zu sein. Vielleicht findest du hier sogar Aufgaben, die so (oder so ähnlich) in deiner Klausur drankommen. Die Fragestellungen sind pro Problemklasse (Kap. 4) in verschiedene Schwierigkeitsgrade unterteilt, nämlich *Einsteiger*, *Fortgeschrittene* und *Profis*:

- **Einsteiger**: Die Aufgaben für Einsteiger entsprechen dem Niveau von Klausuraufgaben zur vollständigen Induktion für Nichtmathematiker. Deshalb sind sie innerhalb einer Problemklasse auch am stärksten besetzt. Sie zeichnen sich dadurch aus, dass eine simple Anwendung des Induktionsalgorithmus (oder der entsprechenden Verfeinerungen aus Kap. 4) direkt zum Ziel führt (keine komplizierten Umwege, keine Fallen, sondern lukrative Punktequellen). Achte bei der Bearbeitung aber trotzdem darauf, wie die Induktionsvariable heißt (die Namen können nämlich variieren). Lies die Aufgabenstellung deshalb *genau* durch und stürze dich nicht voreilig ins Gefecht.
- **Fortgeschrittene**: Die Aufgaben für Fortgeschrittene gehen in Teilen über das hinaus, was normalerweise in einer Klausur gefordert wird. Charakteristisch für diese Aufgaben ist u. a. die Verallgemeinerung von Behauptungen aus der Schwierigkeitsstufe

© Springer-Verlag GmbH Deutschland, ein Teil von Springer Nature 2019
F.A. Dalwigk, *Vollständige Induktion*, https://doi.org/10.1007/978-3-662-58633-4_5

Einsteiger. So gesehen ermöglichen sie einen fließenden Übergang zu den Aufgaben für *Profis* und ebnen den Pfad für den Aufstieg in die mathematische Metaebene. Hin und wieder unterscheiden sie sich aber auch durch Variation der Start- und Endwerte oder das Einstreuen von Elementen anderer Problemklassen.

- **Profis**: Bei den Aufgaben für Profis geht es um teilweise sehr abstrakte Fragestellungen, bei denen „thinking outside the box" nicht einfach nur ein hübscher Profilspruch für Facebook, Xing oder LinkedIn ist, sondern wirklich gelebt wird. Nicht selten müssen Aussagen in äquivalente Aussagen umgeformt bzw. die eigentlich zu beweisende Behauptung aus dem Aufgabentext herausgearbeitet werden. Der eigentliche Umfang der Lösung ist dabei kein ausschlaggebendes Kriterium für die Einordnung in diese Kategorie. Die Schwierigkeit eines Beweises wird nicht in der Anzahl der nötigen Schritte (Quantität), sondern durch Qualität der Schlussfolgerungen bemessen.

Noch ein paar Worte zu den Lösungen: Die einzelnen Schritte sind sehr ausführlich beschrieben. Der Hintergedanke ist, dass man auch als Zeichenlegastheniker den Gedankengängen leicht folgen kann. Das Wort ist dabei überhaupt nicht abwertend gemeint. Es ist nun einmal ein unumstrittener Fakt, dass sich die Sprache der Mathematik deutlich von der natürlichen Sprache, die wir im Alltag sprechen, unterscheidet, und deshalb bedarf es (wie bei jeder anderen Sprache auch) gut ausgebildeter Dolmetscher, die den Übersetzungspart übernehmen. Die Lösungen bieten eine Mischung aus (viel) Text und (ebenso vielen) Zeichen. Der Text ist eine Beschreibung dessen, was als nächster Schritt in der Beweisführung sinnvoll wäre, und die Zeichen repräsentieren die mathematische Kurzfassung des Textes. Während einer Klausur musst du für gewöhnlich keine langen Begründungstexte wie im Deutschunterricht schreiben. Deshalb ist jede Lösung optisch so aufgebaut, dass du theoretisch nur den zentrierten Formelteil von oben nach unten abschreiben musst und damit einen einwandfreien Beweis ablieferst. Und selbst bei diesen Schritten kannst du weitere Punkte weglassen, da die Philosophie „eine Umformung pro Zeile" gelebt wird. Neben dem Vereinfachen, Ausmultiplizieren und Ausklammern von Termen bzw. Termbestandteilen bekommst du außerdem gezeigt, wie du Brüche auf einen gemeinsamen Nenner bringen kannst. In jeder Zeile wird dabei (im Regelfall) nur eine Umformung vorgenommen (sei es z. B. auch nur das Vertauschen von Summanden). Manchmal bleibt es aber nicht bei einer einzigen Lösungsskizze. An geeigneten Stellen werden alternative Beweisideen (auch ohne vollständige Induktion) aufgezeigt, um dir ein Gefühl dafür zu vermitteln, wann ein Induktionsbeweis ganz oben im mathematischen Werkzeugkasten liegen sollte und wann er völlig *over the top* ist.

5.1 Summenformeln

5.1.1 Aufgaben für Einsteiger

Aufgaben

5.1 Aus Kap. 1 und Kap. 2 ist bereits die *Gauß'sche Summenformel* bekannt. Auch für die Summe der ersten n ungeraden Zahlen hast du in Abschn. 2.5.3 eine direkte Berechnungsmethode kennengelernt. Um die Sammlung zu vervollständigen, fehlt noch ein einfacher Ausdruck zur Berechnung der Summe der ersten n geraden Zahlen inklusive der 0:

$$\sum_{k=0}^{n} 2 \cdot k = n \cdot (n + 1)$$

Und das Beste: Du darfst diese Formel nun als erste Aufgabe der Kategorie *Einsteiger* selbst beweisen.

5.2 Gib die Summe $0 + 5 + 10 + \ldots + n \cdot 5$ mit Hilfe des Summenzeichens an und beweise, dass man ihren Wert für alle $n \in \mathbb{N}$ durch $2{,}5 \cdot n \cdot (n + 1)$ berechnen kann.

5.3 Beweise durch vollständige Induktion, dass die Summe

$$\sum_{k=5}^{n} 3 \cdot 4^k$$

für alle $n \in \mathbb{N}_{\geq 5}$ durch

$$4^{n+1} - 1024$$

berechnet werden kann.

5.4 Beweise, dass

$$\sum_{k=0}^{n-2} k = 0{,}5 \cdot (n - 2) \cdot (n - 1)$$

für alle natürlichen Zahlen $n \in \mathbb{N}_{\geq 2}$ gilt.

5.5 Beweise durch vollständige Induktion, dass für alle $n \in \mathbb{N}$ gilt:

$$\sum_{s=1}^{n} (6 \cdot s - 3) = 3 \cdot n^2$$

5.6 Die Summe

$$1 + 1{,}5 + 2 + 2{,}5 + 3 + 3{,}5 + 4 + \ldots + 0{,}25 \cdot (n + 1)$$

kann durch die Summenformel

$$\sum_{m=1}^{n} 0{,}25 \cdot (m + 1) = 0{,}125 \cdot (n^2 + 3 \cdot n)$$

berechnet werden. Beweise durch vollständige Induktion, dass diese Formel tatsächlich für alle $n \in \mathbb{N}$ funktioniert.

5.7 Beweise, dass die Summe

$$1 + 5 + 9 + 13 + 17 + \ldots + (4 \cdot n - 3)$$

für alle $n \in \mathbb{N}$ durch den Ausdruck

$$2 \cdot n \cdot (n - 0{,}5)$$

berechnet werden kann.

5.8 Beweise durch vollständige Induktion, dass

$$\sum_{m=1}^{n} 0{,}5 \cdot m \cdot 2^m = 2^n \cdot (n - 1) + 1$$

für alle natürlichen Zahlen $n \in \mathbb{N}$ gilt.

5.9 Beweise durch vollständige Induktion, dass die Summe

$$\sum_{k=3}^{n} k$$

für alle $n \in \mathbb{N}_{\geq 3}$ durch die Funktion $p : \mathbb{N} \longrightarrow \mathbb{R}$

$$p(n) = 0{,}5 \cdot (n^2 + n - 6)$$

berechnet werden kann.

5.10 Beweise, dass die Summe

$$\sum_{k=0}^{n} (-1)^k \cdot \binom{n}{k}$$

für alle $n \in \mathbb{N}$ den Wert 0 ergibt. Du darfst dabei als bewiesen voraussetzen, dass

$$\sum_{k=0}^{n} (-1)^k \cdot \binom{n}{k - 1} = (-1)^n$$

für alle $n \in \mathbb{N}$ gilt. Du bist nicht an einen Beweis durch vollständige Induktion gebunden. Erinnere dich an den *binomischen Lehrsatz*.

5.11 Beweise durch vollständige Induktion über k, dass die Summenformel

$$\sum_{n=1}^{k} 2^{n-1} = 2^k - 1$$

für alle $k \in \mathbb{N}$ wahr ist.

5.1.2 Aufgaben für Fortgeschrittene

Aufgaben

5.12 Ab welchem Startwert $m_0 \in \mathbb{N}$ kann die Summe

$$\sum_{k=0}^{m-5} 2 \cdot k + 1$$

durch den Ausdruck

$$(m-4)^2$$

berechnet werden? Beweise, dass dieser Zusammenhang für alle natürlichen Zahlen $m \in \mathbb{N}_{\geq m_0}$ gilt.

5.13 Beweise, dass für alle $n \in \mathbb{N}_0$ gilt:

$$\sum_{p=0}^{n} \binom{n}{p} = 2^n$$

5.14 Beweise durch vollständige Induktion über n, dass für alle $n \in \mathbb{N}_0$ gilt:

$$\sum_{i=0}^{n} \sum_{j=0}^{i} \binom{i}{j} = 2^{n+1} - 1$$

Um dir das Leben leichter zu machen, darfst du auf das Wissen aus Aufgabe 5.13 zurückgreifen.

5.15 Notiere die Summe

$$0 \cdot k + 1 \cdot k + 2 \cdot k + \ldots + n \cdot k$$

mit Hilfe des Summenzeichens und finde eine Formel zur Berechnung dieses Ausdrucks. Diese soll ohne Summation der n einzelnen Summanden auskommen. *Hinweis*: Wenn du Aufgabe 5.2 vorher bearbeitest, wirst du es beim Herleiten der gesuchten Summenformel leichter haben. Beweise anschließend deine Vermutung.

5.16 Beweise, dass für alle $n \in \mathbb{N}$ gilt:

$$\sum_{m=1}^{n} \frac{m}{(m+1)!} = 1 - \frac{1}{(n+1)!}$$

5.17 Sei $p \in \mathbb{N}_0$. Beweise durch vollständige Induktion über $n \in \mathbb{N}_0$, dass die folgende Summenformel gültig ist:

$$\sum_{k=0}^{n} \binom{k+p}{k} = \binom{n+p+1}{n}$$

5.18 Sei $m \in \mathbb{N}$. Beweise durch vollständige Induktion über k, dass

$$\sum_{m=1}^{k} \sum_{n=1}^{m} 2^{n-1} = 2 \cdot \left(2^k - 1 - 0{,}5 \cdot k\right)$$

für alle $k \in \mathbb{N}$ gilt. Nutze dabei dein Wissen aus Aufgabe 5.11.

5.19 Drücke die unendliche Summe

$$\frac{1}{1 \cdot 2} + \frac{2}{2 \cdot 3} + \frac{3}{3 \cdot 4} + \frac{4}{4 \cdot 5} + \frac{5}{5 \cdot 6} + \dots$$

mit Hilfe des Summenzeichens aus. Beweise anschließend, dass sich der Wert der ersten n Summanden durch $\frac{n}{n+1}$ berechnen lässt.

5.1.3   Aufgaben für Profis

Aufgaben

5.20 Beweise durch vollständige Induktion über $n \in \mathbb{N}_{\geq m}$ mit $m \in \mathbb{N}_0$, dass die Summe

$$\sum_{k=m}^{n} k$$

durch $-0{,}5 \cdot (m - n - 1) \cdot (m + n)$ berechnet werden kann.

5.21 Berechne die Summen $\binom{2}{0} + \binom{2}{1} + \binom{2}{2}$ und $\binom{3}{0} + \binom{3}{1} + \binom{3}{2} + \binom{3}{3}$. Welcher Wert ergibt sich allgemein für

$$\binom{n}{0} + \binom{n}{1} + \dots + \binom{n}{n-1} + \binom{n}{n}?$$

Gib diesen Wert in Abhängigkeit von $n \in \mathbb{N}_0$ an und beweise deine Vermutung.

5.22 Drücke die unendliche Summe

$$\frac{1}{2!} + \frac{2}{3!} + \frac{3}{4!} + \frac{4}{5!} + \frac{5}{6!} + \ldots$$

mit Hilfe des Summenzeichens aus und beweise durch vollständige Induktion, dass sich ihr Wert für die ersten n Summanden durch

$$1 - \frac{1}{n!}$$

berechnen lässt.

5.23 Seien $a \in \mathbb{N}_{\leq (n-b)}$, $b \in \mathbb{N}_{\geq n}$, $c \in \mathbb{R} \setminus \{1\}$ und $n \in \mathbb{N}_{\geq n_0}$. Beweise durch vollständige Induktion über n, dass die Summenformel

$$\sum_{k=a}^{n-b} c^k = \frac{c^a - c^{n-b+1}}{1 - c}$$

stimmt. Gibt zuvor einen geeigneten Startwert in Abhängigkeit von a und b an.

5.1.4 Lösungen

Lösung Aufgabe 5.1

Beweis 5.1 k ist die Laufvariable des Summenzeichens und n die Induktionsvariable.

1. **Induktionsanfang** $\mathcal{A}(n_0)$
   Da die Behauptung für alle natürlichen Zahlen (inklusive der 0) bewiesen werden soll, wird $n_0 = 0$ als Startwert gewählt und dieser in beide Seiten der Summenformel eingesetzt. Sind die Ergebnisse gleich, so ist der Induktionsanfang gezeigt:
   a) $\sum\limits_{k=0}^{n_0} 2 \cdot k = \sum\limits_{k=0}^{0} 2 \cdot k = 2 \cdot 0 = 0$,
   b) $n_0 \cdot (n_0 + 1) = 0 \cdot (0 + 1) = 0 \cdot 1 = 0 \checkmark$
2. **Induktionsvoraussetzung** $\mathcal{A}(n)$
   Es existiert (mindestens) ein n, für das die Summe der ersten n geraden Zahlen durch $n \cdot (n + 1)$ berechnet werden kann. Formal bedeutet das:

$$\exists n \in \mathbb{N} : \sum_{k=0}^{n} 2 \cdot k = n \cdot (n + 1)$$

3. **Induktionsbehauptung** $\mathcal{A}(n + 1)$
   Unter der Voraussetzung, dass die Summe der ersten n geraden Zahlen für ein $n \in \mathbb{N}$ durch $n \cdot (n + 1)$ berechnet werden kann, folgt, dass die Summe der ersten $n + 1$

geraden Zahlen durch $(n + 1) \cdot ((n + 1) + 1)$ berechnet werden kann:

$$\implies \sum_{k=0}^{n+1} 2 \cdot k = (n + 1) \cdot ((n + 1) + 1)$$

4. **Induktionsschluss** $\mathcal{A}(n) \implies \mathcal{A}(n + 1)$

Am Ende deines Beweises muss die rechte Seite der Summenformel aus der Induktionsbehauptung, also $(n + 1) \cdot ((n + 1) + 1)$, herauskommen. Beginne deine Beweisführung mit der linken Seite der Summenformel aus der Induktionsbehauptung:

$$\sum_{k=0}^{n+1} 2 \cdot k$$

Verwende **Σ3** mit $f(k) = 2 \cdot k$, um das Summenzeichen aufzuspalten:

$$= \left(\sum_{k=0}^{n} 2 \cdot k \right) + 2 \cdot (n + 1)$$

Verwende die Induktionsvoraussetzung und ersetze so $\sum_{k=0}^{n} 2 \cdot k$ durch $n \cdot (n + 1)$:

$$= (n \cdot (n + 1)) + 2 \cdot (n + 1)$$
$$= n \cdot (n + 1) + 2 \cdot (n + 1)$$

Klammere nun den Faktor $(n + 1)$ aus:

$$= (n + 1) \cdot (n + 2)$$
$$= (n + 1) \cdot ((n + 1) + 1) \checkmark$$

Hier bist du bereits am Ende des Beweises angekommen, da du Schritt für Schritt den Ausdruck $\sum_{k=0}^{n+1} 2 \cdot k$ zu $(n + 1) \cdot ((n + 1) + 1)$ umgeformt und damit gezeigt hast, dass die Implikation $\mathcal{A}(n) \implies \mathcal{A}(n + 1)$ wahr ist. Da $\mathcal{A}(n_0) = \mathcal{A}(0)$ ebenfalls wahr ist (Induktionsanfang), folgt mit dem Prinzip der vollständigen Induktion, dass die Summenformel $\sum_{k=0}^{n} 2 \cdot k = n \cdot (n + 1)$ für alle $n \in \mathbb{N}_0$ funktioniert. $\square$

Lösung Aufgabe 5.2 Der Name der Laufvariable kann beliebig gewählt werden (in diesem Fall k). Die gegebenen Summanden sind allesamt *Vielfache von 5*. $f(k)$ kann folglich durch $f(k) = k \cdot 5$ angegeben werden. Den ersten Summanden (0) erhält man durch Einsetzen von $k = 0$ in $f(k)$. Der Startwert für das Summenzeichen ist demnach $k_0 = 0$. Den letzten Summanden ($5 \cdot n$) erhält man durch Einsetzen von $k = n$ in $f(k)$. Der Endwert für das Summenzeichen ist demnach n. Mit diesen Informationen ergibt sich:

$$0 + 5 + 10 + \ldots + n \cdot k = \sum_{k=0}^{n} k \cdot 5$$

In der Aufgabe wird behauptet, dass diese Summe für alle natürlichen Zahlen (inklusive der Null) auch direkt durch den Ausdruck $2{,}5 \cdot n \cdot (n-1)$ berechnet werden kann. Es ist also zu zeigen:

$$\forall n \in \mathbb{N}_0 : \sum_{k=0}^{n} k \cdot 5 = 2{,}5 \cdot n \cdot (n-1)$$

Beweis 5.2 k ist die Laufvariable des Summenzeichens und n die Induktionsvariable.

1. **Induktionsanfang** $\mathcal{A}(n_0)$
   Da die Behauptung für alle natürlichen Zahlen (inklusive der 0) bewiesen werden soll, wird $n_0 = 0$ als Startwert gewählt und dieser in beide Seiten der Summenformel eingesetzt:
   a) $\displaystyle\sum_{k=0}^{n_0} 5 \cdot k = \sum_{k=0}^{0} k \cdot 5 = 0 \cdot 5 = 0,$
   b) $2{,}5 \cdot n_0 \cdot (n_0 + 1) = 2{,}5 \cdot 0 \cdot (0 + 1) = 2{,}5 \cdot 0 \cdot 1 = 0 \checkmark$
   Da die Ergebnisse gleich sind, ist der Induktionsanfang gezeigt.

2. **Induktionsvoraussetzung** $\mathcal{A}(n)$
   Es existiert (mindestens) ein $n \in \mathbb{N}_0$, für welches die Summe $\sum_{k=0}^{n} k \cdot 5$ durch den Ausdruck $2{,}5 \cdot n \cdot (n + 1)$ berechnet werden kann. Formal bedeutet das:

   $$\exists n \in \mathbb{N}_0 : \sum_{k=0}^{n} k \cdot 5 = 2{,}5 \cdot n \cdot (n + 1)$$

3. **Induktionsbehauptung** $\mathcal{A}(n + 1)$
   Unter der Voraussetzung, dass die Summe $\sum_{k=0}^{n} k \cdot 5$ für ein $n \in \mathbb{N}_0$ durch den Ausdruck $2{,}5 \cdot n \cdot (n + 1)$ berechnet werden kann, folgt:

   $$\implies \sum_{k=0}^{n+1} k \cdot 5 = 2{,}5 \cdot (n + 1) \cdot ((n + 1) + 1)$$

4. **Induktionsschluss** $\mathcal{A}(n) \implies \mathcal{A}(n + 1)$
   Am Ende deines Beweises muss die rechte Seite der Summenformel aus der Induktionsbehauptung, also $2{,}5 \cdot (n + 1) \cdot ((n + 1) + 1)$, herauskommen. Beginne deine Beweisführung mit der linken Seite der Summenformel aus der Induktionsbehauptung:

   $$\sum_{k=0}^{n+1} k \cdot 5$$

Verwende $\Sigma 3$ mit $f(k) = k \cdot 5$, um das Summenzeichen aufzuspalten:

$$= \left(\sum_{k=0}^{n} k \cdot 5 \right) + (n + 1) \cdot 5$$

Verwende die Induktionsvoraussetzung und ersetze so $\sum_{k=0}^{n} k \cdot 5$ durch $2,5 \cdot n \cdot (n+1)$:

$$= (2,5 \cdot n \cdot (n+1)) + (n+1) \cdot 5$$
$$= 2,5 \cdot n \cdot (n+1) + (n+1) \cdot 5$$

Wie in den bisherigen Aufgaben ist nun Ausklammern angesagt. Um das Ganze etwas transparenter zu gestalten, sei darauf hingewiesen, dass $5 = 2 \cdot 2,5$ ist:

$$= 2,5 \cdot n \cdot (n+1) + (n+1) \cdot 2 \cdot 2,5$$

Klammere nun den Faktor $2,5$ aus:

$$= 2,5 \cdot (n \cdot (n+1) + (n+1) \cdot 2)$$

Und schon wieder taucht ein Faktor auf, den du ausklammern kannst, nämlich $(n+1)$:

$$= 2,5 \cdot ((n+1) \cdot (n+2))$$
$$= 2,5 \cdot (n+1) \cdot (n+2)$$
$$= 2,5 \cdot (n+1) \cdot ((n+1)+1)$$

Du hast Schritt für Schritt den Ausdruck $\sum_{k=0}^{n+1} k \cdot 5$ zu $2,5 \cdot (n+1) \cdot ((n+1)+1)$ umgeformt und damit gezeigt, dass die Implikation $\mathcal{A}(n) \implies \mathcal{A}(n+1)$ wahr ist. Da $\mathcal{A}(n_0) = \mathcal{A}(0)$ ebenfalls wahr ist (Induktionsanfang), folgt mit dem Prinzip der vollständigen Induktion, dass die Summenformel $\sum_{k=0}^{n} k \cdot 5 = 2,5 \cdot (n+1) \cdot ((n+1)+1)$ für alle $n \in \mathbb{N}_0$ funktioniert. In Aufgabe 5.15 kannst du deine Abstraktionsfähigkeiten unter Beweis stellen, indem du basierend auf dieser Aufgabe eine eigene Summenformel entwirfst und beweist. $\square$

Lösung Aufgabe 5.3 Es ist zu zeigen:

$$\forall n \in \mathbb{N}_{\geq 5} : \sum_{k=5}^{n} 3 \cdot 4^k = 4^{n+1} - 1024$$

Beweis 5.3 k ist die Laufvariable des Summenzeichens und n die Induktionsvariable.

1. **Induktionsanfang** $\mathcal{A}(n_0)$
   Da die Behauptung für alle natürlichen Zahlen größer als oder gleich 5 bewiesen werden soll, wird $n_0 = 5$ als Startwert gewählt und dieser in beide Seiten der Summenformel eingesetzt. Sind die Ergebnisse gleich, so ist der Induktionsanfang gezeigt:
   a) $\sum_{k=5}^{n_0} 3 \cdot 4^k = \sum_{k=5}^{5} 3 \cdot 4^k = 3 \cdot 4^5 = 3 \cdot 1024 = 3072,$
   b) $4^{n_0+1} - 1024 = 4^{5+1} - 1024 = 4^6 - 1024 = 4096 - 1024 = 3072 \checkmark$

2. **Induktionsvoraussetzung** $\mathcal{A}(n)$

Es existiert (mindestens) eine natürliche Zahl n, für welche die Summe $\sum_{k=5}^{n} 3 \cdot 4^k$ durch den Ausdruck $4^{n+1} - 1024$ berechnet werden kann. Formal bedeutet das:

$$\exists n \in \mathbb{N} : \sum_{k=5}^{n} 3 \cdot 4^k = 4^{n+1} - 1024$$

3. **Induktionsbehauptung** $\mathcal{A}(n + 1)$

Unter der Voraussetzung, dass die Summe $\sum_{k=5}^{n} 3 \cdot 4^k$ für ein $n \in \mathbb{N}$ durch den Ausdruck $4^{n+1} - 1024$ berechnet werden kann, folgt:

$$\implies \sum_{k=5}^{n+1} 3 \cdot 4^k = 4^{(n+1)+1} - 1024$$

4. **Induktionsschluss** $\mathcal{A}(n) \implies \mathcal{A}(n + 1)$

Am Ende deines Beweises muss die rechte Seite der Summenformel aus der Induktionsbehauptung, also $4^{(n+1)+1} - 1024$, herauskommen. Beginne deine Beweisführung mit der linken Seite der Summenformel aus der Induktionsbehauptung:

$$\sum_{k=5}^{n+1} 3 \cdot 4^k$$

Verwende **Σ3** mit $f(k) = 3 \cdot 4^k$, um das Summenzeichen aufzuspalten:

$$= \left(\sum_{k=5}^{n} 3 \cdot 4^k \right) + 3 \cdot 4^{n+1}$$

Verwende die Induktionsvoraussetzung und ersetze so $\sum_{k=5}^{n} 3 \cdot 4^k$ durch $4^{n+1} - 1024$:

$$= \left(4^{n+1} - 1024 \right) + 3 \cdot 4^{n+1}$$
$$= 4^{n+1} - 1024 + 3 \cdot 4^{n+1}$$
$$= 4^{n+1} + 3 \cdot 4^{n+1} - 1024$$
$$= 4 \cdot 4^{n+1} - 1024$$

Wende das Potenzgesetz **P2** mit $a = 4$, $x = 1$ und $y = n + 1$ auf $4 \cdot 4^{n+1}$ an:

$$= 4^{1+n+1} - 1024$$
$$= 4^{(n+1)+1} - 1024 \checkmark$$

Du hast nun Schritt für Schritt den Ausdruck $\sum_{k=5}^{n+1} 3 \cdot 4^k$ zu $4^{(n+1)+1} - 1024$ umgeformt und damit gezeigt, dass die Implikation $\mathcal{A}(n) \implies \mathcal{A}(n + 1)$ wahr ist. Da $\mathcal{A}(n_0) = \mathcal{A}(5)$ ebenfalls wahr ist (Induktionsanfang), folgt mit dem Prinzip der vollständigen Induktion, dass die Summenformel $\sum_{k=5}^{n} 3 \cdot 4^k = 4^{n+1} - 1024$ für alle $n \in \mathbb{N}_{\geq 5}$ funktioniert. $\square$

Lösung Aufgabe 5.4 Auf der linken Seite der zu beweisenden Summenformel steht die Summe über k für k von $k = 0$ bis $k = n - 2$. Wenn du gerne die *Standardform* (mit n statt $n - 2$ als Endwert) verwenden willst, kannst du eine Indexverschiebung nach **Σ5** um $\Delta = 2$ durchführen:

$$\sum_{k=0}^{n-2} k = \sum_{k=0+\Delta}^{n-2+\Delta} k - \Delta = \sum_{k=0+2}^{n-2+2} k - 2 = \sum_{k=2}^{n} k - 2$$

Es ist also zu zeigen:

$$\forall n \in \mathbb{N}_{\geq 2} : \sum_{k=2}^{n} k - 2 = 0{,}5 \cdot (n - 2) \cdot (n - 1)$$

Da mit der Indexverschiebung der Wert der Summe nicht geändert wurde, ist mit dem Beweis dieser Behauptung automatisch auch die ursprüngliche Behauptung bewiesen.

Beweis 5.4 k ist die Laufvariable des Summenzeichens und n die Induktionsvariable.

1. **Induktionsanfang** $\mathcal{A}(n_0)$
   Da die Behauptung für alle $n \in \mathbb{N}_{\geq 2}$ bewiesen werden soll, wird $n_0 = 2$ als Startwert gewählt und dieser in beide Seiten der Summenformel eingesetzt. Sind die Ergebnisse gleich, so ist der Induktionsanfang gezeigt:
   a) $\displaystyle\sum_{k=2}^{n_0} k - 2 = \sum_{k=2}^{2} k - 2 = 2 - 2 = 0,$
   b) $0{,}5 \cdot (n_0 - 2) \cdot (n_0 - 1) = 0{,}5 \cdot (2 - 2) \cdot (2 - 1) = 0{,}5 \cdot 0 \cdot 1 = 0\checkmark$

2. **Induktionsvoraussetzung** $\mathcal{A}(n)$

$$\exists n \in \mathbb{N}_{\geq 2} : \sum_{k=2}^{n} k - 2 = 0{,}5 \cdot (n - 2) \cdot (n - 1)$$

3. **Induktionsbehauptung** $\mathcal{A}(n + 1)$
   Unter der Voraussetzung, dass die Summenformel

$$\sum_{k=2}^{n} k - 2 = 0{,}5 \cdot (n - 2) \cdot (n - 1)$$

für ein $n \in \mathbb{N}_{\geq 2}$ gilt, folgt:

$$\Longrightarrow \sum_{k=2}^{n+1} k - 2 = 0{,}5 \cdot ((n + 1) - 2) \cdot ((n + 1) - 1)$$

4. **Induktionsschluss** $\mathcal{A}(n) \Longrightarrow \mathcal{A}(n+1)$

Am Ende deines Beweises muss die rechte Seite der Summenformel aus der Induktionsbehauptung, also $0,5 \cdot ((n+1)-2) \cdot ((n+1)-1)$, herauskommen. Beginne deine Beweisführung mit der linken Seite der Summenformel aus der Induktionsbehauptung:

$$\sum_{k=2}^{n+1} k - 2$$

Verwende $\Sigma 3$ mit $f(k) = k - 2$, um das Summenzeichen aufzuspalten:

$$= \left(\sum_{k=2}^{n} k - 2 \right) + (n+1) - 2$$

$$= \left(\sum_{k=2}^{n} k - 2 \right) + n - 1$$

Verwende die Induktionsvoraussetzung und ersetze so $\sum_{k=2}^{n} k - 2$ durch $0,5 \cdot (n-2) \cdot (n-1)$:

$$= (0,5 \cdot (n-2) \cdot (n-1)) + n - 1$$

$$= 0,5 \cdot (n-2) \cdot (n-1) + (n-1)$$

Klammere den Faktor $(n-1)$ aus:

$$= (n-1) \cdot (0,5 \cdot (n-2) + 1)$$

$$= (n-1) \cdot (0,5 \cdot (n-2) + 0,5 \cdot 2)$$

$$= (n-1) \cdot (0,5 \cdot (n-2+2))$$

$$= (n-1) \cdot (0,5 \cdot n)$$

$$= 0,5 \cdot (n-1) \cdot n$$

$$= 0,5 \cdot ((n+1)-2) \cdot ((n+1)-1) \checkmark$$

Du hast nun Schritt für Schritt den Ausdruck $\sum_{k=2}^{n+1} k - 2$ zu $0,5 \cdot ((n+1)-2) \cdot ((n+1)-1)$ umgeformt und damit gezeigt, dass die Implikation $\mathcal{A}(n) \Longrightarrow \mathcal{A}(n+1)$ wahr ist. Da $\mathcal{A}(n_0) = \mathcal{A}(2)$ ebenfalls wahr ist (Induktionsanfang), folgt mit dem Prinzip der vollständigen Induktion, dass die Summenformel $\sum_{k=2}^{n} k - 2 = 0,5 \cdot (n-2) \cdot (n-1)$ (und entsprechend die äquivalente Summenformel $\sum_{k=0}^{n-2} k = 0,5 \cdot (n^2 - 3 \cdot n + 2)$ aus der Aufgabenstellung) für alle $n \in \mathbb{N}_{\geq 2}$ funktioniert. $\qquad\square$

Lösung Aufgabe 5.5 Es ist zu zeigen:

$$\forall n \in \mathbb{N} : \sum_{s=1}^{n} (6 \cdot s - 3) = 3 \cdot n^2$$

Beweis 5.5 s ist die Laufvariable des Summenzeichens und n die Induktionsvariable.

1. **Induktionsanfang** $\mathcal{A}(n_0)$

   Da die Behauptung für alle $n \in \mathbb{N}$ bewiesen werden soll, wird $n_0 = 1$ als Startwert gewählt und dieser in beide Seiten der Summenformel eingesetzt. Sind die Ergebnisse gleich, so ist der Induktionsanfang gezeigt:

   a) $\displaystyle\sum_{s=1}^{n_0} (6 \cdot s - 3) = \sum_{s=1}^{1} (6 \cdot s - 3) = 6 \cdot 1 - 3 = 6 - 3 = 3,$

   b) $3 \cdot n_0^2 = 3 \cdot 1^2 = 3 \cdot 1 = 3 \checkmark$

2. **Induktionsvoraussetzung** $\mathcal{A}(n)$

   $$\exists n \in \mathbb{N} : \sum_{s=1}^{n} (6 \cdot s - 3) = 3 \cdot n^2$$

3. **Induktionsbehauptung** $\mathcal{A}(n + 1)$

   Unter der Voraussetzung, dass die Summenformel

   $$\sum_{s=1}^{n} (6 \cdot s - 3) = 3 \cdot n^2$$

   für ein $n \in \mathbb{N}$ gilt, folgt:

   $$\Longrightarrow \sum_{s=1}^{n+1} (6 \cdot s - 3) = 3 \cdot (n + 1)^2$$

4. **Induktionsschluss** $\mathcal{A}(n) \Longrightarrow \mathcal{A}(n + 1)$

   Am Ende deines Beweises muss die rechte Seite der Summenformel aus der Induktionsbehauptung, also $3 \cdot (n + 1)^2$, herauskommen. Beginne deine Beweisführung mit der linken Seite der Summenformel aus der Induktionsbehauptung:

   $$\sum_{s=1}^{n+1} (6 \cdot s - 3)$$

   Verwende $\mathbf{\Sigma 3}$ mit $f(s) = 6 \cdot s - 3$, um das Summenzeichen aufzuspalten:

   $$= \left(\sum_{s=1}^{n} (6 \cdot s - 3) \right) + 6 \cdot (n + 1) - 3$$

   Verwende die Induktionsvoraussetzung und ersetze so $\sum_{s=1}^{n} (6 \cdot s - 3)$ durch $3 \cdot n^2$:

   $$= \left(3 \cdot n^2 \right) + 6 \cdot (n + 1) - 3$$
   $$= 3 \cdot n^2 + 6 \cdot (n + 1) - 3$$

Klammere den Faktor 3 aus:

$$= 3 \cdot \left(n^2 + 2 \cdot (n+1) - 1\right)$$
$$= 3 \cdot \left(n^2 + 2 \cdot n + 2 - 1\right)$$
$$= 3 \cdot \left(n^2 + 2 \cdot n + 1\right)$$

Wende die erste binomische Formel **B1** mit $a = n$ und $b = 1$ (rückwärts) auf $\left(n^2 + 2 \cdot n + 1\right)$ an:

$$= 3 \cdot (n+1)^2 \checkmark$$

Du hast nun Schritt für Schritt den Ausdruck $\sum_{s=1}^{n+1} (6 \cdot s - 3)$ zu $3 \cdot (n+1)^2$ umgeformt und damit gezeigt, dass die Implikation $\mathcal{A}(n) \implies \mathcal{A}(n+1)$ wahr ist. Da $\mathcal{A}(n_0) = \mathcal{A}(1)$ ebenfalls wahr ist (Induktionsanfang), folgt mit dem Prinzip der vollständigen Induktion, dass die Summenformel $\sum_{s=1}^{n} (6 \cdot s - 3) = 3 \cdot n^2$ für alle $n \in \mathbb{N}$ funktioniert. $\qquad\square$

Lösung Aufgabe 5.6

Beweis 5.6 m ist die Laufvariable des Summenzeichens und n die Induktionsvariable. Es ist zu zeigen:

$$\forall m \in \mathbb{N} : \sum_{m=1}^{n} 0{,}25 \cdot (m+1) = 0{,}125 \cdot (n^2 + 3 \cdot n)$$

1. **Induktionsanfang** $\mathcal{A}(n_0)$
   Da die Behauptung für alle $n \in \mathbb{N}$ bewiesen werden soll, wird $n_0 = 1$ als Startwert gewählt und dieser in beide Seiten der Summenformel eingesetzt. Sind die Ergebnisse gleich, so ist der Induktionsanfang gezeigt:
   a) $\sum_{m=1}^{n_0} 0{,}25 \cdot (m+1) = \sum_{m=1}^{1} 0{,}25 \cdot (m+1) = 0{,}25 \cdot (1+1) = 0{,}25 \cdot 2 = 0{,}5,$
   b) $0{,}125 \cdot (n_0^2 + 3 \cdot n_0) = 0{,}125 \cdot (1^2 + 3 \cdot 1) = 0{,}125 \cdot (1+3) = 0{,}125 \cdot 4 = 0{,}5 \checkmark$

2. **Induktionsvoraussetzung** $\mathcal{A}(n)$

$$\exists n \in \mathbb{N} : \sum_{m=1}^{n} 0{,}25 \cdot (m+1) = 0{,}125 \cdot (n^2 + 3 \cdot n)$$

3. **Induktionsbehauptung** $\mathcal{A}(n+1)$
   Unter der Voraussetzung, dass die Summenformel

$$\sum_{m=1}^{n} 0{,}25 \cdot (m+1) = 0{,}125 \cdot (n^2 + 3 \cdot n)$$

für ein $n \in \mathbb{N}$ gilt, folgt:

$$\Longrightarrow \sum_{m=1}^{n+1} 0{,}25 \cdot (m+1) = 0{,}125 \cdot ((n+1)^2 + 3 \cdot (n+1))$$

4. **Induktionsschluss** $\mathcal{A}(n) \Longrightarrow \mathcal{A}(n+1)$
   Am Ende deines Beweises muss die rechte Seite der Summenformel aus der Induktionsbehauptung, also $0{,}125 \cdot ((n+1)^2 + 3 \cdot (n+1))$, herauskommen. Beginne deine Beweisführung mit der linken Seite der Summenformel aus der Induktionsbehauptung:

$$\sum_{m=1}^{n+1} 0{,}25 \cdot (m+1)$$

Verwende **Σ3** mit $f(m) = 0{,}25 \cdot (m+1)$, um das Summenzeichen aufzuspalten:

$$= \left(\sum_{m=1}^{n} 0{,}25 \cdot (m+1) \right) + 0{,}25 \cdot ((n+1)+1)$$

$$= \left(\sum_{m=1}^{n} 0{,}25 \cdot (m+1) \right) + 0{,}25 \cdot (n+2)$$

Verwende die Induktionsvoraussetzung und ersetze so $\sum_{m=1}^{n} 0{,}25 \cdot (m+1)$ durch $0{,}125 \cdot (n^2 + 3 \cdot n)$:

$$= \left(0{,}125 \cdot (n^2 + 3 \cdot n)\right) + 0{,}25 \cdot (n+2)$$
$$= 0{,}125 \cdot (n^2 + 3 \cdot n) + \underbrace{0{,}25}_{=0{,}125 \cdot 2} \cdot (n+2)$$
$$= 0{,}125 \cdot (n^2 + 3 \cdot n) + 0{,}125 \cdot 2 \cdot (n+2)$$
$$= 0{,}125 \cdot (n^2 + 3 \cdot n + 2 \cdot (n+2))$$
$$= 0{,}125 \cdot (n^2 + 3 \cdot n + 2 \cdot n + 2 \cdot 2)$$
$$= 0{,}125 \cdot (n^2 + 3 \cdot n + 2 \cdot n + \underbrace{4}_{=1+3})$$
$$= 0{,}125 \cdot (n^2 + 3 \cdot n + 2 \cdot n + 1 + 3)$$
$$= 0{,}125 \cdot ((n^2 + 2 \cdot n + 1) + 3 \cdot n + 3)$$

Wende die erste binomische Formel **B1** mit $a = n$ und $y = 1$ (rückwärts) auf $n^2 + 2 \cdot n + 1$ an:

$$= 0{,}125 \cdot ((n+1)^2 + 3 \cdot n + 3)$$

Klammere zum Schluss noch den Faktor 3 bei $3 \cdot n + 3$ aus:

$$= 0{,}125 \cdot ((n + 1)^2 + 3 \cdot (n + 1)) \checkmark$$

Du hast nun Schritt für Schritt den Ausdruck $\sum_{m=1}^{n+1} 0{,}25 \cdot (m + 1)$ zu $0{,}125 \cdot ((n + 1)^2 + 3 \cdot (n + 1))$ umgeformt und damit gezeigt, dass die Implikation $\mathcal{A}(n) \implies \mathcal{A}(n + 1)$ wahr ist. Da $\mathcal{A}(n_0) = \mathcal{A}(1)$ ebenfalls wahr ist (Induktionsanfang), folgt mit dem Prinzip der vollständigen Induktion, dass die Summenformel $\sum_{m=1}^{n} 0{,}25 \cdot (m + 1) = 0{,}125 \cdot (n^2 + 3 \cdot n)$ für alle $n \in \mathbb{N}$ funktioniert. □

Lösung Aufgabe 5.7 Zuerst wird die Summe mithilfe des Summenzeichens ausgedrückt und dann eine Summenformel formuliert. Der Name der Laufvariable kann beliebig gewählt werden (aus Gewohnheitsgründen in diesem Fall wieder k). Aus dem letzten Summanden kann die Bildungsfunktion $f(k)$ dieser Formel abgelesen werden. Hierfür muss lediglich im letzten Summanden n durch die Laufvariable k ersetzt und der entstandene Ausdruck als Funktion bezüglich der Laufvariable k definiert werden. Es ist also $f(k) = 4 \cdot k - 3$. Den ersten Summanden (1) erhältst du durch Einsetzen von $k = 1$ in $f(k)$. Der Startwert für das Summenzeichen ist demnach $k_0 = 1$. Da du aus dem letzten Summanden $f(k)$ hergeleitet und bereits erkannt hast, dass n der Endwert ist, erübrigt sich die Frage nach dem letzten einzusetzenden Wert. Mit diesen Informationen ergibt sich:

$$1 + 5 + 9 + 13 + 17 + \ldots + (4 \cdot n - 3) = \sum_{k=1}^{n} 4 \cdot k - 3$$

In der Aufgabe wird behauptet, dass diese Summe für alle natürlichen Zahlen auch direkt durch den Ausdruck $2 \cdot n \cdot (n - 0{,}5)$ berechnet werden kann. Es ist also zu zeigen:

$$\forall n \in \mathbb{N} : \sum_{k=1}^{n} 4 \cdot k - 3 = 2 \cdot n \cdot (n - 0{,}5)$$

Beweis 5.7 k ist die Laufvariable des Summenzeichens und n die Induktionsvariable.

1. **Induktionsanfang** $\mathcal{A}(n_0)$
   Da die Behauptung für alle natürlichen Zahlen bewiesen werden soll, wird $n_0 = 1$ als Startwert gewählt und dieser in beide Seiten der Summenformel eingesetzt:
   a) $\sum_{k=1}^{n_0} 4 \cdot k - 3 = \sum_{k=1}^{1} 4 \cdot k - 3 = 4 \cdot 1 - 3 = 4 - 3 = 1$,
   b) $2 \cdot n_0 \cdot (n_0 - 0{,}5) = 2 \cdot 1 \cdot (1 - 0{,}5) = 2 \cdot 0{,}5 = 1 \checkmark$
   Da die Ergebnisse gleich sind, ist der Induktionsanfang gezeigt.

2. **Induktionsvoraussetzung** $\mathcal{A}(n)$

Es existiert (mindestens) ein $n \in \mathbb{N}$, für welches die Summe $\sum_{k=1}^{n} 4 \cdot k - 3$ durch den Ausdruck $2 \cdot n \cdot (n - 0{,}5)$ berechnet werden kann. Formal bedeutet das:

$$\exists n \in \mathbb{N} : \sum_{k=1}^{n} 4 \cdot k - 3 = 2 \cdot n \cdot (n - 0{,}5)$$

3. **Induktionsbehauptung** $\mathcal{A}(n + 1)$

Unter der Voraussetzung, dass die Summe $\sum_{k=1}^{n} 4 \cdot k - 3$ für ein $n \in \mathbb{N}$ durch den Ausdruck $2 \cdot n \cdot (n - 0{,}5)$ berechnet werden kann, folgt:

$$\Longrightarrow \sum_{k=1}^{n+1} 4 \cdot k - 3 = 2 \cdot (n + 1) \cdot ((n + 1) - 0{,}5)$$

4. **Induktionsschluss** $\mathcal{A}(n) \Longrightarrow \mathcal{A}(n + 1)$

Am Ende deines Beweises muss die rechte Seite der Summenformel aus der Induktionsbehauptung, also $2 \cdot (n + 1) \cdot ((n + 1) - 0{,}5)$, herauskommen. Beginne deine Beweisführung mit der linken Seite der Summenformel aus der Induktionsbehauptung:

$$\sum_{k=1}^{n+1} 4 \cdot k - 3$$

Verwende $\Sigma 3$ mit $f(k) = 4 \cdot k - 3$, um das Summenzeichen aufzuspalten:

$$= \left(\sum_{k=1}^{n} 4 \cdot k - 3 \right) + 4 \cdot (n + 1) - 3$$

Verwende die Induktionsvoraussetzung und ersetze so $\sum_{k=1}^{n} 4 \cdot k - 3$ durch $2 \cdot n \cdot (n - 0{,}5)$:

$$
\begin{aligned}
&= (2 \cdot n \cdot (n - 0{,}5)) + 4 \cdot (n + 1) - 3 \\
&= 2 \cdot n \cdot (n - 0{,}5) + 4 \cdot (n + 1) - 3 \\
&= 2 \cdot n \cdot (n - 0{,}5) + 4 \cdot n + 4 - 3 \\
&= 2 \cdot n \cdot (n - 0{,}5) + 4 \cdot n + 1
\end{aligned}
$$

Klammere den Faktor 2 aus und multipliziere im anschließend entstandenen Ausdruck $n \cdot (n - 0{,}5)$ aus:

$$
\begin{aligned}
&= 2 \cdot (n \cdot (n - 0{,}5) + 2 \cdot n + 0{,}5) \\
&= 2 \cdot \left(n^2 - 0{,}5 \cdot n + 2 \cdot n + 0{,}5 \right) \\
&= 2 \cdot \left(n^2 + 1{,}5 \cdot n + 0{,}5 \right) \\
&= 2 \cdot (n + 1) \cdot (n + 0{,}5)
\end{aligned}
$$

Im letzten Umformungsschritt musste eine sogenannte *Linearfaktorzerlegung* durchgeführt werden. Dies erreicht man z. B. durch eine *Polynomdivision*. Doch wieso wurde überhaupt eine Linearfaktorzerlegung ermittelt? Der Grund dafür ist (natürlich), dass du den Beweis abschließen kannst und am Ende auf $2 \cdot (n + 1) \cdot ((n + 1) - 0{,}5)$ kommst. Dieser Schritt ist allerdings nicht unbedingt klar, wenn du bisher nur wenige „Erfahrungspunkte" beim Beweisen von Summenformeln sammeln konntest. Im Prinzip läuft es auf einen Strukturvergleich hinaus, d. h., du betrachtest den aktuell gegebenen Ausdruck und den, zu dem du gelangen möchtest. Dann siehst du, dass $(n + 1)$ in der rechten Seite der Summenformel aus der Induktionsbehauptung auftaucht. Es schadet also nicht, diesen Schritt zu gehen. Ein Rezept dafür, wann welche Umformung angewendet werden muss, gibt es (leider) nicht. Deshalb gilt: *Übung macht den Meister*!

Der zweite Faktor $(n + 0{,}5)$ in der aktuellen Version entspricht aber immer noch nicht dem zweiten Faktor im Endergebnis. Addierst du jedoch mit dem *cleveren Trick* (Satz 4.11) 0 in Form von $1 - 1$ zu $n + 0{,}5$, kannst du dem Beweis ein Ende setzen:

$$
\begin{aligned}
&= 2 \cdot (n + 1) \cdot (n + 0{,}5 + 1 - 1) \\
&= 2 \cdot (n + 1) \cdot (n + 1 + 0{,}5 - 1) \\
&= 2 \cdot (n + 1) \cdot ((n + 1) + 0{,}5 - 1) \\
&= 2 \cdot (n + 1) \cdot ((n + 1) - 0{,}5) \checkmark
\end{aligned}
$$

Du hast Schritt für Schritt den Ausdruck $\sum_{k=1}^{n+1} 4 \cdot k - 3$ zu $2 \cdot (n + 1) \cdot ((n + 1) - 0{,}5)$ umgeformt und damit gezeigt, dass die Implikation $\mathcal{A}(n) \implies \mathcal{A}(n + 1)$ wahr ist. Da $\mathcal{A}(n_0) = \mathcal{A}(1)$ ebenfalls wahr ist (Induktionsanfang), folgt mit dem Prinzip der vollständigen Induktion, dass die Summenformel $\sum_{k=1}^{n} 4 \cdot k - 3 = 2 \cdot n \cdot (n - 0{,}5)$ für alle $n \in \mathbb{N}$ funktioniert. $\qquad\square$

Lösung Aufgabe 5.8 Es ist zu zeigen:

$$
\forall n \in \mathbb{N} : \sum_{m=1}^{n} 0{,}5 \cdot m \cdot 2^m = 2^n \cdot (n - 1) + 1
$$

Beweis 5.8 m ist die Laufvariable des Summenzeichens und n die Induktionsvariable.

1. **Induktionsanfang** $\mathcal{A}(n_0)$
   Da die Behauptung für alle natürlichen Zahlen bewiesen werden soll, wird $n_0 = 1$ als Startwert gewählt und dieser in beide Seiten der Summenformel eingesetzt:
   (a) $\sum_{m=1}^{n_0} 0{,}5 \cdot m \cdot 2^m = \sum_{m=1}^{1} 0{,}5 \cdot m \cdot 2^m = 0{,}5 \cdot 1 \cdot 2^1 = 0{,}5 \cdot 2 = 1,$
   (b) $2^{n_0} \cdot (n_0 - 1) + 1 = 2^1 \cdot (1 - 1) + 1 = 2 \cdot 0 + 1 = 0 + 1 = 1 \checkmark$

2. **Induktionsvoraussetzung** $\mathcal{A}(n)$

Es existiert (mindestens) ein $n \in \mathbb{N}$, für welches die Summe $\sum_{m=1}^{n} 0{,}5 \cdot m \cdot 2^m$ durch den Ausdruck $2^n \cdot (n-1) + 1$ berechnet werden kann. Formal bedeutet das:

$$\exists n \in \mathbb{N} : \sum_{m=1}^{n} 0{,}5 \cdot m \cdot 2^m = 2^n \cdot (n-1) + 1$$

3. **Induktionsbehauptung** $\mathcal{A}(n+1)$

Unter der Voraussetzung, dass die Summe $\sum_{m=1}^{n} 0{,}5 \cdot m \cdot 2^m$ für ein $n \in \mathbb{N}$ durch den Ausdruck $2^n \cdot (n-1) + 1$ berechnet werden kann, folgt:

$$\implies \sum_{m=1}^{n+1} 0{,}5 \cdot m \cdot 2^m = 2^{n+1} \cdot ((n+1) - 1) + 1$$

4. **Induktionsschluss** $\mathcal{A}(n) \implies \mathcal{A}(n+1)$

Am Ende deines Beweises muss die rechte Seite der Summenformel aus der Induktionsbehauptung, also $2^{n+1} \cdot ((n+1) - 1) + 1$, herauskommen. Beginne deine Beweisführung mit der linken Seite der Summenformel aus der Induktionsbehauptung:

$$\sum_{m=1}^{n+1} 0{,}5 \cdot m \cdot 2^m$$

Verwende **Σ3** mit $f(m) = 0{,}5 \cdot m \cdot 2^m$, um das Summenzeichen aufzuspalten:

$$= \left(\sum_{m=1}^{n} 0{,}5 \cdot m \cdot 2^m \right) + 0{,}5 \cdot (n+1) \cdot 2^{n+1}$$

Verwende die Induktionsvoraussetzung und ersetze so $\sum_{m=1}^{n} 0{,}5 \cdot m \cdot 2^m$ durch $2^n \cdot (n-1) + 1$:

$$= (2^n \cdot (n-1) + 1) + 0{,}5 \cdot (n+1) \cdot 2^{n+1}$$
$$= 2^n \cdot (n-1) + 1 + 0{,}5 \cdot (n+1) \cdot 2^{n+1}$$
$$= 2^n \cdot (n-1) + 0{,}5 \cdot (n+1) \cdot 2^{n+1} + 1$$

Wende **P2** mit $a = 2$, $x = n$ und $y = 1$ (rückwärts) auf 2^{n+1} an:

$$= 2^n \cdot (n-1) + 0{,}5 \cdot (n+1) \cdot 2 \cdot 2^n + 1$$
$$= 2^n \cdot (n-1) + 0{,}5 \cdot 2 \cdot (n+1) \cdot 2^n + 1$$
$$= 2^n \cdot (n-1) + (n+1) \cdot 2^n + 1$$
$$= 2^n \cdot (n-1+n+1) + 1$$
$$= 2^n \cdot (2 \cdot n - 1 + 1) + 1$$
$$= 2^n \cdot (2 \cdot n) + 1$$
$$= 2^n \cdot 2 \cdot n + 1$$

Wende **P2** mit $a = 2$, $x = n$ und $y = 1$ auf $2^n \cdot 2$ an:

$$= 2^{n+1} \cdot n + 1$$
$$= 2^{n+1} \cdot (n + 1 - 1) + 1$$
$$= 2^{n+1} \cdot ((n + 1) - 1) + 1 \checkmark$$

Du hast Schritt für Schritt den Ausdruck $\sum_{m=1}^{n+1} 0{,}5 \cdot m \cdot 2^m$ zu $2^{n+1} \cdot ((n + 1) - 1) + 1$ umgeformt und damit gezeigt, dass die Implikation $\mathcal{A}(n) \implies \mathcal{A}(n + 1)$ wahr ist. Da $\mathcal{A}(n_0) = \mathcal{A}(1)$ ebenfalls wahr ist (Induktionsanfang), folgt mit dem Prinzip der vollständigen Induktion, dass die Summenformel $\sum_{m=1}^{n} 0{,}5 \cdot m \cdot 2^m = 2^n \cdot (n - 1) + 1$ für alle $n \in \mathbb{N}$ funktioniert. $\square$

Lösung Aufgabe 5.9 Hinter dem Aufgabentext steht die Behauptung, dass die Gleichung $\sum_{k=3}^{n} k = p(n)$ mit $p(n) = 0{,}5 \cdot (n^2 + n - 6)$ für alle $n \in \mathbb{N}_{\geq 3}$ erfüllt ist. Es ist also zu zeigen:

$$\forall n \in \mathbb{N}_{\geq 3} : \sum_{k=3}^{n} k = p(n)$$

Beweis 5.9 k ist die Laufvariable des Summenzeichens und n die Induktionsvariable.

1. **Induktionsanfang** $\mathcal{A}(n_0)$
   Da die Behauptung so formuliert wurde, dass sie erst ab den natürlichen Zahlen größer als oder gleich 3 gilt, wird $n_0 = 3$ als Startwert gewählt und dieser sowohl in das Summenzeichen, als auch in die Funktion $p(n)$ eingesetzt. Das Ziel ist es zu überprüfen, ob in beiden Fällen dasselbe Ergebnis herauskommt:
   a) $\sum_{k=3}^{n_0} k = \sum_{k=3}^{3} k = 3$,
   b) $p(n_0) = p(3) = 0{,}5 \cdot (3^2 + 3 - 6) = 0{,}5 \cdot (9 + 3 - 6) = 0{,}5 \cdot 6 = 3 \checkmark$
   Da die Werte des Summenzeichens und der Funktion $p(n)$ identisch sind, ist der Induktionsanfang gezeigt.

2. **Induktionsvoraussetzung** $\mathcal{A}(n)$
   Es existiert (mindestens) ein $n \in \mathbb{N}_{\geq 3}$, für welches die Summe $\sum_{k=3}^{n} k$ durch die Funktion $p(n) = 0{,}5 \cdot (n^2 + n - 6)$ berechnet werden kann. Formal bedeutet das:

$$\exists n \in \mathbb{N}_{\geq 3} : \sum_{k=3}^{n} k = p(n)$$

3. **Induktionsbehauptung** $\mathcal{A}(n + 1)$
   Unter der Voraussetzung, dass die Summe $\sum_{k=3}^{n} k$ für ein $n \geq 3$ durch die Funktion $p(n) = 0{,}5 \cdot (n^2 + n - 6)$ berechnet werden kann, folgt:

$$\implies \sum_{k=3}^{n+1} k = p(n + 1)$$

4. **Induktionsschluss** $\mathcal{A}(n) \implies \mathcal{A}(n+1)$

Am Ende deines Beweises muss die rechte Seite der Summenformel in der Induktionsbehauptung, also $p(n+1) = 0,5 \cdot ((n+1)^2 + (n+1) - 6)$, herauskommen. Beginne
deine Beweisführung mit der linken Seite der Summenformel aus der Induktionsbehauptung:

$$\sum_{k=3}^{n+1} k$$

Verwende **Σ3** mit $f(k) = k$, um das Summenzeichen aufzuspalten:

$$= \left(\sum_{k=3}^{n} k \right) + n + 1$$

Verwende die Induktionsvoraussetzung und ersetze so $\sum_{k=3}^{n} k$ durch $p(n)$:

$$= (p(n)) + n + 1$$
$$= \left(0,5 \cdot (n^2 + n - 6) \right) + n + 1$$
$$= 0,5 \cdot (n^2 + n - 6) + n + 1$$

Du musst nun weiter umformen, bis du $0,5 \cdot ((n+1)^2 + (n+1) - 6)$ erhältst, da
dies $p(n+1)$ entspricht. Ziehe hierfür $n+1$ in die Klammer. Vergiss dabei nicht die
Multiplikation des Faktors $(n+1)$ mit 2, denn $0,5 \cdot 2 \cdot (n+1) = (n+1)$:

$$= 0,5 \cdot (n^2 + n - 6) + 2 \cdot 0,5 \cdot (n+1)$$
$$= 0,5 \cdot (n^2 + n - 6 + 2 \cdot (n+1))$$
$$= 0,5 \cdot (n^2 + n - 6 + 2 \cdot n + 2)$$

Verwende das Kommutativgesetz **R2**, um die Summanden folgendermaßen aufzuschreiben:

$$= 0,5 \cdot (n^2 + 2 \cdot n + 2 + n - 6)$$
$$= 0,5 \cdot ((n^2 + 2 \cdot n + 1) + 1 + n - 6)$$

Wende die erste binomische Formel **B1** mit $a = n$ und $b = 1$ (rückwärts) auf
$(n^2 + 2 \cdot n + 1)$ an:

$$= 0,5 \cdot ((n+1)^2 + 1 + n - 6)$$
$$= 0,5 \cdot ((n+1)^2 + (n+1) - 6)$$
$$= p(n+1) \checkmark$$

Du hast Schritt für Schritt den Ausdruck $\sum_{k=3}^{n} k$ so umgeformt, dass $p(n+1)$ herauskommt. Dadurch ist die Implikation $\mathcal{A}(n) \implies \mathcal{A}(n+1)$ wahr. Da $\mathcal{A}(n_0) = \mathcal{A}(3)$ ebenfalls wahr ist (Induktionsanfang), folgt mit dem Prinzip der vollständigen Induktion, dass die Summe $\sum_{k=3}^{n} k$ für alle $n \in \mathbb{N}_{\geq 3}$ durch die Funktion $p(n) = 0{,}5 \cdot (n^2 + n - 6)$ berechnet werden kann. $\qquad\square$

Lösung Aufgabe 5.10 Die zu beweisende Behauptung lässt sich mathematisch wie folgt formulieren:

$$\forall n \in \mathbb{N} : \sum_{k=0}^{n} (-1)^k \cdot \binom{n}{k} = 0$$

Du bist (wie im Aufgabentext erwähnt) nicht an einen Induktionsbeweis gebunden. Für den Fall, dass du diesen Weg doch einschlagen willst, wurde dir als treuer Begleiter die Identität

$$\sum_{k=0}^{n} (-1)^k \cdot \binom{n}{k-1} = (-1)^n$$

an die Seite gestellt. Er wird dir jedoch nur auf einem der beiden Beweiswege folgen, während *du* hingegen die Chance hast, beide zu beschreiten.

Beweis 5.10 (Mit vollständiger Induktion) Zuerst der weitaus längere und beschwerlichere Beweis. Dabei ist k die Laufvariable des Summenzeichens und n die Induktionsvariable.

1. **Induktionsanfang $\mathcal{A}(n_0)$**
   Als Startwert wird $n_0 = 1$ gewählt und dieser in die Summenformel eingesetzt. Wenn als Ergebnis 0 herauskommt, dann ist der Induktionsanfang gezeigt. Achte darauf, dass n nicht nur als Endwert des Summenzeichens, sondern auch im Binomialkoeffizienten auftaucht. n_0 muss in alle vorkommenden n der Summenformel eingesetzt werden:

   $$\sum_{k=0}^{n_0} (-1)^k \cdot \binom{n_0}{k} = \sum_{k=0}^{1} (-1)^k \cdot \binom{1}{k} = (-1)^0 \cdot \binom{1}{0} + (-1)^1 \cdot \binom{1}{1}$$
   $$= 1 \cdot 1 + (-1) \cdot 1 = 1 - 1 = 0 \checkmark$$

2. **Induktionsvoraussetzung $\mathcal{A}(n)$**
   Es existiert (mindestens) ein $n \in \mathbb{N}$, für das die Summe $\sum_{k=0}^{n} (-1)^k \cdot \binom{n}{k}$ den Wert 0 ergibt. Formal bedeutet das:

   $$\exists n \in \mathbb{N} : \sum_{k=0}^{n} (-1)^k \cdot \binom{n}{k} = 0$$

3. **Induktionsbehauptung** $\mathcal{A}(n+1)$

Unter der Voraussetzung, dass die Summe $\sum_{k=0}^{n} (-1)^k \cdot \binom{n}{k}$ für ein $n \in \mathbb{N}$ den Wert 0 ergibt, gilt:

$$\Longrightarrow \sum_{k=0}^{n+1} (-1)^k \cdot \binom{n+1}{k}$$

4. **Induktionsschluss** $\mathcal{A}(n) \Longrightarrow \mathcal{A}(n+1)$

Am Ende deines Beweises musst du $\sum_{k=0}^{n+1} (-1)^k \cdot \binom{n+1}{k}$ so umgeformt haben, dass klar erkennbar der Wert 0 herauskommt:

$$\sum_{k=0}^{n+1} (-1)^k \cdot \binom{n+1}{k}$$

Verwende $\mathbf{\Sigma 3}$ mit $f(k) = (-1)^k \cdot \binom{n+1}{k}$, um das Summenzeichen aufzuspalten:

$$= \left(\sum_{k=0}^{n} (-1)^k \cdot \binom{n+1}{k} \right) + (-1)^{n+1} \cdot \underbrace{\binom{n+1}{n+1}}_{=1}$$

$$= \left(\sum_{k=0}^{n} (-1)^k \cdot \binom{n+1}{k} \right) + (-1)^{n+1}$$

Achte darauf, dass du tatsächlich nur die Laufvariable k beim Aufspalten der Summe berücksichtigst und nicht das im Binomialkoeffizienten auftauchende $n+1$ durch $(n+1)+1$ ersetzt. Lasse dich nicht täuschen: Die Induktionsvoraussetzung ist hier noch nicht anwendbar, da im Binomialkoeffizienten immer noch $n+1$ statt n steht. Wende Regel $\mathbf{B9}$ auf $\binom{n+1}{k}$ an:

$$= \left(\sum_{k=0}^{n} (-1)^k \cdot \left[\binom{n}{k} + \binom{n}{k-1} \right] \right) + (-1)^{n+1}$$

$$= \left(\sum_{k=0}^{n} (-1)^k \cdot \binom{n}{k} + (-1)^k \cdot \binom{n}{k-1} \right) + (-1)^{n+1}$$

Wende $\mathbf{\Sigma 1}$ (Zusammenfassen von Summenzeichen) mit $f(k) = (-1)^k \cdot \binom{n}{k}$ und $g(k) = (-1)^k \cdot \binom{n}{k-1}$ (rückwärts) auf das Summenzeichen an:

$$= \left(\sum_{k=0}^{n} (-1)^k \cdot \binom{n}{k} \right) + \left(\sum_{k=0}^{n} (-1)^k \cdot \binom{n}{k-1} \right) + (-1)^{n+1}$$

Nun kannst du die Induktionsvoraussetzung verwenden, nach der die Summe $\sum_{k=0}^{n}$ $(-1)^k \cdot \binom{n}{k}$ den Wert 0 ergibt:

$$= 0 + \left(\sum_{k=0}^{n} (-1)^k \cdot \binom{n}{k-1} \right) + (-1)^{n+1}$$

$$= \left(\sum_{k=0}^{n} (-1)^k \cdot \binom{n}{k-1} \right) + (-1)^{n+1}$$

Nun wirst du die Hilfe deines treuen (bislang stummen) Begleiters $\sum_{k=0}^{n} (-1)^k \cdot \binom{n}{k-1}$ $= (-1)^n$ benötigen. Diesen wendest du auf das verbliebene Summenzeichen innerhalb der Klammern an und erhältst:

$$= (-1)^n + (-1)^{n+1}$$

Wende das Potenzgesetz **P2** mit $a = -1$, $x = n$ und $y = 1$ (rückwärts) auf $(-1)^{n+1}$ an:

$$= (-1)^n + (-1) \cdot (-1)^n = 0 \checkmark \qquad \qquad \square$$

Du hast jetzt zwar die Behauptung mit vollständiger Induktion bewiesen, doch so richtig erfüllend fühlt sich dieser Erfolg nicht an, oder? Schließlich hättest du ohne deinen treuen Begleiter ziemlich zu knabbern gehabt. Deshalb folgt nun der *elegante Weg* mit dem *binomischen Lehrsatz*:

Beweis 5.11 (Mit dem binomischen Lehrsatz) Der binomische Lehrsatz, für den du bereits in Abschn. 3.1 einen Beweis gesehen hast, hilft dir hier, die Behauptung

$$\forall n \in \mathbb{N} : \sum_{k=0}^{n} (-1)^k \cdot \binom{n}{k} = 0$$

ohne vollständige Induktion zu beweisen. Dieses Statement ist nämlich eine direkte Folgerung aus dem *binomischen Lehrsatz*. Wähle $a = 1$ und $b = -a = -1$:

$$(1-1)^n = \sum_{k=0}^{n} \binom{n}{k} \cdot 1^{n-k} \cdot (-1)^k$$

$$\iff 0^n = \sum_{k=0}^{n} \binom{n}{k} \cdot 1^{n-k} \cdot (-1)^k$$

$$\iff 0 = \sum_{k=0}^{n} \binom{n}{k} \cdot 1^{n-k} \cdot (-1)^k$$

Der Ausdruck 1^{n-k} wird (unabhängig davon, welche natürlichen Zahlen n und k eingesetzt werden) immer den Wert 1 besitzen:

$$\Longleftrightarrow 0 = \sum_{k=0}^{n} \binom{n}{k} \cdot 1 \cdot (-1)^k$$

$$\Longleftrightarrow 0 = \sum_{k=0}^{n} \binom{n}{k} \cdot (-1)^k$$

$$\Longleftrightarrow 0 = \sum_{k=0}^{n} (-1)^k \cdot \binom{n}{k}$$

$$\Longleftrightarrow \sum_{k=0}^{n} (-1)^k \cdot \binom{n}{k} = 0 \checkmark$$

Du hast nun durch einen *direkten Beweis* bzw. Betrachten eines Spezialfalls des *binomischen Lehrsatzes* gezeigt, dass die Behauptung stimmt. Diese Aufgabe ist ein erneuter Beweis dafür, dass *vollständige Induktion nicht alles ist* und manchmal mehr Arbeit als Nutzen bringt. □

Lösung Aufgabe 5.11 Es ist zu zeigen:

$$\forall k \in \mathbb{N} : \sum_{n=1}^{k} 2^{n-1} = 2^k - 1$$

Beweis 5.12 n ist die Laufvariable des Summenzeichens und k die Induktionsvariable (das ist kein Tippfehler, sondern zu Übungszwecken bewusst getauscht worden).

1. **Induktionsanfang** $\mathcal{A}(k_0)$
   Da die Behauptung für alle natürlichen Zahlen bewiesen werden soll, wird $k_0 = 1$ als Startwert gewählt und dieser in beide Seiten der Summenformel eingesetzt. Sind die Ergebnisse gleich, so ist der Induktionsanfang gezeigt:
   a) $\sum_{n=1}^{k_0} 2^{n-1} = \sum_{n=1}^{1} 2^{n-1} = 2^{1-1} = 2^0 = 1$,
   b) $2^{k_0} - 1 = 2^1 - 1 = 2 - 1 = 1 \checkmark$
2. **Induktionsvoraussetzung** $\mathcal{A}(k)$
   Es existiert (mindestens) eine natürliche Zahl k, für welche die Summe $\sum_{n=1}^{k} 2^{n-1}$ durch den Ausdruck $2^k - 1$ berechnet werden kann. Formal bedeutet das:

$$\exists k \in \mathbb{N} : \sum_{n=1}^{k} 2^{n-1} = 2^k - 1$$

3. **Induktionsbehauptung** $\mathcal{A}(k+1)$

Unter der Voraussetzung, dass die Summe $\sum_{n=1}^{k} 2^{n-1}$ für ein $k \in \mathbb{N}$ durch den Ausdruck $2^k - 1$ berechnet werden kann, folgt:

$$\Longrightarrow \sum_{n=1}^{k+1} 2^{n-1} = 2^{k+1} - 1$$

4. **Induktionsschluss** $\mathcal{A}(k) \Longrightarrow \mathcal{A}(k+1)$

Am Ende deines Beweises muss die rechte Seite der Summenformel aus der Induktionsbehauptung, also $2^{k+1} - 1$, herauskommen. Beginne deine Beweisführung mit der linken Seite der Summenformel aus der Induktionsbehauptung:

$$\sum_{n=1}^{k+1} 2^{n-1}$$

Verwende **Σ3** mit $f(n) = 2^{n-1}$, um das Summenzeichen aufzuspalten:

$$= \left(\sum_{n=1}^{k} 2^{n-1} \right) + 2^{(k+1)-1}$$

$$= \left(\sum_{n=1}^{k} 2^{n-1} \right) + 2^{k}$$

Verwende die Induktionsvoraussetzung und ersetze so $\sum_{n=1}^{k} 2^{n-1}$ durch $2^k - 1$:

$$= \left(2^k - 1 \right) + 2^k$$
$$= 2^k - 1 + 2^k$$
$$= 2^k + 2^k - 1$$
$$= 2^k \cdot 2 - 1$$

Wende das Potenzgesetz **P2** mit $a = 2$, $x = k$ und $y = 1$ auf $2 \cdot 2^k$ an:

$$= 2^{k+1} - 1 \checkmark$$

Du hast nun Schritt für Schritt den Ausdruck $\sum_{n=1}^{k+1} 2^{n-1}$ zu $2^{k+1} - 1$ umgeformt und damit gezeigt, dass die Implikation $\mathcal{A}(k) \Longrightarrow \mathcal{A}(k+1)$ wahr ist. Da $\mathcal{A}(k_0) = \mathcal{A}(1)$ ebenfalls wahr ist (Induktionsanfang), folgt mit dem Prinzip der vollständigen Induktion, dass die Summenformel $\sum_{n=1}^{k} 2^{n-1} = 2^k - 1$ für alle $k \in \mathbb{N}$ funktioniert. $\qquad\Box$

Lösung Aufgabe 5.12 Zuerst muss ein geeigneter Startwert gefunden werden, ab dem die Summenformel

$$\sum_{k=0}^{m-5} 2 \cdot k + 1 = (m-4)^2$$

erfüllt ist. Setzt du für m einen Wert kleiner als 5 ein, dann ist der Start- größer als der Endwert, was der leeren Summe ($\Sigma 6$) und somit dem Wert 0 entspricht. Für $m' = 4$ würde die Summenformel sogar zufällig erfüllt sein:

1. $\displaystyle\sum_{k=0}^{m'-5} 2 \cdot k + 1 = \sum_{k=0}^{4-5} 2 \cdot k + 1 = \sum_{k=0}^{-1} 2 \cdot k + 1 = 0,$
2. $(m' - 4)^2 = (4 - 4)^2 = 0^2 = 0 \checkmark$

Auf die leere Summe zurückgreifen zu müssen ist aber *kein guter Stil*. Der Wert $m_0 = 5$ erfüllt (auch ohne leere Summe) die Summenformel:

1. $\displaystyle\sum_{k=0}^{m_0-5} 2 \cdot k + 1 = \sum_{k=0}^{5-5} 2 \cdot k + 1 = \sum_{k=0}^{0} 2 \cdot k + 1 = 2 \cdot 0 + 1 = 0 + 1 = 1,$
2. $(m_0 - 4)^2 = (5 - 4)^2 = 1^2 = 1 \checkmark$

Sicherheitshalber kannst (und solltest) du durch einen Test für den Nachfolger prüfen, ob $m_0 = 5$ ein geeigneter Startwert ist. Wähle also $m_0' = m_0 + 1 = 6$:

1. $\displaystyle\sum_{k=0}^{m_0'-5} 2 \cdot k + 1 = \sum_{k=0}^{6-5} 2 \cdot k + 1 = \sum_{k=0}^{1} 2 \cdot k + 1 = 2 \cdot 0 + 1 + 2 \cdot 1 + 1 = 0 + 1 + 2 + 1 = 4,$
2. $(m_0' - 4)^2 = (6 - 4)^2 = 2^2 = 4 \checkmark$

$m_0 = 5$ scheint demnach ein geeigneter Startwert zu sein. Um das *übliche Induktionsschema* (mit einem nicht als Differenz vorliegenden Endwert) anwenden zu können, kannst du eine Indexverschiebung gemäß $\Sigma 5$ mit $f(k) = 2 \cdot k + 1$ um den Faktor $\Delta = 5$ vornehmen:

$$\sum_{k=0}^{m-5} 2 \cdot k + 1 = \sum_{k=0+\Delta}^{m+\Delta-5} 2 \cdot (k - \Delta) + 1 = \sum_{k=0+5}^{m+5-5} 2 \cdot (k - 5) + 1 = \sum_{k=5}^{m} 2 \cdot (k - 5) + 1$$

An dem Startwert $m_0 = 5$ ändert das allerdings nichts, denn für den Fall $m < 5$ ist der Endwert immer noch kleiner als der Startwert. Folglich ist zu zeigen:

$$\forall n \in \mathbb{N}_{\geq 5} : \sum_{k=5}^{m} 2 \cdot (k - 5) + 1 = (m - 4)^2$$

Beweis 5.13 k ist die Laufvariable des Summenzeichens und n die Induktionsvariable.

1. **Induktionsanfang** $\mathcal{A}(m_0)$

   Als Startwert wird (wie bereits begründet) $m_0 = 5$ gewählt und dieser in beide Seiten der Summenformel eingesetzt. Da du zwischenzeitlich eine Indexverschiebung um $\Delta = 5$ vorgenommen hast, wird der Induktionsanfang erneut für die modifizierte Summenformel gezeigt:

   a) $\displaystyle\sum_{k=5}^{m_0} 2 \cdot (k - 5) + 1 = \sum_{k=5}^{5} 2 \cdot (k - 5) + 1 = 2 \cdot (5-5) + 1 = 2 \cdot 0 + 1 = 0 + 1 = 1,$

   b) $(m_0 - 4)^2 = (5 - 4)^2 = 1^2 = 1 \checkmark$

2. **Induktionsvoraussetzung** $\mathcal{A}(m)$

   Es existiert (mindestens) eine natürliche Zahl $m \geq 5$, für welche die Summe $\sum_{k=5}^{m} 2 \cdot (k - 5) + 1$ durch den Ausdruck $(m - 4)^2$ berechnet werden kann. Formal bedeutet das:

   $$\exists m \in \mathbb{N}_{\geq 5} : \sum_{k=5}^{m} 2 \cdot (k - 5) + 1 = (m - 4)^2$$

3. **Induktionsbehauptung** $\mathcal{A}(m + 1)$

   Unter der Voraussetzung, dass die Summe $\sum_{k=5}^{m} 2 \cdot (k - 5) + 1 = (m - 4)^2$ für ein $m \in \mathbb{N}_{\geq 5}$ durch den Ausdruck $(m - 4)^2$ berechnet werden kann, folgt:

   $$\implies \sum_{k=5}^{m+1} 2 \cdot (k - 5) + 1 = ((m + 1) - 4)^2$$

4. **Induktionsschluss** $\mathcal{A}(m) \implies \mathcal{A}(m + 1)$

   Am Ende deines Beweises muss die rechte Seite der Summenformel aus der Induktionsbehauptung, also $((m + 1) - 4)^2$, herauskommen. Beginne deine Beweisführung mit der linken Seite der Summenformel aus der Induktionsbehauptung:

   $$\sum_{k=5}^{m+1} 2 \cdot (k - 5) + 1$$

   Verwende $\Sigma 3$ mit $f(m) = 2 \cdot (k - 5) + 1$, um das Summenzeichen aufzuspalten:

   $$= \left(\sum_{k=5}^{m} 2 \cdot (k - 5) + 1 \right) + 2 \cdot ((m + 1) - 5) + 1$$

   $$= \left(\sum_{k=5}^{m} 2 \cdot (k - 5) + 1 \right) + 2 \cdot (m - 4) + 1$$

Verwende die Induktionsvoraussetzung und ersetze so $\sum_{k=5}^{m} 2 \cdot (k-5) + 1$ durch $(m-4)^2$:

$$= \left((m-4)^2\right) + 2 \cdot (m-4) + 1$$
$$= (m-4)^2 + 2 \cdot (m-4) + 1$$
$$= (m-4)^2 + 2 \cdot m - 2 \cdot 4 + 1$$
$$= (m-4)^2 + 2 \cdot m - 8 + 1$$
$$= (m-4)^2 + 2 \cdot m - 7$$

Wende die zweite binomische Formel **B2** mit $a = m$ und $b = 4$ auf $(m-4)^2$ an:

$$= m^2 - 2 \cdot m \cdot 4 + 4^2 + 2 \cdot m - 7$$
$$= m^2 - 8 \cdot m + 16 + 2 \cdot m - 7$$
$$= m^2 - 8 \cdot m + 2 \cdot m + 16 - 7$$
$$= m^2 - 6 \cdot m + 9$$

Wende auf den neu entstandenen Ausdruck $m^2 - 6 \cdot m + 9$ erneut die zweite binomische Formel **B2** mit $a = m$ und $b = 3$ (diesmal rückwärts) an:

$$= (m-3)^2$$

Nutze den *cleveren Trick* (Satz 4.11) und addiere 0 (in Form von $1 - 1$) zu dem eingeklammerten Ausdruck $m - 3$:

$$= (m - 3 + 1 - 1)^2$$
$$= ((m+1) - 3 - 1)^2$$
$$= ((m+1) - 4)^2 \checkmark$$

Du hast nun Schritt für Schritt den Ausdruck $\sum_{k=5}^{m+1} 2 \cdot (k-5) + 1$ zu $((m+1) - 4)^2$ umgeformt und damit gezeigt, dass die Implikation $\mathcal{A}(m) \implies \mathcal{A}(m+1)$ wahr ist. Da $\mathcal{A}(m_0) = \mathcal{A}(5)$ ebenfalls wahr ist (Induktionsanfang), folgt mit dem Prinzip der vollständigen Induktion, dass die Summenformel $\sum_{k=5}^{m} 2 \cdot (k-5) + 1 = (m-4)^2$ für alle $m \in \mathbb{N}_{\geq 5}$ funktioniert. $\square$

Lösung Aufgabe 5.13 Es ist zu zeigen:

$$\forall n \in \mathbb{N}_0 : \sum_{p=0}^{n} \binom{n}{p} = 2^n$$

Beweis 5.14 p ist die Laufvariable des Summenzeichens und n die Induktionsvariable.

1. **Induktionsanfang** $\mathcal{A}(n_0)$
   Da die Behauptung für alle $n \in \mathbb{N}_0$ bewiesen werden soll, wird $n_0 = 0$ als Startwert gewählt und dieser in beide Seiten der Summenformel eingesetzt:

a) $\sum\limits_{p=0}^{n_0} \binom{n_0}{p} = \sum\limits_{p=0}^{0} \binom{0}{p} = \binom{0}{0} = 1,$

b) $2^{n_0} = 2^0 = 1 \checkmark$

Da die Ergebnisse gleich sind, ist der Induktionsanfang gezeigt.

2. **Induktionsvoraussetzung** $\mathcal{A}(n)$

$$\exists n \in \mathbb{N}_0 : \sum_{p=0}^{n} \binom{n}{p} = 2^n$$

3. **Induktionsbehauptung** $\mathcal{A}(n+1)$

Unter der Voraussetzung, dass die Summenformel

$$\sum_{p=0}^{n} \binom{n}{p} = 2^n$$

für ein $n \in \mathbb{N}_0$ gilt, folgt:

$$\implies \sum_{p=0}^{n+1} \binom{n+1}{p} = 2^{n+1}$$

4. **Induktionsschluss** $\mathcal{A}(n) \implies \mathcal{A}(n+1)$

Am Ende deines Beweises muss die rechte Seite der Summenformel aus der Induktionsbehauptung, also 2^{n+1}, herauskommen. Beginne deine Beweisführung mit der linken Seite der Summenformel aus der Induktionsbehauptung:

$$\sum_{p=0}^{n+1} \binom{n+1}{p}$$

Verwende $\Sigma 3$ mit $f(p) = \binom{n+1}{p}$, um das Summenzeichen aufzuspalten:

$$= \left(\sum_{p=0}^{n} \binom{n+1}{p} \right) + \underbrace{\binom{n+1}{n+1}}_{=1}$$

$$= \left(\sum_{p=0}^{n} \binom{n+1}{p} \right) + 1$$

Die Induktionsvoraussetzung kann an dieser Stelle noch nicht angewendet werden, da auch das n im Binomialkoeffizienten innerhalb des Summenzeichens um 1 erhöht wurde. Wende **B9** mit $k = p$ auf $\binom{n+1}{p}$ an:

$$= \left(\sum_{p=0}^{n} \binom{n}{p} + \binom{n}{p-1} \right) + 1$$

Wende die Regel **Σ1** (Zusammenfassen von Summenzeichen) mit $f(p) = \binom{n}{p}$ und $g(p) = \binom{n}{p-1}$ (rückwärts) auf $\sum_{p=0}^{n} \binom{n}{p} + \binom{n}{p-1}$ an:

$$= \left(\sum_{p=0}^{n} \binom{n}{p} \right) + \left(\sum_{p=0}^{n} \binom{n}{p-1} \right) + 1$$

Verwende die Induktionsvoraussetzung und ersetze so $\sum_{p=0}^{n} \binom{n}{p}$ durch 2^n:

$$= 2^n + \left(\sum_{p=0}^{n} \binom{n}{p-1} \right) + 1$$

Führe für das übrig gebliebene Summenzeichen eine Indexverschiebung um $\Delta = -1$ durch:

$$= 2^n + \left(\sum_{p=0-1}^{n-1} \binom{n}{(p+1)-1} \right) + 1$$

$$= 2^n + \left(\sum_{p=-1}^{n-1} \binom{n}{p} \right) + 1$$

Führe eine Indexverschiebung für den Startwert um $\Delta = 1$ durch, um die Summe bei $p = 0$ starten zu lassen.

$$= 2^n + \binom{n}{-1} + \left(\sum_{p=-1+\Delta}^{n-1} \binom{n}{p} \right) + 1$$

$$= 2^n + \underbrace{\binom{n}{-1}}_{=0} + \left(\sum_{p=-1+1}^{n-1} \binom{n}{p} \right) + 1$$

$$= 2^n + 0 + \left(\sum_{p=0}^{n-1} \binom{n}{p} \right) + 1$$

$$= 2^n + \left(\sum_{p=0}^{n-1} \binom{n}{p} \right) + 1$$

Führe eine Indexverschiebung für den Endwert um $\Delta = 1$ durch, um die Summe bei $p = n$ enden zu lassen. Hierfür musst du den (neu hinzukommenden) Wert $f(n) = \binom{n}{n}$ von der bisherigen Summe subtrahieren, um ihren Wert nicht zu verändern:

$$= 2^n + \left(\sum_{p=0}^{n-1+\Delta} \binom{n}{p} \right) - \binom{n}{n} + 1$$

$$= 2^n + \left(\sum_{p=0}^{n-1+1} \binom{n}{p} \right) - \underbrace{\binom{n}{n}}_{=1} + 1$$

$$= 2^n + \left(\sum_{p=0}^{n} \binom{n}{p} \right) - 1 + 1$$

$$= 2^n + \sum_{p=0}^{n} \binom{n}{p}$$

Verwende erneut die Induktionsvoraussetzung, um ein weiteres Mal $\sum_{p=0}^{n} \binom{n}{p}$ durch 2^n zu ersetzen:

$$= 2^n + 2^n$$

$$= 2^n \cdot 2$$

Wende das Potenzgesetz **P2** mit $a = 2$, $x = n$ und $y = 1$ auf $2^n \cdot 2$ an:

$$= 2^{n+1} \checkmark$$

Du hast nun Schritt für Schritt den Ausdruck $\sum_{p=0}^{n+1} \binom{n+1}{p}$ zu 2^{n+1} umgeformt und damit gezeigt, dass die Implikation $\mathcal{A}(n) \implies \mathcal{A}(n + 1)$ wahr ist. Da $\mathcal{A}(n_0) = \mathcal{A}(0)$ ebenfalls wahr ist (Induktionsanfang), folgt mit dem Prinzip der vollständigen Induktion, dass die Summenformel $\sum_{p=0}^{n} \binom{n}{p} = 2^n$ für alle $n \in \mathbb{N}_0$ funktioniert. $\qquad\square$

Lösung Aufgabe 5.14 Bisher hast du nur Summenformeln mit einem Summenzeichen bewiesen. Diese Aufgabe ist so gesehen also eine Premiere. Die Doppelsumme sollte dich aber nicht an deiner gewohnten Beweisführung hindern. Es ist zu zeigen:

$$\forall n \in \mathbb{N}_0 : \sum_{i=0}^{n} \sum_{j=0}^{i} \binom{i}{j} = 2^{n+1} - 1$$

Der Hinweis, dass du dich auf Aufgabe 5.13 zurückbesinnen sollst, steht dort nicht ohne Grund. Dadurch wirst du nämlich das zweite Summenzeichen los und kannst in gewohnter Manier voranschreiten. „Übersetzt" du nämlich die Summenformel aus Aufgabe 5.13

(Laufvariable j statt p, Endwert i statt n), dann erkennst du, dass die Summe hinter dem ersten Summenzeichen und direkt vor dem Gleichheitszeichen wie folgt berechnet werden kann:

$$\sum_{p=0}^{n} \binom{n}{p} = 2^n \rightsquigarrow \sum_{j=0}^{i} \binom{i}{j} = 2^i$$

Damit kann eine äquivalente Summenformel formuliert werden, die mit einem einzigen Summenzeichen auskommt:

$$\forall n \in \mathbb{N}_0 : \sum_{i=0}^{n} 2^i = 2^{n+1} - 1$$

Da $\sum_{i=0}^{n} \sum_{j=0}^{i} \binom{i}{j} = 2^{n+1} - 1$ und $\sum_{i=0}^{n} 2^i = 2^{n+1} - 1$ äquivalent sind, hast du automatisch beide Summenformeln bewiesen, wenn du eine gezeigt hast (sozusagen „zwei Beweise zum Preis von einem").

Beweis 5.15 i und j sind Laufvariablen (für das erste bzw. zweite Summenzeichen). i ist zusätzlich der Endwert des zweiten Summenzeichens, und n ist die Induktionsvariable.

1. **Induktionsanfang** $\mathcal{A}(n_0)$
   Da die Behauptung für alle natürlichen Zahlen (inklusive der 0) bewiesen werden soll, wird $n_0 = 0$ als Startwert gewählt und dieser in beide Seiten der Summenformel eingesetzt:
   a) $\sum_{i=0}^{n_0} 2^i = \sum_{i=0}^{0} 2^i = 2^0 = 1,$
   b) $2^{n_0+1} - 1 = 2^{0+1} - 1 = 2^1 - 1 = 2 - 1 = 1 \checkmark$
   Da die Ergebnisse gleich sind, ist der Induktionsanfang gezeigt.

2. **Induktionsvoraussetzung** $\mathcal{A}(n)$

$$\exists n \in \mathbb{N}_0 : \sum_{i=0}^{n} 2^i = 2^{n+1} - 1$$

3. **Induktionsbehauptung** $\mathcal{A}(n+1)$
   Unter der Voraussetzung, dass die Summenformel

$$\sum_{i=0}^{n} 2^i = 2^{n+1} - 1$$

für ein $n \in \mathbb{N}_0$ gilt, folgt:

$$\Longrightarrow \sum_{i=0}^{n+1} 2^i = 2^{(n+1)+1} - 1$$

4. **Induktionsschluss** $\mathcal{A}(n) \implies \mathcal{A}(n+1)$

Am Ende deines Beweises muss die rechte Seite der Summenformel aus der Induktionsbehauptung, also $2^{(n+1)+1} - 1$, herauskommen. Beginne deine Beweisführung mit der linken Seite der Summenformel aus der Induktionsbehauptung:

$$\sum_{i=0}^{n+1} 2^i$$

Verwende $\Sigma 3$ mit $f(i) = 2^i$, um das Summenzeichen aufzuspalten:

$$= \left(\sum_{i=0}^{n} 2^i \right) + 2^{n+1}$$

Verwende die Induktionsvoraussetzung und ersetze so $\sum_{i=0}^{n} 2^i$ durch $2^{n+1} - 1$:

$$= \left(2^{n+1} - 1 \right) + 2^{n+1}$$
$$= 2^{n+1} + 2^{n+1} - 1$$
$$= 2^{n+1} \cdot 2 - 1$$

Wende das Potenzgesetz **P2** mit $a = 2$, $x = n + 1$ und $y = 1$ auf $2^{n+1} \cdot 2$ an:

$$= 2^{n+1+1} - 1$$
$$= 2^{(n+1)+1} - 1 \checkmark$$

Du hast nun Schritt für Schritt den Ausdruck $\sum_{i=0}^{n+1} 2^i$ zu $2^{n(+1)+1} - 1$ umgeformt und damit gezeigt, dass die Implikation $\mathcal{A}(n) \implies \mathcal{A}(n+1)$ wahr ist. Da $\mathcal{A}(n_0) = \mathcal{A}(0)$ ebenfalls wahr ist (Induktionsanfang), folgt mit dem Prinzip der vollständigen Induktion, dass die Summenformel $\sum_{i=0}^{n} 2^i = 2^{n+1} - 1$ für alle $n \in \mathbb{N}_0$ funktioniert. Damit ist gleichzeitig auch die ursprüngliche Behauptung $\forall n \in \mathbb{N}_0 : \sum_{i=0}^{n} \sum_{j=0}^{i} \binom{i}{j} = 2^{n+1} - 1$ gezeigt. $\square$

Lösung Aufgabe 5.15 Der Name der Laufvariable kann hier nicht beliebig gewählt werden, da k bereits als konstanter Faktor in den Summanden auftaucht. Deshalb wird auf die Variable i ausgewichen. Diese wird in jedem Summanden um 1 hochgezählt und mit k multipliziert. $f(i)$ ist somit gegeben durch $f(i) = i \cdot k$. Den ersten Summanden $(0 \cdot k)$ erhält man durch Einsetzen von $i = 0$ in $f(i)$. Der Startwert für das Summenzeichen ist demnach $k_0 = 0$. Den letzten Summanden $(n \cdot k)$ erhält man durch Einsetzen von $i = n$ in $f(i)$. Der Endwert für das Summenzeichen lautet also n. Mit diesen Informationen ergibt sich:

$$0 \cdot k + 1 \cdot k + 2 \cdot k + \ldots + n \cdot k = \sum_{i=0}^{n} i \cdot k$$

Nun kommt der spannende Teil dieser Aufgabe: die Herleitung des Ausdrucks, mit dem der Wert der Summe direkt berechnet werden kann. Als Hinweis wird (nicht grundlos) auf Aufgabe 5.2 verwiesen. Die Summe $0 + 5 + 10 + \ldots + n \cdot 5$ kann als Spezialfall der gegebenen Summe für $k = 5$ angesehen werden, denn:

$$0 \cdot \underbrace{5}_{k} + 1 \cdot \underbrace{5}_{k} + 2 \cdot \underbrace{5}_{k} + \ldots + n \cdot \underbrace{5}_{k} = 0 + 5 + 10 + \ldots + n \cdot 5$$

Die Summe $0 + 5 + 10 + \ldots + n \cdot 5$ kann durch $2{,}5 \cdot n \cdot (n + 1)$ berechnet werden. Doch wie sieht diese in Abhängigkeit von k aus? Wenn du dir den Faktor 2,5 näher ansiehst, wirst du feststellen, dass er genau der Hälfte von 5 entspricht. Da diese Summe ein Spezialfall für $k = 5$ ist, könntest du dem Vorfaktor 0,5 eine Chance geben. Für $k = 5$ erhältst du gerade die Formel aus Aufgabe 5.2:

$$0{,}5 \cdot \underbrace{5}_{k} \cdot n \cdot (n + 1) = 2{,}5 \cdot n \cdot (n + 1)$$

Die Behauptung kann wie folgt formuliert werden:

$$\forall n \in \mathbb{N}_0 : \sum_{i=0}^{n} i \cdot k = 0{,}5 \cdot k \cdot n \cdot (n - 1)$$

Diese Behauptung muss nun natürlich bewiesen werden. Vielleicht hast du es dir ja zu einfach gemacht und $0{,}5 \cdot k \cdot n \cdot (n - 1)$ entspricht nur zufällig für $k = 5$ der Formel aus Aufgabe 5.2.

Beweis 5.16 Die vollständige Induktion wird dich zum Ziel führen. Dabei ist k die Laufvariable des Summenzeichens und n die Induktionsvariable.

1. **Induktionsanfang** $\mathcal{A}(n_0)$
   Da die Behauptung für alle natürlichen Zahlen (inklusive der 0) bewiesen werden soll, wird $n_0 = 0$ als Startwert gewählt und dieser in beide Seiten der Summenformel eingesetzt:

   a) $\displaystyle\sum_{i=0}^{n_0} i \cdot k = \sum_{i=0}^{0} i \cdot k = 0 \cdot k = 0,$

   b) $0{,}5 \cdot k \cdot n_0 \cdot (n_0 + 1) = 0{,}5 \cdot k \cdot 0 \cdot (0 + 1) = 0{,}5 \cdot k \cdot 0 \cdot 1 = 0\checkmark$

Das ist beruhigend. Wäre deine Formel bereits am Induktionsanfang gescheitert, hättest du dir eine neue überlegen (oder verzweifelt nach einem passenden Startwert suchen) müssen. Trotzdem kannst du zum jetzigen Zeitpunkt noch nicht mit Gewissheit sagen, ob die Formel tatsächlich für alle $n \in \mathbb{N}_0$ funktioniert.

2. **Induktionsvoraussetzung** $\mathcal{A}(n)$

Es existiert (mindestens) ein $n \in \mathbb{N}_0$, für welches die Summe $\sum_{i=0}^{n} i \cdot k$ durch den Ausdruck $0{,}5 \cdot k \cdot n \cdot (n+1)$ berechnet werden kann. Formal bedeutet das:

$$\exists n \in \mathbb{N}_0 : \sum_{i=0}^{n} i \cdot k = 0{,}5 \cdot k \cdot n \cdot (n+1)$$

3. **Induktionsbehauptung** $\mathcal{A}(n+1)$

Unter der Voraussetzung, dass die Summe $\sum_{i=0}^{n} i \cdot k$ für ein $n \in \mathbb{N}_0$ durch den Ausdruck $0{,}5 \cdot k \cdot n \cdot (n+1)$ berechnet werden kann, folgt:

$$\Longrightarrow \sum_{i=0}^{n+1} i \cdot k = 0{,}5 \cdot k \cdot (n+1) \cdot ((n+1)+1)$$

4. **Induktionsschluss** $\mathcal{A}(n) \Longrightarrow \mathcal{A}(n+1)$

Am Ende deines Beweises muss die rechte Seite der Summenformel aus der Induktionsbehauptung, also $0{,}5 \cdot k \cdot (n+1) \cdot ((n+1)+1)$, herauskommen. Beginne deine Beweisführung mit der linken Seite der Summenformel aus der Induktionsbehauptung:

$$\sum_{i=0}^{n+1} i \cdot k$$

Verwende $\Sigma 3$ mit $f(i) = i \cdot k$, um das Summenzeichen aufzuspalten:

$$= \left(\sum_{i=0}^{n} i \cdot k \right) + (n+1) \cdot k$$

Verwende die Induktionsvoraussetzung und ersetze so $\sum_{i=0}^{n} i \cdot k$ durch $0{,}5 \cdot k \cdot n \cdot (n+1)$:

$$= (0{,}5 \cdot k \cdot n \cdot (n+1)) + (n+1) \cdot k$$
$$= 0{,}5 \cdot k \cdot n \cdot (n+1) + (n+1) \cdot k$$

Nun ist Ausklammern angesagt. Da am Schluss $0{,}5 \cdot k$ vor dem Faktor $(n+1) \cdot ((n+1)+1)$ stehen muss, kannst du direkt $0{,}5 \cdot k$ ausklammern und ersparst dir dadurch später weitere Umformungsschritte. Im Gegenzug musst du daran denken, den zweiten Summanden $(n+1) \cdot k$ mit $0{,}5$ zu multiplizieren, denn $1 = 2 \cdot 0{,}5$:

$$= 0{,}5 \cdot k \cdot (n \cdot (n+1) + 0{,}5 \cdot 2 \cdot (n+1))$$
$$= 0{,}5 \cdot k \cdot (n \cdot (n+1) + 2 \cdot (n+1))$$

Und wieder taucht ein Faktor auf, der ausgeklammert werden kann, nämlich $(n + 1)$:

$$= 0{,}5 \cdot k \cdot (n + 1) \cdot (n + 2)$$
$$= 0{,}5 \cdot k \cdot (n + 1) \cdot ((n + 1) + 1) \checkmark$$

Du hast Schritt für Schritt den Ausdruck $\sum_{i=0}^{n+1} i \cdot k$ zu $0{,}5 \cdot k \cdot (n + 1) \cdot ((n + 1) + 1)$ umgeformt und damit gezeigt, dass die Implikation $\mathcal{A}(n) \implies \mathcal{A}(n + 1)$ wahr ist. Da $\mathcal{A}(n_0) = \mathcal{A}(0)$ ebenfalls wahr ist (Induktionsanfang), folgt mit dem Prinzip der vollständigen Induktion, dass die Summenformel $\sum_{i=0}^{n} i \cdot k = 0{,}5 \cdot k \cdot n \cdot (n - 1)$ für alle $n \in \mathbb{N}_0$ funktioniert. Damit hast du nicht nur eine Formel hergeleitet, sondern auch noch bewiesen! Du entwickelst dich langsam zu einem richtigen Mathematiker. $\qquad\qquad\qquad\qquad\qquad\qquad\qquad\qquad\qquad\qquad\qquad\qquad\qquad\quad$ $\square$

Lösung Aufgabe 5.16 Es ist zu zeigen:

$$\forall n \in \mathbb{N} : \sum_{m=1}^{n} \frac{m}{(m + 1)!} = 1 - \frac{1}{(n + 1)!}$$

Beweis 5.17 m ist die Laufvariable des Summenzeichens und n die Induktionsvariable.

1. **Induktionsanfang** $\mathcal{A}(n_0)$
   Da die Behauptung für alle natürlichen Zahlen $n \in \mathbb{N}$ bewiesen werden soll, wird $n_0 = 1$ als Startwert gewählt und dieser in beide Seiten der Summenformel eingesetzt:
   a) $\sum_{m=1}^{n_0} \frac{m}{(m+1)!} = \sum_{m=1}^{1} \frac{m}{(m+1)!} = \frac{1}{(1+1)!} = \frac{1}{2!} = \frac{1}{2}$,
   b) $1 - \frac{1}{(n_0+1)!} = 1 - \frac{1}{(1+1)!} = 1 - \frac{1}{2!} = 1 - \frac{1}{2} = 1 - \frac{1}{2} = \frac{1}{2} \checkmark$
   Da die Ergebnisse gleich sind, ist der Induktionsanfang gezeigt.

2. **Induktionsvoraussetzung** $\mathcal{A}(n)$

   $$\exists n \in \mathbb{N} : \sum_{m=1}^{n} \frac{m}{(m + 1)!} = 1 - \frac{1}{(n + 1)!}$$

3. **Induktionsbehauptung** $\mathcal{A}(n + 1)$
   Unter der Voraussetzung, dass die Summe $\sum_{m=1}^{n} \frac{m}{(m+1)!} = 1 - \frac{1}{(n+1)!}$ für ein $n \in \mathbb{N}$ gilt, folgt:

   $$\implies \sum_{m=1}^{n+1} \frac{m}{(m + 1)!} = 1 - \frac{1}{((n + 1) + 1)!}$$

4. **Induktionsschluss** $\mathcal{A}(n) \implies \mathcal{A}(n + 1)$
   Am Ende deines Beweises muss die rechte Seite der Summenformel aus der Induktionsbehauptung, also $1 - \frac{1}{((n+1)+1)!}$, herauskommen. Beginne deine Beweisführung mit

der linken Seite der Summenformel aus der Induktionsbehauptung:

$$\sum_{m=1}^{n+1} \frac{m}{(m+1)!}$$

Verwende $\Sigma 3$ mit $f(m) = \frac{m}{(m+1)!}$, um das Summenzeichen aufzuspalten:

$$= \left(\sum_{m=1}^{n} \frac{m}{(m+1)!} \right) + \frac{n+1}{((n+1)+1)!}$$

$$= \left(\sum_{m=1}^{n} \frac{m}{(m+1)!} \right) + \frac{n+1}{(n+2)!}$$

Verwende die Induktionsvoraussetzung und ersetze so $\sum_{m=1}^{n} \frac{m}{(m+1)!}$ durch $1 - \frac{1}{(n+1)!}$:

$$= \left(1 - \frac{1}{(n+1)!} \right) + \frac{n+1}{(n+2)!}$$

$$= 1 - \frac{1}{(n+1)!} + \frac{n+1}{(n+2)!}$$

$$= 1 + \frac{n+1}{(n+2)!} - \frac{1}{(n+1)!}$$

Bringe die beiden Brüche auf einen Nenner, indem du $\frac{1}{(n+1)!}$ mit $\frac{(n+2)}{(n+2)}$ multiplizierst, denn $(n+1)! \cdot (n+2) = (n+2)!$:

$$= 1 + \frac{1}{(n+2)!} - \frac{1}{(n+1)!} \cdot \frac{(n+2)}{(n+2)}$$

$$= 1 + \frac{1}{(n+2)!} - \frac{1 \cdot (n+2)}{(n+1)! \cdot (n+2)}$$

$$= 1 + \frac{n+1}{(n+2)!} - \frac{(n+2)}{(n+2)!}$$

$$= 1 + \frac{n+1-(n+2)}{(n+2)!}$$

$$= 1 + \frac{n+1-n-2}{(n+2)!}$$

$$= 1 + \frac{-1}{(n+2)!}$$

$$= 1 - \frac{1}{(n+2)!}$$

$$= 1 - \frac{1}{((n+1)+1)!} \checkmark$$

Du hast nun Schritt für Schritt den Ausdruck $\sum_{m=1}^{n+1} \frac{m}{(m+1)!}$ zu $1 - \frac{1}{((n+1)+1)!}$ umgeformt und damit gezeigt, dass die Implikation $\mathcal{A}(n) \implies \mathcal{A}(n+1)$ wahr ist. Da $\mathcal{A}(n_0) = \mathcal{A}(1)$ ebenfalls wahr ist (Induktionsanfang), folgt mit dem Prinzip der vollständigen Induktion, dass die Summenformel $\sum_{m=1}^{n} \frac{m}{(m+1)!} = 1 - \frac{1}{(n+1)!}$ für alle $n \in \mathbb{N}$ funktioniert. $\square$

Lösung Aufgabe 5.17 Es ist zu zeigen:

$$\forall n \in \mathbb{N}_0 : \sum_{k=0}^{n} \binom{k+p}{k} = \binom{n+p+1}{n}$$

Beweis 5.18 k ist die Laufvariable des Summenzeichens, $p \in \mathbb{N}_0$ eine natürliche Konstante und n die Induktionsvariable.

1. **Induktionsanfang** $\mathcal{A}(n_0)$

   Da die Behauptung für alle natürlichen Zahlen (inklusive der 0) bewiesen werden soll, wird $n_0 = 0$ als Startwert gewählt und dieser in beide Seiten der Summenformel eingesetzt:

   a) $\sum_{k=0}^{n_0} \binom{k+p}{k} = \sum_{k=0}^{0} \binom{k+p}{k} = \binom{0+p}{0} = \binom{p}{0} = 1$,

   b) $\binom{n_0+p+1}{n_0} = \binom{0+p+1}{0} = \binom{p+1}{0} = 1 \checkmark$

   Da die Ergebnisse gleich sind, ist der Induktionsanfang gezeigt.

2. **Induktionsvoraussetzung** $\mathcal{A}(n)$

   Es existiert (mindestens) eine natürliche Zahl n inklusive der 0, für welche die Summe $\sum_{k=0}^{n} \binom{k+p}{k}$ durch den Ausdruck $\binom{n+p+1}{n}$ berechnet werden kann. Formal bedeutet das:

   $$\exists n \in \mathbb{N}_0 : \sum_{k=0}^{n} \binom{k+p}{k} = \binom{n+p+1}{n}$$

3. **Induktionsbehauptung** $\mathcal{A}(n+1)$

   Unter der Voraussetzung, dass die Summe $\sum_{k=0}^{n} \binom{k+p}{k}$ für ein $n \in \mathbb{N}_0$ durch den Ausdruck $\binom{n+p+1}{n}$ berechnet werden kann, folgt:

   $$\implies \sum_{k=0}^{n+1} \binom{k+p}{k} = \binom{(n+1)+p+1}{n+1}$$

4. **Induktionsschluss** $\mathcal{A}(n) \implies \mathcal{A}(n+1)$

   Am Ende deines Beweises muss die rechte Seite der Summenformel aus der Induktionsbehauptung, also $\binom{(n+1)+p+1}{n+1}$, herauskommen. Beginne deine Beweisführung mit der linken Seite der Summenformel aus der Induktionsbehauptung:

$$\sum_{k=0}^{n+1} \binom{k+p}{k}$$

Verwende $\Sigma 3$ mit $f(k) = \binom{k+p}{k}$, um das Summenzeichen aufzuspalten:

$$= \left(\sum_{k=0}^{n} \binom{k+p}{k} \right) + \binom{n+1+p}{n+1}$$

$$= \left(\sum_{k=0}^{n} \binom{k+p}{k} \right) + \binom{n+p+1}{n+1}$$

Verwende die Induktionsvoraussetzung und ersetze so $\sum_{k=0}^{n} \binom{k+p}{k}$ durch $\binom{n+p+1}{n}$:

$$= \left(\binom{n+p+1}{n} \right) + \binom{n+p+1}{n+1}$$

$$= \binom{n+p+1}{n} + \binom{n+p+1}{n+1}$$

Wende Regel **B10** mit $m = p$ auf $\binom{n+p+1}{n} + \binom{n+p+1}{n+1}$ an:

$$= \binom{n+p+1+1}{n+1}$$

$$= \binom{(n+1)+p+1}{n+1} \checkmark$$

Du hast nun Schritt für Schritt den Ausdruck $\sum_{k=0}^{n} \binom{k+p}{k}$ zu $\binom{(n+1)+p+1}{n+1}$ umgeformt und damit gezeigt, dass die Implikation $\mathcal{A}(n) \implies \mathcal{A}(n+1)$ wahr ist. Da $\mathcal{A}(n_0) = \mathcal{A}(0)$ ebenfalls wahr ist (Induktionsanfang), folgt mit dem Prinzip der vollständigen Induktion, dass die Summenformel $\sum_{k=0}^{n} \binom{k+p}{k} = \binom{n+p+1}{n}$ für alle $n \in \mathbb{N}_0$ funktioniert. $\square$

Lösung Aufgabe 5.18 Bei dieser Aufgabe prallen gleich mehrere Scheinschwierigkeiten aufeinander: Es liegt eine Doppelsumme vor, es gibt zwei verschiedene Laufvariablen, n wird statt als Induktions- als Laufvariable verwendet, die Laufvariable des ersten Summenzeichens ist gleichzeitig der Endwert des zweiten Summenzeichens und k ist die Induktions- statt Laufvariable. Die Doppelsumme sollte dich aber nicht an deiner gewohnten Beweisführung hindern. Es ist zu zeigen:

$$\forall k \in \mathbb{N} : \sum_{m=1}^{k} \sum_{n=1}^{m} 2^{n-1} = 2 \cdot \left(2^k - 1 - 0{,}5 \cdot k \right)$$

Beweis 5.19 m und n sind Laufvariablen (für das erste bzw. zweite Summenzeichen). m ist zusätzlich der Endwert des zweiten Summenzeichens und k die Induktionsvariable.

1. **Induktionsanfang** $\mathcal{A}(k_0)$

   Da die Behauptung für alle natürlichen Zahlen bewiesen werden soll, wird $k_0 = 1$ als Startwert gewählt und dieser in beide Seiten der Summenformel eingesetzt. Wenn die Ergebnisse gleich sind, ist der Induktionsanfang gezeigt:

   a) $\displaystyle\sum_{m=1}^{k_0}\sum_{n=1}^{m} 2^{n-1} = \sum_{m=1}^{1}\sum_{n=1}^{m} 2^{n-1} = \sum_{n=1}^{1} 2^{n-1} = 2^{1-1} = 2^0 = 1,$

   b) $2 \cdot \left(2^{k_0} - 1 - 0{,}5 \cdot k_0\right) = 2 \cdot \left(2^1 - 1 - 0{,}5 \cdot 1\right) = 2 \cdot (2 - 1 - 0{,}5) = 2 \cdot 0{,}5 = 1\checkmark$

   Lasse dich bloß nicht in die Irre führen: Der Endwert des zweiten Summenzeichens (m) ist keineswegs „immer 1", sondern wird mit jedem Durchlauf der Laufvariable des ersten Summenzeichens neu gesetzt (d. h. um 1 erhöht). Der Induktionsanfang ist gezeigt, weshalb als Nächstes die Formulierung der Induktionsvoraussetzung auf dem Plan steht.

2. **Induktionsvoraussetzung** $\mathcal{A}(k)$

   Es existiert (mindestens) eine natürliche Zahl k, für welche die Doppelsumme $\sum_{m=1}^{k}\sum_{n=1}^{m} 2^{n-1}$ durch den Ausdruck $2 \cdot \left(2^k - 1 - 0{,}5 \cdot k\right)$ berechnet werden kann. Formal bedeutet das:

   $$\exists k \in \mathbb{N} : \sum_{m=1}^{k}\sum_{n=1}^{m} 2^{n-1} = 2 \cdot \left(2^k - 1 - 0{,}5 \cdot k\right)$$

3. **Induktionsbehauptung** $\mathcal{A}(k+1)$

   Unter der Voraussetzung, dass die Doppelsumme $\sum_{m=1}^{k}\sum_{n=1}^{m} 2^{n-1}$ für ein $k \in \mathbb{N}$ durch den Ausdruck $2 \cdot \left(2^k - 1 - 0{,}5 \cdot k\right)$ berechnet werden kann, gilt:

   $$\implies \sum_{m=1}^{k+1}\sum_{n=1}^{m} 2^{n-1} = 2 \cdot \left(2^{k+1} - 1 - 0{,}5 \cdot (k+1)\right)$$

4. **Induktionsschluss** $\mathcal{A}(k) \implies \mathcal{A}(k+1)$

   Am Ende deines Beweises muss die rechte Seite der Summenformel aus der Induktionsbehauptung, also $2 \cdot \left(2^{k+1} - 1 - 0{,}5 \cdot (k+1)\right)$, herauskommen. Beginne deine Beweisführung mit der linken Seite der Summenformel aus der Induktionsbehauptung:

   $$\sum_{m=1}^{k+1}\sum_{n=1}^{m} 2^{n-1}$$

   Verwende **$\Sigma 2$** mit $k_0 = 1$, $f(m) = \sum_{n=1}^{m} 2^{n-1}$, $m_1 = k$ und $m_2 = k + 1$, um das Summenzeichen aufzuspalten:

   $$= \left(\sum_{m=1}^{k}\sum_{n=1}^{m} 2^{n-1}\right) + \sum_{m=k+1}^{k+1}\sum_{n=1}^{m} 2^{n-1}$$

$$= \left(\sum_{m=1}^{k} \sum_{n=1}^{m} 2^{n-1} \right) + \sum_{n=1}^{k+1} 2^{n-1}$$

Verwende die Induktionsvoraussetzung und ersetze so $\sum_{n=1}^{m} 2^{n-1}$ durch $2 \cdot (2^k - 1 - 0{,}5 \cdot k)$:

$$= 2 \cdot \left(2^k - 1 - 0{,}5 \cdot k \right) + \sum_{n=1}^{k+1} 2^{n-1}$$

Jetzt kommt **Σ3** zwecks Aufspalten des zweiten Summenzeichens zum Einsatz. Dabei ist $f(n) = 2^{n-1}$:

$$= 2 \cdot \left(2^k - 1 - 0{,}5 \cdot k \right) + \left(\sum_{n=1}^{k} 2^{n-1} \right) + 2^{(k+1)-1}$$

$$= 2 \cdot \left(2^k - 1 - 0{,}5 \cdot k \right) + \left(\sum_{n=1}^{k} 2^{n-1} \right) + 2^{k}$$

Lange hat es gedauert, doch nun wird endlich der Hinweis aus dem Aufgabentext berücksichtigt. In Aufgabe 5.11 hast du bereits bewiesen, dass $\sum_{n=1}^{k} 2^{n-1} = 2^k - 1$ für alle $k \in \mathbb{N}$ gilt. Diese Sorge bist du also los:

$$= 2 \cdot \left(2^k - 1 - 0{,}5 \cdot k \right) + \left(2^k - 1 \right) + 2^{k}$$

$$= 2 \cdot \left(2^k - 1 - 0{,}5 \cdot k \right) + 2^k \cdot 2 - 1$$

Wende das Potenzgesetz **P2** mit $a = 2$, $x = k$ und $y = 1$ auf $2^k \cdot 2$ an:

$$= 2 \cdot \left(2^k - 1 - 0{,}5 \cdot k \right) + 2^{k+1} - 1$$

Der Rest des Beweises ist reine Mechanik:

$$= 2 \cdot 2^k - 2 \cdot 1 - 2 \cdot 0{,}5 \cdot k + 2^{k+1} - 1$$

$$= 2^{k+1} - 2 - 2 \cdot 0{,}5 \cdot k + 2^{k+1} - 1$$

$$= 2^{k+1} + 2^{k+1} - 2 - 2 \cdot 0{,}5 \cdot k - 1$$

$$= 2 \cdot 2^{k+1} - 2 - 2 \cdot 0{,}5 \cdot k - 1$$

$$= 2 \cdot \left(2^{k+1} - 1 - 0{,}5 \cdot k - 0{,}5 \right)$$

$$= 2 \cdot \left(2^{k+1} - 1 - 0{,}5 \cdot (k+1) \right) \checkmark$$

Du hast nun Schritt für Schritt den Ausdruck $\sum_{m=1}^{k+1} \sum_{n=1}^{m} 2^{n-1}$ zu $2 \cdot (2^{k+1} - 1 - 0{,}5 \cdot (k+1))$ umgeformt und damit gezeigt, dass die Implikation $\mathcal{A}(k) \implies \mathcal{A}(k+1)$ wahr ist. Da $\mathcal{A}(k_0) = \mathcal{A}(1)$ ebenfalls wahr ist (Induktionsanfang), folgt mit dem Prinzip der vollständigen Induktion, dass die Summenformel $\sum_{m=1}^{k} \sum_{n=1}^{m} 2^{n-1} = 2 \cdot (2^k - 1 - 0{,}5 \cdot k)$ für alle $n \in \mathbb{N}$ funktioniert. $\qquad\square$

Lösung Aufgabe 5.19 Zuerst muss das Bildungsgesetz für die unendliche Summe

$$\frac{1}{1 \cdot 2} + \frac{2}{2 \cdot 3} + \frac{3}{3 \cdot 4} + \frac{4}{4 \cdot 5} + \frac{5}{5 \cdot 6} + \ldots$$

gefunden und diese anschließend in eine Formel gegossen werden. Es werden Brüche addiert, die allesamt den Zähler 1 haben. Der erste Faktor im Nenner wird mit jedem Summanden um 1 erhöht, und dieser jeweils mit seinem Nachfolger multipliziert. Das Bildungsgesetz könnte also wie folgt lauten:

$$f(k) = \frac{1}{k \cdot (k + 1)}$$

mit $k \in \mathbb{N}$. Für die ersten n Glieder ergibt sich folglich die Summe

$$\underbrace{\frac{1}{1 \cdot (1 + 1)}}_{= \frac{1}{1 \cdot 2}} + \underbrace{\frac{1}{2 \cdot (2 + 1)}}_{= \frac{1}{2 \cdot 3}} + \ldots + \underbrace{\frac{1}{(n - 1) \cdot ((n - 1) + 1)}}_{= \frac{1}{(n-1) \cdot n}} + \frac{1}{n \cdot (n + 1)}.$$

Um diese Summe mit dem Summenzeichen ausdrücken zu können, wird eine Laufvariable, ein Startwert, ein Endwert und (selbstverständlich) eine Bildungsfunktion benötigt, die den Bauplan für die einzelnen Summanden angibt. Der Name der Laufvariable kann beliebig gewählt werden. Aus Gewohnheitsgründen wird wieder auf das altbekannte k zurückgegriffen. Die Bildungsfunktion wurde in Form der Funktion $f(k) = \frac{1}{k \cdot (k+1)}$ bereits gefunden. Der Startwert der Laufvariable ist 1, da $f(1) = \frac{1}{1 \cdot (1+1)} = \frac{1}{1 \cdot 2}$ ist. Der Endwert versteckt sich in der Formulierung „für die ersten n Summanden" im Aufgabentext. Mit dem Summenzeichen ausgedrückt ergibt sich demnach:

$$\sum_{k=1}^{n} \frac{1}{k \cdot (k + 1)}$$

Diese Summe soll den Wert $\frac{n}{n+1}$ haben:

$$\sum_{k=1}^{n} \frac{1}{k \cdot (k + 1)} = \frac{n}{n + 1}$$

Schreibst du davor jetzt noch den mittlerweile oft erwähnten mathematischen Zauberspruch „$\forall n \in \mathbb{N}$", erhältst du schon die Behauptung, die es durch vollständige Induktion zu beweisen gilt:

$$\forall n \in \mathbb{N} : \sum_{k=1}^{n} \frac{1}{k \cdot (k + 1)} = \frac{n}{n + 1}$$

Beweis 5.20 k ist die Laufvariable des Summenzeichens und n die Induktionsvariable.

1. **Induktionsanfang** $\mathcal{A}(n_0)$
   Da die Behauptung für alle natürlichen Zahlen bewiesen werden soll, wird $n_0 = 1$ als Startwert gewählt und dieser in beide Seiten der Summenformel eingesetzt. Wenn die Ergebnisse gleich sind, dann ist der Induktionsanfang gezeigt:

   a) $\displaystyle\sum_{k=1}^{n_0} \frac{1}{k\cdot(k+1)} = \sum_{k=1}^{1} \frac{1}{k\cdot(k+1)} = \frac{1}{1\cdot(1+1)} = \frac{1}{1\cdot 2} = \frac{1}{2},$

   b) $\dfrac{n_0}{n_0+1} = \dfrac{1}{1+1} = \dfrac{1}{2}\,\checkmark$

2. **Induktionsvoraussetzung** $\mathcal{A}(n)$

$$\exists n \in \mathbb{N} : \sum_{k=1}^{n} \frac{1}{k\cdot(k+1)} = \frac{n}{n+1}$$

3. **Induktionsbehauptung** $\mathcal{A}(n+1)$
   Unter der Voraussetzung, dass die Summenformel $\sum_{k=1}^{n} \frac{1}{k\cdot(k+1)} = \frac{n}{n+1}$ für ein $n \in \mathbb{N}$ gilt, folgt:

$$\Longrightarrow \sum_{k=1}^{n+1} \frac{1}{k\cdot(k+1)} = \frac{n+1}{(n+1)+1}$$

4. **Induktionsschluss** $\mathcal{A}(n) \Longrightarrow \mathcal{A}(n+1)$
   Am Ende deines Beweises muss die rechte Seite der Summenformel aus der Induktionsbehauptung, also $\frac{n+1}{(n+1)+1}$, herauskommen. Beginne deine Beweisführung mit der linken Seite der Summenformel aus der Induktionsbehauptung:

$$\sum_{k=1}^{n+1} \frac{1}{k\cdot(k+1)}$$

Verwende $\Sigma 3$ mit $f(k) = \frac{1}{k\cdot(k+1)}$, um das Summenzeichen aufzuspalten:

$$= \left(\sum_{k=1}^{n} \frac{1}{k\cdot(k+1)}\right) + \frac{1}{(n+1)\cdot((n+1)+1)}$$

$$= \left(\sum_{k=1}^{n} \frac{1}{k\cdot(k+1)}\right) + \frac{1}{(n+1)\cdot(n+2)}$$

Verwende die Induktionsvoraussetzung und ersetze so $\sum_{k=1}^{n} \frac{1}{k\cdot(k+1)}$ durch $\frac{n}{n+1}$:

$$= \left(\frac{n}{n+1}\right) + \frac{1}{(n+1)\cdot(n+2)}$$

$$= \frac{n}{n+1} + \frac{1}{(n+1)\cdot(n+2)}$$

Erweitere den Bruch $\frac{n}{n+1}$ mit $(n+2)$, um die beiden Summanden auf einen gemeinsamen Nenner zu bringen:

$$= \frac{n \cdot (n+2)}{(n+1) \cdot (n+2)} + \frac{1}{(n+1) \cdot (n+2)}$$

$$= \frac{n \cdot (n+2) + 1}{(n+1) \cdot (n+2)}$$

$$= \frac{n^2 + 2 \cdot n + 1}{(n+1) \cdot (n+2)}$$

Wende die erste binomische Formel **B1** mit $a = n$ und $b = 1$ (rückwärts) auf $n^2 + 2 \cdot n + 1$ an:

$$= \frac{(n+1)^2}{(n+1) \cdot (n+2)}$$

$$= \frac{(n+1) \cdot (n+1)}{(n+1) \cdot (n+2)}$$

$$= \frac{\cancel{(n+1)} \cdot (n+1)}{\cancel{(n+1)} \cdot (n+2)}$$

$$= \frac{n+1}{n+2}$$

$$= \frac{n+1}{(n+1)+1} \checkmark$$

Du hast nun Schritt für Schritt den Ausdruck $\sum_{k=1}^{n+1} \frac{1}{k \cdot (k+1)}$ zu $\frac{n+1}{(n+1)+1}$ umgeformt und damit gezeigt, dass die Implikation $\mathcal{A}(n) \implies \mathcal{A}(n+1)$ wahr ist. Da $\mathcal{A}(n_0) = \mathcal{A}(1)$ ebenfalls wahr ist (Induktionsanfang), folgt mit dem Prinzip der vollständigen Induktion, dass die Summenformel $\sum_{k=1}^{n} \frac{1}{k \cdot (k+1)} = \frac{n}{n+1}$ für alle $n \in \mathbb{N}$ funktioniert. $\quad\square$

Lösung Aufgabe 5.20   Es ist zu zeigen:

$$\forall n \in \mathbb{N}_{\geq m} : \sum_{k=m}^{n} k = -0{,}5 \cdot (m - n - 1) \cdot (m + n)$$

Beweis 5.21 k ist die Laufvariable des Summenzeichens, m der Startwert der Laufvariable und n die Induktionsvariable.

1. **Induktionsanfang** $\mathcal{A}(n_0)$

   Da die Behauptung für alle natürlichen Zahlen größer als oder gleich m bewiesen werden soll, wird $n_0 = m$ als Startwert gewählt und dieser in beide Seiten der Summenformel eingesetzt:

a) $\displaystyle\sum_{k=m}^{n_0} k = \sum_{k=m}^{m} k = m$,

b) $-0{,}5 \cdot (m - n_0 - 1) \cdot (m + n_0) = -0{,}5 \cdot (m - m - 1) \cdot (m + m) = -0{,}5 \cdot (-1) \cdot 2 \cdot m = 1 \cdot m = m \checkmark$

Da die Ergebnisse gleich sind, ist der Induktionsanfang gezeigt.

2. **Induktionsvoraussetzung** $\mathcal{A}(n)$

Es existiert (mindestens) eine natürliche Zahl $n \in \mathbb{N}_{\geq m}$, für welche die Summe $\sum_{k=m}^{n} k$ durch den Ausdruck $-0{,}5 \cdot (m - n - 1) \cdot (m + n)$ berechnet werden kann. Formal bedeutet das:

$$\exists n \in \mathbb{N}_{\geq m} : \sum_{k=m}^{n} k = -0{,}5 \cdot (m - n - 1) \cdot (m + n)$$

3. **Induktionsbehauptung** $\mathcal{A}(n+1)$

Unter der Voraussetzung, dass die Summe $\sum_{k=m}^{n} k$ für ein $n \in \mathbb{N}_{\geq m}$ durch den Ausdruck $-0{,}5 \cdot (m - n - 1) \cdot (m + n)$ berechnet werden kann, folgt:

$$\implies \sum_{k=m}^{n+1} k = -0{,}5 \cdot (m - (n+1) - 1) \cdot (m + (n+1))$$

4. **Induktionsschluss** $\mathcal{A}(n) \implies \mathcal{A}(n+1)$

Am Ende deines Beweises muss die rechte Seite der Summenformel aus der Induktionsbehauptung, also $-0{,}5 \cdot (m - (n+1) - 1) \cdot (m + (n+1))$, herauskommen. Beginne deine Beweisführung mit der linken Seite der Summenformel aus der Induktionsbehauptung:

$$\sum_{k=m}^{n+1} k$$

Verwende $\Sigma\,3$ mit $f(k) = k$, um das Summenzeichen aufzuspalten:

$$= \left(\sum_{k=m}^{n} k \right) + (n+1)$$

Verwende die Induktionsvoraussetzung und ersetze so $\sum_{k=m}^{n} k$ durch $-0{,}5 \cdot (m - n - 1) \cdot (m + n)$:

$$
\begin{aligned}
&= (-0{,}5 \cdot (m - n - 1) \cdot (m + n)) + (n+1) \\
&= -0{,}5 \cdot (m - n - 1) \cdot (m + n) + (n+1) \\
&= -0{,}5 \cdot (m^2 + m \cdot n - n \cdot m - n^2 - 1 \cdot m - 1 \cdot n) + (n+1) \\
&= -0{,}5 \cdot (m^2 - n^2 - m - n) + (n+1)
\end{aligned}
$$

$$= -0{,}5 \cdot (m^2 - n^2 - m - n) + 0{,}5 \cdot 2 \cdot (n + 1)$$
$$= -0{,}5 \cdot (m^2 - n^2 - m - n - 2 \cdot (n + 1))$$
$$= -0{,}5 \cdot (m^2 - n^2 - m - n - 2 \cdot n - 2 \cdot 1)$$
$$= -0{,}5 \cdot (m^2 - n^2 - m - 3 \cdot n - 2)$$

An dieser Stelle solltest du auf das, was am Ende herauskommen soll, schielen und darauf vertrauen, dass du bis hierhin richtig gerechnet hast. Dann ist es nämlich durchaus legitim zu sagen, dass $m^2 - n^2 - m - 3 \cdot n - 2$ in die Linearfaktoren $(m - n - 2)$ und $m + n + 1$ zerfällt. Auf diese Erkenntnis kannst du auch via Polynomdivision stoßen:

$$= -0{,}5 \cdot ((m - n - 2) \cdot (m + n + 1))$$
$$= -0{,}5 \cdot (m - (n + 1) - 1) \cdot (m + (n + 1)) \checkmark$$

Du hast nun Schritt für Schritt den Ausdruck $\sum_{k=m}^{n+1} k$ zu $-0{,}5 \cdot (m - (n + 1) - 1) \cdot (m + (n + 1))$ umgeformt und damit gezeigt, dass die Implikation $\mathcal{A}(n) \implies \mathcal{A}(n + 1)$ wahr ist. Da $\mathcal{A}(n_0) = \mathcal{A}(m)$ ebenfalls wahr ist (Induktionsanfang), folgt mit dem Prinzip der vollständigen Induktion, dass die Summenformel $\sum_{k=m}^{n} k = -0{,}5 \cdot (m - n - 1) \cdot (m + n)$ für alle $n \in \mathbb{N}_{\geq m}$ funktioniert. $\square$

Lösung Aufgabe 5.21 Die Berechnung der beiden Summen $\binom{2}{0} + \binom{2}{1} + \binom{2}{2}$ und $\binom{3}{0} + \binom{3}{1} + \binom{3}{2} + \binom{3}{3}$ soll dir beim Formulieren eines allgemeinen Zusammenhangs für $\binom{n}{0} + \binom{n}{1} + \ldots + \binom{n}{n-1} + \binom{n}{n}$ für ein beliebiges $n \in \mathbb{N}_0$ helfen:

1. $\binom{2}{0} + \binom{2}{1} + \binom{2}{2} = 1 + 2 + 1 = 4 = 2^2$,
2. $\binom{3}{0} + \binom{3}{1} + \binom{3}{2} + \binom{3}{3} = 1 + 3 + 3 + 1 = 8 = 2^3$

Wenn du bisher noch keinen Zusammenhang zwischen zwischen n und der Binomialkoeffizientensumme sehen kannst, wird dir spätestens der Wert $n = 4$ die Augen öffnen:

$$\binom{4}{0} + \binom{4}{1} + \binom{4}{2} + \binom{4}{3} + \binom{4}{4} = 1 + 4 + 6 + 4 = 1 = 16 = 2^4$$

Offenbar sind die Ergebnisse allesamt Zweierpotenzen der Form 2^n:

$$\binom{n}{0} + \binom{n}{1} + \ldots + \binom{n}{n-1} + \binom{n}{n} = \sum_{k=0}^{n} \binom{n}{k} = 2^n$$

Es ist also zu zeigen:

$$\forall n \in \mathbb{N}_0 : \sum_{k=0}^{n} \binom{n}{k} = 2^n$$

Die Behauptung wurde bereits in Aufgabe 5.13 bewiesen. Deshalb wird der Beweis an dieser Stelle ohne eine ausführliche Erklärung skizziert, wie es für die volle Punktzahl in einer Klausur aber dennoch reichen würde. Um das Ganze jedoch nicht zu langweilig zu gestalten, wird (wie in Abschn. 4.1 schon erwähnt) ab der Induktionsvoraussetzung eine andere Variable verwendet, um deutlich zu machen, dass man auch von einem beliebigen, aber festen $m \in \mathbb{N}_0$ ausgehend den Induktionsbeweis vollenden kann.

Beweis 5.22 k ist die Laufvariable des Summenzeichens und n die Induktionsvariable.

1. **Induktionsanfang** $\mathcal{A}(n_0)$

   a) $\sum\limits_{k=0}^{n_0} \binom{n_0}{k} = \sum\limits_{k=0}^{0} \binom{0}{k} = \binom{0}{0} = 1,$

   b) $2^{n_0} = 2^0 = 1 \checkmark$

2. **Induktionsvoraussetzung** $\mathcal{A}(m)$ Sei $m \in \mathbb{N}_0$ beliebig aber fest:

$$\exists m \in \mathbb{N}_0 : \sum_{k=0}^{m} \binom{m}{k} = 2^m$$

3. **Induktionsbehauptung** $\mathcal{A}(m+1)$ Unter der Voraussetzung, dass $\sum_{k=0}^{m} \binom{m}{k} = 2^m$ für ein $m \in \mathbb{N}_0$ gilt, folgt:

$$\Longrightarrow \sum_{k=0}^{m+1} \binom{m+1}{k} = 2^{m+1}$$

4. **Induktionsschluss** $\mathcal{A}(m) \Longrightarrow \mathcal{A}(m+1)$

$$\sum_{k=0}^{m+1} \binom{m+1}{k}$$

$$= \left(\sum_{k=0}^{m} \binom{m+1}{k} \right) + \underbrace{\binom{m+1}{m+1}}_{=1}$$

$$= \left(\sum_{k=0}^{m} \binom{m+1}{k} \right) + 1$$

$$= \left(\sum_{k=0}^{m} \binom{m}{k} + \binom{m}{k-1} \right) + 1$$

$$= \left(\sum_{k=0}^{m} \binom{m}{k} \right) + \left(\sum_{k=0}^{m} \binom{m}{k-1} \right) + 1$$

$$= 2^m + \left(\sum_{k=0}^{m} \binom{m}{k-1} \right) + 1$$

$$= 2^m + \left(\sum_{k=0-1}^{n-1} \left(\binom{m}{(k+1)-1} \right) \right) + 1$$

$$= 2^m + \left(\sum_{k=-1}^{m-1} \binom{m}{k} \right) + 1$$

$$= 2^m + \underbrace{\binom{m}{-1}}_{=0} + \left(\sum_{k=0}^{m-1} \binom{m}{k} \right) + 1$$

$$= 2^m + \left(\sum_{k=0}^{m-1} \binom{m}{k} \right) + 1$$

$$= 2^m + \left(\sum_{k=0}^{m} \binom{m}{k} \right) - \underbrace{\binom{m}{m}}_{=1} + 1$$

$$= 2^m + \left(\sum_{k=0}^{m} \binom{m}{k} \right) - 1 + 1$$

$$= 2^m + \sum_{k=0}^{m} \binom{m}{k}$$

$$= 2^m + 2^m$$

$$= 2^m \cdot 2$$

$$= 2^{m+1} \checkmark \qquad\qquad\qquad \square$$

Lösung Aufgabe 5.22 Zuerst muss das Bildungsgesetz für die unendliche Summe gefunden und diese anschließend in eine Formel gepresst werden. Es werden Brüche addiert, die im Zähler mit jedem Summanden um 1 erhöht werden. Im Nenner steht jeweils der Zähler um 1 erhöht als Fakultät. Das Bildungsgesetz könnte also wie folgt lauten:

$$f(k) = \frac{k}{(k+1)!}$$

mit $k \in \mathbb{N}$. Für die ersten n Glieder ergibt sich folglich die Summe:

$$\frac{1}{2!} + \frac{2}{3!} + \ldots + \underbrace{\frac{n-1}{(n+1-1)!}}_{= \frac{n-1}{n!}} + \frac{n}{(n+1)!}$$

Um diese Summe mit dem Summenzeichen ausdrücken zu können, wird eine Laufvariable, ein Startwert, ein Endwert und (selbstverständlich) eine Bildungsvorschrift benötigt, die den Bauplan für die einzelnen Summanden angibt. Der Name der Laufvariable kann beliebig gewählt werden. Aus Gewohnheitsgründen wird wieder auf das altbekannte k zurückgegriffen. Die Bildungsvorschrift wurde in Form der Funktion $f(k) = \frac{k}{(k+1)!}$ bereits gefunden. Der Startwert der Laufvariable ist 1, da $f(1) = \frac{1}{(1+1)!} = \frac{1}{2!}$ ist. Der Endwert versteckt sich in der Formulierung „für die ersten n Summanden" im Aufgabentext. Mit dem Summenzeichen ausgedrückt ergibt sich demnach:

$$\sum_{k=1}^{n} \frac{k}{(k+1)!}$$

Diese Summe soll den Wert $1 - \frac{1}{(n+1)!}$ haben:

$$\sum_{k=1}^{n} \frac{k}{(k+1)!} = 1 - \frac{1}{(n+1)!}$$

Schreibst du jetzt noch den mathematischen Zauberspruch „$\forall n \in \mathbb{N}$" davor, erhältst du die Behauptung, die es durch vollständige Induktion zu beweisen gilt:

$$\forall n \in \mathbb{N} : \sum_{k=1}^{n} \frac{k}{(k+1)!} = 1 - \frac{1}{(n+1)!}$$

Beweis 5.23 k ist die Laufvariable des Summenzeichens und n die Induktionsvariable.

1. **Induktionsanfang** $\mathcal{A}(n_0)$
   Da die Behauptung für alle natürlichen Zahlen bewiesen werden soll, wird $n_0 = 1$ als Startwert gewählt und dieser in beide Seiten der Summenformel eingesetzt. Sind die Ergebnisse gleich, so ist der Induktionsanfang gezeigt:

   a) $\sum\limits_{k=1}^{n_0} \frac{k}{(k+1)!} = \sum\limits_{k=1}^{1} \frac{k}{(k+1)!} = \frac{1}{(1+1)!} = \frac{1}{2!} = \frac{1}{2}$,

   b) $1 - \frac{1}{(n_0+1)!} = 1 - \frac{1}{(1+1)!} = 1 - \frac{1}{2!} = 1 - \frac{1}{2} = \frac{1}{2}$ ✓

2. **Induktionsvoraussetzung** $\mathcal{A}(n)$
   Es existiert (mindestens) eine natürliche Zahl $n \in \mathbb{N}$, für welche die Summe $\sum_{k=1}^{n} \frac{k}{(k+1)!}$ durch den Ausdruck $1 - \frac{1}{(n+1)!}$ berechnet werden kann. Formal bedeutet das:

$$\exists n \in \mathbb{N} : \sum_{k=1}^{n} \frac{k}{(k+1)!} = 1 - \frac{1}{(n+1)!}$$

3. **Induktionsbehauptung** $\mathcal{A}(n + 1)$

Unter der Voraussetzung, dass die Summe $\sum_{k=1}^{n} \frac{k}{(k+1)!}$ für ein $n \in \mathbb{N}_0$ durch den Ausdruck $1 - \frac{1}{(n+1)!}$ berechnet werden kann, folgt:

$$\implies \sum_{k=1}^{n+1} \frac{k}{(k+1)!} = 1 - \frac{1}{((n+1)+1)!}$$

4. **Induktionsschluss** $\mathcal{A}(n) \implies \mathcal{A}(n + 1)$

Am Ende deines Beweises muss die rechte Seite der Summenformel aus der Induktionsbehauptung, also $1 - \frac{1}{((n+1)+1)!}$, herauskommen. Beginne deine Beweisführung mit der linken Seite der Summenformel aus der Induktionsbehauptung:

$$\sum_{k=1}^{n+1} \frac{k}{(k + 1)!}$$

Verwende **Σ3** mit $f(k) = \frac{k}{(k+1)!}$, um das Summenzeichen aufzuspalten:

$$= \left(\sum_{k=1}^{n} \frac{k}{(k + 1)!} \right) + \frac{n + 1}{((n + 1) + 1)!}$$

$$= \left(\sum_{k=1}^{n} \frac{k}{(k + 1)!} \right) + \frac{n + 1}{(n + 2)!}$$

Verwende die Induktionsvoraussetzung und ersetze so $\sum_{k=1}^{n} \frac{k}{(k+1)!}$ durch $1 - \frac{1}{(n+1)!}$:

$$= \left(1 - \frac{1}{(n + 1)!} \right) + \frac{n + 1}{(n + 2)!}$$

$$= 1 - \frac{1}{(n + 1)!} + \frac{n + 1}{(n + 2)!}$$

$$= 1 + \frac{n + 1}{(n + 2)!} - \frac{1}{(n + 1)!}$$

Erweitere den Bruch $\frac{1}{(n+1)!}$ mit $(n + 2)$. Auf diese Weise erhältst du im Nenner $(n + 1)! \cdot (n + 2) = (n + 2)!$ und kannst die beiden Brüche verrechnen:

$$= 1 + \frac{n + 1}{(n + 2)!} - \frac{1}{(n + 1)!} \cdot \frac{(n + 2)}{(n + 2)}$$

$$= 1 + \frac{n + 1}{(n + 2)!} - \frac{1 \cdot (n + 2)}{(n + 1)! \cdot (n + 2)}$$

$$= 1 + \frac{n + 1}{(n + 2)!} - \frac{(n + 2)}{(n + 2)!}$$

$$= 1 + \frac{n + 1 - (n + 2)}{(n + 2)!}$$

$$= 1 + \frac{n + 1 - n - 2}{(n + 2)!}$$

$$= 1 + \frac{-1}{(n + 2)!}$$

$$= 1 - \frac{1}{(n + 2)!}$$

$$= 1 - \frac{1}{((n + 1) + 1)!} \checkmark$$

Du hast nun Schritt für Schritt den Ausdruck $\sum_{k=1}^{n+1} \frac{k}{(k+1)!}$ zu $1 - \frac{1}{((n+1)+1)!}$ umgeformt und damit gezeigt, dass die Implikation $\mathcal{A}(n) \implies \mathcal{A}(n + 1)$ wahr ist. Da $\mathcal{A}(n_0) = \mathcal{A}(1)$ ebenfalls wahr ist (Induktionsanfang), folgt mit dem Prinzip der vollständigen Induktion, dass die Summenformel $\sum_{k=1}^{n} \frac{k}{(k+1)!} = 1 - \frac{1}{(n+1)!}$ für alle $n \in \mathbb{N}$ funktioniert. $\square$

Lösung Aufgabe 5.23 Auf der linken Seite der zu beweisenden Summenformel steht die Summe über c^k für k von $k = a$ bis $k = n - b$. Dabei ist $a \in \mathbb{N}_{\leq(n-b)}$ und $c \in \mathbb{R} \setminus \{1\}$. Lasse dich durch die vielen Buchstaben nicht verwirren! Diese sind nur dazu da, um *kritische Fälle* (wie etwa die Division durch 0) auszuschließen oder dafür zu sorgen, dass nicht irgendwo eine leere Summe ($\mathbf{\Sigma}6$) das Licht der Welt erblickt. Wenn du gerne die „Standardform" (mit n statt $n - b$ als Endwert) verwenden willst, kannst du eine Indexverschiebung gemäß $\Sigma 5$ um $\Delta = b$ durchführen:

$$\sum_{k=a}^{n-b} c^k = \sum_{k=a+\Delta}^{n-b+\Delta} c^{k-\Delta} = \sum_{k=a+b}^{n-b+b} c^{k-b} = \sum_{k=a+b}^{n} c^{k-b}$$

Da die Laufvariable k für das um b verschobene Summenzeichen bei dem Wert $k = a + b$ startet, bietet es sich an, den Fall $n_0 = a + b$ als Erstes auszuprobieren, sodass die Summe von $k = a + b$ (Startwert) bis $k = a + b$ (Endwert) läuft. Es ist also zu zeigen:

$$\forall n \in \mathbb{N}_{\geq(a+b)} : \sum_{k=a+b}^{n} c^{k-b} = \frac{c^a - c^{n-b+1}}{1 - c}$$

Ob du mit dieser Vermutung richtig liegst, wird der Induktionsbeweis zeigen. Lasse dir gesagt sein, dass $a + b$ ein passender Startwert ist. Du brauchst im Vorfeld also nicht testen, ob $a + b + 1$ auch funktioniert.

Beweis 5.24 k ist die Laufvariable des Summenzeichens und n die Induktionsvariable. $a \in \mathbb{N}_{\leq(n-b)}$, $b \in \mathbb{N}_{\geq n}$ und $c \in \mathbb{R} \setminus \{1\}$ sind Konstanten (in anderen Aufgaben waren das meistens konkrete Zahlenwerte, was für den Induktionsbeweis jedoch völlig irrelevant ist).

1. **Induktionsanfang** $\mathcal{A}(n_0)$

   Der Induktionsanfang wird direkt für den vermuteten Startwert $n_0 = a + b$ geprüft:

   a) $\displaystyle\sum_{k=a+b}^{n_0} c^{k-b} = \sum_{k=a+b}^{a+b} c^{k-b} = c^{a+b-b} = c^a$,

   b) $\dfrac{c^a - c^{n_0-b+1}}{1-c} = \dfrac{c^a - c^{a+b-b+1}}{1-c} = \dfrac{c^a - c^{a+1}}{1-c} = \dfrac{c^a - c^a \cdot c}{1-c} = \dfrac{c^a \cdot (1-c)}{1-c} = \dfrac{c^a \cdot \cancel{(1-c)}}{\cancel{(1-c)}} = c^a\ \checkmark$

   Deine Wahl des Startwerts scheint geglückt zu sein. Doch der Beweis ist damit noch längst nicht am Ende.

2. **Induktionsvoraussetzung** $\mathcal{A}(n)$

$$\exists n \in \mathbb{N}_{\geq(a+b)} = \sum_{k=a+b}^{n} c^{k-b} = \frac{c^a - c^{n-b+1}}{1-c}$$

3. **Induktionsbehauptung** $\mathcal{A}(n+1)$

   Unter der Voraussetzung, dass die Summenformel

$$\sum_{k=a+b}^{n} c^{k-b} = \frac{c^a - c^{n-b+1}}{1-c}$$

   für ein $n \in \mathbb{N}_{\geq(a+b)}$ gilt, folgt:

$$\sum_{k=a+b}^{n+1} c^{k-b} = \frac{c^a - c^{(n+1)-b+1}}{1-c}$$

4. **Induktionsschluss** $\mathcal{A}(n) \implies \mathcal{A}(n+1)$

   Am Ende deines Beweises muss die rechte Seite der Summenformel aus der Induktionsbehauptung, also $\frac{c^a - c^{(n+1)-b+1}}{1-c}$, herauskommen. Beginne deine Beweisführung mit der linken Seite der Summenformel aus der Induktionsbehauptung:

$$\sum_{k=a+b}^{n+1} c^{k-b}$$

   Verwende **$\Sigma 3$** mit $f(k) = c^{k-b}$, um das Summenzeichen aufzuspalten:

$$= \left(\sum_{k=a+b}^{n} c^{k-b} \right) + c^{n+1-b}$$

$$= \left(\sum_{k=a+b}^{n} c^{k-b} \right) + c^{n-b+1}$$

   Verwende die Induktionsvoraussetzung und ersetze so $\sum_{k=a+b}^{n} c^{k-b}$ durch $\frac{c^a - c^{n-b+1}}{1-c}$:

$$= \left(\frac{c^a - c^{n-b+1}}{1-c} \right) + c^{n-b+1}$$

$$= \frac{c^a - c^{n-b+1}}{1-c} + c^{n-b+1}$$

Multipliziere den Summanden c^{n-b+1} mit $\frac{(1-c)}{(1-c)}$, um ihn auf den Bruch zu ziehen:

$$= \frac{c^a - c^{n-b+1}}{1-c} + c^{n-b+1} \cdot \frac{(1-c)}{(1-c)}$$

$$= \frac{c^a - c^{n-b+1}}{1-c} + \frac{c^{n-b+1} \cdot (1-c)}{(1-c)}$$

$$= \frac{c^a - c^{n-b+1} + c^{n-b+1} \cdot (1-c)}{1-c}$$

$$= \frac{c^a - c^{n-b+1} + c^{n-b+1} - c^{n-b+1} \cdot c}{1-c}$$

$$= \frac{c^a - c^{n-b+1} \cdot c}{1-c}$$

Wende das Potenzgesetz **P2** mit $a = c$, $x = n - b + 1$ und $y = 1$ (rückwärts) auf $c^{n-b+1} \cdot c$ an:

$$= \frac{c^a - c^{n-b+1+1}}{1-c}$$

$$= \frac{c^a - c^{(n+1)-b+1}}{1-c} \checkmark$$

Du hast nun Schritt für Schritt den Ausdruck $\sum_{k=a+b}^{n+1} c^{k-b}$ zu $\frac{c^a - c^{(n+1)-b+1}}{1-c}$ umgeformt und damit gezeigt, dass die Implikation $\mathcal{A}(n) \implies \mathcal{A}(n+1)$ wahr ist. Da $\mathcal{A}(n_0) = \mathcal{A}(a+b)$ ebenfalls wahr ist (Induktionsanfang), folgt mit dem Prinzip der vollständigen Induktion, dass die Summenformel $\sum_{k=a+b}^{n} c^{k-b} = \frac{c^a - c^{n-b+1}}{1-c}$ (und entsprechend die äquivalente Summenformel $\sum_{k=a}^{n-b} c^k = \frac{c^a - c^{n-b+1}}{1-c}$ aus der Aufgabenstellung) für alle $n \in \mathbb{N}_{a+b}$ funktioniert. $\square$

5.2 Produktformeln

5.2.1 Aufgaben für Einsteiger

Aufgaben

5.24 Beweise, dass für alle natürlichen Zahlen n gilt:

$$\prod_{k=1}^{n} 16^k = 4^{n \cdot (n+1)}$$

5.25 Beweise durch vollständige Induktion, dass die Produktformel

$$\prod_{k=1}^{n} k \cdot 4^k = n! \cdot 2^{n \cdot (n+1)}$$

für alle $n \in \mathbb{N}$ erfüllt ist.

5.26 Beweise, dass das Produkt

$$\prod_{k=1}^{n} k^2 \cdot 4^k$$

für alle $n \in \mathbb{N}$ durch den Ausdruck

$$(n!)^2 \cdot 2^{n \cdot (n+1)}$$

berechnet werden kann.

5.27 Beweise durch vollständige Induktion, dass für alle $n \in \mathbb{N}$ gilt:

$$\prod_{k=1}^{n} \sqrt{k} = \sqrt{n!}$$

5.28 Beweise, dass die Produktformel

$$\prod_{k=1}^{n} 256^{k^3} = 4^{n^2 \cdot (n+1)^2}$$

für alle $n \in \mathbb{N}$ erfüllt ist.

5.2.2 Aufgaben für Fortgeschrittene

Aufgaben

5.29 Beweise durch vollständige Induktion, dass für alle $m \in \mathbb{N}$ gilt:

$$\prod_{s=1}^{m} \sqrt{s} \cdot 16^s = \sqrt{m!} \cdot 4^{m \cdot (m+1)}$$

5.30 Beweise, dass die Produktformel

$$\prod_{k=2}^{n} \frac{k-1}{k+1} = \frac{2}{n^2 + n}$$

für alle $n \in \mathbb{N}_{\geq 2}$ gilt.

5.31 Beweise durch vollständige Induktion, dass für alle $n \in \mathbb{N}$ gilt:

$$\prod_{k=1}^{n} k^{-1} = (n!)^{-1}$$

5.32 Beweise durch vollständige Induktion, dass die Produktformel

$$\prod_{m=2}^{n} 1 - \frac{1}{m^2} = \frac{n+1}{2 \cdot n}$$

für alle $n \in \mathbb{N}_{\geq 2}$ gilt.

5.33 Beweise, dass das Produkt

$$\prod_{k=1}^{m} \frac{k^2}{k+1}$$

für alle $m \in \mathbb{N}$ durch den Ausdruck

$$\frac{m!}{m+1}$$

berechnet werden kann.

5.2.3 Aufgaben für Profis

Aufgaben

5.34 Beweise, dass die Produktformel

$$\prod_{k=1}^{m} k^2 = (m!)^2$$

für alle natürlichen Zahlen m gilt.

5.35 Sei $m \in \mathbb{R}$ eine reelle Zahl. Beweise durch vollständige Induktion über $n \in \mathbb{N}$ die Gültigkeit der folgenden Produktformel:

$$\prod_{k=1}^{n} k^m = (n!)^m$$

5.36 Seien $s, t \in \mathbb{R}$ reelle Zahlen. Beweise durch vollständige Induktion über $m \in \mathbb{N}$, dass das Produkt

$$\prod_{k=1}^{m} k^s \cdot k^t$$

auch durch den Ausdruck

$$(m!)^{s+t}$$

berechnet werden kann.

5.2.4 Lösungen

Lösung Aufgabe 5.24 Es ist zu zeigen:

$$\forall n \in \mathbb{N} : \prod_{k=1}^{n} 16^k = 4^{n \cdot (n+1)}$$

Beweis 5.25 k ist die Laufvariable des Produktzeichens und n die Induktionsvariable.

1. **Induktionsanfang** $\mathcal{A}(n_0)$
   Da die Behauptung für alle natürlichen Zahlen gezeigt werden soll, wird $n_0 = 1$ als Startwert gewählt und dieser in beide Seiten der Produktformel eingesetzt:
   a) $\displaystyle\prod_{k=1}^{n_0} 16^k = \prod_{k=1}^{1} 16^k = 16^1 = 16,$
   b) $4^{n_0 \cdot (n_0+1)} = 4^{1 \cdot (1+1)} = 4^{1 \cdot 2} = 4^2 = 16\checkmark$
   Da die Ergebnisse gleich sind, ist der Induktionsanfang gezeigt.

2. **Induktionsvoraussetzung** $\mathcal{A}(n)$
   Es existiert (mindestens) eine natürliche Zahl n, für welche das Produkt $\prod_{k=1}^{n} 16^k$ durch den Ausdruck $4^{n \cdot (n+1)}$ berechnet werden kann. Formal bedeutet das:

   $$\exists n \in \mathbb{N} : \prod_{k=1}^{n} 16^k = 4^{n \cdot (n+1)}$$

3. **Induktionsbehauptung** $\mathcal{A}(n + 1)$
   Unter der Voraussetzung, dass das Produkt $\prod_{k=1}^{n} 16^k$ für ein $n \in \mathbb{N}$ durch den Ausdruck $4^{n \cdot (n+1)}$ berechnet werden kann, folgt:

   $$\Longrightarrow \prod_{k=1}^{n+1} 16^k = 4^{(n+1) \cdot ((n+1)+1)}$$

4. **Induktionsschluss** $\mathcal{A}(n) \Longrightarrow \mathcal{A}(n + 1)$
   Am Ende deines Beweises muss die rechte Seite der Produktformel aus der Induktionsbehauptung, also $4^{(n+1) \cdot ((n+1)+1)}$, herauskommen. Beginne deine Beweisführung mit der linken Seite der Produktformel aus der Induktionsbehauptung:

   $$\prod_{k=1}^{n+1} 16^k$$

   Verwende **$\Pi3$** mit $f(k) = 16^k$, um das Produktzeichen aufzuspalten:

   $$= \left(\prod_{k=1}^{n} 16^k \right) \cdot 16^{n+1}$$

Verwende die Induktionsvoraussetzung und ersetze so $\prod_{k=1}^{n} 16^k$ durch $4^{n \cdot (n+1)}$:

$$= \left(4^{n \cdot (n+1)}\right) \cdot 16^{n+1}$$
$$= 4^{n \cdot (n+1)} \cdot 16^{n+1}$$

Da du das *kleine Einmaleins* beherrschst, wird es dich nicht überraschen, dass $16 = 4 \cdot 4 = 4^2$ ist. Damit kannst du 16^{n+1} zu $\left(4^2\right)^{n+1}$ umformen. Wende das Potenzgesetz **P5** mit und $a = 4$, $x = 2$, $y = (n+1)$ auf $\left(4^2\right)^{n+1}$ an:

$$= 4^{n \cdot (n+1)} \cdot \left(4^2\right)^{n+1}$$
$$= 4^{n \cdot (n+1)} \cdot 4^{2 \cdot (n+1)}$$

Wende das Potenzgesetz **P2** mit $a = 4$, $x = n \cdot (n+1)$ und $y = 2 \cdot (n+1)$ auf $4^{n \cdot (n+1)} \cdot 4^{2 \cdot (n+1)}$ an:

$$= 4^{n \cdot (n+1) + 2 \cdot (n+1)}$$

Klammere im Exponenten den Faktor $(n+1)$ aus:

$$= 4^{(n+1) \cdot (n+2)}$$
$$= 4^{(n+1) \cdot ((n+1)+1)} \checkmark$$

Du hast Schritt für Schritt den Ausdruck $\prod_{k=1}^{n+1} 16^k$ zu $4^{(n+1) \cdot ((n+1)+1)}$ umgeformt und damit gezeigt, dass die Implikation $\mathcal{A}(n) \implies \mathcal{A}(n+1)$ wahr ist. Da $\mathcal{A}(n_0) = \mathcal{A}(1)$ ebenfalls wahr ist (Induktionsanfang), folgt mit dem Prinzip der vollständigen Induktion, dass die Produktformel $\prod_{k=1}^{n} 16^k = 4^{n \cdot (n+1)}$ für alle $n \in \mathbb{N}$ funktioniert. $\square$

Lösung Aufgabe 5.25 Es ist zu zeigen, dass die folgende Behauptung wahr ist:

$$\forall n \in \mathbb{N} : \prod_{k=1}^{n} k \cdot 4^k = n! \cdot 2^{n \cdot (n+1)}$$

Beweis 5.26 k ist die Laufvariable des Produktzeichens und n die Induktionsvariable.

1. **Induktionsanfang** $\mathcal{A}(n_0)$
   Da die Behauptung für alle natürlichen Zahlen gezeigt werden soll, wird $n_0 = 1$ als Startwert gewählt und dieser in beide Seiten der Produktformel eingesetzt:
   a) $\prod_{k=1}^{n_0} k \cdot 4^k = \prod_{k=1}^{1} k \cdot 4^k = 1 \cdot 4^1 = 1 \cdot 4 = 4$,
   b) $n_0! \cdot 2^{n_0 \cdot (n_0 + 1)} = 1! \cdot 2^{1 \cdot (1+1)} = 2^{1 \cdot 2} = 2^2 = 4 \checkmark$
   Da die Ergebnisse gleich sind, ist der Induktionsanfang gezeigt.

2. **Induktionsvoraussetzung** $\mathcal{A}(n)$

Es existiert (mindestens) eine natürliche Zahl n, für welche das Produkt $\prod_{k=1}^{n_0} k \cdot 4^k$ durch den Ausdruck $n! \cdot 2^{n \cdot (n+1)}$ berechnet werden kann. Formal bedeutet das:

$$\exists n \in \mathbb{N} : \prod_{k=1}^{n} k \cdot 4^k = n! \cdot 2^{n \cdot (n+1)}$$

3. **Induktionsbehauptung** $\mathcal{A}(n+1)$

Unter der Voraussetzung, dass das Produkt $\prod_{k=1}^{n} k \cdot 4^k$ für ein $n \in \mathbb{N}$ durch den Ausdruck $n! \cdot 2^{n \cdot (n+1)}$ berechnet werden kann, folgt:

$$\implies \prod_{k=1}^{n+1} k \cdot 4^k = (n+1)! \cdot 2^{(n+1) \cdot ((n+1)+1)}$$

4. **Induktionsschluss** $\mathcal{A}(n) \implies \mathcal{A}(n+1)$

Am Ende deines Beweises muss die rechte Seite der Produktformel aus der Induktionsbehauptung, also $(n+1)! \cdot 2^{(n+1) \cdot ((n+1)+1)}$, herauskommen. Beginne deine Beweisführung mit der linken Seite der Produktformel aus der Induktionsbehauptung:

$$\prod_{k=1}^{n+1} k \cdot 4^k$$

Verwende **Π3** mit $f(k) = k \cdot 4^k$, um das Produktzeichen aufzuspalten:

$$= \left(\prod_{k=1}^{n} k \cdot 4^k \right) \cdot (n+1) \cdot 4^{n+1}$$

Verwende die Induktionsvoraussetzung und ersetze so $\prod_{k=1}^{n} k \cdot 4^k$ durch $n! \cdot 2^{n \cdot (n+1)}$:

$$= \left(n! \cdot 2^{n \cdot (n+1)} \right) \cdot (n+1) \cdot 4^{n+1}$$
$$= n! \cdot 2^{n \cdot (n+1)} \cdot (n+1) \cdot 4^{n+1}$$
$$= n! \cdot (n+1) \cdot 2^{n \cdot (n+1)} \cdot 4^{n+1}$$

Wende **F2** an, um $n! \cdot (n+1)$ zu $(n+1)!$ umzuformen:

$$= (n+1)! \cdot 2^{n \cdot (n+1)} \cdot 4^{n+1}$$

Schon seit dem *kleinen Einmaleins* weißt du, dass $4 = 2 \cdot 2 = 2^2$ ist. Mit diesem Wissen kannst du **P5** auf $4^{n+1} = \left(2^2 \right)^{n+1}$ anwenden, wobei $a = 2$, $x = 2$ und $y = n+1$ sind:

$$= (n+1)! \cdot 2^{n \cdot (n+1)} \cdot \left(2^2 \right)^{n+1}$$
$$= (n+1)! \cdot 2^{n \cdot (n+1)} \cdot 2^{2 \cdot (n+1)}$$

Nun kommt das Potenzgesetz **P2** mit $a = 2$, $x = n \cdot (n+1)$ und $y = 2 \cdot (n+1)$ an der Stelle $2^{n \cdot (n+1)} \cdot 2^{2 \cdot (n+1)}$ zum Einsatz:

$$= (n+1)! \cdot 2^{n \cdot (n+1) + 2 \cdot (n+1)}$$

Klammere im Exponenten den Faktor $(n+1)$ aus:

$$= (n+1)! \cdot 2^{(n+1) \cdot (n+2)}$$
$$= (n+1)! \cdot 2^{(n+1) \cdot ((n+1)+1)} \checkmark$$

Du hast Schritt für Schritt den Ausdruck $\prod_{k=1}^{n+1} k \cdot 4^k$ zu $(n+1)! \cdot 2^{(n+1) \cdot ((n+1)+1)}$ umgeformt und damit gezeigt, dass die Implikation $\mathcal{A}(n) \implies \mathcal{A}(n+1)$ wahr ist. Da $\mathcal{A}(n_0) = \mathcal{A}(1)$ ebenfalls wahr ist (Induktionsanfang), folgt mit dem Prinzip der vollständigen Induktion, dass die Produktformel $\prod_{k=1}^{n} k \cdot 4^k = n! \cdot 2^{n \cdot (n+1)}$ für alle $n \in \mathbb{N}$ funktioniert. $\qquad \square$

Lösung Aufgabe 5.26 Diese Behauptung ist sehr ähnlich zu der aus Aufgabe 5.25. Es ist zu zeigen:

$$\forall n \in \mathbb{N} : \prod_{k=1}^{n} k^2 \cdot 4^k = (n!)^2 \cdot 2^{n \cdot (n+1)}$$

Beweis 5.27 k ist die Laufvariable des Produktzeichens und n die Induktionsvariable.

1. **Induktionsanfang** $\mathcal{A}(n_0)$

   Da die Behauptung für alle natürlichen Zahlen gezeigt werden soll, wird $n_0 = 1$ als Startwert gewählt und dieser in beide Seiten der Produktformel eingesetzt:

   a) $\prod_{k=1}^{n_0} k^2 \cdot 4^k = \prod_{k=1}^{1} k^2 \cdot 4^k = 1^2 \cdot 4^1 = 1 \cdot 4 = 4$,

   b) $(n_0!)^2 \cdot 2^{n_0 \cdot (n_0+1)} = (1!)^2 \cdot 2^{1 \cdot (1+1)} = 1^2 \cdot 2^{1 \cdot 2} = 1 \cdot 2^2 = 1 \cdot 4 = 1\checkmark$

   Da die Ergebnisse gleich sind, ist der Induktionsanfang gezeigt.

2. **Induktionsvoraussetzung** $\mathcal{A}(n)$

   Es existiert (mindestens) eine natürliche Zahl n, für welche das Produkt $\prod_{k=1}^{n_0} k^2 \cdot 4^k$ durch den Ausdruck $(n!)^2 \cdot 2^{n \cdot (n+1)}$ berechnet werden kann. Formal bedeutet das:

   $$\exists n \in \mathbb{N} : \prod_{k=1}^{n} k^2 \cdot 4^k = (n!)^2 \cdot 2^{n \cdot (n+1)}$$

3. **Induktionsbehauptung** $\mathcal{A}(n+1)$

   Unter der Voraussetzung, dass das Produkt $\prod_{k=1}^{n} k^2 \cdot 4^k$ für ein $n \in \mathbb{N}$ durch den Ausdruck $(n!)^2 \cdot 2^{n \cdot (n+1)}$ berechnet werden kann, folgt:

   $$\implies \prod_{k=1}^{n+1} k^2 \cdot 4^k = ((n+1)!)^2 \cdot 2^{(n+1) \cdot ((n+1)+1)}$$

4. **Induktionsschluss** $\mathcal{A}(n) \implies \mathcal{A}(n+1)$

Am Ende deines Beweises muss die rechte Seite der Produktformel aus der Induktionsbehauptung, also $((n+1)!)^2 \cdot 2^{(n+1)\cdot((n+1)+1)}$, herauskommen. Beginne deine Beweisführung mit der linken Seite der Produktformel aus der Induktionsbehauptung:

$$\prod_{k=1}^{n+1} k^2 \cdot 4^k$$

Verwende **Π3** mit $f(k) = k^2 \cdot 4^k$, um das Produktzeichen aufzuspalten:

$$= \left(\prod_{k=1}^{n} k^2 \cdot 4^k \right) \cdot (n+1)^2 \cdot 4^{n+1}$$

Verwende die Induktionsvoraussetzung und ersetze so $\prod_{k=1}^{n} k^2 \cdot 4^k$ durch $(n!)^2 \cdot 2^{n\cdot(n+1)}$:

$$= ((n!)^2 \cdot 2^{n\cdot(n+1)}) \cdot (n+1)^2 \cdot 4^{n+1}$$
$$= (n!)^2 \cdot 2^{n\cdot(n+1)} \cdot (n+1)^2 \cdot 4^{n+1}$$
$$= (n!)^2 \cdot (n+1)^2 \cdot 2^{n\cdot(n+1)} \cdot 4^{n+1}$$

Mit dem Wissen, dass $(n!)^2 = n! \cdot n!$ und $(n+1)^2 = (n+1) \cdot (n+1)$ sind, kannst du unter Zuhilfenahme von **F2** $(n!)^2 \cdot ((n+1)!)^2 = ((n+1)!)^2$ herleiten:

$$(n!)^2 \cdot (n+1)^2 \cdot 2^{n\cdot(n+1)} \cdot 4^{n+1}$$
$$= n! \cdot n! \cdot (n+1) \cdot (n+1) \cdot 2^{n\cdot(n+1)} \cdot 4^{n+1}$$
$$= n! \cdot (n+1) \cdot n! \cdot (n+1) \cdot 2^{n\cdot(n+1)} \cdot 4^{n+1}$$
$$= (n+1)! \cdot (n+1)! \cdot 2^{n\cdot(n+1)} \cdot 4^{n+1}$$
$$= ((n+1)!)^2 \cdot 2^{n\cdot(n+1)} \cdot 4^{n+1}$$

Da du dich bestens mit dem *kleinen Einmaleins* auskennst (bzw. auskennen solltest), weißt du, dass $4 = 2 \cdot 2 = 2^2$ ist. Wende **P5** mit $a = 2$, $x = 2$ und $y = n+1$ auf $4^{n+1} = \left(2^2\right)^{n+1}$ an:

$$= ((n+1)!)^2 \cdot 2^{n\cdot(n+1)} \cdot \left(2^2\right)^{n+1}$$
$$= ((n+1)!)^2 \cdot 2^{n\cdot(n+1)} \cdot 2^{2\cdot(n+1)}$$

Nun kommt das Potenzgesetz **P2** mit $a = 2$, $x = n \cdot (n+1)$ und $y = 2 \cdot (n+1)$ an der Stelle $2^{n\cdot(n+1)} \cdot 2^{2\cdot(n+1)}$ zum Einsatz:

$$= ((n+1)!)^2 \cdot 2^{n\cdot(n+1)+2\cdot(n+1)}$$

Klammere im Exponenten den Faktor $(n + 1)$ aus:

$$= ((n + 1)!)^2 \cdot 2^{(n+1)\cdot(n+2)}$$

$$= ((n + 1)!)^2 \cdot 2^{(n+1)\cdot((n+1)+1)} \checkmark$$

Du hast Schritt für Schritt den Ausdruck $\prod_{k=1}^{n+1} k^2 \cdot 4^k$ zu $((n + 1)!)^2 \cdot 2^{(n+1)\cdot((n+1)+1)}$ umgeformt und damit gezeigt, dass die Implikation $\mathcal{A}(n) \implies \mathcal{A}(n + 1)$ wahr ist. Da $\mathcal{A}(n_0) = \mathcal{A}(1)$ ebenfalls wahr ist (Induktionsanfang), folgt mit dem Prinzip der vollständigen Induktion, dass die Produktformel $\prod_{k=1}^{n} k^2 \cdot 4^k = (n!)^2 \cdot 2^{n\cdot(n+1)}$ für alle $n \in \mathbb{N}$ funktioniert. $\qquad \square$

Lösung Aufgabe 5.27 Es ist zu zeigen:

$$\forall n \in \mathbb{N} : \prod_{k=1}^{n} \sqrt{k} = \sqrt{n!}$$

Beweis 5.28 k ist die Laufvariable des Produktzeichens und n die Induktionsvariable.

1. **Induktionsanfang** $\mathcal{A}(n_0)$
   Da die Behauptung für alle natürlichen Zahlen gezeigt werden soll, wird $n_0 = 1$ als Startwert gewählt und dieser in beide Seiten der Produktformel eingesetzt:

   a) $\displaystyle\prod_{k=1}^{n_0} \sqrt{k} = \prod_{k=1}^{1} \sqrt{k} = \sqrt{1} = 1,$

   b) $\sqrt{n_0!} = \sqrt{1!} = \sqrt{1} = 1 \checkmark$
   Da die Ergebnisse gleich sind, ist der Induktionsanfang gezeigt.

2. **Induktionsvoraussetzung** $\mathcal{A}(n)$
   Es existiert (mindestens) eine natürliche Zahl n, für welche das Produkt $\prod_{k=1}^{n} \sqrt{k}$ durch den Ausdruck $\sqrt{n!}$ berechnet werden kann. Formal bedeutet das:

   $$\exists n \in \mathbb{N} : \prod_{k=1}^{n} \sqrt{k} = \sqrt{n!}$$

3. **Induktionsbehauptung** $\mathcal{A}(n + 1)$
   Unter der Voraussetzung, dass das Produkt $\prod_{k=1}^{n} \sqrt{k}$ für ein $n \in \mathbb{N}$ durch den Ausdruck $\sqrt{n!}$ berechnet werden kann, folgt:

   $$\implies \prod_{k=1}^{n+1} \sqrt{k} = \sqrt{(n + 1)!}$$

4. **Induktionsschluss** $\mathcal{A}(n) \Longrightarrow \mathcal{A}(n+1)$

Am Ende deines Beweises muss die rechte Seite der Produktformel aus der Induktionsbehauptung, also $\sqrt{(n+1)!}$, herauskommen. Beginne deine Beweisführung mit der linken Seite der Produktformel aus der Induktionsbehauptung:

$$\prod_{k=1}^{n+1} \sqrt{k}$$

Verwende **Π3** mit $f(k) = \sqrt{k}$, um das Produktzeichen aufzuspalten:

$$= \left(\prod_{k=1}^{n} \sqrt{k}\right) \cdot \sqrt{n+1}$$

Verwende die Induktionsvoraussetzung und ersetze so $\prod_{k=1}^{n} \sqrt{k}$ durch $\sqrt{n!}$:

$$= \left(\sqrt{n!}\right) \cdot \sqrt{n+1}$$
$$= \sqrt{n!} \cdot \sqrt{n+1}$$

Wende das Wurzelgesetz **W2** mit $n = 2$, $x = n!$ und $y = n+1$ auf $\sqrt{n!} \cdot \sqrt{n+1}$ an:

$$= \sqrt{n! \cdot (n+1)}$$

Wende **F2** an, um $n! \cdot (n+1)$ zu $(n+1)!$ innerhalb der Wurzel umzuformen:

$$= \sqrt{(n+1)!} \checkmark$$

Du hast Schritt für Schritt den Ausdruck $\prod_{k=1}^{n+1} \sqrt{k}$ zu $\sqrt{(n+1)!}$ umgeformt und damit gezeigt, dass die Implikation $\mathcal{A}(n) \Longrightarrow \mathcal{A}(n+1)$ wahr ist. Da $\mathcal{A}(n_0) = \mathcal{A}(1)$ ebenfalls wahr ist (Induktionsanfang), folgt mit dem Prinzip der vollständigen Induktion, dass die Produktformel $\prod_{k=1}^{n} \sqrt{k} = \sqrt{n!}$ für alle $n \in \mathbb{N}$ funktioniert. $\qquad \square$

Lösung Aufgabe 5.28 Es ist zu zeigen, dass die folgende Behauptung wahr ist:

$$\forall n \in \mathbb{N}: \prod_{k=1}^{n} 256^{k^3} = 4^{n^2 \cdot (n+1)^2}$$

Beweis 5.29 k ist die Laufvariable des Produktzeichens und n die Induktionsvariable.

1. **Induktionsanfang** $\mathcal{A}(n_0)$

Da die Behauptung für alle natürlichen Zahlen gezeigt werden soll, wird $n_0 = 1$ als Startwert gewählt und dieser in beide Seiten der Produktformel eingesetzt:

a) $\displaystyle\prod_{k=1}^{n_0} 256^{k^3} = \prod_{k=1}^{1} 256^{k^3} = 256^{1^3} = 256^1 = 256,$

b) $4^{n_0^2 \cdot (n_0+1)^2} = 4^{1^2 \cdot (1+1)^2} = 4^{1 \cdot 2^2} = 4^{1 \cdot 4} = 4^4 = 256 \checkmark$

Da die Ergebnisse gleich sind, ist der Induktionsanfang gezeigt.

2. **Induktionsvoraussetzung** $\mathcal{A}(n)$

Es existiert (mindestens) eine natürliche Zahl n, für welche das Produkt $\prod_{k=1}^{n_0} 256^{k^3}$ durch den Ausdruck $4^{n^2 \cdot (n+1)^2}$ berechnet werden kann. Formal bedeutet das:

$$\exists n \in \mathbb{N} : \prod_{k=1}^{n} 256^{k^3} = 4^{n^2 \cdot (n+1)^2}$$

3. **Induktionsbehauptung** $\mathcal{A}(n+1)$

Unter der Voraussetzung, dass das Produkt $\prod_{k=1}^{n} 256^{k^3}$ für ein $n \in \mathbb{N}$ durch den Ausdruck $4^{n^2 \cdot (n+1)^2}$ berechnet werden kann, folgt:

$$\implies \prod_{k=1}^{n+1} 256^{k^3} = 4^{(n+1)^2 \cdot ((n+1)+1)^2}$$

4. **Induktionsschluss** $\mathcal{A}(n) \implies \mathcal{A}(n+1)$

Am Ende deines Beweises muss die rechte Seite der Produktformel aus der Induktionsbehauptung, also $4^{(n+1)^2 \cdot ((n+1)+1)^2}$, herauskommen. Beginne deine Beweisführung mit der linken Seite der Produktformel aus der Induktionsbehauptung:

$$\prod_{k=1}^{n+1} 256^{k^3}$$

Verwende **Π3** mit $f(k) = 256^{k^3}$, um das Produktzeichen aufzuspalten:

$$= \left(\prod_{k=1}^{n} 256^{k^3} \right) \cdot 256^{(n+1)^3}$$

Verwende die Induktionsvoraussetzung und ersetze so $\prod_{k=1}^{n} 256^{k^3}$ durch $4^{n^2 \cdot (n+1)^2}$:

$$= \left(4^{n^2 \cdot (n+1)^2} \right) \cdot 256^{(n+1)^3}$$

$$= 4^{n^2 \cdot (n+1)^2} \cdot 256^{(n+1)^3}$$

Nutze aus, dass $256 = 4^4$ ist und wende das Potenzgesetz **P5** mit $a = 4$, $x = 4$ und $y = (n+1)^3$ auf $\left(4^4 \right)^{(n+1)^3}$ an:

$$= 4^{n^2 \cdot (n+1)^2} \cdot \left(4^4 \right)^{(n+1)^3}$$

$$= 4^{n^2 \cdot (n+1)^2} \cdot 4^{4 \cdot (n+1)^3}$$

Wende das Potenzgesetz **P2** mit $a = 4$, $x = n^2 \cdot (n+1)^2$ und $y = 4 \cdot (n+1)^3$ auf $4^{n^2 \cdot (n+1)^2} \cdot 4^{4 \cdot (n+1)^3}$ an:

$$= 4^{n^2 \cdot (n+1)^2 + 4 \cdot (n+1)^3}$$

Klammere den Faktor $(n+1)^2$ im Exponenten aus:

$$= 4^{\left(n^2 + 4 \cdot (n+1)\right) \cdot (n+1)^2}$$

$$= 4^{\left(n^2 + 4 \cdot n + 4\right) \cdot (n+1)^2}$$

Wende die erste binomische Formel **B1** mit $a = n$ und $b = 2$ (rückwärts) auf $n^2 + 4 \cdot n + 4$ im Exponenten an:

$$= 4^{(n+2)^2 \cdot (n+1)^2}$$

$$= 4^{(n+1)^2 \cdot (n+2)^2}$$

$$= 4^{(n+1)^2 \cdot ((n+1)+1)^2} \checkmark$$

Du hast Schritt für Schritt den Ausdruck $\prod_{k=1}^{n+1} 256^{k^3}$ zu $4^{(n+1)^2 \cdot ((n+1)+1)^2}$ umgeformt und damit gezeigt, dass die Implikation $\mathcal{A}(n) \implies \mathcal{A}(n+1)$ wahr ist. Da $\mathcal{A}(n_0) = \mathcal{A}(1)$ ebenfalls wahr ist (Induktionsanfang), folgt mit dem Prinzip der vollständigen Induktion, dass die Produktformel $\prod_{k=1}^{n} 256^{k^3} = 4^{n^2 \cdot (n+1)^2}$ für alle $n \in \mathbb{N}$ stimmt. $\square$

Lösung Aufgabe 5.29 Es ist zu zeigen:

$$\forall m \in \mathbb{N} : \prod_{s=1}^{m} \sqrt{s} \cdot 16^s = \sqrt{m!} \cdot 4^{m \cdot (m+1)}$$

Beweis 5.30 s ist die Laufvariable des Produktzeichens und m die Induktionsvariable.

1. **Induktionsanfang** $\mathcal{A}(m_0)$
   Da die Behauptung für alle natürlichen Zahlen gezeigt werden soll, wird $m_0 = 1$ als Startwert gewählt und dieser in beide Seiten der Produktformel eingesetzt:
   a) $\prod\limits_{s=1}^{m_0} \sqrt{s} \cdot 16^s = \prod\limits_{s=1}^{1} \sqrt{s} \cdot 16^s = \sqrt{1} \cdot 16^1 = 1 \cdot 16 = 16$,
   b) $\sqrt{m_0!} \cdot 4^{m_0 \cdot (m_0+1)} = \sqrt{1!} \cdot 4^{1 \cdot (1+1)} = \sqrt{1} \cdot 4^{1 \cdot 2} = 1 \cdot 4^2 = 1 \cdot 16 = 16 \checkmark$
   Da die Ergebnisse gleich sind, ist der Induktionsanfang gezeigt.

2. **Induktionsvoraussetzung** $\mathcal{A}(m)$
   Es existiert (mindestens) eine natürliche Zahl m, für welche das Produkt $\prod_{s=1}^{m} \sqrt{s} \cdot 16^s$ durch den Ausdruck $\sqrt{m!} \cdot 4^{m \cdot (m+1)}$ berechnet werden kann. Formal bedeutet das:

$$\exists m \in \mathbb{N} : \prod_{s=1}^{m} \sqrt{s} \cdot 16^s = \sqrt{m!} \cdot 4^{m \cdot (m+1)}$$

3. **Induktionsbehauptung** $\mathcal{A}(m+1)$

Unter der Voraussetzung, dass das Produkt $\prod_{s=1}^{m} \sqrt{s} \cdot 16^s$ für ein $m \in \mathbb{N}$ durch den Ausdruck $\sqrt{m!} \cdot 4^{m \cdot (m+1)}$ berechnet werden kann, folgt:

$$\implies \prod_{s=1}^{m+1} \sqrt{s} \cdot 16^s = \sqrt{(m+1)!} \cdot 4^{(m+1) \cdot ((m+1)+1)}$$

4. **Induktionsschluss** $\mathcal{A}(m) \implies \mathcal{A}(m+1)$

Am Ende deines Beweises muss die rechte Seite der Produktformel aus der Induktionsbehauptung, also $\sqrt{m!} \cdot 4^{m \cdot (m+1)}$, herauskommen. Beginne deine Beweisführung mit der linken Seite der Produktformel aus der Induktionsbehauptung:

$$\prod_{s=1}^{m+1} \sqrt{s} \cdot 16^s$$

Verwende **Π3** mit $f(s) = \sqrt{s} \cdot 16^s$, um das Produktzeichen aufzuspalten:

$$= \left(\prod_{s=1}^{m} \sqrt{s} \cdot 16^s \right) \cdot \sqrt{m+1} \cdot 16^{m+1}$$

Verwende die Induktionsvoraussetzung und ersetze so $\prod_{s=1}^{m} \sqrt{s} \cdot 16^s$ durch $\sqrt{m!} \cdot 4^{m \cdot (m+1)}$:

$$= \left(\sqrt{m!} \cdot 4^{m \cdot (m+1)} \right) \cdot \sqrt{m+1} \cdot 16^{m+1}$$

$$= \sqrt{m!} \cdot 4^{m \cdot (m+1)} \cdot \sqrt{m+1} \cdot 16^{m+1}$$

$$= \sqrt{m!} \cdot \sqrt{m+1} \cdot 4^{m \cdot (m+1)} \cdot 16^{m+1}$$

Wende das Wurzelgesetz **W2** mit $n = 2$, $x = m!$ und $y = m+1$ auf $\sqrt{m!} \cdot \sqrt{m+1}$ an:

$$= \sqrt{m! \cdot (m+1)} \cdot 4^{m \cdot (m+1)} \cdot 16^{m+1}$$

Nutze **F2**, um den Radikanden $m! \cdot (m+1)$ zu $(m+1)!$ umzuformen:

$$= \sqrt{(m+1)!} \cdot 4^{m \cdot (m+1)} \cdot 16^{m+1}$$

Wenn du 16 als Produkt aus $4 \cdot 4 = 4^2$ auffasst und das Potenzgesetz **P5** mit $a = 2$, $x = 2$ und $y = m+1$ auf $\left(4^2\right)^{m+1}$ anwendest, erhältst du:

$$= \sqrt{(m+1)!} \cdot 4^{m \cdot (m+1)} \cdot \left(4^2\right)^{m+1}$$

$$= \sqrt{(m+1)!} \cdot 4^{m \cdot (m+1)} \cdot (4)^{2 \cdot (m+1)}$$

Wende das Potenzgesetz **P2** mit $a = 4$, $x = m \cdot (m + 1)$ und $y = 2 \cdot (m + 1)$ auf $4^{m \cdot (m+1)} \cdot (4)^{2 \cdot (m+1)}$ an:

$$= \sqrt{(m + 1)!} \cdot 4^{m \cdot (m+1) + 2 \cdot (m+1)}$$

Klammere den Faktor $(m + 1)$ im Exponenten aus:

$$= \sqrt{(m + 1)!} \cdot 4^{(m+1) \cdot (m+2)}$$

$$= \sqrt{(m + 1)!} \cdot 4^{((m+1)+1) \cdot (m+1)} \checkmark$$

Du hast Schritt für Schritt den Ausdruck $\prod_{s=1}^{m+1} \sqrt{s} \cdot 16^s$ zu $\sqrt{(m + 1)!} \cdot 4^{(m+1) \cdot ((m+1)+1)}$ umgeformt und damit gezeigt, dass die Implikation $\mathcal{A}(m) \implies \mathcal{A}(m + 1)$ wahr ist. Da $\mathcal{A}(m_0) = \mathcal{A}(1)$ ebenfalls wahr ist (Induktionsanfang), folgt mit dem Prinzip der vollständigen Induktion, dass die Produktformel $\prod_{s=1}^{m} \sqrt{s} \cdot 16^s = \sqrt{m!} \cdot 4^{m \cdot (m+1)}$ für alle $m \in \mathbb{N}$ funktioniert. $\qquad\qquad\qquad\qquad\qquad\qquad\qquad\qquad\qquad\qquad\quad\square$

Lösung Aufgabe 5.30 Es ist zu zeigen:

$$\forall n \in \mathbb{N}_{\geq 2} : \prod_{k=2}^{n} \frac{k - 1}{k + 1} = \frac{2}{n^2 + n}$$

Beweis 5.31 k ist die Laufvariable des Produktzeichens und n die Induktionsvariable.

1. **Induktionsanfang** $\mathcal{A}(n_0)$

   Da die Behauptung für alle natürlichen Zahlen größer als oder gleich 2 bewiesen werden soll, wird $n_0 = 2$ als Startwert gewählt und dieser in beide Seiten der Produktformel eingesetzt.

   a) $\prod\limits_{k=2}^{n_0} \frac{k-1}{k+1} = \prod\limits_{k=2}^{2} \frac{k-1}{k+1} = \frac{2-1}{2+1} = \frac{1}{3}$,

   b) $\frac{2}{n_0^2 + n_0} = \frac{2}{2^2 + 2} = \frac{\cancel{2}}{\cancel{6}} = \frac{1}{3} \checkmark$

   Da die Ergebnisse gleich sind, ist der Induktionsanfang gezeigt.

2. **Induktionsvoraussetzung** $\mathcal{A}(n)$

   Es existiert (mindestens) eine natürliche Zahl $n \in \mathbb{N}_{\geq 2}$, für welche das Produkt $\prod_{k=2}^{n} \frac{k-1}{k+1}$ durch den Ausdruck $\frac{2}{n^2+n}$ berechnet werden kann. Formal bedeutet das:

   $$\exists n \in \mathbb{N}_{\geq 2} : \prod_{k=2}^{n} \frac{k - 1}{k + 1} = \frac{2}{n^2 + n}$$

3. **Induktionsbehauptung** $\mathcal{A}(n+1)$

Unter der Voraussetzung, dass das Produkt $\prod_{k=2}^{n} \frac{k-1}{k+1}$ für ein $n \in \mathbb{N}_{\geq 2}$ durch den Ausdruck $\frac{2}{n^2+n}$ berechnet werden kann, folgt:

$$\implies \prod_{k=2}^{n+1} \frac{k-1}{k+1} = \frac{2}{(n+1)^2 + (n+1)}$$

4. **Induktionsschluss** $\mathcal{A}(n) \implies \mathcal{A}(n+1)$

Am Ende deines Beweises muss die rechte Seite der Produktformel aus der Induktionsbehauptung, also $\frac{2}{(n+1)^2+(n+1)}$, herauskommen. Beginne deine Beweisführung mit der linken Seite der Produktformel aus der Induktionsbehauptung:

$$\prod_{k=2}^{n+1} \frac{k-1}{k+1}$$

Verwende **П3** mit $f(k) = \frac{k-1}{k+1}$, um das Produktzeichen aufzuspalten:

$$= \left(\prod_{k=2}^{n} \frac{k-1}{k+1}\right) \cdot \frac{(n+1)-1}{(n+1)+1}$$

$$= \left(\prod_{k=2}^{n} \frac{k-1}{k+1}\right) \cdot \frac{n}{n+2}$$

Verwende die Induktionsvoraussetzung und ersetze so $\prod_{k=2}^{n} \frac{k-1}{k+1}$ durch $\frac{2}{n^2+n}$:

$$= \left(\frac{2}{n^2+n}\right) \cdot \frac{n}{n+2}$$

$$= \frac{2}{n^2+n} \cdot \frac{n}{n+2}$$

$$= \frac{2 \cdot n}{(n^2+n) \cdot (n+2)}$$

Klammere n im ersten Faktor des Nenners (n^2+n) aus:

$$= \frac{2 \cdot \not{n}}{\not{n} \cdot (n+1) \cdot (n+2)}$$

$$= \frac{2}{(n+1) \cdot (n+2)}$$

$$= \frac{2}{n^2 + 2 \cdot n + 1 \cdot n + 2}$$

$$= \frac{2}{n^2 + 2 \cdot n + n + 1 + 1}$$

$$= \frac{2}{(n^2 + 2 \cdot n + 1) + (n+1)}$$

Wende die erste binomische Formel **B1** mit $a = n$ und $b = 1$ (rückwärts) auf $n^2 + 2 \cdot n + 1$ im Nenner an:

$$= \frac{2}{(n+1)^2 + (n+1)} \checkmark$$

Du hast Schritt für Schritt den Ausdruck $\prod_{k=2}^{n+1} \frac{k-1}{k+1}$ zu $\frac{2}{n^2+n}$ umgeformt und damit gezeigt, dass die Implikation $\mathcal{A}(n) \Longrightarrow \mathcal{A}(n+1)$ wahr ist. Da $\mathcal{A}(n_0) = \mathcal{A}(2)$ ebenfalls wahr ist (Induktionsanfang), folgt mit dem Prinzip der vollständigen Induktion, dass die Produktformel $\prod_{k=2}^{n} \frac{k-1}{k+1} = \frac{2}{n^2+n}$ für alle $n \in \mathbb{N}_{\geq 2}$ funktioniert. $\square$

Lösung Aufgabe 5.31 Es ist zu zeigen:

$$\forall n \in \mathbb{N} : \prod_{k=1}^{n} k^{-1} = (n!)^{-1}$$

Beweis 5.32 k ist die Laufvariable des Produktzeichens und n die Induktionsvariable.

1. **Induktionsanfang** $\mathcal{A}(n_0)$
   Da die Behauptung für alle natürlichen Zahlen bewiesen werden soll, wird $n_0 = 1$ als Startwert gewählt und dieser in beide Seiten der Produktformel eingesetzt:
   a) $\displaystyle\prod_{k=1}^{n_0} k^{-1} = \prod_{k=1}^{1} k^{-1} = 1^{-1} = \frac{1}{1} = 1,$
   b) $(n_0!)^{-1} = (1!)^{-1} = 1^{-1} = \frac{1}{1} = 1 \checkmark$
   Da die Ergebnisse gleich sind, ist der Induktionsanfang gezeigt.

2. **Induktionsvoraussetzung** $\mathcal{A}(n)$
   Es existiert (mindestens) eine natürliche Zahl n, für welche das Produkt $\prod_{k=1}^{n} k^{-1}$ durch den Ausdruck $(n!)^{-1}$ berechnet werden kann. Formal bedeutet das:

   $$\exists n \in \mathbb{N} : \prod_{k=1}^{n} k^{-1} = (n!)^{-1}$$

3. **Induktionsbehauptung** $\mathcal{A}(n+1)$
   Unter der Voraussetzung, dass das Produkt $\prod_{k=1}^{n} k^{-1}$ für ein $n \in \mathbb{N}$ durch den Ausdruck $(n!)^{-1}$ berechnet werden kann, folgt:

   $$\Longrightarrow \prod_{k=1}^{n+1} k^{-1} = ((n+1)!)^{-1}$$

4. **Induktionsschluss** $\mathcal{A}(n) \Longrightarrow \mathcal{A}(n+1)$
   Am Ende deines Beweises muss die rechte Seite der Produktformel aus der Induktionsbehauptung, also $((n+1)!)^{-1}$, herauskommen. Beginne deine Beweisführung mit

der linken Seite der Produktformel aus der Induktionsbehauptung:

$$\prod_{k=1}^{n+1} k^{-1}$$

Verwende **Π3** mit $f(k) = k^{-1}$, um das Produktzeichen aufzuspalten:

$$= \left(\prod_{k=1}^{n} k^{-1} \right) \cdot (n+1)^{-1}$$

Verwende die Induktionsvoraussetzung und ersetze so $\prod_{k=1}^{n} k^{-1}$ durch $(n!)^{-1}$:

$$= \left((n!)^{-1} \right) \cdot (n+1)^{-1}$$
$$= (n!)^{-1} \cdot (n+1)^{-1}$$

Wende das Potenzgesetz **P6** mit $a = n!, b = (n+1)$ und $x = -1$ auf $(n!)^{-1} \cdot (n+1)^{-1}$ an:

$$= (n! \cdot (n+1))^{-1}$$

Wende **F2** an, um $n! \cdot (n+1)$ zu $(n+1)!$ umzuformen:

$$= ((n+1)!)^{-1} \checkmark$$

Du hast Schritt für Schritt den Ausdruck $\prod_{k=1}^{n+1} k^{-1}$ zu $((n+1)!)^{-1}$ umgeformt und damit gezeigt, dass die Implikation $\mathcal{A}(n) \implies \mathcal{A}(n+1)$ wahr ist. Da $\mathcal{A}(n_0) = \mathcal{A}(1)$ ebenfalls wahr ist (Induktionsanfang), folgt mit dem Prinzip der vollständigen Induktion, dass die Produktformel $\prod_{k=1}^{n} k^{-1} = (n!)^{-1}$ für alle $n \in \mathbb{N}$ funktioniert. $\square$

Lösung Aufgabe 5.32 Es ist zu zeigen:

$$\forall n \in \mathbb{N}_{\geq 2} : \prod_{m=2}^{n} 1 - \frac{1}{m^2} = \frac{n+1}{2 \cdot n}$$

Beweis 5.33 m ist die Laufvariable des Produktzeichens und n die Induktionsvariable.

1. **Induktionsanfang** $\mathcal{A}(n_0)$
   Da die Behauptung für alle natürlichen Zahlen größer als oder gleich 2 gezeigt werden soll, wird $n_0 = 2$ als Startwert gewählt und dieser in beide Seiten der Produktformel eingesetzt:

   a) $\displaystyle\prod_{m=2}^{n_0} 1 - \frac{1}{m^2} = \prod_{m=2}^{2} 1 - \frac{1}{m^2} = 1 - \frac{1}{2^2} = 1 - \frac{1}{4} = \frac{3}{4}$

   b) $\frac{n_0+1}{2 \cdot n_0} = \frac{2+1}{2 \cdot 2} = \frac{3}{4} \checkmark$

   Da die Ergebnisse gleich sind, ist der Induktionsanfang gezeigt.

2. **Induktionsvoraussetzung** $\mathcal{A}(n)$

Es existiert (mindestens) eine natürliche Zahl n, für welche das Produkt $\prod_{m=2}^{n} 1 - \frac{1}{m^2}$ durch den Ausdruck $\frac{n+1}{2 \cdot n}$ berechnet werden kann. Formal bedeutet das:

$$\exists n \in \mathbb{N}_{\geq 2} : \prod_{m=2}^{n} 1 - \frac{1}{m^2} = \frac{n+1}{2 \cdot n}$$

3. **Induktionsbehauptung** $\mathcal{A}(n+1)$

Unter der Voraussetzung, dass das Produkt $\prod_{m=2}^{n} 1 - \frac{1}{m^2}$ für ein $n \in \mathbb{N}_{\geq 2}$ durch den Ausdruck $\frac{n+1}{2 \cdot n}$ berechnet werden kann, folgt:

$$\implies \prod_{m=2}^{n+1} 1 - \frac{1}{m^2} = \frac{(n+1)+1}{2 \cdot (n+1)}$$

4. **Induktionsschluss** $\mathcal{A}(n) \implies \mathcal{A}(n+1)$

Am Ende deines Beweises muss die rechte Seite der Produktformel aus der Induktionsbehauptung, also $\frac{(n+1)+1}{2 \cdot (n+1)}$, herauskommen. Beginne deine Beweisführung mit der linken Seite der Produktformel aus der Induktionsbehauptung:

$$\prod_{m=2}^{n+1} 1 - \frac{1}{m^2}$$

Verwende **Π3** mit $f(m) = 1 - \frac{1}{m^2}$, um das Produktzeichen aufzuspalten:

$$= \left(\prod_{m=2}^{n} 1 - \frac{1}{m^2} \right) \cdot \left(1 - \frac{1}{(n+1)^2} \right)$$

Verwende die Induktionsvoraussetzung und ersetze so $\prod_{m=2}^{n} 1 - \frac{1}{m^2}$ durch $\frac{n+1}{2 \cdot n}$:

$$= \left(\frac{n+1}{2 \cdot n} \right) \cdot \left(1 - \frac{1}{(n+1)^2} \right)$$

$$= \frac{n+1}{2 \cdot n} \cdot \left(1 - \frac{1}{(n+1)^2} \right)$$

Bringe $1 - \frac{1}{(n+1)^2}$ auf einen gemeinsamen Nenner:

$$= \frac{n+1}{2 \cdot n} \cdot \left(\frac{(n+1)^2}{(n+1)^2} - \frac{1}{(n+1)^2} \right)$$

$$= \frac{n+1}{2 \cdot n} \cdot \left(\frac{(n+1)^2 - 1}{(n+1)^2} \right)$$

$$= \frac{\cancel{n+1}}{2 \cdot n} \cdot \frac{(n+1)^2 - 1}{\cancel{(n+1)^2}}$$

$$= \frac{(n+1)^2 - 1}{2 \cdot n \cdot (n+1)}$$

Wende die erste binomische Formel **B1** mit $a = n$ und $b = 1$ auf $(n+1)^2$ an:

$$= \frac{n^2 + 2 \cdot n + 1 - 1}{2 \cdot n \cdot (n+1)}$$

$$= \frac{n^2 + 2 \cdot n}{2 \cdot n \cdot (n+1)}$$

Klammere n im Zähler aus:

$$= \frac{\cancel{n} \cdot (n+2)}{2 \cdot \cancel{n} \cdot (n+1)}$$

$$= \frac{n+2}{2 \cdot (n+1)}$$

$$= \frac{(n+1) + 1}{2 \cdot (n+1)} \checkmark$$

Du hast Schritt für Schritt den Ausdruck $\prod_{m=2}^{n+1} 1 - \frac{1}{m^2}$ zu $\frac{(n+1)+1}{2 \cdot (n+1)}$ umgeformt und damit gezeigt, dass die Implikation $\mathcal{A}(n) \implies \mathcal{A}(n+1)$ wahr ist. Da $\mathcal{A}(n_0) = \mathcal{A}(2)$ ebenfalls wahr ist (Induktionsanfang), folgt mit dem Prinzip der vollständigen Induktion, dass die Produktformel $\prod_{m=2}^{n} 1 - \frac{1}{m^2} = \frac{n+1}{2 \cdot n}$ für alle $n \in \mathbb{N}_{\geq 2}$ funktioniert. $\qquad\square$

Lösung Aufgabe 5.33 Es ist zu zeigen:

$$\forall m \in \mathbb{N} : \prod_{k=1}^{m} \frac{k^2}{k+1} = \frac{m!}{m+1}$$

Beweis 5.34 k ist die Laufvariable des Produktzeichens und m die Induktionsvariable.

1. **Induktionsanfang** $\mathcal{A}(m_0)$
   Da die Behauptung für alle natürlichen Zahlen gezeigt werden soll, wird $m_0 = 1$ als Startwert gewählt und dieser in beide Seiten der Produktformel eingesetzt:

   a) $\prod\limits_{k=1}^{m_0} \frac{k^2}{k+1} = \prod\limits_{k=1}^{1} \frac{k^2}{k+1} = \frac{1^2}{1+1} = \frac{1}{2}$,

   b) $\frac{m_0!}{m_0+1} = \frac{1!}{1+1} = \frac{1}{2} \checkmark$

   Da die Ergebnisse gleich sind, ist der Induktionsanfang gezeigt.

2. **Induktionsvoraussetzung** $\mathcal{A}(m)$

   Es existiert (mindestens) eine natürliche Zahl m, für welche das Produkt $\prod_{k=1}^{m} \frac{k^2}{k+1}$ durch den Ausdruck $\frac{m!}{m+1}$ berechnet werden kann. Formal bedeutet das:

$$\exists m \in \mathbb{N} : \prod_{k=1}^{m} \frac{k^2}{k+1} = \frac{m!}{m+1}$$

3. **Induktionsbehauptung** $\mathcal{A}(m+1)$

   Unter der Voraussetzung, dass das Produkt $\prod_{k=1}^{m} \frac{k^2}{k+1}$ für ein $m \in \mathbb{N}$ durch den Ausdruck $\frac{m!}{m+1}$ berechnet werden kann, folgt:

$$\Longrightarrow \prod_{k=1}^{m+1} \frac{k^2}{k+1} = \frac{(m+1)!}{(m+1)+1}$$

4. **Induktionsschluss** $\mathcal{A}(m) \Longrightarrow \mathcal{A}(m+1)$

   Am Ende deines Beweises muss die rechte Seite der Produktformel aus der Induktionsbehauptung, also $\frac{(m+1)!}{(m+1)+1}$, herauskommen. Beginne deine Beweisführung mit der linken Seite der Produktformel aus der Induktionsbehauptung:

$$\prod_{k=1}^{m+1} \frac{k^2}{k+1}$$

Verwende **$\Pi 3$** mit $f(k) = \frac{k^2}{k+1}$, um das Produktzeichen aufzuspalten:

$$= \left(\prod_{k=1}^{m} \frac{k^2}{k+1} \right) \cdot \frac{(m+1)^2}{(m+1)+1}$$

Verwende die Induktionsvoraussetzung und ersetze so $\prod_{k=1}^{m} \frac{k^2}{k+1}$ durch $\frac{m!}{m+1}$:

$$= \left(\frac{m!}{m+1} \right) \cdot \frac{(m+1)^2}{(m+1)+1}$$

$$= \frac{m! \cdot (m+1)^2}{(m+1) \cdot ((m+1)+1)}$$

$$= \frac{m! \cdot (m+1)^2}{(m+1) \cdot ((m+1)+1)}$$

Kürze daran anschließend den Faktor $m+1$, der im Zähler in $(m+1)^2 = (m+1) \cdot (m+1)$ steckt:

$$= \frac{m! \cdot \cancel{(m+1)} \cdot (m+1)}{\cancel{(m+1)} \cdot ((m+1)+1)}$$

$$= \frac{m! \cdot (m+1)}{(m+1)+1}$$

Wende **F2** an, um im Zähler $m! \cdot (m + 1)$ zu $(m + 1)!$ umzuformen:

$$= \frac{(m + 1)!}{(m + 1) + 1} \checkmark$$

Du hast Schritt für Schritt den Ausdruck $\prod_{k=1}^{m+1} \frac{k^2}{k+1}$ zu $\frac{(m+1)!}{(m+1)+1}$ umgeformt und damit gezeigt, dass die Implikation $\mathcal{A}(m) \implies \mathcal{A}(m+1)$ wahr ist. Da $\mathcal{A}(m_0) = \mathcal{A}(1)$ ebenfalls wahr ist (Induktionsanfang), folgt mit dem Prinzip der vollständigen Induktion, dass die Produktformel $\prod_{k=1}^{m} \frac{k^2}{k+1} = \frac{m!}{m+1}$ für alle $m \in \mathbb{N}$ funktioniert. $\qquad\square$

Lösung Aufgabe 5.34 Es ist zu zeigen:

$$\forall m \in \mathbb{N} : \prod_{k=1}^{m} k^2 = (m!)^2$$

Beweis 5.35 k ist die Laufvariable des Produktzeichens und m die Induktionsvariable.

1. **Induktionsanfang** $\mathcal{A}(m_0)$
   Da die Behauptung für alle natürlichen Zahlen gezeigt werden soll, wird $m_0 = 1$ als Startwert gewählt und dieser in beide Seiten der Produktformel eingesetzt:

   a) $\displaystyle\prod_{k=1}^{m_0} k^2 = \prod_{k=1}^{1} k^2 = 1^2 = 1,$

   b) $(m_0!)^2 = (1!)^2 = 1^2 = 1 \checkmark$

   Da die Ergebnisse gleich sind, ist der Induktionsanfang gezeigt.

2. **Induktionsvoraussetzung** $\mathcal{A}(m)$
   Es existiert (mindestens) eine natürliche Zahl m, für welche das Produkt $\prod_{k=1}^{m} k^2$ durch den Ausdruck $(m!)^2$ berechnet werden kann. Formal bedeutet das:

   $$\exists m \in \mathbb{N} : \prod_{k=1}^{m} k^2 = (m!)^2$$

3. **Induktionsbehauptung** $\mathcal{A}(m + 1)$
   Unter der Voraussetzung, dass das Produkt $\prod_{k=1}^{m} k^2$ für ein $m \in \mathbb{N}$ durch den Ausdruck $(m!)^2$ berechnet werden kann, folgt:

   $$\implies \prod_{k=1}^{m+1} k^2 = ((m + 1)!)^2$$

4. **Induktionsschluss** $\mathcal{A}(m) \implies \mathcal{A}(m + 1)$
   Am Ende deines Beweises muss die rechte Seite der Produktformel aus der Induktionsbehauptung, also $((m + 1)!)^2$, herauskommen. Beginne deine Beweisführung mit

der linken Seite der Produktformel aus der Induktionsbehauptung:

$$\prod_{k=1}^{m+1} k^2$$

Verwende **Π3** mit $f(k) = k^2$, um das Produktzeichen aufzuspalten:

$$= \left(\prod_{k=1}^{m} k^2\right) \cdot (m+1)^2$$

Verwende die Induktionsvoraussetzung und ersetze so $\prod_{k=1}^{m} k^2$ durch $(m!)^2$:

$$= \left((m!)^2\right) \cdot (m+1)^2$$
$$= (m!)^2 \cdot (m+1)^2$$

Es sind $(m!)^2 = m! \cdot m!$ und $(m+1)^2 = (m+1) \cdot (m+1)$. Diese Information kannst du nutzen, um mit **F2** auf $(m+1)!)^2$ zu kommen:

$$= m! \cdot m! \cdot (m+1) \cdot (m+1)$$
$$= m! \cdot (m+1) \cdot m! \cdot (m+1)$$
$$= (m+1)! \cdot (m+1)!$$
$$= ((m+1)!)^2$$

Du hast Schritt für Schritt den Ausdruck $\prod_{k=1}^{m+1} k^2$ zu $((m+1)!)^2$ umgeformt und damit gezeigt, dass die Implikation $\mathcal{A}(m) \implies \mathcal{A}(m+1)$ wahr ist. Da $\mathcal{A}(m_0) = \mathcal{A}(1)$ ebenfalls wahr ist (Induktionsanfang), folgt mit dem Prinzip der vollständigen Induktion, dass die Produktformel $\prod_{k=1}^{m} k^2 = (m!)^2$ für alle $m \in \mathbb{N}$ funktioniert. $\square$

Lösung Aufgabe 5.35 Diese Behauptung ist eine Verallgemeinerung der Produktformel aus Aufgabe 5.34. Allerdings ist $m \in \mathbb{R}$ in diesem Fall ein reeller Exponent und nicht die Induktionsvariable. Es ist zu zeigen:

$$\forall n \in \mathbb{N} : \prod_{k=1}^{n} k^m = (n!)^m$$

Beweis 5.36 k ist die Laufvariable des Produktzeichens und n die Induktionsvariable.

1. **Induktionsanfang** $\mathcal{A}(n_0)$

   Da die Behauptung für alle natürlichen Zahlen gezeigt werden soll, wird $n_0 = 1$ als Startwert gewählt und dieser in beide Seiten der Produktformel eingesetzt:

   a) $\prod_{k=1}^{n_0} k^m = \prod_{k=1}^{1} k^m = 1^m = 1,$

   b) $(n_0!)^m = (1!)^m = 1^m = 1 \checkmark$

   Da die Ergebnisse gleich sind, ist der Induktionsanfang gezeigt.

2. **Induktionsvoraussetzung** $\mathcal{A}(n)$

Es existiert (mindestens) eine natürliche Zahl n, für welche das Produkt $\prod_{k=1}^{n} k^m$ durch den Ausdruck $(n!)^m$ berechnet werden kann. Formal bedeutet das:

$$\exists n \in \mathbb{N} : \prod_{k=1}^{n} k^m = (n!)^m$$

3. **Induktionsbehauptung** $\mathcal{A}(n+1)$

Unter der Voraussetzung, dass das Produkt $\prod_{k=1}^{n} k^m$ für ein $n \in \mathbb{N}$ durch den Ausdruck $(n!)^m$ berechnet werden kann, folgt:

$$\Longrightarrow \prod_{k=1}^{n+1} k^m = ((n+1)!)^m$$

4. **Induktionsschluss** $\mathcal{A}(n) \Longrightarrow \mathcal{A}(n+1)$

Am Ende deines Beweises muss die rechte Seite der Produktformel aus der Induktionsbehauptung, also $((n+1)!)^m$, herauskommen. Beginne deine Beweisführung mit der linken Seite der Produktformel aus der Induktionsbehauptung:

$$\prod_{k=1}^{n+1} k^m$$

Verwende **Π3** mit $f(k) = k^m$, um das Produktzeichen aufzuspalten:

$$= \left(\prod_{k=1}^{n} k^m \right) \cdot (n+1)^m$$

Verwende die Induktionsvoraussetzung und ersetze so $\prod_{k=1}^{n} k^m$ durch $(n!)^m$:

$$\begin{aligned}
&= ((n!)^m) \cdot (n+1)^m \\
&= (n!)^m \cdot (n+1)^m \\
&= \underbrace{n! \cdot n! \cdot \ldots \cdot n!}_{m\times} \cdot \underbrace{(n+1) \cdot (n+1) \cdot \ldots \cdot (n+1)}_{m\times} \\
&= \underbrace{(n! \cdot (n+1)) \cdot (n! \cdot (n+1)) \cdot \ldots \cdot (n! \cdot (n+1))}_{m\times} \\
&= \underbrace{(n+1)! \cdot (n+1)! \cdot \ldots \cdot (n+1)!}_{m\times} \\
&= ((n+1)!)^m \checkmark
\end{aligned}$$

Du hast Schritt für Schritt den Ausdruck $\prod_{k=1}^{n+1} k^m$ zu $((n+1)!)^m$ umgeformt und damit gezeigt, dass die Implikation $\mathcal{A}(n) \Longrightarrow \mathcal{A}(n+1)$ wahr ist. Da $\mathcal{A}(n_0) =$

$\mathcal{A}(1)$ ebenfalls wahr ist (Induktionsanfang), folgt mit dem Prinzip der vollständigen Induktion, dass die Produktformel $\prod_{k=1}^{n} k^m = (n!)^m$ für alle $n \in \mathbb{N}$ funktioniert. □

Lösung Aufgabe 5.36 Es ist zu zeigen:

$$\forall m \in \mathbb{N} : \prod_{k=1}^{m} k^s \cdot k^t = (m!)^{s+t}$$

Beweis 5.37 k ist die Laufvariable des Produktzeichens und m die Induktionsvariable. Der Beweis wird also nicht über die Konstanten s oder t geführt. Dies würde ohnehin an der Tatsache scheitern, dass es sich bei ihnen um *reelle* Konstanten handelt.

1. **Induktionsanfang** $\mathcal{A}(m_0)$
   Da die Behauptung für alle natürlichen Zahlen gezeigt werden soll, wird $m_0 = 1$ als Startwert gewählt und dieser in beide Seiten der Produktformel eingesetzt:
   a) $\prod_{k=1}^{m_0} k^s \cdot k^t = \prod_{k=1}^{1} k^s \cdot k^t = 1^s \cdot 1^t = 1^{s+t} = 1,$
   b) $(m_0!)^{s+t} = (1!)^{s+t} = 1^{s+t} = 1 \checkmark$
   Da die Ergebnisse gleich sind, ist der Induktionsanfang gezeigt.

2. **Induktionsvoraussetzung** $\mathcal{A}(m)$
   Es existiert (mindestens) eine natürliche Zahl m, für welche das Produkt $\prod_{k=1}^{m} k^s \cdot k^t$ durch den Ausdruck $(m!)^{s+t}$ berechnet werden kann. Formal bedeutet das:

   $$\exists m \in \mathbb{N} : \prod_{k=1}^{m} k^s \cdot k^t = (m!)^{s+t}$$

3. **Induktionsbehauptung** $\mathcal{A}(m+1)$
   Unter der Voraussetzung, dass das Produkt $\prod_{k=1}^{m} k^s \cdot k^t$ für ein $m \in \mathbb{N}$ durch den Ausdruck $(m!)^{s+t}$ berechnet werden kann, gilt:

   $$\implies \prod_{k=1}^{m+1} k^s \cdot k^t = ((m+1)!)^{s+t}$$

4. **Induktionsschluss** $\mathcal{A}(m) \implies \mathcal{A}(m+1)$
   Am Ende deines Beweises muss die rechte Seite der Produktformel aus der Induktionsbehauptung, also $((m+1)!)^{s+t}$, herauskommen. Beginne deine Beweisführung mit der linken Seite der Produktformel aus der Induktionsbehauptung:

   $$\prod_{k=1}^{m+1} k^s \cdot k^t$$

Verwende **Π3** mit $f(k) = k^s \cdot k^t$, um das Produktzeichen aufzuspalten:

$$= \left(\prod_{k=1}^{m} k^s \cdot k^t \right) \cdot (m+1)^s \cdot (m+1)^t$$

Wende das Potenzgesetz **P2** mit $a = m+1$, $x = s$ und $y = t$ auf $(m+1)^s \cdot (m+1)^t$ an:

$$= \left(\prod_{k=1}^{m} k^s \cdot k^t \right) \cdot (m+1)^{s+t}$$

Nutze nun die Induktionsvoraussetzung und ersetze so $\prod_{k=1}^{m} k^s \cdot k^t$ durch $(m!)^{s+t}$:

$$= (m!)^{s+t} \cdot (m+1)^{s+t}$$
$$= (m!)^{s+t} \cdot (m+1)^{s+t}$$
$$= \underbrace{m! \cdot m! \cdot \ldots \cdot m!}_{(s+t)\times} \cdot \underbrace{(m+1) \cdot (m+1) \cdot \ldots \cdot (m+1)}_{(s+t)\times}$$
$$= \underbrace{(m! \cdot (m+1)) \cdot (m! \cdot (m+1)) \cdot \ldots \cdot (m! \cdot (m+1))}_{(s+t)\times}$$
$$= \underbrace{(m+1)! \cdot (m+1)! \cdot \ldots \cdot (m+1)!}_{(s+t)\times}$$
$$= ((m+1)!)^{s+t} \ \checkmark$$

Du hast Schritt für Schritt den Ausdruck $\prod_{k=1}^{m+1} k^s \cdot k^t$ zu $((m+1)!)^{s+t}$ umgeformt und damit gezeigt, dass die Implikation $\mathcal{A}(m) \implies \mathcal{A}(m+1)$ wahr ist. Da $\mathcal{A}(m_0) = \mathcal{A}(1)$ ebenfalls wahr ist (Induktionsanfang), folgt mit dem Prinzip der vollständigen Induktion, dass die Produktformel $\prod_{k=1}^{m} k^s \cdot k^t = (m!)^{s+t}$ für alle $m \in \mathbb{N}$ funktioniert. □

5.3 Teilbarkeitszusammenhänge

5.3.1 Aufgaben für Einsteiger

Aufgaben

5.37 Beweise durch vollständige Induktion, dass $8^n - 1$ für alle $n \in \mathbb{N}_0$ ohne Rest durch 7 teilbar ist.

5.38 Ist $3^{2 \cdot n} + 5$ für alle $n \in \mathbb{N}_0$ eine gerade Zahl? Beweise deine Vermutung.

5.39 Beweise, dass $n \cdot (n^2 - 1)$ für alle $n \in \mathbb{N}$ ohne Rest durch 2 und 3 teilbar ist.

5.40 Ist $7^{2 \cdot n} - 4^n$ für alle $n \in \mathbb{N}_0$ ohne Rest durch 45 teilbar?

5.41 Beweise, dass $6^{3 \cdot n} - 4^{2 \cdot n}$ für alle $n \in \mathbb{N}$ ohne Rest durch 200 teilbar ist.

5.42 Beweise durch vollständige Induktion, dass $6^n - 1$ für alle $n \in \mathbb{N}_0$ ohne Rest durch 5 teilbar ist.

5.43 Beweise, dass $15^k - 6$ für alle $k \in \mathbb{N}$ ohne Rest durch 3 teilbar ist.

5.44 Ist $7^n - 5^n$ für alle $n \in \mathbb{N}$ eine gerade Zahl? Beweise deine Vermutung durch vollständige Induktion.

5.45 Beweise, dass $2^{3 \cdot n} - 4^n$ für alle $n \in \mathbb{N}_0$ ohne Rest durch 4 teilbar ist.

5.3.2　Aufgaben für Fortgeschrittene

Aufgaben

5.46 Beweise, dass das Produkt $\prod_{k=1}^{n} k$ für alle $n \in \mathbb{N}$ eine gerade Zahl ist.

5.47 Sei $m \in \mathbb{N}$ eine natürliche Zahl. Ist $(2 \cdot m - 1)^n$ für alle $n \in \mathbb{N}$ eine gerade Zahl? Beweise deine Vermutung durch vollständige Induktion über n.

5.48 Beweise, dass der Ausdruck $(n + 1)^3 + (n + 1)^2$ für alle $n \in \mathbb{N}_0$ eine gerade Zahl ist.

5.3.3　Aufgaben für Profis

Aufgaben

5.49 Beweise, dass die Summe

$$\sum_{k=1}^{3} (n + k - 1)^3$$

für alle $n \in \mathbb{N}$ ohne Rest durch 3 teilbar ist.

5.50 Gegeben sei die Summe

$$\sum_{k=1}^{3} (2 \cdot k + 1) \cdot n^{7-2 \cdot k}$$

Beweise, dass diese Summe für alle natürlichen Zahlen $n \in \mathbb{N}$ ohne Rest durch 3 und 5 teilbar ist.

5.51 Sei $k \in \mathbb{N}_{\geq 2}$. Beweise durch vollständige Induktion über $n \in \mathbb{N}$, dass $k^n - 1$ ohne Rest durch $k - 1$ teilbar ist.

5.52 Beweise, dass das um 1 verringerte Quadrat einer ungeraden Zahl immer eine gerade Zahl ist.

5.3.4 Lösungen

Lösung Aufgabe 5.37 Die Aussage, dass $8^n - 1$ für alle $n \in \mathbb{N}_0$ ohne Rest durch 7 teilbar ist, ist genau dann wahr, wenn $\frac{8^n-1}{7}$ für alle $n \in \mathbb{N}_0$ eine ganze Zahl ist (Satz 4.6). Es ist also zu zeigen:

$$\forall n \in \mathbb{N}_0 : \frac{8^n - 1}{7} \in \mathbb{Z}$$

Beweis 5.38 n ist die Induktionsvariable.

1. **Induktionsanfang** $\mathcal{A}(n_0)$
   Im Gegensatz zu Summen- und Produktformeln musst du bei Teilbarkeitszusammenhängen nicht zwei Werte berechnen und vergleichen, sondern feststellen, ob eine Zahl eine ganze Zahl $\mathbb{Z}$ ist oder nicht. Da die Behauptung für alle natürlichen Zahlen (inklusive der 0) bewiesen werden soll, wird $n_0 = 0$ als Startwert gewählt. Du musst also überprüfen, ob $\frac{8^{n_0}-1}{7}$ eine ganze Zahl $\mathbb{Z}$ ist:

$$\frac{8^{n_0} - 1}{7} = \frac{8^1 - 1}{7} = \frac{7}{7} = 1 \in \mathbb{Z}\checkmark$$

2. **Induktionsvoraussetzung** $\mathcal{A}(n)$
   Es existiert (mindestens) ein $n \in \mathbb{N}_0$, für das $\frac{8^n-1}{7}$ eine ganze Zahl ist. Formal bedeutet das:

$$\exists n \in \mathbb{N}_0 : \frac{8^n - 1}{7} \in \mathbb{Z}$$

3. **Induktionsbehauptung** $\mathcal{A}(n+1)$

   Unter der Voraussetzung, dass $\frac{8^n-1}{7}$ für ein $n \in \mathbb{N}_0$ eine ganze Zahl ist, ist auch

   $$\implies \frac{8^{n+1}-1}{7} \in \mathbb{Z}$$

   eine ganze Zahl.

4. **Induktionsschluss** $\mathcal{A}(n) \implies \mathcal{A}(n+1)$

   Am Ende deines Beweises musst du $\frac{8^{n+1}-1}{7}$ so umgeformt haben, dass das Ergebnis eindeutig als ganze Zahl identifiziert werden kann:

   $$\frac{8^{n+1}-1}{7}$$

   Wende das Potenzgesetz **P2** mit $a = 8$, $x = n$ und $y = 1$ (rückwärts) auf 8^{n+1} an:

   $$= \frac{8^n \cdot 8 - 1}{7}$$

   Wende den *cleveren Trick* (Satz 4.11) an, indem du 0 in Form von $7 \cdot 8^n - 7 \cdot 8^n$ zum Zähler addierst:

   $$= \frac{8^n \cdot 8 - 1 + 7 \cdot 8^n - 7 \cdot 8^n}{7}$$

   $$= \frac{8^n \cdot 8 - 7 \cdot 8^n - 1 + 7 \cdot 8^n}{7}$$

   $$= \frac{(8^n - 1) + 7 \cdot 8^n}{7}$$

   Nun kannst du den Bruch so aufteilen, dass du den Ausdruck aus der Induktionsannahme wiederfindest:

   $$= \frac{8^n - 1}{7} + \frac{\cancel{7} \cdot 8^n}{\cancel{7}}$$

   $$= \frac{8^n - 1}{7} + 8^n$$

   Nach der Induktionsvoraussetzung ist $\frac{8^n-1}{7} \in \mathbb{Z}$ eine ganze Zahl. 8^n ist für alle $n \in \mathbb{N}_0$ eine ganze Zahl. Die Summe zweier ganzer Zahlen ist wieder eine ganze Zahl (Satz 4.3). Daraus folgt:

   $$\underbrace{\frac{8^n - 1}{7}}_{\in \mathbb{Z}} + \underbrace{8^n}_{\in \mathbb{Z}} \in \mathbb{Z} \checkmark$$

   Damit ist die Induktionsbehauptung $\mathcal{A}(n) \implies \mathcal{A}(n+1)$ gezeigt, und mit dem Prinzip der vollständigen Induktion folgt, dass $\frac{8^n-1}{7}$ für alle $n \in \mathbb{N}_0$ eine ganze Zahl ist. Somit ist $8^n - 1$ nach Satz 4.6 für alle $n \in \mathbb{N}_0$ eine Zahl, die ohne Rest durch 7 teilbar ist. $\square$

Lösung Aufgabe 5.38 Die Aussage, dass $3^{2 \cdot n} + 5$ für alle $n \in \mathbb{N}_0$ eine gerade Zahl ist, ist genau dann wahr, wenn $\frac{3^{2 \cdot n} + 5}{2}$ für alle $n \in \mathbb{N}_0$ eine ganze Zahl ist (Satz 4.6). Es ist also zu zeigen:

$$\forall n \in \mathbb{N}_0 : \frac{3^{2 \cdot n} + 5}{2} \in \mathbb{Z}$$

Beweis 5.39 n ist die Induktionsvariable.

1. **Induktionsanfang** $\mathcal{A}(n_0)$

   Da die Behauptung für alle natürlichen Zahlen (inklusive der 0) bewiesen werden soll, wird $n_0 = 0$ als Startwert gewählt. Du musst also überprüfen, ob $\frac{3^{2 \cdot n_0} + 5}{2}$ eine ganze Zahl $\mathbb{Z}$ ist:

   $$\frac{3^{2 \cdot n_0} + 5}{2} = \frac{3^{2 \cdot 0} + 5}{2} = \frac{3^0 + 5}{2} = \frac{1 + 5}{2} = \frac{\cancel{6}}{\cancel{2}} = 3 \in \mathbb{Z} \checkmark$$

2. **Induktionsvoraussetzung** $\mathcal{A}(n)$

   Es existiert (mindestens) ein $n \in \mathbb{N}_0$, für das $\frac{3^{2 \cdot n} + 5}{2}$ eine ganze Zahl ist. Formal bedeutet das:

   $$\exists n \in \mathbb{N}_0 : \frac{3^{2 \cdot n} + 5}{2} \in \mathbb{Z}$$

3. **Induktionsbehauptung** $\mathcal{A}(n + 1)$

   Unter der Voraussetzung, dass $\frac{3^{2 \cdot n} + 5}{2}$ für ein $n \in \mathbb{N}_0$ eine ganze Zahl ist, ist auch

   $$\implies \frac{3^{2 \cdot (n+1)} + 5}{2} \in \mathbb{Z}$$

   eine ganze Zahl.

4. **Induktionsschluss** $\mathcal{A}(n) \implies \mathcal{A}(n + 1)$

   Am Ende deines Beweises musst du $\frac{3^{2 \cdot (n+1)} + 5}{2}$ so umgeformt haben, dass das Ergebnis eindeutig als ganze Zahl identifiziert werden kann:

   $$\frac{3^{2 \cdot (n+1)} + 5}{2}$$

   $$= \frac{3^{2 \cdot n + 2} + 5}{2}$$

Wende das Potenzgesetz **P2** mit $a = 3$, $x = 2 \cdot n$ und $y = 2$ (rückwärts) auf $3^{2 \cdot n + 2}$ an:

$$= \frac{3^{2 \cdot n} \cdot 3^2 + 5}{2}$$

$$= \frac{3^{2 \cdot n} \cdot 9 + 5}{2}$$

Wende den *cleveren Trick* (Satz 4.11) an, indem du 0 in Form von $8 \cdot 3^{2 \cdot n} - 8 \cdot 3^{2 \cdot n}$ zum Zähler addierst:

$$= \frac{3^{2 \cdot n} \cdot 9 + 5 + 8 \cdot 3^{2 \cdot n} - 8 \cdot 3^{2 \cdot n}}{2}$$

$$= \frac{3^{2 \cdot n} \cdot 9 - 8 \cdot 3^{2 \cdot n} + 5 + 8 \cdot 3^{2 \cdot n}}{2}$$

$$= \frac{\left(3^{2 \cdot n} + 5\right) + 8 \cdot 3^{2 \cdot n}}{2}$$

Nun kannst du den Bruch so aufteilen, dass du den Ausdruck aus der Induktionsannahme wiederfindest:

$$= \frac{3^{2 \cdot n} + 5}{2} + \frac{\cancel{8} \cdot 3^{2 \cdot n}}{\cancel{2}}$$

$$= \frac{3^{2 \cdot n} + 5}{2} + 4 \cdot 3^{2 \cdot n}$$

Nach der Induktionsvoraussetzung ist $\frac{3^{2 \cdot n} + 5}{2} \in \mathbb{Z}$ eine ganze Zahl. $4 \cdot 3^{2 \cdot n}$ ist für alle $n \in \mathbb{N}_0$ eine ganze Zahl, da das Produkt ganzer Zahlen wieder eine ganze Zahl ist (Satz 4.4). Die Summe zweier ganzer Zahlen ist wieder eine ganze Zahl (Satz 4.3).

$$\underbrace{\frac{3^{2 \cdot n} + 5}{2}}_{\in \mathbb{Z}} + \underbrace{4 \cdot 3^{2 \cdot n}}_{\in \mathbb{Z}} \in \mathbb{Z} \checkmark$$

Damit ist die Induktionsbehauptung $\mathcal{A}(n) \implies \mathcal{A}(n+1)$ gezeigt, und mit dem Prinzip der vollständigen Induktion folgt, dass $\frac{3^{2 \cdot n} + 5}{2}$ für alle $n \in \mathbb{N}_0$ eine ganze Zahl ist. Somit ist nach Satz 4.6 $3^{2 \cdot n} + 5$ für alle $n \in \mathbb{N}_0$ eine ohne Rest durch 2 teilbare und somit gerade Zahl. $\qquad\square$

Lösung Aufgabe 5.39 Wenn $n \cdot (n^2 - 1)$ ohne Rest durch 2 und 3 teilbar ist, dann ist $n \cdot (n^2 - 1)$ nach Satz 4.10 auch durch $2 \cdot 3 = 6$ teilbar, da 2 und 3 teilerfremd sind. Die Aussage, dass $n \cdot (n^2 - 1)$ für alle $n \in \mathbb{N}$ ohne Rest durch 2 teilbar ist, kann mit Satz 4.6 wie folgt umformuliert werden: $\frac{n \cdot (n^2 - 1)}{6}$ ist für alle $n \in \mathbb{N}$ eine ganze Zahl. Es ist also zu zeigen:

$$\forall n \in \mathbb{N} : \frac{n \cdot (n^2 - 1)}{6} \in \mathbb{Z}$$

Beweis 5.40 n ist die Induktionsvariable.

1. **Induktionsanfang** $\mathcal{A}(n_0)$
   Da die Behauptung für alle natürlichen Zahlen bewiesen werden soll, wird $n_0 = 1$ als Startwert gewählt. Du musst also überprüfen, ob $\frac{n_0 \cdot (n_0^2 - 1)}{6}$ eine ganze Zahl $\mathbb{Z}$ ist

(Satz 4.6):

$$\frac{n_0 \cdot (n_0^2 - 1)}{6} = \frac{1 \cdot (1^2 - 1)}{6} = \frac{1 \cdot (1 - 1)}{6} = \frac{1 \cdot 0}{6} = \frac{0}{6} = 0 \in \mathbb{Z} \checkmark$$

2. **Induktionsvoraussetzung** $\mathcal{A}(n)$

Es existiert (mindestens) ein $n \in \mathbb{N}$, für das $\frac{n \cdot (n^2 - 1)}{6}$ eine ganze Zahl ist. Formal bedeutet das:

$$\exists n \in \mathbb{N} : \frac{n \cdot (n^2 - 1)}{6} \in \mathbb{Z}$$

3. **Induktionsbehauptung** $\mathcal{A}(n + 1)$

Unter der Voraussetzung, dass $\frac{n \cdot (n^2 - 1)}{6}$ für ein $n \in \mathbb{N}$ eine ganze Zahl ist, ist auch

$$\implies \frac{(n + 1) \cdot ((n + 1)^2 - 1)}{6} \in \mathbb{Z}$$

eine ganze Zahl.

4. **Induktionsschluss** $\mathcal{A}(n) \implies \mathcal{A}(n + 1)$

Am Ende deines Beweises musst du $\frac{(n+1) \cdot ((n+1)^2 - 1)}{6}$ so umgeformt haben, dass das Ergebnis eindeutig als ganze Zahl identifiziert werden kann:

$$\frac{(n + 1) \cdot ((n + 1)^2 - 1)}{6}$$

Wende die erste binomische Formel **B1** mit $x = n$ und $y = 1$ auf $(n + 1)^2$ an:

$$= \frac{(n + 1) \cdot (n^2 + 2 \cdot n + 1 - 1)}{6}$$

$$= \frac{(n + 1) \cdot (n^2 + 2 \cdot n)}{6}$$

Multipliziere den Zähler $(n + 1) \cdot (n^2 + 2 \cdot n)$ aus:

$$= \frac{n \cdot n^2 + n \cdot 2 \cdot n + 1 \cdot n^2 + 1 \cdot 2 \cdot n}{6}$$

$$= \frac{n^3 + 2 \cdot n^2 + n^2 + 2 \cdot n}{6}$$

$$= \frac{n^3 + 3 \cdot n^2 + 2 \cdot n}{6}$$

Mit dem Wissen, dass $n \cdot (n^2 - 1) = n^3 - n$ ist, ist es ein Leichtes, den *cleveren Trick* (Satz 4.11) anzuwenden, um im Zähler die Voraussetzungen zum Anwenden der

Induktionsvoraussetzung zu schaffen. Addiere hierzu einfach 0 in Form von $3 \cdot n - 3 \cdot n$ zum Zähler. Wende direkt im Anschluss daran das Kommutativgesetz **R2** an, sodass $(n^3 - n)$ „isoliert" im Zähler steht:

$$= \frac{n^3 + 3 \cdot n^2 + 2 \cdot n + 3 \cdot n - 3 \cdot n}{6}$$

$$= \frac{n^3 + 3 \cdot n^2 + 2 \cdot n - 3 \cdot n + 3 \cdot n}{6}$$

$$= \frac{n^3 + 3 \cdot n^2 - n + 3 \cdot n}{6}$$

$$= \frac{(n^3 - n) + 3 \cdot n^2 + 3 \cdot n}{6}$$

Nun kannst du den Bruch so aufteilen, dass du den Ausdruck aus der Induktionsannahme wiederfindest:

$$= \frac{n^3 - n}{6} + \frac{3 \cdot n^2 + 3 \cdot n}{6}$$

$$= \frac{n \cdot (n^2 - 1)}{6} + \frac{3 \cdot n^2 + 3 \cdot n}{6}$$

Nach der Induktionsvoraussetzung ist $\frac{(n^3 - n)}{6} \in \mathbb{Z}$ eine ganze Zahl. Doch wie sieht es mit $\frac{3 \cdot n^2 + 3 \cdot n}{6}$ aus? Wenn du den Faktor 3 ausklammerst, erhältst du:

$$\frac{3 \cdot n^2 + 3 \cdot n}{6}$$

$$= \frac{\cancel{3} \cdot (n^2 + n)}{\cancel{6}}$$

$$= \frac{n^2 + n}{2}$$

$$= \frac{n \cdot (n + 1)}{2}$$

Damit $\frac{n \cdot (n+1)}{2}$ eine ganze Zahl ist, muss der Zähler $n \cdot (n + 1)$ eine gerade (d. h. ohne Rest durch 2 teilbare) Zahl sein. Das ist hier der Fall, da n und ihr Nachfolger $n + 1$ miteinander multipliziert werden. Warum ist diese Zahl *mit Sicherheit gerade*? Hierzu musst du zwei Fälle unterscheiden:

- **Fall 1**: Wenn n *gerade* ist, dann ist der Nachfolger $n + 1$ *ungerade*. Das Produkt einer *geraden* und einer *ungeraden* Zahl ist eine gerade Zahl (Satz 4.7).
- **Fall 2**: Wenn n *ungerade* ist, dann ist der Nachfolger $n + 1$ *gerade*. Das Produkt einer *ungeraden* und einer *geraden* Zahl ist eine gerade Zahl (Satz 4.7).

$\frac{n \cdot (n+1)}{2}$ ist also ebenfalls für alle $n \in \mathbb{N}$ eine ganze Zahl. Die Summe zweier ganzer Zahlen ist wieder eine ganze Zahl (Satz 4.3):

$$\underbrace{\frac{n \cdot (n^2 - 1)}{6}}_{\in \mathbb{Z}} + \underbrace{\frac{3 \cdot n^2 + 3 \cdot n}{6}}_{\in \mathbb{Z}} \in \mathbb{Z} \checkmark$$

Damit ist die Induktionsbehauptung $\mathcal{A}(n) \implies \mathcal{A}(n+1)$ gezeigt, und mit dem Prinzip der vollständigen Induktion folgt, dass $\frac{n \cdot (n^2 - 1)}{6}$ für alle $n \in \mathbb{N}$ eine ganze Zahl ist. Somit ist $n \cdot (n^2 - 1)$ nach Satz 4.6 für alle $n \in \mathbb{N}$ eine ohne Rest durch 6 und nach Satz 4.10 eine ohne Rest durch 2 und 3 teilbare Zahl. $\qquad \square$

Lösung Aufgabe 5.40 Die Frage, ob $7^{2 \cdot n} - 4^n$ für alle $n \in \mathbb{N}_0$ ohne Rest durch 45 teilbar ist, kann genau dann mit *Ja* beantwortet werden, wenn $\frac{7^{2 \cdot n} - 4^n}{45}$ für alle $n \in \mathbb{N}_0$ eine ganze Zahl ist (Satz 4.6). Es ist also zu zeigen:

$$\forall n \in \mathbb{N}_0 : \frac{7^{2 \cdot n} - 4^n}{45} \in \mathbb{Z}$$

Beweis 5.41 n ist die Induktionsvariable.

1. **Induktionsanfang** $\mathcal{A}(n_0)$
   Da die Behauptung für alle natürlichen Zahlen (inklusive der 0) bewiesen werden soll, wird $n_0 = 0$ als Startwert gewählt. Du musst also überprüfen, ob $\frac{7^{2 \cdot n_0} - 4^{n_0}}{45}$ eine ganze Zahl $\mathbb{Z}$ ist:

$$\frac{7^{2 \cdot n_0} - 4^{n_0}}{45} = \frac{7^{2 \cdot 0} - 4^0}{45} = \frac{7^0 - 4^0}{45} = \frac{1 - 1}{45} = \frac{0}{45} = 0 \in \mathbb{Z} \checkmark$$

2. **Induktionsvoraussetzung** $\mathcal{A}(n)$
   Es existiert (mindestens) ein $n \in \mathbb{N}_0$, für das $\frac{7^{2 \cdot n} - 4^n}{45}$ eine ganze Zahl ist. Formal bedeutet das:

$$\exists n \in \mathbb{N}_0 : \frac{7^{2 \cdot n} - 4^n}{45} \in \mathbb{Z}$$

3. **Induktionsbehauptung** $\mathcal{A}(n + 1)$
   Unter der Voraussetzung, dass $\frac{7^{2 \cdot n} - 4^n}{45}$ für ein $n \in \mathbb{N}_0$ eine ganze Zahl ist, ist auch

$$\implies \frac{7^{2 \cdot (n+1)} - 4^{n+1}}{45} \in \mathbb{Z}$$

eine ganze Zahl.

4. **Induktionsschluss** $\mathcal{A}(n) \Longrightarrow \mathcal{A}(n+1)$

Am Ende deines Beweises musst du $\frac{7^{2\cdot(n+1)}-4^{n+1}}{45}$ so umgeformt haben, dass das Ergebnis eindeutig als ganze Zahl identifiziert werden kann:

$$\frac{7^{2\cdot(n+1)} - 4^{n+1}}{45}$$

$$= \frac{7^{2\cdot n+2} - 4^{n+1}}{45}$$

Wende das Potenzgesetz **P2** mit $a = 7$, $x = n$, $y = 2$ (rückwärts) auf $7^{2\cdot n+2}$ und mit $a = 4$, $x = n$, $y = 1$ (rückwärts) auf 4^{n+1} an:

$$= \frac{7^{2\cdot n} \cdot 7^2 - 4^n \cdot 4}{45}$$

$$= \frac{7^{2\cdot n} \cdot 49 - 4^n \cdot 4}{45}$$

Wende den *cleveren Trick* (Satz 4.11) an, indem du 0 in Form von $45 \cdot 4^n - 45 \cdot 4^n$ zum Zähler addierst:

$$= \frac{7^{2\cdot n} \cdot 49 - 4^n \cdot 4 + 45 \cdot 4^n - 45 \cdot 4^n}{45}$$

$$= \frac{7^{2\cdot n} \cdot 49 - 4^n \cdot 4 - 45 \cdot 4^n + 45 \cdot 4^n}{45}$$

$$= \frac{7^{2\cdot n} \cdot 49 - 4^n \cdot 49 + 45 \cdot 4^n}{45}$$

Klammere den Faktor 49 in $7^{2\cdot n} \cdot 49 - 4^n \cdot 49$ im Zähler aus:

$$= \frac{\left(7^{2\cdot n} - 4^n\right) \cdot 49 + 45 \cdot 4^n}{45}$$

Nun kannst du den Bruch so aufteilen, dass du den Ausdruck aus der Induktionsannahme wiederfindest:

$$= \frac{\left(7^{2\cdot n} - 4^n\right) \cdot 49}{45} + \frac{45 \cdot 4^n}{45}$$

$$= \frac{7^{2\cdot n} - 4^n}{45} \cdot 49 + \frac{\cancel{45} \cdot 4^n}{\cancel{45}}$$

$$= \frac{7^{2\cdot n} - 4^n}{45} \cdot 49 + 4^n$$

Nach der Induktionsvoraussetzung ist $\frac{7^{2 \cdot n} - 4^n}{45} \in \mathbb{Z}$ eine ganze Zahl. 49 ist ebenfalls eine ganze Zahl, und das Produkt zweier ganzer Zahlen ist wieder eine ganze Zahl (Satz 4.3). Somit ist $\frac{7^{2 \cdot n} - 4^n}{45} \cdot 49 \in \mathbb{Z}$ eine ganze Zahl. 4^n ist für alle $n \in \mathbb{N}_0$ eine ganze Zahl, da das Produkt ganzer Zahlen wieder eine ganze Zahl ist (Satz 4.4). Die Summe zweier ganzer Zahlen ist wieder eine ganze Zahl (Satz 4.3):

$$\underbrace{\frac{\left(7^{2 \cdot n} - 4^n\right) \cdot 49}{45}}_{\in \mathbb{Z}} + \underbrace{4^n}_{\in \mathbb{Z}} \in \mathbb{Z} \checkmark$$

Damit ist die Induktionsbehauptung $\mathcal{A}(n) \implies \mathcal{A}(n+1)$ gezeigt, und mit dem Prinzip der vollständigen Induktion folgt, dass $\frac{7^{2 \cdot n} - 4^n}{45}$ für alle $n \in \mathbb{N}_0$ eine ganze Zahl ist. Nach Satz 4.6 ist $7^{2 \cdot n} - 4^n$ für alle $n \in \mathbb{N}_0$ eine Zahl, die ohne Rest durch 45 teilbar ist. $\square$

Lösung Aufgabe 5.41 $6^{3 \cdot n} - 4^{2 \cdot n}$ ist genau dann für alle $n \in \mathbb{N}$ ohne Rest durch 200 teilbar, wenn $\frac{6^{3 \cdot n} - 4^{2 \cdot n}}{200}$ für alle $n \in \mathbb{N}$ eine ganze Zahl ist (Satz 4.6). Es ist zu zeigen:

$$\forall n \in \mathbb{N} : \frac{6^{3 \cdot n} - 4^{2 \cdot n}}{200} \in \mathbb{Z}$$

Beweis 5.42 n ist die Induktionsvariable.

1. **Induktionsanfang** $\mathcal{A}(n_0)$
   Da die Behauptung für alle natürlichen Zahlen bewiesen werden soll, wird $n = 1$ als Startwert gewählt. Du musst also überprüfen, ob $\frac{6^{3 \cdot n_0} - 4^{2 \cdot n_0}}{200}$ eine ganze Zahl $\mathbb{Z}$ ist:

$$\frac{6^{3 \cdot n_0} - 4^{2 \cdot n_0}}{200} = \frac{6^{3 \cdot 1} - 4^{2 \cdot 1}}{200} = \frac{6^3 - 4^2}{200} = \frac{216 - 200}{200} = \frac{\cancel{200}}{\cancel{200}} = 1 \in \mathbb{Z} \checkmark$$

2. **Induktionsvoraussetzung** $\mathcal{A}(n)$
   Es existiert (mindestens) ein $n \in \mathbb{N}$, für das $\frac{6^{3 \cdot n} - 4^{2 \cdot n}}{200}$ eine ganze Zahl ist. Formal bedeutet das:

$$\exists n \in \mathbb{N} : \frac{6^{3 \cdot n} - 4^{2 \cdot n}}{200} \in \mathbb{Z}$$

3. **Induktionsbehauptung** $\mathcal{A}(n + 1)$
   Unter der Voraussetzung, dass $\frac{6^{3 \cdot n} - 4^{2 \cdot n}}{200}$ für ein $n \in \mathbb{N}$ eine ganze Zahl ist, ist auch

$$\implies \frac{6^{3 \cdot (n+1)} - 4^{2 \cdot (n+1)}}{200} \in \mathbb{Z}$$

eine ganze Zahl.

4. **Induktionsschluss** $\mathcal{A}(n) \implies \mathcal{A}(n+1)$

Am Ende deines Beweises musst du $\frac{6^{3\cdot(n+1)}-4^{2\cdot(n+1)}}{200}$ so umgeformt haben, dass das Ergebnis eindeutig als ganze Zahl identifiziert werden kann:

$$\frac{6^{3\cdot(n+1)} - 4^{2\cdot(n+1)}}{200}$$

$$= \frac{6^{3\cdot n+3} - 4^{2\cdot n+2}}{200}$$

Wende das Potenzgesetz **P2** mit $a = 6$, $x = 3 \cdot n$, $y = 1$ (rückwärts) auf $6^{3\cdot n+3}$ und mit $a = 4$, $x = n$, $y = 1$ (rückwärts) auf 4^{n+1} an:

$$= \frac{6^{3\cdot n} \cdot 6^3 - 4^{2\cdot n} \cdot 4^2}{200}$$

$$= \frac{6^{3\cdot n} \cdot 216 - 4^{2\cdot n} \cdot 16}{200}$$

Wende den *cleveren Trick* (Satz 4.11) an, indem du 0 in Form von $200 \cdot 4^{2\cdot n} - 200 \cdot 4^{\cdot n}$ zum Zähler addierst:

$$= \frac{6^{3\cdot n} \cdot 216 - 4^{2\cdot n} \cdot 16 + 200 \cdot 4^{2\cdot n} - 200 \cdot 4^{\cdot n}}{200}$$

$$= \frac{6^{3\cdot n} \cdot 216 - 4^{2\cdot n} \cdot 16 - 200 \cdot 4^{\cdot n} + 200 \cdot 4^{2\cdot n}}{200}$$

$$= \frac{6^{3\cdot n} \cdot 216 - 4^{2\cdot n} \cdot 216 + 200 \cdot 4^{2\cdot n}}{200}$$

Klammere den Faktor 216 in $6^{3\cdot n} \cdot 216 - 4^{2\cdot n} \cdot 216$ im Zähler aus:

$$= \frac{\left(6^{3\cdot n} - 4^{2\cdot n}\right) \cdot 216 + 200 \cdot 4^{2\cdot n}}{200}$$

Nun kannst du den Bruch so aufteilen, dass du den Ausdruck aus der Induktionsannahme wiederfindest:

$$= \frac{\left(6^{3\cdot n} - 4^{2\cdot n}\right) \cdot 216}{200} + \frac{200 \cdot 4^{2\cdot n}}{200}$$

$$= \frac{6^{3\cdot n} - 4^{2\cdot n}}{200} \cdot 216 + \frac{\cancel{200} \cdot 4^{2\cdot n}}{\cancel{200}}$$

$$= \frac{6^{3\cdot n} - 4^{2\cdot n}}{200} \cdot 216 + 4^{2\cdot n}$$

Nach der Induktionsvoraussetzung ist $\frac{6^{3 \cdot n} - 4^{2 \cdot n}}{200} \in \mathbb{Z}$ eine ganze Zahl. 216 ist ebenfalls eine ganze Zahl, und das Produkt zweier ganzer Zahlen ist wieder eine ganze Zahl (Satz 4.3). Somit ist $\frac{6^{3 \cdot n} - 4^{2 \cdot n}}{200} \cdot 216 \in \mathbb{Z}$ eine ganze Zahl. $4^{2 \cdot n}$ ist für alle $n \in \mathbb{N}$ eine ganze Zahl. Die Summe zweier ganzer Zahlen ist wieder eine ganze Zahl (Satz 4.3):

$$\underbrace{\frac{6^{3 \cdot n} - 4^{2 \cdot n}}{200} \cdot 216}_{\in \mathbb{Z}} + \underbrace{4^{2 \cdot n}}_{\in \mathbb{Z}} \in \mathbb{Z} \checkmark$$

Damit ist die Induktionsbehauptung $\mathcal{A}(n) \implies \mathcal{A}(n+1)$ gezeigt, und mit dem Prinzip der vollständigen Induktion folgt, dass $\frac{6^{3 \cdot n} - 4^{2 \cdot n}}{200}$ für alle $n \in \mathbb{N}$ eine ganze Zahl ist. Nach Satz 4.6 ist $6^{3 \cdot n} - 4^{2 \cdot n}$ für alle $n \in \mathbb{N}$ eine Zahl, die ohne Rest durch 200 teilbar ist. $\square$

Lösung Aufgabe 5.42 Die Aussage, dass $6^n - 1$ für alle $n \in \mathbb{N}_0$ ohne Rest durch 6 teilbar ist, ist genau dann wahr, wenn $\frac{6^n - 1}{5}$ für alle $n \in \mathbb{N}_0$ eine ganze Zahl ist (Satz 4.6). Es ist also zu zeigen:

$$\forall n \in \mathbb{N}_0 : \frac{6^n - 1}{5} \in \mathbb{Z}$$

Beweis 5.43 n ist die Induktionsvariable.

1. **Induktionsanfang** $\mathcal{A}(n_0)$
   Da die Behauptung für alle natürlichen Zahlen (inklusive der 0) bewiesen werden soll, wird $n_0 = 0$ als Startwert gewählt. Du musst also überprüfen, ob $\frac{6^{n_0} - 1}{5}$ eine ganze Zahl $\mathbb{Z}$ ist:

$$\frac{6^{n_0} - 1}{5} = \frac{6^1 - 1}{5} = \frac{6 - 1}{5} = \frac{\cancel{5}}{\cancel{5}} = 1 \in \mathbb{Z} \checkmark$$

2. **Induktionsvoraussetzung** $\mathcal{A}(n)$
   Es existiert (mindestens) ein $n \in \mathbb{N}_0$, für das $\frac{6^n - 1}{5}$ eine ganze Zahl ist. Formal bedeutet das:

$$\exists n \in \mathbb{N}_0 : \frac{6^n - 1}{5} \in \mathbb{Z}$$

3. **Induktionsbehauptung** $\mathcal{A}(n + 1)$
   Unter der Voraussetzung, dass $\frac{6^n - 1}{5}$ für ein $n \in \mathbb{N}_0$ eine ganze Zahl ist, ist auch

$$\implies \frac{6^{n+1} - 1}{5} \in \mathbb{Z}$$

eine ganze Zahl.

4. **Induktionsschluss** $\mathcal{A}(n) \implies \mathcal{A}(n+1)$

Am Ende deines Beweises musst du $\frac{6^{n+1}-1}{5}$ so umgeformt haben, dass das Ergebnis eindeutig als ganze Zahl identifiziert werden kann:

$$\frac{6^{n+1}-1}{5}$$

Wende das Potenzgesetz **P2** mit $a = 6$, $x = n$ und $y = 1$ (rückwärts) auf 6^{n+1} an:

$$= \frac{6^n \cdot 6 - 1}{5}$$

Wende den *cleveren Trick* (Satz 4.11) an, indem du 0 in Form von $5 \cdot 6^n - 5 \cdot 6^n$ zum Zähler addierst:

$$= \frac{6^n \cdot 6 - 1 + 5 \cdot 6^n - 5 \cdot 6^n}{5}$$

$$= \frac{6^n \cdot 6 - 5 \cdot 6^n - 1 + 5 \cdot 6^n}{5}$$

$$= \frac{(6^n - 1) + 5 \cdot 6^n}{5}$$

Nun kannst du den Bruch so aufteilen, dass du den Ausdruck aus der Induktionsannahme wiederfindest:

$$= \frac{6^n - 1}{5} + \frac{\cancel{5} \cdot 6^n}{\cancel{5}}$$

$$= \frac{6^n - 1}{5} + 6^n$$

Nach der Induktionsvoraussetzung ist $\frac{6^n-1}{7} \in \mathbb{Z}$ eine ganze Zahl. 6^n ist für alle $n \in \mathbb{N}_0$ eine ganze Zahl. Die Summe zweier ganzer Zahlen ist wieder eine ganze Zahl (Satz 4.3):

$$\underbrace{\frac{6^n - 1}{5}}_{\in \mathbb{Z}} + \underbrace{6^n}_{\in \mathbb{Z}} \in \mathbb{Z} \checkmark$$

Damit ist die Induktionsbehauptung $\mathcal{A}(n) \implies \mathcal{A}(n+1)$ gezeigt, und mit dem Prinzip der vollständigen Induktion folgt, dass $\frac{6^n-1}{5}$ für alle $n \in \mathbb{N}_0$ eine ganze Zahl ist. Nach Satz 4.6 ist $6^n - 1$ für alle $n \in \mathbb{N}_0$ eine Zahl, die ohne Rest durch 5 teilbar ist. $\square$

Lösung Aufgabe 5.43 Die Aussage, dass $15^k - 6$ für alle $k \in \mathbb{N}$ ohne Rest durch 3 teilbar ist, ist genau dann wahr, wenn $\frac{15^k-6}{3}$ für alle $k \in \mathbb{N}$ eine ganze Zahl ist (Satz 4.6). Es ist also zu zeigen:

$$\forall k \in \mathbb{N} : \frac{15^k - 6}{3} \in \mathbb{Z}$$

Beweis 5.44 k ist die Induktionsvariable.

1. **Induktionsanfang** $\mathcal{A}(k_0)$
   Da die Behauptung für alle natürlichen Zahlen bewiesen werden soll, wird $k_0 = 1$ als Startwert gewählt. Du musst überprüfen, ob $\frac{15^{k_0}-6}{3}$ eine ganze Zahl $\mathbb{Z}$ ist:

$$\frac{15^{k_0}-6}{3} = \frac{15^1-6}{3} = \frac{15-6}{3} = \frac{\cancel{9}}{\cancel{3}} = 3 \in \mathbb{Z}\checkmark$$

2. **Induktionsvoraussetzung** $\mathcal{A}(k)$
   Es existiert (mindestens) ein $k \in \mathbb{N}$, für das $\frac{15^k-6}{3}$ eine ganze Zahl ist. Formal bedeutet das:

$$\exists k \in \mathbb{N} : \frac{15^k - 6}{3} \in \mathbb{Z}$$

3. **Induktionsbehauptung** $\mathcal{A}(k + 1)$
   Unter der Voraussetzung, dass $\frac{15^k-6}{3}$ für ein $k \in \mathbb{N}$ eine ganze Zahl ist, ist auch

$$\implies \frac{15^{k+1} - 6}{3} \in \mathbb{Z}$$

   eine ganze Zahl.

4. **Induktionsschluss** $\mathcal{A}(k) \implies \mathcal{A}(k + 1)$
   Am Ende deines Beweises musst du $\frac{15^{k+1}-6}{3}$ so umgeformt haben, dass das Ergebnis eindeutig als ganze Zahl identifiziert werden kann:

$$\frac{15^{k+1} - 6}{3}$$

Wende das Potenzgesetz **P2** mit $a = 15$, $x = k$ und $y = 1$ (rückwärts) auf 15^{k+1} an:

$$= \frac{15^k \cdot 15 - 6}{3}$$

Wende den *cleveren Trick* (Satz 4.11) an, indem du 0 in Form von $14 \cdot 15^k - 14 \cdot 15^k$ zum Zähler addierst:

$$= \frac{15^k \cdot 15 - 6 + 14 \cdot 15^k - 14 \cdot 15^k}{3}$$

$$= \frac{15^k \cdot 15 - 14 \cdot 15^k - 6 + 14 \cdot 15^k}{3}$$

$$= \frac{\left(15^k \cdot 15 - 6\right) + 14 \cdot 15^k}{3}$$

Nun kannst du den Bruch so aufteilen, dass du den Ausdruck aus der Induktionsannahme wiederfindest:

$$= \frac{15^k \cdot 15 - 6}{3} + \frac{14 \cdot 15^k}{3}$$

Nach der Induktionsvoraussetzung ist $\frac{15^k \cdot 15 - 6}{3} \in \mathbb{Z}$ eine ganze Zahl. Doch was ist mit $\frac{14 \cdot 15^k}{3}$? 14 ist nicht ohne Rest durch 3 teilbar, wieso sollte es dann $14 \cdot 15^k$ sein? Ganz einfach: Wende das Potenzgesetz **P3** mit $a = 15$, $x = 1$ und $y = k - 1$ (rückwärts) auf 15^k an:

$$= \frac{15^k \cdot 15 - 6}{3} + \frac{14 \cdot \cancel{15} \cdot 15^{k-1}}{\cancel{3}}$$

$$= \frac{15^k \cdot 15 - 6}{3} + 14 \cdot 5 \cdot 15^{k-1}$$

$$= \frac{15^k \cdot 15 - 6}{3} + 70 \cdot 15^{k-1}$$

70 ist eine ganze Zahl, und 15^{k-1} ist für alle $k \geq 1$ ebenfalls eine ganze Zahl, da das Produkt ganzer Zahlen wieder eine ganze Zahl ist (Satz 4.4). $k \geq 1$ ist wegen $k \in \mathbb{N}$ erfüllt. Mit Satz 4.4 folgt, dass $70 \cdot 15^{k-1}$ eine ganze Zahl ist. Die Summe zweier ganzer Zahlen ist wieder eine ganze Zahl (Satz 4.3):

$$\underbrace{\frac{15^k \cdot 15 - 6}{3}}_{\in \mathbb{Z}} + \underbrace{70 \cdot 15^{k-1}}_{\in \mathbb{Z}} \in \mathbb{Z} \checkmark$$

Damit ist die Induktionsbehauptung $\mathcal{A}(k) \implies \mathcal{A}(k+1)$ gezeigt, und mit dem Prinzip der vollständigen Induktion folgt, dass $\frac{15^k - 6}{3}$ für alle $k \in \mathbb{N}$ eine ganze Zahl ist. Nach Satz 4.6 ist $15^k - 6$ für alle $k \in \mathbb{N}$ eine Zahl, die ohne Rest durch 3 teilbar ist. $\square$

Lösung Aufgabe 5.44 Die Frage, ob $7^n - 5^n$ für alle $n \in \mathbb{N}$ eine gerade Zahl ist, kann mit *Ja* beantwortet werden, wenn $\frac{7^n - 5^n}{2}$ für alle $n \in \mathbb{N}$ eine ganze Zahl ist (Satz 4.6). Es ist also zu zeigen:

$$\forall n \in \mathbb{N} : \frac{7^n - 5^n}{2} \in \mathbb{Z}$$

Beweis 5.45 n ist die Induktionsvariable.

1. **Induktionsanfang** $\mathcal{A}(n_0)$
   Da die Behauptung für alle natürlichen Zahlen bewiesen werden soll, wird $n_0 = 1$ als Startwert gewählt. Du musst also überprüfen, ob $\frac{7^{n_0} - 5^{n_0}}{2}$ eine ganze Zahl $\mathbb{Z}$ ist:

$$\frac{7^{n_0} - 5^{n_0}}{2} = \frac{7^1 - 5^1}{2} = \frac{7 - 5}{2} = \frac{\cancel{2}}{\cancel{2}} = 1 \in \mathbb{Z} \checkmark$$

2. **Induktionsvoraussetzung** $\mathcal{A}(n)$

Es existiert (mindestens) ein $n \in \mathbb{N}$, für das $\frac{7^n-5^n}{2}$ eine ganze Zahl ist. Formal bedeutet das:

$$\exists n \in \mathbb{N} : \frac{7^n - 5^n}{2} \in \mathbb{Z}$$

3. **Induktionsbehauptung** $\mathcal{A}(n+1)$

Unter der Voraussetzung, dass $\frac{7^n-5^n}{2}$ für ein $n \in \mathbb{N}$ eine ganze Zahl ist, ist auch

$$\implies \frac{7^{n+1} - 5^{n+1}}{2} \in \mathbb{Z}$$

eine ganze Zahl.

4. **Induktionsschluss** $\mathcal{A}(n) \implies \mathcal{A}(n+1)$

Am Ende deines Beweises musst du $\frac{7^{n+1}-5^{n+1}}{2}$ so umgeformt haben, dass das Ergebnis eindeutig als ganze Zahl identifiziert werden kann:

$$\frac{7^{n+1} - 5^{n+1}}{2}$$

Wende das Potenzgesetz **P2** mit $a = 7, x = n, y = 1$ (rückwärts) auf 7^{n+1} und mit $a = 5, x = n, y = 1$ (rückwärts) auf 5^{n+1} an:

$$= \frac{7^n \cdot 7^1 - 5^n \cdot 5^1}{2}$$

$$= \frac{7^n \cdot 7 - 5^n \cdot 5}{2}$$

Wende den *cleveren Trick* (Satz 4.11) an, indem du 0 in Form von $2 \cdot 5^n - 2 \cdot 5^n$ zum Zähler addierst:

$$= \frac{7^n \cdot 7 - 5^n \cdot 5 + 2 \cdot 5^n - 2 \cdot 5^n}{2}$$

$$= \frac{7^n \cdot 7 - 5^n \cdot 5 - 2 \cdot 5^n + 2 \cdot 5^n}{2}$$

$$= \frac{7^n \cdot 7 - 5^n \cdot 7 + 2 \cdot 5^n}{2}$$

Klammere den Faktor 7 in $7^n \cdot 7 - 5^n \cdot 7$ im Zähler aus:

$$= \frac{(7^n - 5^n) \cdot 7 + 2 \cdot 5^n}{2}$$

Nun kannst du den Bruch so aufteilen, dass du den Ausdruck aus der Induktionsannahme wiederfindest:

$$= \frac{(7^n - 5^n) \cdot 7}{2} + \frac{2 \cdot 5^n}{2}$$

$$= \frac{7^n - 5^n}{2} \cdot 7 + \frac{\cancel{2} \cdot 5^n}{\cancel{2}}$$

$$= \frac{7^n - 5^n}{2} \cdot 7 + 5^n$$

Nach der Induktionsvoraussetzung ist $\frac{7^n - 5^n}{2} \in \mathbb{Z}$ eine ganze Zahl. 7 ist ebenfalls eine ganze Zahl, und das Produkt zweier ganzer Zahlen ist wieder eine ganze Zahl (Satz 4.3): Somit ist $\frac{7^n - 5^n}{2} \cdot 7 \in \mathbb{Z}$ eine ganze Zahl. 5^n ist für alle $n \in \mathbb{N}$ eine ganze Zahl, da das Produkt ganzer Zahlen wieder eine ganze Zahl ist (Satz 4.4). Die Summe zweier ganzer Zahlen ist wieder eine ganze Zahl (Satz 4.3).

$$\underbrace{\frac{(7^n - 5^n) \cdot 7}{2}}_{\in \mathbb{Z}} + \underbrace{5^n}_{\in \mathbb{Z}} \in \mathbb{Z} \checkmark$$

Damit ist die Induktionsbehauptung $\mathcal{A}(n) \implies \mathcal{A}(n+1)$ gezeigt, und mit dem Prinzip der vollständigen Induktion folgt, dass $\frac{7^n - 5^n}{2}$ für alle $n \in \mathbb{N}$ eine ganze Zahl ist. Nach Satz 4.6 ist $7^n - 5^n$ für alle $n \in \mathbb{N}$ eine ohne Rest durch 2 teilbare und somit gerade Zahl. $\qquad\square$

Lösung Aufgabe 5.45 $2^{3 \cdot n} - 4^n$ ist genau dann für alle $n \in \mathbb{N}_0$ ohne Rest durch 4 teilbar, wenn $\frac{2^{3 \cdot n} - 4^n}{4}$ für alle $n \in \mathbb{N}_0$ eine ganze Zahl ist (Satz 4.6). Es ist also zu zeigen:

$$\forall n \in \mathbb{N}_0 : \frac{2^{3 \cdot n} - 4^n}{4} \in \mathbb{Z}$$

Beweis 5.46 n ist die Induktionsvariable.

1. **Induktionsanfang** $\mathcal{A}(n_0)$
   Da die Behauptung für alle natürlichen Zahlen (inklusive der 0) bewiesen werden soll, wird $n = 0$ als Startwert verwendet. Du musst also überprüfen, ob $\frac{2^{3 \cdot n_0} - 4^{n_0}}{4}$ eine ganze Zahl $\mathbb{Z}$ ist:

$$\frac{2^{3 \cdot n_0} - 4^{n_0}}{4} = \frac{2^{3 \cdot 0} - 4^0}{4} = \frac{2^0 - 1}{4} = \frac{1 - 1}{4} = \frac{0}{4} = 0 \in \mathbb{Z} \checkmark$$

2. **Induktionsvoraussetzung** $\mathcal{A}(n)$
   Es existiert (mindestens) ein $n \in \mathbb{N}_0$, für das $\frac{2^{3 \cdot n} - 4^n}{4}$ eine ganze Zahl ist. Formal bedeutet das:

$$\exists n \in \mathbb{N}_0 : \frac{2^{3 \cdot n} - 4^n}{4} \in \mathbb{Z}$$

3. **Induktionsbehauptung** $\mathcal{A}(n+1)$

Unter der Voraussetzung, dass $\frac{2^{3 \cdot n} - 4^n}{4}$ für ein $n \in \mathbb{N}_0$ eine ganze Zahl ist, ist auch

$$\implies \frac{2^{3 \cdot (n+1)} - 4^{n+1}}{4} \in \mathbb{Z}$$

eine ganze Zahl.

4. **Induktionsschluss** $\mathcal{A}(n) \implies \mathcal{A}(n+1)$

Am Ende deines Beweises musst du $\frac{2^{3 \cdot (n+1)} - 4^{n+1}}{4}$ so umgeformt haben, dass das Ergebnis eindeutig als ganze Zahl identifiziert werden kann:

$$\frac{2^{3 \cdot (n+1)} - 4^{n+1}}{4}$$

$$= \frac{2^{3 \cdot n + 3} - 4^{n+1}}{4}$$

Wende das Potenzgesetz **P2** mit $a = 2$, $x = 3 \cdot n$, $y = 3$ (rückwärts) auf $2^{3 \cdot n + 3}$ und mit $a = 4$, $x = n$, $y = 1$ (rückwärts) auf 4^{n+1} an:

$$= \frac{2^{3 \cdot n} \cdot 2^3 - 4^n \cdot 4^1}{4}$$

$$= \frac{2^{3 \cdot n} \cdot 8 - 4^n \cdot 4}{4}$$

Wende den *cleveren Trick* (Satz 4.11) an, indem du 0 in Form von $4 \cdot 4^n - 4 \cdot 4^n$ zum Zähler addierst:

$$= \frac{2^{3 \cdot n} \cdot 8 - 4^n \cdot 4 + 4 \cdot 4^n - 4 \cdot 4^n}{4}$$

$$= \frac{2^{3 \cdot n} \cdot 8 - 4^n \cdot 4 - 4 \cdot 4^n + 4 \cdot 4^n}{4}$$

$$= \frac{2^{3 \cdot n} \cdot 8 - 4^n \cdot 8 + 4 \cdot 4^n}{4}$$

Klammere den Faktor 8 in $2^{3 \cdot n} \cdot 8 - 4^n \cdot 8$ im Zähler aus:

$$= \frac{\left(2^{3 \cdot n} - 4^n\right) \cdot 8 + 4 \cdot 4^n}{4}$$

Nun kannst du den Bruch so aufteilen, dass du den Ausdruck aus der Induktionsannahme wiederfindest:

$$= \frac{\left(2^{3 \cdot n} - 4^n\right) \cdot 8}{4} + \frac{4 \cdot 4^n}{4}$$

$$= \frac{2^{3 \cdot n} - 4^n}{4} \cdot 8 + \frac{\cancel{4} \cdot 4^n}{\cancel{4}}$$

$$= \frac{2^{3 \cdot n} - 4^n}{4} \cdot 8 + 4^n$$

Nach der Induktionsvoraussetzung ist $\frac{2^{3 \cdot n} - 4^n}{4} \in \mathbb{Z}$ eine ganze Zahl. 8 ist ebenfalls eine ganze Zahl, und das Produkt zweier ganzer Zahlen ist wieder eine ganze Zahl (Satz 4.3). Somit ist $\frac{2^{3 \cdot n} - 4^n}{4} \cdot 8 \in \mathbb{Z}$ eine ganze Zahl. 4^n ist für alle $n \in \mathbb{N}_0$ eine ganze Zahl. Die Summe zweier ganzer Zahlen ist wieder eine ganze Zahl (Satz 4.3):

$$\underbrace{\frac{2^{3 \cdot n} - 4^n}{4} \cdot 8}_{\in \mathbb{Z}} + \underbrace{4^n}_{\in \mathbb{Z}} \in \mathbb{Z} \checkmark$$

Damit ist die Induktionsbehauptung $\mathcal{A}(n) \implies \mathcal{A}(n+1)$ gezeigt, und mit dem Prinzip der vollständigen Induktion folgt, dass $\frac{2^{3 \cdot n} - 4^n}{4}$ für alle $n \in \mathbb{N}_0$ eine ganze Zahl ist. Nach Satz 4.6 ist $2^{3 \cdot n} - 4^n$ für alle $n \in \mathbb{N}_0$ eine Zahl, die ohne Rest durch 4 teilbar ist. $\qquad \square$

Lösung Aufgabe 5.46 Die Aussage, dass $\prod_{k=1}^{n} k$ für alle $n \in \mathbb{N}_{\geq 2}$ eine gerade Zahl ist, ist genau dann wahr, wenn $\frac{1}{2} \cdot \prod_{k=1}^{n} k$ für alle $n \in \mathbb{N}_{\geq 2}$ eine ganze Zahl ist (Satz 4.6). Es ist zu zeigen:

$$\forall n \in \mathbb{N}_{\geq 2} : \frac{1}{2} \cdot \prod_{k=1}^{n} k \in \mathbb{Z}$$

Beweis 5.47 n ist die Induktionsvariable.

1. **Induktionsanfang $\mathcal{A}(n_0)$**
   Da die Behauptung für alle natürlichen Zahlen größer als oder gleich 2 bewiesen werden soll, wird $n_0 = 2$ als Startwert gewählt. Du musst also überprüfen, ob $\frac{1}{2} \cdot \prod_{k=1}^{n_0} k$ eine ganze Zahl $\mathbb{Z}$ ist:

$$\frac{1}{2} \cdot \prod_{k=1}^{n_0} k = \frac{1}{2} \cdot \prod_{k=1}^{2} k = \frac{1}{2} \cdot 1 \cdot 2 = \frac{1}{\cancel{2}} \cdot \cancel{2} = 1 \in \mathbb{Z} \checkmark$$

2. **Induktionsvoraussetzung $\mathcal{A}(n)$**
   Es existiert (mindestens) ein $n \in \mathbb{N}_{\geq 2}$, für das $\frac{1}{2} \cdot \prod_{k=1}^{n} k$ eine ganze Zahl ist. Formal bedeutet das:

$$\exists n \in \mathbb{N}_{\geq 2} : \frac{1}{2} \cdot \prod_{k=1}^{n} k \in \mathbb{Z}$$

3. **Induktionsbehauptung $\mathcal{A}(n+1)$**
   Unter der Voraussetzung, dass $\frac{1}{2} \cdot \prod_{k=1}^{n} k$ für ein $n \in \mathbb{N}_{\geq 2}$ eine ganze Zahl ist, ist auch

$$\implies \frac{1}{2} \cdot \prod_{k=1}^{n+1} k \in \mathbb{Z}$$

eine ganze Zahl.

4. **Induktionsschluss** $\mathcal{A}(n) \implies \mathcal{A}(n+1)$

Am Ende deines Beweises musst du $\frac{1}{2} \cdot \prod_{k=1}^{n+1} k$ so umgeformt haben, dass das Ergebnis eindeutig als ganze Zahl identifiziert werden kann:

$$\frac{1}{2} \cdot \prod_{k=1}^{n+1} k$$

Nutze **Π3** mit $f(k) = k$, um das Produktzeichen aufzuspalten:

$$= \frac{1}{2} \cdot \left(\left(\prod_{k=1}^{n} k \right) \cdot (n+1) \right)$$

$$= \frac{1}{2} \cdot \left(\prod_{k=1}^{n} k \right) \cdot (n+1)$$

$$= \left(\frac{1}{2} \cdot \prod_{k=1}^{n} k \right) \cdot (n+1)$$

Nach der Induktionsvoraussetzung ist $\frac{1}{2} \cdot \prod_{k=1}^{n} k \in \mathbb{Z}$ eine ganze Zahl. Auch $n+1$ ist für jede natürliche Zahl n eine natürliche und (aufgrund der Teilmengenbeziehung $\mathbb{N} \subset \mathbb{Z}$) auch eine ganze Zahl. Da das Produkt zweier ganzer Zahlen wieder eine ganze Zahl ist (Satz 4.4), folgt:

$$\underbrace{\left(\frac{1}{2} \cdot \prod_{k=1}^{n} k \right)}_{\in \mathbb{Z}} \cdot \underbrace{(n+1)}_{\in \mathbb{Z}} \in \mathbb{Z} \checkmark$$

Damit ist die Induktionsbehauptung $\mathcal{A}(n) \implies \mathcal{A}(n+1)$ gezeigt, und mit dem Prinzip der vollständigen Induktion folgt, dass $\frac{1}{2} \cdot \prod_{k=1}^{n} k$ für alle $n \in \mathbb{N}_{\geq 2}$ eine ganze Zahl ist. Nach Satz 4.6 ist $\prod_{k=1}^{n} k$ für alle $n \in \mathbb{N}_{\geq 2}$ eine ohne Rest durch 2 teilbare und somit gerade Zahl. $\square$

$n!$ lässt sich mit dem Produktzeichen wie folgt darstellen:

$$\prod_{k=1}^{n} k = 1 \cdot 2 \cdot 3 \cdot \ldots \cdot (n-1) \cdot n = n!$$

Damit lässt sich die eingangs formulierte Behauptung zu

$$\forall n \in \mathbb{N}_{\geq 2} : \frac{n!}{2} \in \mathbb{Z}$$

umschreiben. Dies erspart dir das eine oder andere Produktzeichen. Du hättest den Beweis aber auch von vornherein anders angehen können. Die Behauptung, dass $\prod_{k=1}^{n} k$ eine gerade Zahl ist, soll für alle $n \in \mathbb{N}_{\geq 2}$ gelten. Die ersten beiden Faktoren sind 1 und 2:

$$1 \cdot 2 \cdot \prod_{k=3}^{n} k$$

Unabhängig davon, welchen Wert $\prod_{k=3}^{n} k$ hat, wird das Produkt aufgrund des Faktors 2 niemals ungerade werden können. Diese Argumentation ist bereits völlig ausreichend und bedarf keines mehrzeiligen Induktionsbeweises.

Lösung Aufgabe 5.47 Die Antwort auf die Frage, ob $(2 \cdot m - 1)^{n} - 1$ mit $m \in \mathbb{N}$ für alle $n \in \mathbb{N}$ eine gerade Zahl ist, kann mit einem klaren *Ja* beantwortet werden. Jetzt fehlt nur noch der Beweis. Zunächst sei erwähnt, dass $(2 \cdot m - 1)^{n} - 1$ genau dann eine gerade Zahl ist, wenn $\frac{(2 \cdot m - 1)^{n} - 1}{2}$ eine ganze Zahl ist (Satz 4.6). Es ist demnach zu zeigen:

$$\forall n \in \mathbb{N} : \frac{(2 \cdot m - 1)^{n} - 1}{2} \in \mathbb{Z}$$

Beweis 5.48 n ist die Induktionsvariable.

1. **Induktionsanfang** $\mathcal{A}(n_0)$

   Da die Behauptung für alle natürlichen Zahlen n bewiesen werden soll, wird $n_0 = 1$ als Startwert gewählt. Du musst also überprüfen, ob $\frac{(2 \cdot m - 1)^{n_0} - 1}{2}$ eine ganze Zahl $\mathbb{Z}$ ist:

   $$\frac{(2 \cdot m - 1)^{n_0} - 1}{2} = \frac{(2 \cdot m - 1)^{1} - 1}{2} = \frac{2 \cdot m - 1 - 1}{2} = \frac{2 \cdot m - 2}{2}$$
   $$= \frac{\cancel{2} \cdot (m - 1)}{\cancel{2}} = m - 1$$

   und $m - 1$ ist für alle $m \in \mathbb{N}$ eine ganze Zahl: $m - 1 \in \mathbb{Z} \checkmark$

2. **Induktionsvoraussetzung** $\mathcal{A}(n)$

   Es existiert (mindestens) ein $n \in \mathbb{N}$, für das $\frac{(2 \cdot m - 1)^{n} - 1}{2}$ eine ganze Zahl ist. Formal bedeutet das:

   $$\exists n \in \mathbb{N} : \frac{(2 \cdot m - 1)^{n} - 1}{2} \in \mathbb{Z}$$

3. **Induktionsbehauptung** $\mathcal{A}(n + 1)$

   Unter der Voraussetzung, dass $\frac{(2 \cdot m - 1)^{n} - 1}{2}$ für ein $n \in \mathbb{N}$ eine ganze Zahl ist, ist auch

   $$\implies \frac{(2 \cdot m - 1)^{n+1} - 1}{2} \in \mathbb{Z}$$

   eine ganze Zahl.

4. **Induktionsschluss** $\mathcal{A}(n) \implies \mathcal{A}(n+1)$

Am Ende deines Beweises musst du $\frac{(2 \cdot m - 1)^{n+1} - 1}{2}$ so umgeformt haben, dass das Ergebnis eindeutig als ganze Zahl identifiziert werden kann:

$$\frac{(2 \cdot m - 1)^{n+1} - 1}{2}$$

Wende das Potenzgesetz **P2** mit $a = (2 \cdot m - 1)$, $x = n$ und $y = 1$ (rückwärts) auf $(2 \cdot m - 1)^{n+1}$ an:

$$= \frac{(2 \cdot m - 1)^n \cdot (2 \cdot m - 1) - 1}{2}$$

Nutze den *cleveren Trick* (Satz 4.11) und addiere mit ihm 0 in Form von $(2 \cdot m - 1)^n \cdot (-2 \cdot m + 2) - (2 \cdot m - 1)^n \cdot (-2 \cdot m + 2)$ zum Zähler:

$$= \frac{(2 \cdot m - 1)^n \cdot (2 \cdot m - 1) - 1 + (2 \cdot m - 1)^n \cdot (-2 \cdot m + 2) - (2 \cdot m - 1)^n \cdot (-2 \cdot m + 2)}{2}$$

$$= \frac{(2 \cdot m - 1)^n \cdot (2 \cdot m - 1) + (2 \cdot m - 1)^n \cdot (-2 \cdot m + 2) - 1 - (2 \cdot m - 1)^n \cdot (-2 \cdot m + 2)}{2}$$

$$= \frac{(2 \cdot m - 1)^n \cdot (2 \cdot m - 1 + (-2 \cdot m + 2)) - 1 - (2 \cdot m - 1)^n \cdot (-2 \cdot m + 2)}{2}$$

$$= \frac{(2 \cdot m - 1)^n - 1 - (2 \cdot m - 1)^n \cdot (-2 \cdot m + 2)}{2}$$

Du kannst den Bruch nun so aufspalten, dass du die Induktionsvoraussetzung direkt wiedererkennst:

$$= \frac{(2 \cdot m - 1)^n - 1}{2} - \frac{(2 \cdot m - 1)^n \cdot (-2 \cdot m + 2)}{2}$$

$$= \frac{(2 \cdot m - 1)^n - 1}{2} - \frac{(2 \cdot m - 1)^n \cdot 2 \cdot (-1 \cdot m + 1)}{2}$$

$$= \frac{(2 \cdot m - 1)^n - 1}{2} - \frac{(2 \cdot m - 1)^n \cdot \cancel{2} \cdot (-1 \cdot m + 1)}{\cancel{2}}$$

$$= \frac{(2 \cdot m - 1)^n - 1}{2} - (2 \cdot m - 1)^n \cdot (-1 \cdot m + 1)$$

Nach der Induktionsvoraussetzung ist $\frac{(2 \cdot m - 1)^n - 1}{2} \in \mathbb{Z}$ eine ganze Zahl. Die beiden Faktoren $(2 \cdot m - 1)^n$ und $(-1 \cdot m + 1)$ sind für alle $m, n \in \mathbb{N}$ ganze Zahlen. Da das Produkt zweier ganzer Zahlen wieder eine ganze Zahl ist (Satz 4.4) und die Summe zweier ganzer Zahlen eine ganze Zahl ergibt (Satz 4.3), folgt:

$$\underbrace{\frac{(2 \cdot m - 1)^n - 1}{2}}_{\in \mathbb{Z}} + \underbrace{\underbrace{(2 \cdot m - 1)^n}_{\in \mathbb{Z}} \cdot \underbrace{(-1 \cdot m + 1)}_{\in \mathbb{Z}}}_{\in \mathbb{Z}} \in \mathbb{Z} \checkmark$$

Damit ist die Induktionsbehauptung $\mathcal{A}(n) \implies \mathcal{A}(n+1)$ gezeigt, und mit dem Prinzip der vollständigen Induktion folgt, dass $\frac{(2 \cdot m - 1)^n - 1}{2}$ für alle $n \in \mathbb{N}$ eine ganze Zahl ist. Nach Satz 4.6 ist $(2 \cdot m - 1)^n - 1$ mit $m \in \mathbb{N}$ für alle $n \in \mathbb{N}$ ohne Rest durch 2 und somit eine gerade Zahl. $\square$

Lösung Aufgabe 5.48 $(n+1)^3 + (n+1)^2$ ist genau dann für alle $n \in \mathbb{N}_0$ gerade, wenn $\frac{(n+1)^3 + (n+1)^2}{2}$ für alle $n \in \mathbb{N}_0$ eine ganze Zahl ist. Es ist also zu zeigen:

$$\forall n \in \mathbb{N}_0 : \frac{(n+1)^3 + (n+1)^2}{2} \in \mathbb{Z}$$

Beweis 5.49 n ist die Induktionsvariable.

1. **Induktionsanfang** $\mathcal{A}(n_0)$

   Da die Behauptung für alle natürlichen Zahlen (inklusive der 0) bewiesen werden soll, wird $n = 0$ als Startwert gewählt. Du musst also überprüfen, ob $\frac{(n_0+1)^3 + (n_0+1)^2}{2}$ eine ganze Zahl $\mathbb{Z}$ ist:

   $$\frac{(n_0+1)^3 + (n_0+1)^2}{2} = \frac{(0+1)^3 + (0+1)^2}{2} = \frac{1^3 + 1^2}{2} = \frac{\not{2}}{\not{2}} = 1 \in \mathbb{Z} \checkmark$$

2. **Induktionsvoraussetzung** $\mathcal{A}(n)$

   Es existiert (mindestens) ein $n \in \mathbb{N}_0$, für das $\frac{(n+1)^3 + (n+1)^2}{2}$ eine ganze Zahl ist. Formal bedeutet das:

   $$\exists n \in \mathbb{N}_0 : \frac{(n+1)^3 + (n+1)^2}{2} \in \mathbb{Z}$$

3. **Induktionsbehauptung** $\mathcal{A}(n+1)$

   Unter der Voraussetzung, dass $\frac{(n+1)^3 + (n+1)^2}{2}$ für ein $n \in \mathbb{N}_0$ eine ganze Zahl ist, ist auch

   $$\implies \frac{((n+1)+1)^3 + ((n+1)+1)^2}{2} \in \mathbb{Z}$$

   eine ganze Zahl.

4. **Induktionsschluss** $\mathcal{A}(n) \implies \mathcal{A}(n+1)$

   Am Ende deines Beweises musst du $\frac{((n+1)+1)^3 + ((n+1)+1)^2}{2}$ so umgeformt haben, dass das Ergebnis eindeutig als ganze Zahl identifiziert werden kann:

   $$\frac{((n+1)+1)^3 + ((n+1)+1)^2}{2}$$
   $$= \frac{(n+2)^3 + (n+2)^2}{2}$$

Wende die erste binomische Formel **B1** mit $a = n$ und $b = 2$ auf $(n + 2)^2$ an:

$$= \frac{(n + 2)^3 + n^2 + 2 \cdot n \cdot 2 + 2^2}{2}$$

$$= \frac{(n + 2)^3 + n^2 + 4 \cdot n + 4}{2}$$

Wende den binomischen Lehrsatz **B4** mit $a = n$, $b = 2$ und $n = 3$ auf $(n + 2)^2$ an:

$$= \frac{n^3 + 3 \cdot n^2 \cdot 2 + 3 \cdot n \cdot 2^2 + 2^3 + n^2 + 4 \cdot n + 4}{2}$$

$$= \frac{n^3 + 6 \cdot n^2 + 12 \cdot n + 8 + n^2 + 4 \cdot n + 4}{2}$$

$$= \frac{n^3 + 6 \cdot n^2 + n^2 + 12 \cdot n + 4 \cdot n + 8 + 4}{2}$$

$$= \frac{n^3 + 7 \cdot n^2 + 16 \cdot n + 12}{2}$$

Du musst im Zähler nun die Induktionsvoraussetzung wiederfinden. Sie ist gut versteckt, doch es gibt einen *Trick*, mit dem du sie recht einfach aufspüren kannst. Hierfür musst du lediglich rekapitulieren, was in der Induktionsvoraussetzung stand: $(n+1)^3 + (n + 1)^2$. Verwende die erste binomische Formel **B1** und den binomischen Lehrsatz **B4**, um die gefangenen Summen von ihren Klammern zu befreien:

a) $(n + 1)^2 = n^2 + 2 \cdot n \cdot 1 + 1^2 = n^2 + 2 \cdot n + 1$,

b) $(n + 1)^3 = n^3 + 3 \cdot n^2 \cdot 1 + 3 \cdot n \cdot 1 + 1^3 = n^3 + 3 \cdot n^2 + 3 \cdot n + 1$.

Spalte nun die Summanden im Zähler so auf, dass du die erste binomische Formel und den binomischen Lehrsatz (rückwärts) anwenden kannst:

$$= \frac{n^3 + 3 \cdot n^2 + n^2 + 3 \cdot n^2 + 2 \cdot n + 3 \cdot n + 11 \cdot n + 1 + 1 + 10}{2}$$

$$= \frac{(n^3 + 3 \cdot n^2 + 3 \cdot n + 1) + (n^2 + 2 \cdot n + 1) + 3 \cdot n^2 + 11 \cdot n + 10}{2}$$

$$= \frac{(n + 1)^3 + (n + 1)^2 + 3 \cdot n^2 + 11 \cdot n + 10}{2}$$

Nun kannst du den Bruch so aufteilen, dass du den Ausdruck aus der Induktionsannahme wiederfindest:

$$= \frac{(n + 1)^3 + (n + 1)^2}{2} + \frac{3 \cdot n^2 + 11 \cdot n + 10}{2}$$

Nach der Induktionsvoraussetzung ist $\frac{(n+1)^3 + (n+1)^2}{2} \in \mathbb{Z}$ eine ganze Zahl. Doch wie sieht es mit $\frac{3 \cdot n^2 + 11 \cdot n + 10}{2}$ aus? Auch in diesem Bruch kannst du wieder „teilen und herrschen":

$$= \frac{(n+1)^3 + (n+1)^2}{2} + \frac{3 \cdot n^2 + 3 \cdot n + 8 \cdot n + 10}{2}$$

$$= \frac{(n+1)^3 + (n+1)^2}{2} + \frac{3 \cdot n \cdot (n+1) + 8 \cdot n + 10}{2}$$

$$= \frac{(n+1)^3 + (n+1)^2}{2} + \frac{3 \cdot n \cdot (n+1)}{2} + \frac{8 \cdot n + 10}{2}$$

$$= \frac{(n+1)^3 + (n+1)^2}{2} + \frac{3 \cdot n \cdot (n+1)}{2} + \frac{\not{2} \cdot (n+5)}{\not{2}}$$

$$= \frac{(n+1)^3 + (n+1)^2}{2} + \frac{3 \cdot n \cdot (n+1)}{2} + n + 5$$

$\frac{3 \cdot n \cdot (n+1)}{2}$ ist eine ganze Zahl, da $3 \cdot n \cdot (n+1)$ eine gerade (d. h. ohne Rest durch 2 teilbare) Zahl ist. $3 \cdot n \cdot (n+1)$ ist deshalb gerade, weil n und $n+1$ direkt aufeinanderfolgende natürliche Zahlen sind, von denen genau eine gerade ist. Mit Satz 4.7 folgt, dass das Produkt $n \cdot (n+1)$ gerade ist.[1] n und 5 sind ganze Zahlen, weshalb nach Satz 4.3 $\frac{(n+1)^3 + (n+1)^2}{2} + \frac{3 \cdot n \cdot (n+1)}{2} + n + 5$ eine ganze Zahl ist:

$$\underbrace{\frac{(n+1)^3 + (n+1)^2}{2}}_{\in \mathbb{Z}} + \underbrace{\frac{3 \cdot n \cdot (n+1)}{2}}_{\in \mathbb{Z}} + \underbrace{n}_{\in \mathbb{Z}} + \underbrace{5}_{\in \mathbb{Z}} \in \mathbb{Z} \checkmark$$

Damit ist die Induktionsbehauptung $\mathcal{A}(n) \implies \mathcal{A}(n+1)$ gezeigt, und mit dem Prinzip der vollständigen Induktion folgt, dass $\frac{(n+1)^3 + (n+1)^2}{2}$ für alle $n \in \mathbb{N}_0$ eine ganze Zahl ist. Nach Satz 4.6 ist $(n+1)^3 + (n+1)^2$ für alle $n \in \mathbb{N}_0$ eine ohne Rest durch 2 teilbare und somit gerade Zahl.   □

Das ist ein sehr langer Induktionsbeweis, der sich doch sicherlich verkürzen lässt. Die zahlreichen Umformungen wirken wie „um den heißen Brei herum bewiesen", denn die im mittleren Teil des Beweises auftauchende Argumentation, dass $3 \cdot n \cdot (n+1)$ eine gerade Zahl ist, kann viel früher angewendet werden. So kommt man überhaupt nicht auf die Idee, ungeschickt mit vollständiger Induktion herumzuhantieren:

Beweis 5.50 (Ohne vollständige Induktion) Sei $n \in \mathbb{N}_0$. Zu zeigen ist, dass $(n+1)^3 + (n+1)^2$ eine gerade Zahl ist. Klammere den Faktor $(n+1)^2$ aus:

$$(n+1)^3 + (n+1)^2$$

$$= (n+1)^2 \cdot ((n+1) + 1)$$

$$= (n+1)^2 \cdot (n+2)$$

---

[1] Mit analoger Begründung ist dann natürlich auch $3 \cdot n \cdot (n+1)$ gerade.

Es wird nun folgende Fallunterscheidung vorgenommen:

- **n ist gerade** Wenn n gerade ist, dann ist $n + 1$ ungerade und $(n + 1)^2 = (n + 1) \cdot (n + 1)$ eine ungerade Zahl, da das Produkt zweier ungerader Zahlen immer noch ungerade ist (Satz 4.9). $n + 2$ (der Nachfolger von $n + 1$) ist dann aber gerade, und das Produkt einer ungeraden und einer geraden Zahl ist eine gerade Zahl (Satz 4.7).
- **n ist ungerade** Wenn n ungerade ist, dann ist $n + 1$ gerade und $(n + 1)^2 = (n + 1) \cdot (n + 1)$ eine gerade Zahl, da das Produkt zweier gerader Zahlen immer noch gerade ist (Satz 4.8). $n + 2$ (der Nachfolger von $n + 1$) ist dann ungerade, doch das Produkt einer geraden und einer ungeraden Zahl ist eine gerade Zahl (Satz 4.7).

Daraus folgt: $(n + 1)^3 + (n + 1)^2$ ist eine gerade Zahl. $\qquad\qquad\square$

Lösung Aufgabe 5.49 Für diese Aufgabe lohnt es sich, das Summenzeichen auszuschreiben:

$$\sum_{k=1}^{3} (n + k - 1)^3 = (n + 1 - 1)^3 + (n + 2 - 1)^3 + (n + 3 - 1)^3$$
$$= n^3 + (n + 1)^3 + (n + 2)^3$$

Die Aussage, dass $n^3 + (n+1)^2 + (n+2)^3$ (und damit auch die Summe $\sum_{k=1}^{3} (n + k - 1)^3$) für alle $n \in \mathbb{N}$ ohne Rest durch 3 teilbar ist, ist genau dann wahr, wenn $\frac{n^3 + (n+1)^3 + (n+2)^3}{3}$ eine ganze Zahl ist (Satz 4.6). Es ist also zu zeigen:

$$\forall n \in \mathbb{N} : \frac{n^3 + (n + 1)^3 + (n + 2)^3}{3} \in \mathbb{Z}$$

Beweis 5.51 n ist die Induktionsvariable.

1. **Induktionsanfang** $\mathcal{A}(n_0)$
   Da die Behauptung für alle natürlichen Zahlen gelten soll, wird $n_0 = 1$ als Startwert gewählt. Du musst also überprüfen, ob $\frac{n_0^3 + (n_0+1)^3 + (n_0+2)^3}{3}$ eine ganze Zahl ist:

   $$\frac{n_0^3 + (n_0 + 1)^2 + (n_0 + 2)^3}{3} = \frac{1^3 + (1 + 1)^3 + (1 + 2)^3}{3}$$
   $$= \frac{1^3 + 2^3 + 3^3}{3} = \frac{1 + 8 + 27}{3} = \frac{36}{3} = 12 \in \mathbb{Z} \checkmark$$

2. **Induktionsvoraussetzung** $\mathcal{A}(n)$
   Es existiert (mindestens) ein $n \in \mathbb{N}$, für das $\frac{n^3 + (n+1)^3 + (n+2)^3}{3}$ eine ganze Zahl ist. Formal bedeutet das:

   $$\exists n \in \mathbb{N} : \frac{n^3 + (n + 1)^3 + (n + 2)^3}{3} \in \mathbb{Z}$$

3. **Induktionsbehauptung** $\mathcal{A}(n+1)$

Unter der Voraussetzung, dass $\frac{n^3+(n+1)^3+(n+2)^3}{3}$ für ein $n \in \mathbb{N}$ eine ganze Zahl ist, ist auch

$$\Longrightarrow \frac{(n+1)^3 + ((n+1)+1)^3 + ((n+1)+2)^3}{3} \in \mathbb{Z}$$

eine ganze Zahl.

4. **Induktionsschluss** $\mathcal{A}(n) \Longrightarrow \mathcal{A}(n+1)$

Am Ende deines Beweises musst du $\frac{(n+1)^3+((n+1)+1)^3+((n+1)+2)^3}{3}$ so umgeformt haben, dass das Ergebnis eindeutig als ganze Zahl identifiziert werden kann:

$$\frac{(n+1)^3 + ((n+1)+1)^3 + ((n+1)+2)^3}{3}$$

$$= \frac{(n+1)^3 + (n+2)^3 + (n+3)^3}{3}$$

Wende den binomischen Lehrsatz **B4** mit $a = n$, $b = 3$ und $n = 3$ auf $(n+3)^3$ an:

$$= \frac{(n+1)^3 + (n+2)^3 + n^3 + 3 \cdot n^2 \cdot 3 + 3 \cdot n \cdot 3^2 + 3^3}{3}$$

$$= \frac{(n+1)^3 + (n+2)^3 + n^3 + 3 \cdot n^2 \cdot 3 + 3 \cdot n \cdot 9 + 27}{3}$$

$$= \frac{n^3 + (n+1)^3 + (n+2)^3 + 3 \cdot n^2 \cdot 3 + 3 \cdot n \cdot 9 + 27}{3}$$

Teile den Bruch so auf, dass die Induktionsvoraussetzung besser erkennbar ist:

$$= \frac{n^3 + (n+1)^3 + (n+2)^3}{3} + \frac{3 \cdot n^2 \cdot 3 + 3 \cdot n \cdot 9 + 27}{3}$$

Klammere den Faktor 3 im zweiten Bruch aus und kürze ihn:

$$= \frac{n^3 + (n+1)^3 + (n+2)^3}{3} + \frac{3 \cdot \left(n^2 \cdot 3 + n \cdot 9 + 9\right)}{3}$$

$$= \frac{n^3 + (n+1)^3 + (n+2)^3}{3} + \frac{\cancel{3} \cdot \left(n^2 \cdot 3 + n \cdot 9 + 9\right)}{\cancel{3}}$$

$$= \frac{n^3 + (n+1)^3 + (n+2)^3}{3} + \left(n^2 \cdot 3 + n \cdot 9 + 9\right)$$

Nach der Induktionsvoraussetzung ist $\frac{n^3+(n+1)^3+(n+2)^3}{3} \in \mathbb{Z}$ eine ganze Zahl. $n^2 \cdot 3$, $n \cdot 9$ und 9 sind für alle $n \in \mathbb{N}$ ganze Zahlen. Die Summe zweier (oder mehrerer) ganzer Zahlen ist wieder eine ganze Zahl (Satz 4.3):

$$\underbrace{\frac{n^3 + (n+1)^3 + (n+2)^3}{3}}_{\in \mathbb{Z}} + \underbrace{n^2 \cdot 3}_{\in \mathbb{Z}} + \underbrace{n \cdot 9}_{\in \mathbb{Z}} + \underbrace{9}_{\in \mathbb{Z}} \in \mathbb{Z} \checkmark$$

Damit ist die Induktionsbehauptung $\mathcal{A}(n) \implies \mathcal{A}(n+1)$ gezeigt, und mit dem Prinzip der vollständigen Induktion folgt, dass $\frac{n^3+(n+1)^3+(n+2)^3}{3}$ für alle $n \in \mathbb{N}$ eine ganze Zahl ist. Nach Satz 4.6 ist $n^3 + (n+1)^3 + (n+2)^3$ bzw. die hierzu äquivalente Schreibweise $\sum_{k=1}^{3} (n+k-1)^3$, für alle $n \in \mathbb{N}$ eine Zahl, die ohne Rest durch 3 teilbar ist.   □

Lösung Aufgabe 5.50 Auch bei dieser Aufgabe lohnt es sich wieder, das Summenzeichen auszuschreiben:

$$\sum_{k=1}^{3} (2 \cdot k + 1) \cdot n^{7-2\cdot k} = (2 \cdot 1 + 1) \cdot n^{7-2\cdot 1} + (2 \cdot 2 + 1) \cdot n^{7-2\cdot 2} + (2 \cdot 3 + 1) \cdot n^{7-2\cdot 3}$$

$$= 3 \cdot n^5 + 5 \cdot n^3 + 7 \cdot n$$

Wenn $3 \cdot n^5 + 5 \cdot n^3 + 7 \cdot n$ ohne Rest durch 3 und 5 teilbar ist, dann ist dieser Ausdruck nach Satz 4.10 auch durch $3 \cdot 5 = 15$ teilbar, da 3 und 5 teilerfremd sind. Die Aussage, dass $3 \cdot n^5 + 5 \cdot n^3 + 7 \cdot n$ (und damit auch die Summe $\sum_{k=1}^{3} (2 \cdot k + 1) \cdot n^{7-2\cdot k}$) für alle $n \in \mathbb{N}$ ohne Rest durch 15 teilbar ist, ist genau dann wahr, wenn $\frac{3\cdot n^5+5\cdot n^3+7\cdot n}{15}$ eine ganze Zahl ist (Satz 4.6). Es ist also zu zeigen:

$$\forall n \in \mathbb{N} : \frac{3 \cdot n^5 + 5 \cdot n^3 + 7 \cdot n}{15} \in \mathbb{Z}$$

Beweis 5.52 n ist die Induktionsvariable.

1. **Induktionsanfang** $\mathcal{A}(n_0)$
   Da die Behauptung für alle natürlichen Zahlen bewiesen werden soll, wird $n_0 = 1$ als Startwert gewählt. Du musst also überprüfen, ob $\frac{3\cdot n_0^5+5\cdot n_0^3+7\cdot n_0}{15}$ eine ganze Zahl ist:

   $$\frac{3 \cdot n_0^5 + 5 \cdot n_0^3 + 7 \cdot n_0}{15} = \frac{3 \cdot 1^5 + 5 \cdot 1^3 + 7 \cdot 1}{15} = \frac{3 + 5 + 7}{15} = \frac{\cancel{15}}{\cancel{15}} = 1 \in \mathbb{Z} \checkmark$$

2. **Induktionsvoraussetzung** $\mathcal{A}(n)$
   Es existiert (mindestens) ein $n \in \mathbb{N}$, für das $\frac{3\cdot n^5+5\cdot n^3+7\cdot n}{15}$ eine ganze Zahl ist. Formal bedeutet das:

   $$\exists n \in \mathbb{N} : \frac{3 \cdot n^5 + 5 \cdot n^3 + 7 \cdot n}{15} \in \mathbb{Z}$$

3. **Induktionsbehauptung** $\mathcal{A}(n+1)$
   Unter der Voraussetzung, dass $\frac{3\cdot n^5+5\cdot n^3+7\cdot n}{15}$ für ein $n \in \mathbb{N}$ eine ganze Zahl ist, ist auch

   $$\implies \frac{3 \cdot (n+1)^5 + 5 \cdot (n+1)^3 + 7 \cdot (n+1)}{15} \in \mathbb{Z}$$

   eine ganze Zahl.

4. **Induktionsschluss** $\mathcal{A}(n) \implies \mathcal{A}(n+1)$

Am Ende deines Beweises musst du $\frac{3\cdot(n+1)^5+5\cdot(n+1)^3+7\cdot(n+1)}{15}$ so umgeformt haben, dass das Ergebnis eindeutig als ganze Zahl identifiziert werden kann:

$$\frac{3\cdot(n+1)^5 + 5\cdot(n+1)^3 + 7\cdot(n+1)}{15}$$

$$= \frac{3\cdot(n+1)^5 + 5\cdot(n+1)^3 + 7\cdot n + 7}{15}$$

Wende den binomischen Lehrsatz **B4** mit $a=n, b=3, n=3$ auf $(n+1)^3$ und mit $a=n, b=1, n=5$ auf $(n+1)^5$ an:

$$= \frac{3\cdot\left(n^5+5\cdot n^4+10\cdot n^2+5\cdot n+1\right) + 5\cdot\left(n^3+3\cdot n^2+3\cdot n+1\right)+7\cdot n+7}{15}$$

$$= \frac{3\cdot n^5+3\cdot 5\cdot n^4+3\cdot 10\cdot n^2+3\cdot 5\cdot n+3+5\cdot n^3+5\cdot 3\cdot n^2+5\cdot 3\cdot n+5+7\cdot n+7}{15}$$

$$= \frac{3\cdot n^5+15\cdot n^4+30\cdot n^2+15\cdot n+3+5\cdot n^3+15\cdot n^2+15\cdot n+5+7\cdot n+7}{15}$$

Ordne die Summanden so an, dass du nach dem Trennen der Brüche die Induktionsvoraussetzung anwenden kannst, d. h., du musst irgendwie $3\cdot n^5 + 5\cdot n^3 + 7\cdot n$ im Zähler aufspüren:

$$= \frac{\left(3\cdot n^5+5\cdot n^3+7\cdot n\right) + 15\cdot n^4 + 30\cdot n^2 + 15\cdot n + 3 + 15\cdot n^2 + 15\cdot n + 5 + 7}{15}$$

$$= \frac{\left(3\cdot n^5+5\cdot n^3+7\cdot n\right) + 15\cdot n^4 + 15\cdot n^2 + 30\cdot n^2 + 15\cdot n + 15\cdot n + 5 + 7 + 3}{15}$$

$$= \frac{\left(3\cdot n^5 + 5\cdot n^3 + 7\cdot n\right) + 15\cdot n^4 + 45\cdot n^2 + 30\cdot n + 15}{15}$$

$$= \frac{3\cdot n^5 + 5\cdot n^3 + 7\cdot n}{15} + \frac{15\cdot n^4 + 45\cdot n^2 + 30\cdot n + 15}{15}$$

$$= \frac{3\cdot n^5 + 5\cdot n^3 + 7\cdot n}{15} + \frac{15\cdot\left(n^4 + 3\cdot n^2 + 2\cdot n + 1\right)}{15}$$

$$= \frac{3\cdot n^5 + 5\cdot n^3 + 7\cdot n}{15} + \frac{\cancel{15}\cdot\left(n^4 + 3\cdot n^2 + 2\cdot n + 1\right)}{\cancel{15}}$$

$$= \frac{3\cdot n^5 + 5\cdot n^3 + 7\cdot n}{15} + n^4 + 3\cdot n^2 + 2\cdot n + 1$$

Nach der Induktionsvoraussetzung ist $\frac{3\cdot n^5+5\cdot n^3+7\cdot n}{15} \in \mathbb{Z}$ eine ganze Zahl. $n^4, 3\cdot n^2, 2\cdot n$ und 1 sind für alle $n \in \mathbb{N}$ ganze Zahlen. Die Summe zweier (oder mehrerer) ganzer

Zahlen ist wieder eine ganze Zahl (Satz 4.3):

$$\underbrace{\frac{3 \cdot n^5 + 5 \cdot n^3 + 7 \cdot n}{15}}_{\in \mathbb{Z}} + \underbrace{n^4}_{\in \mathbb{Z}} + \underbrace{3 \cdot n^2}_{\in \mathbb{Z}} + \underbrace{2 \cdot n}_{\in \mathbb{Z}} + \underbrace{1}_{\in \mathbb{Z}} \in \mathbb{Z}\checkmark$$

Damit ist die Induktionsbehauptung $\mathcal{A}(n) \implies \mathcal{A}(n+1)$ gezeigt, und mit dem Prinzip der vollständigen Induktion folgt, dass $\frac{3 \cdot n^5 + 5 \cdot n^3 + 7 \cdot n}{15}$ für alle $n \in \mathbb{N}$ eine ganze Zahl ist. Nach Satz 4.6 ist $3 \cdot n^5 + 5 \cdot n^3 + 7 \cdot n$ bzw. die hierzu äquivalente Schreibweise $\sum_{k=1}^{3} (2 \cdot k + 1) \cdot n^{7-2 \cdot k}$ für alle $n \in \mathbb{N}$ eine Zahl, die ohne Rest durch 15 bzw. 3 und 5 teilbar ist. $\qquad\qquad\square$

Lösung Aufgabe 5.51 Wenn du diese Aufgabe erfolgreich bearbeitet hast, wirst du sicherlich verwundert sein, weshalb sie in der Kategorie *Profis* und nicht bei den Übungen für *Einsteiger* auftaucht. Die Begründung ist denkbar einfach: Sie sieht schwierig aus. Viele Studenten lassen sich von ungewohnt aussehenden Aufgaben abschrecken. Bisher hast du noch kein Beispiel bearbeitet, in dem der Divisor eine unbekannte Konstante k war. Bisher wusstest du entweder, dass die Zahl gerade (der Divisor ist dann 2) oder durch einen konkreten Zahlenwert teilbar ist. An dem bisher verwendeten Beweisschema ändert sich hierbei allerdings nicht viel. Die Aussage, dass $k^n - 1$ mit $k \in \mathbb{N}_{\geq 2}$ für alle $n \in \mathbb{N}$ ohne Rest durch $k - 1$ teilbar ist, ist genau dann wahr, wenn $\frac{k^n-1}{k-1}$ für alle $n \in \mathbb{N}$ eine ganze Zahl ist (Satz 4.6). Es ist also zu zeigen:

$$\forall n \in \mathbb{N} : \frac{k^n - 1}{k - 1} \in \mathbb{Z}$$

Beweis 5.53 k ist eine konstante natürliche Zahl größer als oder gleich 2 und n die Induktionsvariable.

1. **Induktionsanfang** $\mathcal{A}(n_0)$
   Da die Behauptung für alle natürlichen Zahlen bewiesen werden soll, wird $n_0 = 1$ als Startwert gewählt. Du musst also überprüfen, ob $\frac{k^{n_0}-1}{k-1}$ eine ganze Zahl $\mathbb{Z}$ ist:

   $$\frac{k^{n_0} - 1}{k - 1} = \frac{k^1 - 1}{k - 1} = \frac{k - 1}{k - 1} = 1 \in \mathbb{Z}\checkmark$$

2. **Induktionsvoraussetzung** $\mathcal{A}(n)$
   Es existiert (mindestens) ein $n \in \mathbb{N}$, für das $\frac{k^n-1}{k-1}$ eine ganze Zahl ist. Formal bedeutet das:

   $$\exists n \in \mathbb{N} : \frac{k^n - 1}{k - 1} \in \mathbb{Z}$$

3. **Induktionsbehauptung** $\mathcal{A}(n+1)$

Unter der Voraussetzung, dass $\frac{k^n-1}{k-1}$ für ein $n \in \mathbb{N}$ eine ganze Zahl ist, ist auch

$$\implies \frac{k^{n+1}-1}{k-1} \in \mathbb{Z}$$

eine ganze Zahl.

4. **Induktionsschluss** $\mathcal{A}(n) \implies \mathcal{A}(n+1)$

Am Ende deines Beweises musst du $\frac{k^{n+1}-1}{k-1}$ so umgeformt haben, dass das Ergebnis eindeutig als ganze Zahl identifiziert werden kann:

$$\frac{k^{n+1}-1}{k-1}$$

Wende das Potenzgesetz **P2** mit $a = k$, $x = n$ und $y = 1$ (rückwärts) auf k^{n+1} an:

$$= \frac{k^n \cdot k - 1}{k-1}$$

Wende den *cleveren Trick* (Satz 4.11) an, indem du 0 in Form der Differenz $(k-1) \cdot k^n - (k-1) \cdot k^n$ zum Zähler addierst:

$$= \frac{k^n \cdot k - 1 + (k-1) \cdot k^n - (k-1) \cdot k^n}{k-1}$$

$$= \frac{k^n \cdot k - (k-1) \cdot k^n - 1 + (k-1) \cdot k^n}{k-1}$$

$$= \frac{k^n \cdot (k - (k-1)) - 1 + (k-1) \cdot k^n}{k-1}$$

$$= \frac{k^n \cdot (k - k + 1) - 1 + (k-1) \cdot k^n}{k-1}$$

$$= \frac{k^n \cdot (0+1) - 1 + (k-1) \cdot k^n}{k-1}$$

$$= \frac{k^n \cdot 1 - 1 + (k-1) \cdot k^n}{k-1}$$

$$= \frac{(k^n - 1) + (k-1) \cdot k^n}{k-1}$$

Nun kannst du den Bruch so aufteilen, dass du den Ausdruck aus der Induktionsannahme wiederfindest:

$$= \frac{k^n - 1}{k-1} + \frac{(k-1) \cdot k^n}{(k-1)}$$

$$= \frac{k^n - 1}{k-1} + k^n$$

Nach der Induktionsvoraussetzung ist $\frac{k^n-1}{k-1} \in \mathbb{Z}$ eine ganze Zahl. k^n ist für alle $k \in \mathbb{N}_{\geq 2}$ ebenfalls eine ganze Zahl. Die Summe zweier ganzer Zahlen ist wieder eine ganze Zahl (Satz 4.3):

$$\underbrace{\frac{k^n - 1}{k - 1}}_{\in \mathbb{Z}} + \underbrace{k^n}_{\in \mathbb{Z}} \in \mathbb{Z} \checkmark$$

Damit ist die Induktionsbehauptung $\mathcal{A}(n) \implies \mathcal{A}(n+1)$ gezeigt, und mit dem Prinzip der vollständigen Induktion folgt, dass $\frac{k^n-1}{k-1}$ für alle $n \in \mathbb{N}$ und $k \in \mathbb{N}_{\geq 2}$ eine ganze Zahl ist. Nach Satz 4.6 ist $k^n - 1$ für alle $n \in \mathbb{N}$ eine Zahl, die ohne Rest durch $k - 1$ teilbar ist. □

Lösung Aufgabe 5.52 Das um 1 verringerte Quadrat einer natürlichen Zahl n kann mathematisch wie folgt dargestellt werden: $n^2 - 1$. In der Aufgabenstellung wird jedoch von dem Quadrat einer *ungeraden* natürlichen Zahl gesprochen. Dies kann man durch $2 \cdot k - 1$ für $k \in \mathbb{N}$ ausdrücken, denn

- $2 \cdot 1 - 1 = 2 - 1 = 1$ ist *ungerade*,
- $2 \cdot 2 - 1 = 4 - 1 = 3$ ist *ungerade*,
- $2 \cdot 3 - 1 = 6 - 1 = 5$ ist *ungerade*

usw. Sei also $n := 2 \cdot k - 1$ mit $k \in \mathbb{N}$ eine ungerade Zahl und $n^2 - 1 = (2 \cdot k - 1)^2 - 1$ ihr um 1 verringertes Quadrat. Es ist zu zeigen, dass dieses stets eine gerade Zahl ist. Der Induktionsbeweis wird über $k \in \mathbb{N}$ geführt, da man hierüber alle ungeraden Zahlen angeben kann und k den bekannten Voraussetzungen an eine „unendlich lange Dominokette" genügt. $(2 \cdot k - 1)^2 - 1$ ist genau dann gerade, wenn $\frac{(2 \cdot k - 1)^2 - 1}{2}$ eine ganze Zahl ist. Du musst also zeigen:

$$\forall k \in \mathbb{N} : \frac{(2 \cdot k - 1)^2 - 1}{2} \in \mathbb{Z}$$

Beweis 5.54 k ist die Induktionsvariable.

1. **Induktionsanfang** $\mathcal{A}(k_0)$
   Da die Behauptung für alle ungeraden natürlichen Zahlen gelten soll, wird $k = 1$ als Startwert gewählt, denn auf diese Weise erhältst du die erste ungerade natürliche Zahl: $2 \cdot 1 - 1 = 1$. Du musst also überprüfen, ob $\frac{(2 \cdot k_0 - 1)^2 - 1}{2}$ eine ganze Zahl $\mathbb{Z}$ ist:

$$\frac{(2 \cdot k_0 - 1)^2 - 1}{2} = \frac{(2 \cdot 1 - 1)^2 - 1}{2} = \frac{(2 - 1)^2 - 1}{2} = \frac{1^2 - 1}{2} = \frac{1 - 1}{2} \frac{0}{2} = 0 \in \mathbb{Z} \checkmark$$

2. **Induktionsvoraussetzung** $\mathcal{A}(k)$

Es existiert (mindestens) ein $k \in \mathbb{N}$, für das $\frac{(2 \cdot k - 1)^2 - 1}{2}$ eine ganze Zahl ist. Formal bedeutet das:

$$\exists k \in \mathbb{N} : \frac{(2 \cdot k - 1)^2 - 1}{2} \in \mathbb{Z}$$

3. **Induktionsbehauptung** $\mathcal{A}(k+1)$

Unter der Voraussetzung, dass $\frac{(2 \cdot k - 1)^2 - 1}{2}$ für ein $k \in \mathbb{N}$ eine ganze Zahl ist, ist auch

$$\Longrightarrow \frac{(2 \cdot (k+1) - 1)^2 - 1}{2} \in \mathbb{Z}$$

eine ganze Zahl.

4. **Induktionsschluss** $\mathcal{A}(k) \Longrightarrow \mathcal{A}(k+1)$

Am Ende deines Beweises musst du $\frac{(2 \cdot (k+1) - 1)^2 - 1}{2}$ so umgeformt haben, dass das Ergebnis eindeutig als ganze Zahl identifiziert werden kann:

$$\frac{(2 \cdot (k+1) - 1)^2 - 1}{2}$$
$$= \frac{(2 \cdot k + 2 - 1)^2 - 1}{2}$$
$$= \frac{(2 \cdot k + 1)^2 - 1}{2}$$

Wende die erste binomische Formel **B1** mit $a = 2 \cdot k$ und $b = 1$ auf $(2 \cdot k + 1)^2$ an:

$$= \frac{4 \cdot k^2 + 2 \cdot 2 \cdot k \cdot 1 + 1^2 - 1}{2}$$
$$= \frac{4 \cdot k^2 + 4 \cdot k + 1 - 1}{2}$$

Nutze den *cleveren Trick* (Satz 4.11) und addiere 0 in Form der Differenz $4 \cdot k - 4 \cdot k$ zum Zähler des Bruchs:

$$= \frac{4 \cdot k^2 + 4 \cdot k + 1 - 1 + 4 \cdot k - 4 \cdot k}{2}$$
$$= \frac{4 \cdot k^2 - 4 \cdot k + 4 \cdot k + 1 - 1 + 4 \cdot k}{2}$$
$$= \frac{4 \cdot k^2 - 4 \cdot k + 1 - 1 + 4 \cdot k + 4 \cdot k}{2}$$
$$= \frac{\left(4 \cdot k^2 - 4 \cdot k + 1\right) - 1 + 8 \cdot k}{2}$$

Wende die zweite binomische Formel **B2** mit $a = 2 \cdot k$ und $b = 1$ (rückwärts) auf $4 \cdot k^2 - 4 \cdot k + 1$ an:

$$= \frac{(2 \cdot k - 1)^2 - 1 + 8 \cdot k}{2}$$

Spalte den Bruch anschließend so auf, dass du die Induktionsvoraussetzung wiederfindest:

$$= \frac{(2 \cdot k - 1)^2 - 1}{2} + \frac{8 \cdot k}{2}$$

$$= \frac{(2 \cdot k - 1)^2 - 1}{2} + \frac{\cancel{8} \cdot k}{\cancel{2}}$$

$$= \frac{(2 \cdot k - 1)^2 - 1}{2} + 4 \cdot k$$

Nach der Induktionsvoraussetzung ist $\frac{(2 \cdot k - 1)^2 - 1}{2} \in \mathbb{Z}$ eine ganze Zahl. $4 \cdot k$ ist für alle $k \in \mathbb{N}$ ebenfalls eine ganze Zahl, und die Summe zweier ganzer Zahlen ergibt wieder eine ganze Zahl (Satz 4.3):

$$= \underbrace{\frac{(2 \cdot k - 1)^2 - 1}{2}}_{\in \mathbb{Z}} + \underbrace{4 \cdot k}_{\in \mathbb{Z}} \in \mathbb{Z} \checkmark$$

Damit ist die Induktionsbehauptung $\mathcal{A}(k) \implies \mathcal{A}(k+1)$ gezeigt, und mit dem Prinzip der vollständigen Induktion folgt, dass $\frac{(2 \cdot k - 1)^2 - 1}{2}$ für alle $n \in \mathbb{N}$ eine ganze Zahl ist. Nach Satz 4.6 ist $(2 \cdot k - 1)^2 - 1$ für alle $k \in \mathbb{N}$ eine ohne Rest durch 2 teilbare und somit gerade Zahl. Das heißt, das um 1 verringerte Quadrat einer ungeraden natürlichen Zahl ($(2 \cdot k - 1)^2 - 1$ mit $k \in \mathbb{N}$) ist stets eine gerade Zahl. □

5.4 Ungleichungen

5.4.1 Aufgaben für Einsteiger

Aufgaben

5.53 Ab welchem Wert $n_0 \in \mathbb{N}$ ist die Ungleichung

$$n \cdot (n - 2) > 1$$

wahr? Finde ein geeignetes n_0 und beweise im Anschluss, dass die Ungleichung für alle $n \in \mathbb{N}_{\geq n_0}$ wahr ist.

5.54 Finde einen Startwert n_0, ab dem die Ungleichung

$$2^n > n^4$$

für alle natürlichen Zahlen $n \geq n_0$ wahr ist, und führe anschließend den vollständigen Induktionsbeweis.

5.55 Seien $n, k \in \mathbb{N}$ und $k > n$. Beweise durch vollständige Induktion über n, dass die Ungleichung

$$n + k > n$$

für alle natürlichen Zahlen wahr ist.

5.56 Beweise, dass die Ungleichung

$$2^n > n$$

für alle $n \in \mathbb{N}_{\geq 2}$ wahr ist.

5.57 Beweise durch vollständige Induktion, dass die Ungleichung

$$n^2 < 2^n$$

für alle $n \in \mathbb{N}_{\geq 5}$ wahr ist.

5.58 Beweise, dass die Ungleichung

$$n \geq \sqrt{n}$$

für alle $n \in \mathbb{N}$ wahr ist.

5.59 Beweise, dass die Ungleichung

$$n < 2^n$$

für alle $n \in \mathbb{N}_{\geq 2}$ wahr ist.

5.4.2 Aufgaben für Fortgeschrittene

Aufgaben

5.60 Gegeben sei der Ausdruck $(m + 1)^n$ mit $m \in \mathbb{N}$ und $n \in \mathbb{N}_{\geq 2}$. Beweise durch vollständige Induktion über n, dass dieser Ausdruck echt größer als $n \cdot m + 1$ ist.

5.61 Beweise, dass die Ungleichung

$$n! > 3^n$$

für alle $n \in \mathbb{N}_{\geq 7}$ wahr ist.

5.62 Finde einen Startwert $n_0 \in \mathbb{N}$, ab dem die Ungleichung

$$\sum_{k=1}^{2^n} \frac{2}{k} \geq n + 2$$

wahr ist. Beweise im Anschluss, dass die Ungleichung für alle $n \in \mathbb{N}_{\geq n_0}$ wahr ist.

Aufgaben

5.63 Gegeben sei der Ausdruck $(m + 1)^n$ mit $m \in \mathbb{N}$ und $n \in \mathbb{N}_{\geq 2}$. Beweise durch vollständige Induktion über n, dass dieser Ausdruck echt größer als $n \cdot m + 1$ ist.

5.64 Beweise, dass die Ungleichung

$$n! > 3^n$$

für alle $n \in \mathbb{N}_{\geq 7}$ wahr ist.

5.65 Finde einen Startwert $n_0 \in \mathbb{N}$, ab dem die Ungleichung

$$\sum_{k=1}^{2^n} \frac{2}{k} \geq n + 2$$

wahr ist. Beweise im Anschluss, dass die Ungleichung für alle $n \in \mathbb{N}_{\geq n_0}$ wahr ist.

5.4.3 Aufgaben für Profis

Aufgaben

5.66 Beweise durch vollständige Induktion, dass die Summe

$$(n + 1) \cdot \sum_{k=0}^{n} (2 \cdot n - k)!$$

für alle $n \in \mathbb{N}_{\geq 2}$ echt größer als $n! \cdot 4^n$ ist.

5.67 Beweise, dass die Ungleichung

$$(n + 1)! > 2^n$$

für alle $n \in \mathbb{N}_{\geq 2}$ wahr ist.

5.68 Beweise durch vollständige Induktion, dass die Summe

$$\sum_{k=1}^{n} k$$

für alle $n \in \mathbb{N}_{\geq 2}$ echt größer als $\sqrt{n}$ ist.

5.69 Beweise, dass die Ungleichung

$$\sqrt{n^3} > \sqrt{n} + n$$

für alle $n \in \mathbb{N}_{\geq 3}$ wahr ist.

5.70 Beweise durch vollständige Induktion, dass das Produkt der ersten n natürlichen Zahlen für alle $n \in \mathbb{N}_{\geq 3}$ größer ist als ihre Summe.

5.4.4 Lösungen

Lösung Aufgabe 5.53 Zuerst musst du einen Startwert $n_0 \in \mathbb{N}$ finden, ab dem die Ungleichung $n \cdot (n - 2) > 1$ wahr ist:

- $n_0 = 1$: $1 \cdot (1 - 2) = 1 \cdot (-1) = -1 > 1 \perp$,
- $n_0 = 2$: $2 \cdot (2 - 2) = 2 \cdot 0 = 0 > 1 \perp$,
- $n_0 = 3$: $3 \cdot (3 - 2) = 3 \cdot 1 = 3 > 1 \checkmark$

Um sicherzugehen, dass du einen gültigen Startwert erwischt hast, kannst du überprüfen, ob auch der Nachfolger von $n_0 = 3$ (also $n_0 + 1 = 4$) die Ungleichung erfüllt: $4 \cdot (4 - 2) = 4 \cdot 2 = 8 > 1 \checkmark$ Den Aufwärtstrend dieser Ungleichung kannst du bereits an ihrer Form ablesen: Der erste Faktor (n^2) ist für $n \geq 3$ immer positiv und steigt streng monoton. Der zweite Faktor ($n - 2$) ist für $n \geq 3$ ebenfalls stets positiv und streng monoton. Es wird zwischenzeitlich nicht mehr zu einem abrupten Einbruch auf der linken Seite kommen. Es ist also zu zeigen:

$$\forall n \in \mathbb{N}_{\geq 3} : n \cdot (n - 2) > 1$$

Beweis 5.55 n ist die Induktionsvariable.

1. **Induktionsanfang** $\mathcal{A}(n_0)$
   Den Induktionsanfang hast du bereits im Vorfeld bei der Ermittlung eines geeigneten Startwerts gezeigt. Für $n_0 = 3$ gilt:

$$n_0 \cdot (n_0 - 2) = 3 \cdot (3 - 2) = 3 \cdot 1 = 3 > 1 \checkmark$$

Da die Ungleichung für $n_0 = 3$ wahr ist, ist der Induktionsanfang gezeigt.

2. **Induktionsvoraussetzung** $\mathcal{A}(n)$
   Es existiert mindestens ein $n \in \mathbb{N}_{\geq 3}$, für das die Ungleichung $n \cdot (n - 2) > 1$ wahr ist. Formal bedeutet das:

$$\exists n \in \mathbb{N}_{\geq 3} : n \cdot (n - 2) > 1$$

3. **Induktionsbehauptung** $\mathcal{A}(n + 1)$
   Unter der Voraussetzung, dass die Ungleichung $n \cdot (n - 2) > 1$ für ein $n \in \mathbb{N}$ wahr ist, folgt:

$$\implies (n + 1) \cdot ((n + 1) - 2) > 1$$

4. **Induktionsschluss** $\mathcal{A}(n) \implies \mathcal{A}(n + 1)$
   Am Ende deines vollständigen Induktionsbeweises muss klar erkennbar sein, dass $(n + 1) \cdot ((n + 1) - 2)$ tatsächlich größer als 1 ist. Beginne mit der linken Seite der Ungleichung aus der Induktionsbehauptung:

$$
\begin{aligned}
&(n + 1) \cdot ((n + 1) - 2) \\
&= (n + 1) \cdot (n + 1) - (n + 1) \cdot 2 \\
&= (n + 1)^2 - 2 \cdot (n + 1) \\
&= (n + 1)^2 - 2 \cdot n - 2
\end{aligned}
$$

Wende die erste binomische Formel **B1** mit $a = n$ und $b = 1$ auf $(n + 1)^2$ an:

$$
\begin{aligned}
&= n^2 + 2 \cdot n + 1 - 2 \cdot n - 2 \\
&= n^2 - 2 \cdot n + 2 \cdot n + 1 - 2 \\
&= n^2 - 2 \cdot n + 2 \cdot n - 1 \\
&= n^2 - 1 - 2 \cdot n + 2 \cdot n
\end{aligned}
$$

Klammere den Faktor n in $n^2 - 2 \cdot n$ aus:

$$= \overbrace{\underbrace{n \cdot (n - 2)}_{>1} - 1}^{>1} + 2 \cdot n$$

Nach der Induktionsvoraussetzung ist $n \cdot (n - 2) > 1$. Somit ist $n \cdot (n - 2) + 2 \cdot n - 1$ größer als $2 \cdot n$, denn wenn du von etwas, das größer als 1 ist, 1 subtrahierst, kommt wieder etwas größer als 1 heraus:

$$> \overbrace{2 \cdot \underbrace{\geq 3}}^{\geq 6}$$

Da $n \geq 3$ ist, wird $2 \cdot n$ größer als oder gleich 6 sein, und 6 ist wiederum größer als 1:

$$> 1 \checkmark$$

Du hast nun Schritt für Schritt die Gültigkeit der Ungleichung $(n+1)\cdot((n+1)-2) > 1$ nachgewiesen und damit gezeigt, dass die Implikation $\mathcal{A}(n) \implies \mathcal{A}(n + 1)$ wahr ist. Da $\mathcal{A}(n_0) = \mathcal{A}(3)$ ebenfalls wahr ist (Induktionsanfang), folgt mit dem Prinzip der vollständigen Induktion, dass die Ungleichung $n \cdot (n - 2) > 1$ für alle $n \in \mathbb{N}_{\geq 3}$ wahr ist. $\square$

Lösung Aufgabe 5.54 Zuerst musst du einen Startwert $n_0 \in \mathbb{N}$ finden, ab dem die Ungleichung $2^n > n^4$ wahr ist: Für $n_0 = 1$ gilt: $2^{n_0} = 2^1 = 2 > 1 = 1^4 = n_0^4 \checkmark$ Du solltest dich noch nicht in Sicherheit wiegen und den Nachfolger von n_0 (also $n_0 = 2$) testen: $2^{n_0} = 2^2 = 4 > 16 = 2^4 = n_0^4 \perp$. Wie du siehst, reicht es nicht, sich direkt mit dem ersten passenden Wert abspeisen zu lassen. Setze weitere Werte ein:

- $n_0 = 3$: $2^{n_0} = 2^3 = 8 > 81 = 3^4 = n_0^4 \perp$,
- $n_0 = 4$: $2^{n_0} = 2^4 = 16 > 256 = 4^4 = n_0^4 \perp$,
- $n_0 = 5$: $2^{n_0} = 2^5 = 32 > 625 = 5^4 = n_0^4 \perp$,
- $n_0 = 6$: $2^{n_0} = 2^6 = 64 > 1296 = 6^4 = n_0^4 \perp$,
- $n_0 = 3$: $2^{n_0} = 2^7 = 128 > 2401 = 7^4 = n_0^4 \perp$,
- $n_0 = 3$: $2^{n_0} = 2^8 = 256 > 4096 = 8^4 = n_0^4 \perp$.

Das scheint offenbar zu nichts zu führen. Hier muss ein effizienterer Ansatz zum Aufspüren des Startwerts her. Eine Möglichkeit besteht darin, einen Wert für n zu finden, der die Gleichung

$$2^n = n^4$$

erfüllt. Der Wert für n, den du auf diese Weise findest, entspricht dem Punkt, ab dem die Exponentialfunktion $f(n) = 2^n$ stets über n^4 liegen wird.[2] Da diese Gleichung nicht analytisch lösbar ist, musst du *clever schätzen* (oder die Lösung durch brachiales Einsetzen

---

[2] Erinnere dich zurück: Eine Exponentialfunktion wächst schneller als jede Potenzfunktion. Den Punkt, ab dem das der Fall ist, musst du erst noch finden.

bestimmen). Aus dem Induktionsbeweis aus Kap. 4.4 weißt du, dass $2^n = n^2$ für $n = 4$ wahr (und für alle folgenden n falsch) war. Da $n^4 = \left(n^2\right)^2$ ist (**P5** mit $x = y = 2$), wäre $n = 4^2 = 16$ einen Versuch wert:

$$2^{16} = 16^4 \iff 65.536 = 65.536 \checkmark$$

Der Versuch ist geglückt. Wähle als Startwert also $n_0 = 16 + 1 = 17$, da $n_0 = 16$ noch einen Widerspruch liefert:[3]

1. $n_0 = 16: 2^{n_0} = 2^{16} = 65.536 > 65.536 = 16^4 = n_0^4 \perp$,
2. $n_0 = 17: 2^{n_0} = 2^{17} = 131.072 > 83.521 = 17^4 = n_0^4 \checkmark$

Für den Nachfolger $n_0 + 1 = 18$ gilt: $n_0 = 18: 2^{n_0} = 2^{18} = 262.144 > 104.976 = 18^4 = n_0^4 \checkmark$. Es ist also zu zeigen:

$$\forall n \in \mathbb{N}_{\geq 17} : 2^n > n^4$$

Beweis 5.56 n ist die Induktionsvariable.

1. **Induktionsanfang** $\mathcal{A}(n_0)$
   Den Induktionsanfang hast du bereits im Vorfeld bei der Ermittlung eines geeigneten Startwerts gezeigt. Für $n_0 = 17$ gilt:

   $$2^{n_0} = 2^{17} = 131.072 > 83.521 = 17^4 = n_0^4 \checkmark$$

   Da die Ungleichung für $n_0 = 17$ wahr ist, fährst du im nächsten Schritt mit dem Formulieren der Induktionsvoraussetzung fort.

2. **Induktionsvoraussetzung** $\mathcal{A}(n)$
   Es existiert mindestens ein $n \in \mathbb{N}_{\geq 17}$, für das die Ungleichung $2^n > n^4$ wahr ist. Formal bedeutet das:

   $$\exists n \in \mathbb{N}_{\geq 17} : 2^n > n^4$$

3. **Induktionsbehauptung** $\mathcal{A}(n + 1)$
   Unter der Voraussetzung, dass die Ungleichung $2^n > n^4$ für ein $n \in \mathbb{N}_{\geq 17}$ wahr ist, folgt:

   $$\implies 2^{n+1} > (n + 1)^4$$

---

[3] Für die Behauptung $2^n \geq n^4$ wäre $n_0 = 16$ jedoch ein legitimer Startwert. Achte deshalb bei den Beweisaufgaben immer darauf, ob die Behauptung mit $<, >, \leq, \geq$ formuliert wurde.

4. **Induktionsschluss** $\mathcal{A}(n) \implies \mathcal{A}(n+1)$

Am Ende deines Induktionsbeweises muss klar erkennbar sein, dass 2^{n+1} tatsächlich größer als $(n+1)^4$ ist. Beginne mit der linken Seite der Ungleichung aus der Induktionsbehauptung:

$$2^{n+1}$$

Wende das Potenzgesetz **P1** mit $a = 2$, $x = n$ und $y = 1$ (rückwärts) auf 2^{n+1} an:

$$= \underbrace{2^n}_{>n^4} \cdot 2$$

Nach der Induktionsvoraussetzung ist $2^n > n^4$. Somit ist auch das Produkt $2^n \cdot 2$ größer als $n^4 \cdot 2$:

$$> n^4 \cdot 2$$
$$= n^4 + n^4$$
$$= n^4 + \underbrace{\overbrace{n}^{>16 \cdot n^3} }_{\geq 17} \cdot n^3$$

Die Behauptung gilt für alle $n \geq 17$. Deshalb ist $n^4 > 16 \cdot n^3$. Denn selbst für den kleinstmöglich einsetzbaren Wert $n = 17$ ist $n^4 = 17^4 = 17 \cdot 17^3 > 16 \cdot 17^3$. Es folgt:

$$> n^4 + 16 \cdot n^3$$

Doch was hast du dadurch gewonnen? Du möchtest am Ende deines Beweises $> (n+1)^4$ schreiben dürfen. $(n+1)^4$ ist nach dem binomischen Lehrsatz (**B4** für $a = n$, $b = 1$ und $n = 4$) gegeben durch $(n+1)^4 = n^4 + 4 \cdot n^3 + 6 \cdot n^2 + 4 \cdot n + 1$. Du kannst die $16 \cdot n^3$ so aufteilen, dass du am Ende ruhigen Gewissens ein $>$-Zeichen setzen darfst:

$$= n^4 + 4 \cdot n^3 + 12 \cdot n^3$$
$$= n^4 + 4 \cdot n^3 + 6 \cdot n^3 + 6 \cdot n^3$$
$$= n^4 + 4 \cdot n^3 + \underbrace{6 \cdot n^3}_{>6 \cdot n^2} + \underbrace{4 \cdot n^3}_{>4 \cdot n} + \underbrace{2 \cdot n^3}_{>1}$$
$$> n^4 + 4 \cdot n^3 + 6 \cdot n^2 + 4 \cdot n + 1$$
$$= (n+1)^4 \checkmark$$

Du hast nun Schritt für Schritt die Gültigkeit der Ungleichung $2^{n+1} > (n+1)^4$ nachgewiesen und damit gezeigt, dass die Implikation $\mathcal{A}(n) \implies \mathcal{A}(n+1)$ wahr ist. Da $\mathcal{A}(n_0) = \mathcal{A}(17)$ ebenfalls wahr ist (Induktionsanfang), folgt mit dem Prinzip der vollständigen Induktion, dass die Ungleichung $2^n > n^4$ für alle $n \in \mathbb{N}_{\geq 17}$ wahr ist. $\square$

Lösung Aufgabe 5.55 Seien $n, k \in \mathbb{N}$ und $k > n$. Es ist zu zeigen:

$$\forall n \in \mathbb{N} : n + k > n$$

Beweis 5.57 $k \in \mathbb{N}$ ist eine natürliche Konstante und n die Induktionsvariable.

1. **Induktionsanfang** $\mathcal{A}(n_0)$

   Da die Behauptung für alle natürlichen Zahlen gezeigt werden soll, wird als Startwert $n_0 = 1$ gewählt. Setze den Startwert n_0 in die Ungleichung ein und prüfe, ob eine wahre Aussage herauskommt:

   $$n_0 + k = 1 + \underbrace{k}_{>1=n_0} > 1 = n_0 \checkmark$$

2. **Induktionsvoraussetzung** $\mathcal{A}(n)$

   Es existiert mindestens ein $n \in \mathbb{N}$, für das die Ungleichung $n + k > n$ mit $k > n$ wahr ist. Formal bedeutet das:

   $$\exists n \in \mathbb{N} : n + k > n$$

3. **Induktionsbehauptung** $\mathcal{A}(n+1)$

   Unter der Voraussetzung, dass die Ungleichung $n + k > n$ mit $k > n$ für ein $n \in \mathbb{N}$ wahr ist, folgt:

   $$\implies (n+1) + k > n + 1$$

4. **Induktionsschluss** $\mathcal{A}(n) \implies \mathcal{A}(n+1)$

   Am Ende deines Induktionsbeweises muss klar erkennbar sein, dass $(n+1) + k > (n+1)$ tatsächlich größer als n ist. Beginne mit der linken Seite der Ungleichung aus der Induktionsbehauptung:

   $$(n+1) + k$$
   $$= \underbrace{(n+k)}_{>n} + 1$$

Nach der Induktionsvoraussetzung ist $n + k > n$. Somit ist $(n + k) + 1$ größer als $n + 1$:

$$> n + 1 \checkmark$$

Du hast nun Schritt für Schritt die Gültigkeit der Ungleichung $(n+1) + k > n + 1$ für $k > n$ nachgewiesen und damit gezeigt, dass die Implikation $\mathcal{A}(n) \implies \mathcal{A}(n+1)$ wahr ist. Da $\mathcal{A}(n_0) = \mathcal{A}(1)$ ebenfalls wahr ist (Induktionsanfang), folgt mit dem Prinzip der vollständigen Induktion, dass die Ungleichung $n + k > n$ für alle $n \in \mathbb{N}$ und $k > n$ wahr ist. $\square$

Die vollständige Induktion als Werkzeug zum Beweis dieser Behauptung ist zugegebenermaßen nicht unbedingt effizient.[4] Natürlich kann man auch mit einem Schraubenzieher einen Nagel in die Wand schlagen, doch ein Hammer wäre die weitaus bessere Wahl. So könntest du auch einen direkten Beweis ansetzen (wenn in der Aufgabe nicht explizit die vollständige Induktion gefordert wäre).

Beweis 5.58 Seien $n, k \in \mathbb{N}$ und $n \in \mathbb{N}$. Die Behauptung ist, dass

$$n + k > n$$

gilt. Subtrahiere n auf beiden Seiten der Ungleichung:

$$n + k - n > n - n$$
$$\Longleftrightarrow k > 0$$

Da $k \in \mathbb{N}$ und deshalb mindestens 1 ist, erhältst du eine wahre Aussage. Das war es schon!   □

Lösung Aufgabe 5.56 Es ist zu zeigen:

$$\forall n \in \mathbb{N}_{\geq 2} : 2^n > n$$

Beweis 5.59 n ist die Induktionsvariable.

1. **Induktionsanfang** $\mathcal{A}(n_0)$
   Da die Behauptung für alle natürlichen Zahlen größer als oder gleich 2 gezeigt werden soll, wird als Startwert $n_0 = 2$ gewählt. Setze den Startwert n_0 in die Ungleichung ein und prüfe, ob eine wahre Aussage herauskommt:

   $$2^{n_0} = 2^2 = 4 > 2 = n_0 \checkmark$$

   Da die Ungleichung für $n_0 = 2$ wahr ist, ist der Induktionsanfang gezeigt.
2. **Induktionsvoraussetzung** $\mathcal{A}(n)$
   Es existiert mindestens ein $n \in \mathbb{N}_{\geq 2}$, für das die Ungleichung $2^n > n$ wahr ist. Formal bedeutet das:

   $$\exists n \in \mathbb{N}_{\geq 2} : 2^n > n$$

---

[4] Wenn der Prof einen Induktionsbeweis einfordert, solltest du ihm diesen auch liefern. Ansonsten bist du im Normalfall völlig frei in deiner Argumentation (solange sie mathematisch stichhaltig ist und du nur das nutzt, was in der Vorlesung bereits bewiesen wurde).

3. **Induktionsbehauptung** $\mathcal{A}(n + 1)$

   Unter der Voraussetzung, dass die Ungleichung $2^n > n$ für ein $n \in \mathbb{N}_{\geq 2}$ wahr ist, folgt:

   $$\implies 2^{n+1} > n + 1$$

4. **Induktionsschluss** $\mathcal{A}(n) \implies \mathcal{A}(n + 1)$

   Am Ende deines Induktionsbeweises muss klar erkennbar sein, dass 2^{n+1} tatsächlich größer als $n + 1$ ist. Beginne mit der linken Seite der Ungleichung aus der Induktionsbehauptung:

   $$2^{n+1}$$

   Wende das Potenzgesetz **P1** mit $a = 2$, $x = n$ und $y = 1$ (rückwärts) auf 2^{n+1} an:

   $$= \underbrace{2^n}_{>n} \cdot 2$$

   Nach der Induktionsvoraussetzung ist $2^n > n$. Somit ist auch das Produkt $2^n \cdot 2$ größer als $n \cdot 2$, denn eine beidseitige Multiplikation der Ungleichung $2^n > n$ mit 2 liefert $2^n \cdot 2 > n \cdot 2$ (eine Multiplikation mit der positiven Zahl 2 dreht das Vorzeichen nicht um):

   $$> n \cdot 2$$
   $$= n + \underbrace{n}_{\geq 2}$$

   Da $n \geq 2$ ist, ist $n + n$ größer als $n + 1$:

   $$> n + 1 \checkmark$$

   Du hast nun Schritt für Schritt die Gültigkeit der Ungleichung $2^{n+1} > n + 1$ nachgewiesen und damit gezeigt, dass die Implikation $\mathcal{A}(n) \implies \mathcal{A}(n + 1)$ wahr ist. Da $\mathcal{A}(n_0) = \mathcal{A}(2)$ ebenfalls wahr ist (Induktionsanfang), folgt mit dem Prinzip der vollständigen Induktion, dass die Ungleichung $2^n > n$ für alle $n \in \mathbb{N}_{\geq 2}$ wahr ist. □

Lösung Aufgabe 5.57 Anders als bei den bisherigen Beweisen aus der Problemklasse *Ungleichungen* wird hier eine Kleiner-als-Relation betrachtet. Bei genauerem Hinsehen erkennst du, dass es sich um das Übungsbeispiel aus Abschn. 4.4 mit umgekehrtem >-Symbol handelt. Versuche es aber bitte (auch zu deiner eigenen Kontrolle) ohne zu spicken! Es ist zu zeigen:

$$\forall n \in \mathbb{N}_{\geq 5} : n^2 < 2^n$$

Beweis 5.60 n ist die Induktionsvariable.

1. **Induktionsanfang** $\mathcal{A}(n_0)$

   Da die Behauptung für alle natürlichen Zahlen größer als oder gleich 5 gezeigt werden soll, wird als Startwert $n_0 = 5$ gewählt. Setze den Startwert n_0 in die Ungleichung ein und prüfe, ob eine wahre Aussage herauskommt:

   $$n_0^2 = 5^2 = 25 < 32 = 2^5 = 2^{n_0} \checkmark$$

   Da die Ungleichung für $n_0 = 5$ wahr ist, ist der Induktionsanfang gezeigt.

2. **Induktionsvoraussetzung** $\mathcal{A}(n)$

   Es existiert mindestens ein $n \in \mathbb{N}_{\geq 5}$, für das die Ungleichung $n^2 < 2^n$ wahr ist. Formal bedeutet das:

   $$\exists n \in \mathbb{N}_{\geq 5} : n^2 < 2^n$$

3. **Induktionsbehauptung** $\mathcal{A}(n+1)$

   Unter der Voraussetzung, dass die Ungleichung $n^2 < 2^n$ für ein $n \in \mathbb{N}_{\geq 5}$ wahr ist, folgt:

   $$(n+1)^2 < 2^{n+1}$$

4. **Induktionsschluss** $\mathcal{A}(n) \Longrightarrow \mathcal{A}(n+1)$

   Am Ende deines Induktionsbeweises muss klar erkennbar sein, dass $(n+1)^2$ tatsächlich kleiner als 2^{n+1} ist. Beginne mit der linken Seite der Ungleichung aus der Induktionsbehauptung:

   $$(n+1)^2$$

Wende die erste binomische Formel **B1** mit $a = n$ und $b = 1$ auf $(n+1)^2$ an:

$$= n^2 + 2 \cdot n \cdot 1 + 1^2$$
$$= n^2 + 2 \cdot n + \underbrace{1}_{<5}$$

Dieser Ausdruck ist kleiner als $n^2 + 2 \cdot n + n$, da $n \geq 5$ und somit größer als 1 ist:

$$< n^2 + 2 \cdot n + n$$
$$= n^2 + \underbrace{\overbrace{3}^{<n \cdot n} \cdot n}_{<5}$$

Und erneut kannst (und solltest) du die Information $n \geq 5$ ausnutzen. Dadurch wird ersichtlich, dass $3 \cdot n < n^2$ ist. n nimmt nämlich im Minimalfall den Wert 5 an und $3 \cdot 5 < 5 \cdot 5$:

$$< n^2 + n^2$$
$$= 2 \cdot n^2$$

Nach der Induktionsvoraussetzung ist $n^2 < 2^n$. Somit ist auch das Produkt $2 \cdot n$ kleiner als $2 \cdot 2^n$, denn eine beidseitige Multiplikation der Ungleichung $n^2 < 2^n$ mit 2 liefert $2 \cdot n^2 < 2 \cdot 2^n$ (ein Wechsel des $<$-Symbols findet bei der Multiplikation mit einer positiven Zahl *nicht* statt):

$$< 2 \cdot 2^n$$
$$= 2^{n+1} \checkmark$$

Die letzte Umformung ist eine Anwendung des altbekannten Potenzgesetzes **P2**. Um dich nicht deines *Aha-Moments* zu berauben, wurde auf eine Erklärung dieses Schritts, den du beim Bearbeiten der bisherigen Aufgaben mit Sicherheit schon mehrere Male erfolgreich angewendet hast und im Schlaf beherrschst, verzichtet. Du hast nun Schritt für Schritt die Gültigkeit der Ungleichung $(n + 1)^2 < 2^{n+1}$ nachgewiesen und damit gezeigt, dass die Implikation $\mathcal{A}(n) \implies \mathcal{A}(n + 1)$ wahr ist. Da $\mathcal{A}(n_0) = \mathcal{A}(5)$ ebenfalls wahr ist (Induktionsanfang), folgt mit dem Prinzip der vollständigen Induktion, dass die Ungleichung $n^2 < 2^n$ für alle $n \in \mathbb{N}_{\geq 5}$ wahr ist. $\quad\square$

Es spricht im Übrigen nichts dagegen, den Beweis „unten" (bei 2^{n+1}) zu beginnen und sich langsam nach „oben" hochzuarbeiten. Solange eine mathematisch schlüssige Argumentationskette erkennbar ist, wird dein Prof nicht nach dem *Wie* fragen.

Lösung Aufgabe 5.58 Es ist zu zeigen:

$$\forall n \in \mathbb{N} : n \geq \sqrt{n}$$

Beweis 5.61 n ist die Induktionsvariable.

1. **Induktionsanfang** $\mathcal{A}(n_0)$
   Da die Behauptung für alle natürlichen Zahlen n gezeigt werden soll, wird als Startwert $n_0 = 1$ gewählt. Setze den Startwert n_0 in die Ungleichung ein und prüfe, ob eine wahre Aussage herauskommt:

$$n_0 = 1 \geq 1 = \sqrt{n_0} \checkmark$$

2. **Induktionsvoraussetzung** $\mathcal{A}(n)$

$$\exists n \in \mathbb{N} : n \geq \sqrt{n}$$

3. **Induktionsbehauptung** $\mathcal{A}(n+1)$

Unter der Voraussetzung, dass die Ungleichung $n \geq \sqrt{n}$ für ein $n \in \mathbb{N}$ wahr ist, folgt:

$$\Longrightarrow n + 1 \geq \sqrt{n+1}$$

4. **Induktionsschluss** $\mathcal{A}(n) \Longrightarrow \mathcal{A}(n+1)$

Am Ende deines Induktionsbeweises muss klar erkennbar sein, dass $n + 1$ tatsächlich größer als oder gleich $\sqrt{n+1}$ ist. Beginne mit der linken Seite der Ungleichung aus der Induktionsbehauptung:

$$n + 1$$

Nach der Induktionsvoraussetzung ist $n \geq \sqrt{n}$. Somit ist die Summe $n + 1$ ebenfalls größer als oder gleich $\sqrt{n+1}$, denn die Addition eines positiven Werts zu beiden Seiten der Ungleichung führt nicht zu einem Wechsel des $\geq$-Zeichens:

$$\geq \sqrt{n} + 1$$
$$\geq \sqrt{n+1} \checkmark$$

Moment! Wie kam der letzte Schritt zustande? $\sqrt{n} + 1$ ist offensichtlich größer als oder gleich $\sqrt{n+1}$, denn für den Fall $n = 1$ ist $\sqrt{1} + 1 = 1 + 1 = 2$ bereits größer als $\sqrt{1+1} = \sqrt{2} \approx 1{,}4$, und es wird $n \geq 1$ für den Induktionsbeweis vorausgesetzt. Du hast nun Schritt für Schritt die Gültigkeit der Ungleichung $n + 1 \geq \sqrt{n+1}$ nachgewiesen und damit gezeigt, dass die Implikation $\mathcal{A}(n) \Longrightarrow \mathcal{A}(n+1)$ wahr ist. Da $\mathcal{A}(n_0) = \mathcal{A}(1)$ ebenfalls wahr ist (Induktionsanfang), folgt mit dem Prinzip der vollständigen Induktion, dass die Ungleichung $n \geq \sqrt{n+1}$ für alle $n \in \mathbb{N}$ wahr ist. $\qquad\qquad\square$

Lösung Aufgabe 5.59 Die zu beweisende Behauptung ist die aus Aufgabe 5.56 mit umgekehrtem $>$-Zeichen. Es ist zu zeigen:

$$\forall n \in \mathbb{N}_{\geq 2} : n < 2^n$$

Beweis 5.62 n ist die Induktionsvariable.

1. **Induktionsanfang** $\mathcal{A}(n_0)$

Da die Behauptung für alle natürlichen Zahlen größer als oder gleich 2 gezeigt werden soll, wird als Startwert $n_0 = 2$ gewählt. Setze den Startwert n_0 in die Ungleichung ein und prüfe, ob eine wahre Aussage herauskommt:

$$n_0 = 2 < 4 = 2^2 = 2^{n_0} \checkmark$$

Da die Ungleichung für $n_0 = 2$ wahr ist, ist der Induktionsanfang gezeigt.

2. **Induktionsvoraussetzung** $\mathcal{A}(n)$

Es existiert (mindestens) ein $n \in \mathbb{N}_{\geq 2}$, für das die Ungleichung $n < 2^n$ wahr ist. Formal bedeutet das:

$$\exists n \in \mathbb{N}_{\geq 2} : n < 2^n$$

3. **Induktionsbehauptung** $\mathcal{A}(n+1)$

Unter der Voraussetzung, dass die Ungleichung $n < 2^n$ für ein $n \in \mathbb{N}_{\geq 2}$ wahr ist, folgt:

$$\implies n + 1 < 2^{n+1}$$

4. **Induktionsschluss** $\mathcal{A}(n) \implies \mathcal{A}(n+1)$

Am Ende deines Induktionsbeweises muss klar erkennbar sein, dass $n + 1$ tatsächlich kleiner als 2^{n+1} ist. Beginne mit der linken Seite der Ungleichung aus der Induktionsbehauptung:

$$n + \underbrace{1}_{<2}$$

Da $n \geq 2$ ist, ist $n + 1$ kleiner als $n + n$:

$$< n + n$$
$$= 2 \cdot n$$

Nach der Induktionsvoraussetzung ist $n < 2^n$. Somit ist auch das Produkt $2 \cdot n$ kleiner als 2^{n+1}, denn eine beidseitige Multiplikation der Ungleichung $n < 2^n$ mit 2 liefert $2 \cdot n < 2 \cdot 2^n$ (eine Multiplikation mit der positiven Zahl 2 dreht das $<$-Zeichen nicht um):

$$< 2 \cdot 2^n$$
$$= 2^{n+1} \checkmark$$

Du hast nun Schritt für Schritt die Gültigkeit der Ungleichung $n + 1 < 2^{n+1}$ nachgewiesen und damit gezeigt, dass die Implikation $\mathcal{A}(n) \implies \mathcal{A}(n+1)$ wahr ist. Da $\mathcal{A}(n_0) = \mathcal{A}(2)$ ebenfalls wahr ist (Induktionsanfang), folgt mit dem Prinzip der vollständigen Induktion, dass die Ungleichung $n < 2^n$ für alle $n \in \mathbb{N}_{\geq 2}$ wahr ist. $\qquad\square$

Lösung Aufgabe 5.63 Sei $m \in \mathbb{N}$. Es ist zu zeigen:

$$\forall n \in \mathbb{N}_{\geq 2} : (m+1)^n > n \cdot m + 1$$

Beweis 5.63 Da der Beweis durch vollständige Induktion über n geführt werden soll, ist n (und nicht m) die Induktionsvariable.

1. **Induktionsanfang** $\mathcal{A}(n_0)$

Da die Behauptung für alle $n \in \mathbb{N}_{\geq 2}$ bewiesen werden soll, wird $n_0 = 2$ als Startwert gewählt und geprüft, ob die Ungleichung $(m+1)^{n_0} > n_0 \cdot m + 1$ wahr ist:

$$(m+1)^{n_0} = (m+1)^2 = m^2 + 2 \cdot m + 1 > 2 \cdot m + 1 = n_0 \cdot m + 1 \checkmark$$

Es ist $m^2 + 2 \cdot m + 1 > 2 \cdot m + 1$ äquivalent zu der Ungleichung $m^2 > 0$, die durch beidseitige Subtraktion von $2 \cdot m + 1$ entsteht. Zudem ist bekannt, dass $m \in \mathbb{N}$ (also mindestens 1) ist. Deshalb ist m^2 auch mit Sicherheit größer als 0. Da die Ungleichung also für $n_0 = 2$ wahr ist, ist der Induktionsanfang gezeigt.

2. **Induktionsvoraussetzung** $\mathcal{A}(n)$

Es existiert mindestens ein $n \in \mathbb{N}_{\geq 2}$, für das die Ungleichung $(m + 1)^n > n \cdot m + 1$ mit $m \in \mathbb{N}$ wahr ist. Formal bedeutet das:

$$\exists n \in \mathbb{N}_{\geq 2} : (m + 1)^n > n \cdot m + 1$$

3. **Induktionsbehauptung** $\mathcal{A}(n + 1)$

Unter der Voraussetzung, dass die Ungleichung $(m + 1)^n > n \cdot m + 1$ mit $m \in \mathbb{N}$ für ein $n \in \mathbb{N}_{\geq 2}$ wahr ist, folgt:

$$\implies (m + 1)^{n+1} > (n + 1) \cdot m + 1$$

4. **Induktionsschluss** $\mathcal{A}(n) \implies \mathcal{A}(n + 1)$

Am Ende deines Induktionsbeweises muss klar erkennbar sein, dass $(m + 1)^{n+1}$ tatsächlich größer als $(n+1) \cdot m + 1$ ist. Beginne mit der linken Seite der Ungleichung aus der Induktionsbehauptung. Wende dabei direkt das Potenzgesetz **P2** mit $a = n + 1$, $x = n$ und $y = 1$ (rückwärts) auf $(m + 1)^{n+1}$ an:

$$(m + 1)^{n+1}$$
$$= \underbrace{(m + 1)^n}_{>n \cdot m+1} \cdot (m + 1)$$

Nach der Induktionsvoraussetzung ist $(m+1)^n > n \cdot m + 1$. Somit ist auch das Produkt $(m + 1)^n (m + 1)$ größer als $(n \cdot m + 1) \cdot (m + 1)$, denn eine beidseitige Multiplikation der Ungleichung $(m + 1)^n > n \cdot m + 1$ mit $m + 1$ liefert $(n \cdot m + 1) \cdot (m + 1)$. Da außerdem $m + 1$ mit $m \geq 1$ mindestens den Wert $2 = 1 + 1$ besitzt und damit eine positive Zahl ist, dreht sich das $>$-Zeichen nicht um:

$$> (n \cdot m + 1) \cdot (m + 1)$$
$$= n \cdot m \cdot m + n \cdot m \cdot 1 + 1 \cdot m + 1 \cdot 1$$
$$= \underbrace{n}_{\geq 2} \cdot \overbrace{\underbrace{m^2}_{\geq 1}}^{\geq 2} + n \cdot m + m + 1$$
$$> n \cdot m + m + 1$$
$$= (n + 1) \cdot m + 1 \checkmark$$

Du hast nun Schritt für Schritt die Gültigkeit der Ungleichung $(m + 1)^{n+1} > (n + 1) \cdot m + 1$ nachgewiesen und damit gezeigt, dass die Implikation $\mathcal{A}(n) \implies \mathcal{A}(n + 1)$

wahr ist. Da $\mathcal{A}(n_0) = \mathcal{A}(2)$ ebenfalls wahr ist (Induktionsanfang), folgt mit dem Prinzip der vollständigen Induktion, dass die Ungleichung $(m + 1)^n > n \cdot m + 1$ für alle $n \in \mathbb{N}_{\geq 2}$ wahr ist. $\qquad\qquad\square$

Diese Behauptung ist eine Abwandlung der *Bernoulli-Ungleichung*, die dir aller Wahrscheinlichkeit nach in deiner Analysis-Vorlesung begegnen wird. Wenn du dich inhaltlich „spoilern" lassen willst, kannst du dir den Beweis hier schon einmal ansehen. Sei $x \in \mathbb{R}_{\geq -1}$ eine reelle Zahl größer als oder gleich -1 und $n \in \mathbb{N}_0$ eine natürliche Zahl. Dann gilt:

$$\forall n \in \mathbb{N}_0 : (x + 1)^n \geq n \cdot x + 1$$

Auch wenn der Großteil des Beweises analog verläuft, gibt es vereinzelte Abweichungen, die direkt bei der Formulierung der Behauptung starten:

- Statt von einer natürlichen Zahl $m \in \mathbb{N}$ spricht die Bernoulli-Ungleichung von einer reellen Zahl größer oder gleich -1.
- An die Stelle des $>$ tritt ein $\geq$.
- Die Induktionsvariable n startet bei $n_0 = 0$ statt $n_0 = 2$.

Nachdem die Unterschiede nun herausgearbeitet wurden, geht es direkt in medias res.

Beweis 5.64 n ist auch bei dem Beweis der Bernoulli-Ungleichung die Induktionsvariable. Für reelle Zahlen würde die Induktion ohnehin scheitern.

1. **Induktionsanfang** $\mathcal{A}(n_0)$
   Da die Behauptung für alle natürlichen Zahlen (inklusive der 0) bewiesen werden soll, wird $n_0 = 0$ als Startwert gewählt und geprüft, ob die Bernoulli-Ungleichung $(x + 1)^{n_0} \geq n_0 \cdot x + 1$ wahr ist:

$$(x + 1)^{n_0} = (x + 1)^0 = 1 \geq 1 = 0 + 1 = 1 \cdot 0 \cdot x + 1 = n_0 \cdot x + 1 \checkmark$$

2. **Induktionsvoraussetzung** $\mathcal{A}(n)$
   Es existiert mindestens ein $n \in \mathbb{N}_0$, für das die Bernoulli-Ungleichung $(x + 1)^n \geq n \cdot x + 1$ mit $x \in \mathbb{R}_{\geq -1}$ wahr ist. Formal bedeutet das:

$$\exists n \in \mathbb{N}_0 : (x + 1)^n \geq n \cdot x + 1$$

3. **Induktionsbehauptung** $\mathcal{A}(n + 1)$
   Unter der Voraussetzung, dass die Ungleichung $(x + 1)^n \geq n \cdot x + 1$ mit $x \in \mathbb{R}_{\geq -1}$ für ein $n \in \mathbb{N}_0$ wahr ist, folgt:

$$\implies (x + 1)^{n+1} \geq (n + 1) \cdot x + 1$$

4. **Induktionsschluss** $\mathcal{A}(n) \Longrightarrow \mathcal{A}(n+1)$

Am Ende deines Induktionsbeweises muss klar erkennbar sein, dass $(x+1)^{n+1}$ tatsächlich größer als oder gleich $(n+1) \cdot x + 1$ ist. Beginne mit der linken Seite der Bernoulli-Ungleichung aus der Induktionsbehauptung. Wende dabei direkt das Potenzgesetz **P2** mit $a = x + 1$, $x = n$ und $y = 1$ (rückwärts) auf $(x+1)^{n+1}$ an:

$$(x+1)^{n+1}$$

$$= \underbrace{\overbrace{x+1}^{\geq n \cdot x + 1}}_{n} \cdot \underbrace{(x+1)}_{\geq 0}$$

Nach der Induktionsvoraussetzung ist $(x+1)^n \geq n \cdot x + 1$. Somit ist auch das Produkt $(x+1)^n(x+1)$ größer als oder gleich $(n \cdot x + 1) \cdot (x + 1)$, denn eine beidseitige Multiplikation der Ungleichung $(x+1)^n > n \cdot x + 1$ mit $x+1$ liefert $(n \cdot x + 1) \cdot (x + 1)$. Da außerdem $x + 1$ mit $x \geq -1$ mindestens den Wert $0 = -1 + 1$ besitzt (und folglich nicht negativ ist), dreht sich das $\geq$-Zeichen nicht um:

$$\geq (n \cdot x + 1) \cdot (x + 1)$$
$$= n \cdot x \cdot x + n \cdot x \cdot 1 + 1 \cdot x + 1 \cdot 1$$
$$= \underbrace{n \cdot x^2}_{\geq 0} + n \cdot x + x + 1$$
$$\geq n \cdot x + x + 1$$
$$= (n+1) \cdot x + 1 \checkmark$$

Wieso gilt hier auf einmal $\geq$ statt $>$? Für $n = x = 0$ (beides legitime Werte) tritt z. B. die Situation ein, dass beide Seiten der Ungleichung den Wert 1 haben. Die Ungleichung $1 \geq 1$ ist wahr, während $1 > 1$ falsch ist. In dem Beweis der Ungleichung $(m+1)^n > n \cdot m + 1$ kann mit $m \in \mathbb{N}$ und $n \in \mathbb{N}_{\geq}$ keine Situation geschaffen werden, in der beide Seiten der Ungleichung gleich sind. Das wäre auch problematisch, da die Behauptung dann nämlich überhaupt nicht stimmen würde und du dich umsonst zehn Minuten mit dem Beweisversuch einer ohnehin falschen Aussage beschäftigt hättest. Umso schöner ist das Gefühl, dass du stattdessen die Gültigkeit der Ungleichung $(x+1)^{n+1} > (x+1) \cdot x + 1$ nachgewiesen und damit gezeigt hast, dass die Implikation $\mathcal{A}(n) \Longrightarrow \mathcal{A}(n+1)$ wahr ist. Da $\mathcal{A}(n_0) = \mathcal{A}(0)$ ebenfalls wahr ist (Induktionsanfang), folgt mit dem Prinzip der vollständigen Induktion, dass die Bernoulli-Ungleichung $(x+1)^n > n \cdot x + 1$ für alle $n \in \mathbb{N}_0$ und $x \in \mathbb{R}_{\geq -1}$ wahr ist. $\qquad \square$

Lösung Aufgabe 5.64 Es ist zu zeigen:

$$\forall n \in \mathbb{N}_{\geq 7} : n! > 3^n$$

Beweis 5.65 n ist die Induktionsvariable.

1. **Induktionsanfang** $\mathcal{A}(n_0)$
   Da die Behauptung für alle $n \in \mathbb{N}_{\geq 7}$ bewiesen werden soll, wird $n_0 = 7$ als Startwert gewählt und geprüft, ob die Ungleichung $n_0! > 3^{n_0}$ wahr ist:

$$n_0! = 7! = 5040 > 2187 = 3^7 = 3^{n_0} \checkmark$$

   Da die Ungleichung für $n_0 = 7$ wahr ist, ist der Induktionsanfang gezeigt.

2. **Induktionsvoraussetzung** $\mathcal{A}(n)$
   Es existiert mindestens ein $n \in \mathbb{N}_{\geq 7}$, für das die Ungleichung $n! > 3^n$ wahr ist. Formal bedeutet das:

$$\exists n \in \mathbb{N}_{\geq 7} : n! > 3^n$$

3. **Induktionsbehauptung** $\mathcal{A}(n+1)$
   Unter der Voraussetzung, dass die Ungleichung $n! > 3^n$ für ein $n \in \mathbb{N}_{\geq 7}$ wahr ist, folgt:

$$\implies (n+1)! > 3^{n+1}$$

4. **Induktionsschluss** $\mathcal{A}(n) \implies \mathcal{A}(n+1)$
   Am Ende deines Induktionsbeweises muss klar erkennbar sein, dass $(n+1)!$ tatsächlich größer als 3^{n+1} ist. Beginne mit der linken Seite der Ungleichung aus der Induktionsbehauptung. Wende dabei direkt die Regel **F2** (rückwärts) auf $(n+1)!$ an:

$$(n+1)!$$
$$= \underbrace{n!}_{>3^n} \cdot (n+1)$$

   Nach der Induktionsvoraussetzung ist $n! > 3^n$. Somit ist auch das Produkt $n! \cdot (n+1)$ größer als $3^n \cdot (n+1)$, denn eine beidseitige Multiplikation der Ungleichung $n! > 3^n$ mit $n+1$ liefert $n! \cdot (n+1) > 3^n \cdot (n+1)$. Da außerdem $n+1$ mit $n \geq 7$ mindestens den Wert $8 = 7 + 1$ besitzt und damit eine positive Zahl ist, dreht sich das $>$-Zeichen nicht um:

$$> 3^n \cdot \underbrace{(n+1)}_{\geq 8}$$
$$> 3^n \cdot 3$$
$$= 3^{n+1} \checkmark$$

Du hast nun Schritt für Schritt die Gültigkeit der Ungleichung $(n + 1)! > 3^{n+1}$ nachgewiesen und damit gezeigt, dass die Implikation $\mathcal{A}(n) \implies \mathcal{A}(n + 1)$ wahr ist. Da $\mathcal{A}(n_0) = \mathcal{A}(7)$ ebenfalls wahr ist (Induktionsanfang), folgt mit dem Prinzip der vollständigen Induktion, dass die Ungleichung $n! > 3^n$ für alle $n \in \mathbb{N}_{\geq 7}$ wahr ist. $\square$

Lösung Aufgabe 5.65 Diese Aufgabe ist besonders knifflig, da im Summenzeichen erstmals eine Zweierpotenz als Endwert auftaucht. Zusätzlich ist hier nicht der Beweis einer Summenformel, sondern einer Ungleichung gefordert. Aber alles zu seiner Zeit! Erst einmal musst du den Startwert n_0 finden. Teste dafür den „Standardfall" $n_0 = 1$:

$$\sum_{k=1}^{2^{n_0}} \frac{2}{k} = \sum_{k=1}^{2^1} \frac{2}{k} = \sum_{k=1}^{2} \frac{2}{k} = \frac{2}{1} + \frac{\cancel{2}}{\cancel{2}} = 2 + 1 = 3 \geq 3 = 1 + 2 = n_0 + 2 \checkmark$$

Du erhältst offenbar eine wahre Aussage und hast beim Aufspüren des Startwerts n_0 bereits den Induktionsanfang gezeigt. Um sicherzustellen, dass der nächste Wert $n_0 = 2$ nicht zu einem Widerspruch führt (und 1 so kein passender Startwert wäre), kannst du dir die halbe Minute Zeit nehmen und schnell nachrechnen:

$$\sum_{k=1}^{2^{n_0}} \frac{2}{k} = \sum_{k=1}^{2^2} \frac{2}{k} = \sum_{k=1}^{4} \frac{2}{k} = \frac{2}{1} + \frac{\cancel{2}}{\cancel{2}} + \frac{2}{3} + \frac{2}{4} = 2 + 1 + \frac{2}{3} + 0{,}5$$

$$\approx 4{,}17 \geq 4 = 2 + 2 = n_0 + 2 \checkmark$$

Die Behauptung lautet also:

$$\forall n \in \mathbb{N} : \sum_{k=1}^{2^n} \frac{2}{k} \geq n + 2$$

Beweis 5.66 n ist die Induktionsvariable.

1. **Induktionsanfang $\mathcal{A}(n_0)$**
   Du hast den Induktionsanfang bereits beim Aufspüren des Startwerts gezeigt. In einer Klausur schadet es aber nicht, wenn du ihn noch einmal notierst. Ein einfacher Verweis (wie hier) sollte in den meisten Fällen aber völlig ausreichend sein.

2. **Induktionsvoraussetzung $\mathcal{A}(n)$**
   Es existiert mindestens ein $n \in \mathbb{N}$, für das die Ungleichung $\sum_{k=1}^{2^n} \frac{2}{k} \geq n + 2$ wahr ist. Formal bedeutet das:

$$\exists n \in \mathbb{N} : \sum_{k=1}^{2^n} \frac{2}{k} \geq n + 2$$

3. **Induktionsbehauptung** $\mathcal{A}(n+1)$

Unter der Voraussetzung, dass die Ungleichung $\sum_{k=1}^{2^n} \frac{2}{k} \geq n+2$ für ein $n \in \mathbb{N}$ wahr ist, folgt:

$$\implies \sum_{k=1}^{2^{n+1}} \frac{2}{k} \geq (n+1)+2$$

4. **Induktionsschluss** $\mathcal{A}(n) \implies \mathcal{A}(n+1)$

Am Ende deines Induktionsbeweises muss klar erkennbar sein, dass $\sum_{k=1}^{2^{n+1}} \frac{2}{k}$ tatsächlich kleiner als oder gleich $(n+1)+2$ ist. Beginne mit der linken Seite der Ungleichung aus der Induktionsbehauptung:

$$\sum_{k=1}^{2^{n+1}} \frac{2}{k}$$

Wende das Potenzgesetz **P2** mit $a=2$, $x=n$ und $y=1$ auf den Endwert des Summenzeichens (2^{n+1}) an:

$$= \sum_{k=1}^{2^n \cdot 2} \frac{2}{k}$$

Wende ausnahmsweise mal nicht **Σ3**, sondern **Σ2** (aufeinanderfolgende Summenzeichen) mit $k_0 = 1$, $m_1 = 2^n$, $m_2 = 2^n \cdot 2$ und $f(k) = \frac{2}{k}$ (rückwärts) auf $\sum_{k=1}^{2^n \cdot 2} \frac{2}{k}$ an:

$$= \underbrace{\left(\sum_{k=1}^{2^n} \frac{2}{k}\right)}_{\geq n+2} + \sum_{k=2^n+1}^{2^n \cdot 2} \frac{2}{k}$$

Nach der Induktionsvoraussetzung ist $\sum_{k=1}^{2^n} \frac{2}{k} \geq n+2$. Somit ist die Summe $\left(\sum_{k=1}^{2^n} \frac{2}{k}\right) + \sum_{k=2^n+1}^{2^n \cdot 2} \frac{2}{k}$ größer als oder gleich $2^{n+1} + \sum_{k=2^n+1}^{2^n \cdot 2} \frac{2}{k}$, denn eine beidseitige Addition eines positiven Summanden zu beiden Seiten der Ungleichung dreht das $\geq$-Zeichen nicht um:

$$\geq n+2 + \underbrace{\sum_{k=2^n+1}^{2^n \cdot 2} \frac{2}{k}}_{>1}$$

Du bist fast am Ziel. Es bleibt lediglich die Frage offen, ob $\sum_{k=2^n+1}^{2^n \cdot 2} \frac{2}{k} > 1$ ist, denn dann könntest du mit $\geq n+2+1 = (n+1)+2$ den Beweis beenden. Mit der Voraussetzung, dass $n \in \mathbb{N}$ und somit $n \geq 1$ ist, wird die Summe $\sum_{k=2^n+1}^{2^n \cdot 2} \frac{2}{k}$ automatisch größer als 1 sein. Wieso? Betrachte für $n=1$ nur die Summe des ersten

Summanden $f(2^1 + 1) = f(2 + 1) = f(3) = \frac{2}{3}$ und des letzten Summanden $f(2^1 \cdot 2) = f(2 \cdot 2) = f(4) = \frac{2}{4} = \frac{1}{2} \cdot \frac{2}{3} + \frac{1}{2} = \frac{7}{6} \approx 1{,}17 > 1$. Schließe mit diesem Wissen beruhigt deine Beweisführung:

$$\geq n + 2 + 1$$
$$= (n + 1) + 2 \checkmark$$

Du hast nun Schritt für Schritt die Gültigkeit der Ungleichung $\sum_{k=1}^{2^{n+1}} \frac{2}{k} \geq (n + 1) + 2$ nachgewiesen und damit gezeigt, dass die Implikation $\mathcal{A}(n) \implies \mathcal{A}(n + 1)$ wahr ist. Da $\mathcal{A}(n_0) = \mathcal{A}(1)$ ebenfalls wahr ist (Induktionsanfang), folgt mit dem Prinzip der vollständigen Induktion, dass die Ungleichung $\sum_{k=1}^{2^n} \frac{2}{k} \geq n + 2$ für alle $n \in \mathbb{N}$ wahr ist. $\qquad\square$

Lösung Aufgabe 5.67 Es ist zu zeigen:

$$\forall n \in \mathbb{N}_{\geq 2} : (n + 1)! > 2^n$$

Beweis 5.67 n ist die Induktionsvariable.

1. **Induktionsanfang** $\mathcal{A}(n_0)$
   Da die Behauptung für alle $n \in \mathbb{N}_{\geq 2}$ bewiesen werden soll, wird $n_0 = 2$ als Startwert gewählt und geprüft, ob die Ungleichung $(n_0 + 1)! > 2^{n_0}$ wahr ist:

   $$(n_0 + 1)! = (2 + 1)! = 3! = 6 > 4 = 2^2 = 2^{n_0} \checkmark$$

   Da die Ungleichung für $n_0 = 2$ wahr ist, ist der Induktionsanfang gezeigt.
2. **Induktionsvoraussetzung** $\mathcal{A}(n)$
   Es existiert mindestens ein $n \in \mathbb{N}_{\geq 2}$, für das die Ungleichung $(n + 1)! > 2^n$ wahr ist. Formal bedeutet das:

   $$\exists n \in \mathbb{N}_{\geq 2} : (n + 1)! > 2^n$$

3. **Induktionsbehauptung** $\mathcal{A}(n + 1)$
   Unter der Voraussetzung, dass die Ungleichung $(n + 1)! > 2^n$ für ein $n \in \mathbb{N}_{\geq 2}$ wahr ist, folgt:

   $$((n + 1) + 1)! > 2^{n+1}$$

4. **Induktionsschluss** $\mathcal{A}(n) \implies \mathcal{A}(n + 1)$
   Am Ende deines Induktionsbeweises muss klar erkennbar sein, dass $((n + 1) + 1)!$ tatsächlich größer als 2^{n+1} ist. Beginne mit der linken Seite der Ungleichung aus der

Induktionsbehauptung:

$$((n + 1) + 1)!$$
$$= (n + 2)!$$
$$= \underbrace{(n + 1)!}_{>2^n} \cdot (n + 2)$$

Nach der Induktionsvoraussetzung ist $(n + 1)! > 2^n$. Somit ist auch das Produkt $(n + 1)! \cdot (n + 2)$ größer als $2^n \cdot (n + 2)$, denn eine beidseitige Multiplikation der Ungleichung $(n + 1)! > 2^n$ mit $n + 2$ liefert $(n + 1)! \cdot (n + 2) > 2^n \cdot (n + 2)$. Da außerdem $n + 2$ mit $n \geq 2$ mindestens den Wert $4 = 2 + 2$ besitzt und damit eine positive Zahl ist, dreht sich das $>$-Zeichen nicht um:

$$> 2^n \underbrace{(n + 2)}_{\geq 4}$$
$$> 2^n \cdot 2$$
$$= 2^{n+1} \checkmark$$

Du hast nun Schritt für Schritt die Gültigkeit der Ungleichung $((n + 1) + 1)! > 2^{n+1}$ nachgewiesen und damit gezeigt, dass die Implikation $\mathcal{A}(n) \implies \mathcal{A}(n + 1)$ wahr ist. Da $\mathcal{A}(n_0) = \mathcal{A}(3)$ ebenfalls wahr ist (Induktionsanfang), folgt mit dem Prinzip der vollständigen Induktion, dass die Ungleichung $(n + 1)! > 2^n$ für alle $n \in \mathbb{N}_{\geq 2}$ wahr ist. $\qquad\square$

Lösung Aufgabe 5.68 Es ist zu zeigen:

$$\forall n \in \mathbb{N}_{\geq 2} : \sum_{k=1}^{n} k > \sqrt{n}$$

Beweis 5.68 n ist die Induktionsvariable.

1. **Induktionsanfang** $\mathcal{A}(n_0)$

   Da die Behauptung für alle natürlichen Zahlen $n \in \mathbb{N}_{\geq 2}$ gezeigt werden soll, wird als Startwert $n_0 = 2$ gewählt. Setze den Startwert n_0 in die Ungleichung ein und prüfe, ob eine wahre Aussage herauskommt:

   $$\sum_{k=1}^{n_0} k = \sum_{k=1}^{2} k = 1 + 2 = 3 > \underbrace{\sqrt{2}}_{\approx 1,4} = \sqrt{n_0} \checkmark$$

   Da die Ungleichung für $n_0 = 2$ wahr ist, ist der Induktionsanfang gezeigt.

2. **Induktionsvoraussetzung** $\mathcal{A}(n)$

Es existiert mindestens ein $n \in \mathbb{N}_{\geq 2}$, für das die Ungleichung $\sum_{k=1}^{n} k > \sqrt{n}$ erfüllt ist. Formal bedeutet das:

$$\exists n \in \mathbb{N}_{\geq 2} : \sum_{k=1}^{n} k > \sqrt{n}$$

3. **Induktionsbehauptung** $\mathcal{A}(n+1)$

Unter der Voraussetzung, dass die Ungleichung $\sum_{k=1}^{n} k > \sqrt{n}$ für ein $n \in \mathbb{N}_{\geq 2}$ wahr ist, folgt:

$$\implies \sum_{k=1}^{n+1} k > \sqrt{n+1}$$

4. **Induktionsschluss** $\mathcal{A}(n) \implies \mathcal{A}(n+1)$

Am Ende deines Induktionsbeweises muss klar erkennbar sein, dass $\sum_{k=1}^{n+1} k$ tatsächlich größer als $\sqrt{n+1}$ ist. Beginne mit der linken Seite der Ungleichung aus der Induktionsbehauptung:

$$\sum_{k=1}^{n+1} k$$

Verwende $\mathbf{\Sigma 3}$ mit $f(k) = k$, um das Summenzeichen aufzuspalten:

$$= \underbrace{\left(\sum_{k=1}^{n} k \right)}_{> \sqrt{n}} + n + 1$$

Nach der Induktionsvoraussetzung ist $\sum_{k=1}^{n} k > \sqrt{n}$. Somit ist auch die Summe $\left(\sum_{k=1}^{n} k \right) + n + 1$ größer als $\sqrt{\sqrt{n} + n + 1}$, denn die Addition eines positiven Werts (und $n + 1$ ist für $n \geq 2$ immer positiv) zu beiden Seiten der Ungleichung ändert das $>$-Zeichen nicht.

$$> \sqrt{n} + n + 1$$
$$> \sqrt{n+1} \checkmark$$

$\sqrt{n} + n + 1$ ist offensichtlich größer als $\sqrt{n+1}$, denn für den Fall $n = 2$ ist $\sqrt{2} + 2 + 1 = \sqrt{2} + 3 \approx 4{,}4$ bereits größer als $\sqrt{2+1} = \sqrt{3} \approx 1{,}7$ und es wird $n \geq 2$ für den Induktionsbeweis vorausgesetzt.

Du hast nun Schritt für Schritt die Gültigkeit der Ungleichung $\sum_{k=1}^{n+1} k > \sqrt{n+1}$ nachgewiesen und damit gezeigt, dass die Implikation $\mathcal{A}(n) \implies \mathcal{A}(n+1)$ wahr ist.

Da $\mathcal{A}(n_0) = \mathcal{A}(2)$ ebenfalls wahr ist (Induktionsanfang) folgt mit dem Prinzip der vollständigen Induktion, dass die Ungleichung $\sum_{k=1}^{n+1} k > \sqrt{n+1}$ für alle $n \in \mathbb{N}_{\geq 2}$ wahr ist. $\qquad\square$

Lösung Aufgabe 5.69 Es ist zu zeigen:

$$\forall n \in \mathbb{N}_{\geq 3} : \sqrt{n^3} > \sqrt{n} + n$$

Beweis 5.69 n ist die Induktionsvariable.

1. **Induktionsanfang** $\mathcal{A}(n_0)$
   Da die Behauptung für alle natürlichen Zahlen größer als oder gleich 3 gezeigt werden soll, wird als Startwert $n_0 = 3$ gewählt. Setze den Startwert n_0 in die Ungleichung ein und prüfe, ob eine wahre Aussage herauskommt:

$$\sqrt{n_0^3} = \sqrt{3^3} = \sqrt{27} = \sqrt{9 \cdot 3} = 3 \cdot \sqrt{3} = \sqrt{3} + \underbrace{2 \cdot \sqrt{3}}_{\approx 3{,}4 > 3} > \sqrt{3} + 3 = \sqrt{n_0} + n_0 \checkmark$$

Die Ungleichung ist für $n_0 = 3$ wahr, und dementsprechend hast du den Induktionsanfang gezeigt. Der Nachweis ist hier bewusst auf einem detaillierteren Level. Falls du nämlich keinen Taschenrechner in der Klausur verwenden darfst, musst du im Zweifelsfall durch geschicktes Abschätzen zum Ziel kommen bzw. deinem Prof klarmachen, dass du die Wurzelgesetze beherrschst. Anzugeben, dass $\sqrt{3}$ ungefähr (also wirklich sehr grob gesehen[5]) den Wert 1,7 besitzt und das Doppelte hiervon mit 3,4 augenscheinlich größer als 3, sollte als Argument ausreichen. Wie gesagt: Die meisten würden ohnehin nur den Rechenknecht bemühen. Ob du das kannst (und vor allem darfst), musst du direkt beim Prof erfragen.

2. **Induktionsvoraussetzung** $\mathcal{A}(n)$
   Es existiert mindestens ein $n \in \mathbb{N}_{\geq 3}$, für das die Ungleichung $\sqrt{n^3} > \sqrt{n} + n$ wahr ist. Formal bedeutet das:

$$\exists n \in \mathbb{N}_{\geq 3} : \sqrt{n^3} > \sqrt{n} + n$$

3. **Induktionsbehauptung** $\mathcal{A}(n+1)$
   Unter der Voraussetzung, dass die Ungleichung $\sqrt{n^3} > \sqrt{n} + n$ für ein $n \in \mathbb{N}_{\geq 3}$ wahr ist, folgt:

$$\Longrightarrow \sqrt{(n+1)^3} > \sqrt{n+1} + (n+1)$$

---

[5] Du solltest die Abschätzung nicht zu groß wählen, wenn du zeigen möchtest, dass etwas *größer als* ist, da du sonst Gefahr läufst, zu „überschätzen". Da mit 1,7 im Vergleich zum wesentlich genaueren Wert 1,732 relativ viel Platz nach oben ist, kannst du das getrost verwenden.

4. **Induktionsschluss** $\mathcal{A}(n) \implies \mathcal{A}(n + 1)$

Am Ende deines Induktionsbeweises muss klar erkennbar sein, dass $\sqrt{(n + 1)^3}$ tatsächlich größer als $\sqrt{n + 1} + (n + 1)$ ist. Beginne mit der linken Seite der Ungleichung aus der Induktionsbehauptung:

$$\sqrt{(n + 1)^3}$$

Wende das Potenzgesetz **P1** mit $a = n + 1$, $x = 2$ und $y = 1$ (rückwärts) auf $(n + 1)^3$ an:

$$= \sqrt{(n + 1)^2 \cdot (n + 1)}$$

Wende das Wurzelgesetz **W2** mit $n = 2$, $x = (n + 1)^2$ und $y = n + 1$ auf $\sqrt{(n + 1)^2 \cdot (n + 1)}$ an:

$$= \sqrt{(n + 1)^2} \cdot \sqrt{n + 1}$$

$$= (n + 1) \cdot \sqrt{n + 1}$$

$$= n \cdot \sqrt{n + 1} + \sqrt{n + 1}$$

Da der Radikand unter der Wurzel in $n \cdot \sqrt{n + 1}$ um 1 größer als in $n \cdot \sqrt{n}$ ist, gilt: $n \cdot \sqrt{n + 1} > n \cdot \sqrt{n}$. Somit ist auch $n \cdot \sqrt{n} + \sqrt{n + 1} > n \cdot \sqrt{n} + \sqrt{n + 1}$, da die Addition einer Zahl zu einer Ungleichung das $>$-Zeichen nicht ändert:

$$> n \cdot \sqrt{n} + \sqrt{n + 1}$$

$$= \underbrace{\sqrt{n^3}}_{> \sqrt{n} + n} + \sqrt{n + 1}$$

Nach der Induktionsvoraussetzung ist $\sqrt{n^3} > \sqrt{n} + n$, und analog zur vorangegangenen Überlegung ist $\sqrt{n^3} + \sqrt{n + 1} > \sqrt{n} + \sqrt{n + 1}$:

$$> \sqrt{n} + n + \sqrt{n + 1}$$

$$= \sqrt{n + 1} + \left(\sqrt{n} + n \right)$$

$$= \sqrt{n + 1} + n + \underbrace{\sqrt{n}}_{\approx 1{,}7 > 1}$$

An dieser Stelle trennt dich nur noch ein Schritt von der vollen Punktzahl. Du gehst bei deinem gesamten Beweis bislang von einer Zahl $n \geq 3$ aus. Genau diesen Umstand kannst du nun für dein finales Argument verwenden, denn für $n = 3$ ist $\sqrt{3} \approx 1{,}7$ der kleinste Wert, den $\sqrt{n}$ annehmen kann, und dieser ist (trotz der abgerundeten Schätzung) größer als 1. Daraus folgt:

$$> \sqrt{n+1} + (n+1)\checkmark$$

Du hast nun Schritt für Schritt die Gültigkeit der Ungleichung $\sqrt{(n+1)^3} > \sqrt{n+1} + (n+1)$ nachgewiesen und damit gezeigt, dass die Implikation $\mathcal{A}(n) \implies \mathcal{A}(n+1)$ wahr ist. Da $\mathcal{A}(n_0) = \mathcal{A}(3)$ ebenfalls wahr ist (Induktionsanfang), folgt mit dem Prinzip der vollständigen Induktion, dass die Ungleichung $\sqrt{n^3} > \sqrt{n} + n$ für alle $n \in \mathbb{N}_{\geq 3}$ wahr ist. $\qquad\square$

Lösung Aufgabe 5.70 Im ersten Schritt lohnt es sich, die in Prosa verfasste mathematische Problemstellung in ein kurzes und prägnantes Statement zu übersetzen:

$$\forall n \in \mathbb{N}_{\geq 3} : \prod_{k=1}^{n} k \geq \sum_{k=1}^{n} k$$

Du kannst dich bei der Formulierung selbstverständlich beliebig kreativ austoben. Du könntest z. B. $\prod_{k=1}^{n} k$ durch $n!$[6]) ersetzen oder einen nicht handelsüblichen Laufvariablennamen (z. B. ψ) vergeben. Beachte bei deiner Entscheidung, dass der hier vorgestellte Beweisvorschlag die vorangegangene Formulierung als Basis nimmt, was ggf. mentalen Mehraufwand beim direkten Vergleich zwischen deiner und der *Musterlösung* erfordert.

Beweis 5.70 k ist die Laufvariable des Produkt- bzw. Summenzeichens und n die Induktionsvariable.

1. **Induktionsanfang** $\mathcal{A}(n_0)$
   Da die Behauptung für alle größer oder gleich 3 gezeigt werden soll, wird als Startwert $n_0 = 3$ gewählt. Setze den Startwert n_0 in die Ungleichung ein und prüfe, ob eine wahre Aussage herauskommt:

$$\prod_{k=1}^{n_0} k = \prod_{k=1}^{3} k = 1 \cdot 2 \cdot 3 = 6 \geq 6 = 1 + 2 + 3 = \sum_{k=1}^{3} k = \sum_{k=1}^{n_0} k \checkmark$$

   Damit ist der Induktionsanfang gezeigt.

2. **Induktionsvoraussetzung** $\mathcal{A}(n)$
   Es existiert mindestens ein $n \in \mathbb{N}_{\geq 3}$, für das die Ungleichung $\prod_{k=1}^{n} k \geq \sum_{k=1}^{n} k$ wahr ist. Formal bedeutet das:

$$\exists n \in \mathbb{N} : \prod_{k=1}^{n} k \geq \sum_{k=1}^{n} k$$

---

[6] Dadurch sieht die Behauptung aber weitaus weniger kompliziert aus, was für den einen ein Vor- und für den anderen ein Nachteil ist.

3. **Induktionsbehauptung** $\mathcal{A}(n+1)$

   Unter der Voraussetzung, dass die Ungleichung $\prod_{k=1}^{n} k \geq \sum_{k=1}^{n} k$ für ein $n \in \mathbb{N}$ wahr ist, folgt:

   $$\prod_{k=1}^{n+1} k \geq \sum_{k=1}^{n+1} k$$

4. **Induktionsschluss** $\mathcal{A}(n) \implies \mathcal{A}(n+1)$

   Am Ende deines Induktionsbeweises muss klar erkennbar sein, dass $\prod_{k=1}^{n+1} k$ tatsächlich größer als oder gleich $\sum_{k=1}^{n+1} k$ ist. Beginne mit der linken Seite der Ungleichung aus der Induktionsbehauptung:

   $$\prod_{k=1}^{n+1} k$$

   Verwende **Π3** mit $f(k) = k$, um das Produktzeichen aufzuspalten:

   $$= \left(\prod_{k=1}^{n} k \right) \cdot (n+1)$$

   $$= \underbrace{(n+1)}_{\geq 4 = 3+1} \cdot \underbrace{\prod_{k=1}^{n} k}_{\geq \sum_{k=1}^{n} k}$$

Nach der Induktionsvoraussetzung ist $\prod_{k=1}^{n} k \geq \sum_{k=1}^{n} k$. Somit ist auch $(n+1) \cdot \prod_{k=1}^{n} k \geq (n+1) \cdot \sum_{k=1}^{n} k$, da sich bei der Multiplikation einer Ungleichung mit einer positiven Zahl $n+1 \geq 4$ das $\geq$-Zeichen nicht ändert:

   $$\geq (n+1) \cdot \sum_{k=1}^{n} k$$

   $$= \underbrace{\left(n \cdot \sum_{k=1}^{n} k \right)}_{\geq n+1} + \sum_{k=1}^{n} k$$

Stimmt es, dass $n \cdot \sum_{k=1}^{n} k$ größer als oder gleich $n+1$ ist? Das musst du noch irgendwie sauber begründen können. Betrachte dazu den Wert der Summe für $n = 3$ (quasi die *untere Schranke* von n): $\sum_{k=1}^{3} k = 1+2+3 = 6$. 6 ist offensichtlich größer als $n+1 = 3+1 = 4$. Dadurch ist automatisch auch $n \cdot \sum_{k=1}^{3} k = 3 \cdot 6 = 18$ größer als 4. Daran wird sich auch für wachsende n nichts ändern. Für die Skeptiker kannst du die Summe auch ausschreiben: $n \cdot \sum_{k=1}^{n} k = n \cdot (1 + \ldots + n) = n + \ldots + n^2$. Es springt einem regelrecht ins Auge, dass bereits $n + n^2 \geq n+1$ für $n \geq 3$ wahr ist (und da sind die mit Punkten angedeuteten Summanden noch gar nicht inbegriffen). Da du mittlerweile weißt, was der kleine Gauß schon wusste (Abschn. 2.4), könntest du aber auch separat zeigen, dass $n \cdot 0{,}5 \cdot n \cdot (n+1)$ für alle $n \geq 3$ größer als oder gleich $n+1$

ist. Irgendwann (spätestens jetzt) ist jedoch ein Punkt erreicht, an dem die Erklärungen in eine Tiefe gehen, die mehr schadet als hilft. Kehre deshalb wieder zu dem aktuellen Problem zurück:

$$\geq (n + 1) + \sum_{k=1}^{n} k$$

$$= \sum_{k=1}^{n+1} k \checkmark$$

Du hast nun Schritt für Schritt die Gültigkeit der Ungleichung $\prod_{k=1}^{n+1} k \geq \sum_{k=1}^{n+1} k$ nachgewiesen und damit gezeigt, dass die Implikation $\mathcal{A}(n) \implies \mathcal{A}(n + 1)$ wahr ist. Da $\mathcal{A}(n_0) = \mathcal{A}(3)$ ebenfalls wahr ist (Induktionsanfang), folgt mit dem Prinzip der vollständigen Induktion, dass die Ungleichung $\prod_{k=1}^{n} k \geq \sum_{k=1}^{n} k$ für alle $n \in \mathbb{N}_{\geq 3}$ wahr ist. $\square$

5.5 Allgemeine Ableitungsformeln

5.5.1 Aufgaben für Einsteiger

Aufgaben

5.71 Beweise durch vollständige Induktion über $n \in \mathbb{N}$, dass die n-te Ableitung der Funktion $f(x) = e^{k \cdot x - k^2}$ mit $k \in \mathbb{R}$ durch die Formel

$$f^{(n)}(x) = k^n \cdot e^{k \cdot x - k^2}$$

berechnet werden kann.

5.72 Beweise durch vollständige Induktion über $n \in \mathbb{N}$, dass die n-te Ableitung der Funktion $f(x) = x \cdot e^x$ durch die Formel

$$f^{(n)}(x) = (n + x) \cdot e^x$$

berechnet werden kann.

5.73 Beweise durch vollständige Induktion über $n \in \mathbb{N}$, dass die n-te Ableitung der Funktion $f(x) = \sin(2 \cdot x)$ durch die Formel

$$f^{(n)}(x) = 2^n \cdot \sin(0{,}5 \cdot n \cdot \pi + 2 \cdot x)$$

berechnet werden kann.

5.74 Wie lautet die n-te Ableitung der Funktion $f(x) = 2^x$? Beweise deine Vermutung durch vollständige Induktion über $n \in \mathbb{N}$.

5.5.2   Aufgaben für Fortgeschrittene

Aufgaben

5.75 Sei $k \in \mathbb{R}$. Beweise durch vollständige Induktion über $n \in \mathbb{N}$, dass die n-te Ableitung der Funktion $f(x) = \sin(k \cdot x)$ durch die Formel

$$f^{(n)}(x) = k^n \cdot \sin\left(0,5 \cdot n \cdot \pi + k \cdot x\right)$$

berechnet werden kann.

5.76 Beweise durch vollständige Induktion über $n \in \mathbb{N}$, dass die n-te Ableitung der Funktion $f(x) = \cos(k \cdot x)$ durch die Formel

$$f^{(n)}(x) = k^n \cdot \cos\left(0,5 \cdot n \cdot \pi + k \cdot x\right)$$

berechnet werden kann.

5.77 Beweise durch vollständige Induktion über $n \in \mathbb{N}$, dass die $(2 \cdot n)$-te Ableitung der Funktion $f(x) = \sin(k \cdot x)$ durch die Formel

$$f^{(2 \cdot n)}(x) = (-1)^n \cdot k^{2 \cdot n} \cdot \sin(k \cdot x)$$

berechnet werden kann.

5.78 Wie lautet die n-te Ableitung der Funktion $f(x) = m^{2 \cdot x + 1} + m$ mit $m \in \mathbb{R}\_> 0$? Beweise deine Vermutung durch vollständige Induktion über $n \in \mathbb{N}$.

5.5.3   Aufgaben für Profis

Aufgaben

5.79 Entwickle eine allgemeine Formel zur Berechnung der n-ten Ableitung der Funktion $f(x) = \ln(k \cdot x)$ und beweise deine Vermutung durch vollständige Induktion über $n \in \mathbb{N}$.

5.80 Beweise durch vollständige Induktion über $n \in \mathbb{N}$, dass die n-te Ableitung der Funktion $f(x) = \frac{1}{m \cdot x + b}$ mit $x \in \mathbb{R} \setminus \left\{-\frac{b}{m}\right\}$ und $m \neq 0$ durch die Formel

$$f^{(n)}(x) = \frac{(-1)^n \cdot m^n \cdot n!}{(m \cdot x + b)^{n+1}}$$

berechnet werden kann.

5.5.4 Lösungen

Lösung Aufgabe 5.71 Es ist zu zeigen:

$$\forall n \in \mathbb{N}: f(x) = e^{k \cdot x - k^2} \implies f^{(n)}(x) = k^n \cdot e^{k \cdot x - k^2}$$

Beweis 5.71 x ist die Funktionsvariable, k eine reelle Konstante und n die Induktionsvariable.

1. **Induktionsanfang** $\mathcal{A}(n_0)$
   Da die Behauptung für alle natürlichen Zahlen bewiesen werden soll, wird $n_0 = 1$ als Startwert gewählt. Zuerst wird die erste Ableitung der Funktion $f(x)$ berechnet, denn $f^{(n_0)}(x) = f^{(1)}(x) = f'(x)$. Wende hierfür die Kettenregel **A1** mit der äußeren Funktion $u(x) = e^x$ und der inneren Funktion $v(x) = k \cdot x - k^2$ auf $f(x) = e^{k \cdot x - k^2}$ an:

$$f'(x) = e^{k \cdot x - k^2} \cdot k$$
$$= k \cdot e^{k \cdot x - k^2}$$

   Nun setzt du den Startwert $n_0 = 1$ in die allgemeine Ableitungsformel $f^{(n)}(x)$ ein und prüfst, ob die zuvor berechnete erste Ableitung herauskommt. Wenn das der Fall ist, hast du den Induktionsanfang gezeigt:

$$f^{(n_0)}(x) = k^{n_0} \cdot e^{k \cdot x - k^2} = k^1 \cdot e^{k \cdot x - k^2} = k \cdot e^{k \cdot x - k^2} = f'(x) \checkmark$$

2. **Induktionsvoraussetzung** $\mathcal{A}(n)$
   Es existiert (mindestens) eine natürliche Zahl n, für welche die n-te Ableitung der Funktion $f(x) = e^{k \cdot x - k^2}$ durch $f^{(n)}(x) = k^n \cdot e^{k \cdot x - k^2}$ berechnet werden kann. Formal bedeutet das:

$$\exists n \in \mathbb{N}: f(x) = e^{k \cdot x - k^2} \implies f^{(n)}(x) = k^n \cdot e^{k \cdot x - k^2}$$

3. **Induktionsbehauptung** $\mathcal{A}(n + 1)$
   Unter der Voraussetzung, dass die n-te Ableitung der Funktion $f(x) = e^{k \cdot x - k^2}$ durch $f^{(n)}(x) = k^n \cdot e^{k \cdot x - k^2}$ berechnet werden kann, lässt sich ihre $(n + 1)$-te Ableitung durch

$$\implies f^{(n+1)}(x) = k^{n+1} \cdot e^{k \cdot x - k^2}$$

berechnen.

4. **Induktionsschluss** $\mathcal{A}(n) \Longrightarrow \mathcal{A}(n+1)$

Die $(n+1)$-te Ableitung der Funktion $f(x)$ ist die erste Ableitung der n-ten Ableitung, d. h. $f^{(n+1)}(x) = \left(f^{(n)}(x)\right)'$. Nach der Induktionsvoraussetzung ist $f^{(n)}(x) = k^n \cdot e^{k \cdot x - k^2}$. Um die Induktionsbehauptung zu zeigen, musst du also $f^{(n)}(x)$ einmal ableiten und den entstandenen Ausdruck so lange umformen, bis die rechte Seite der Funktionsgleichung $f^{(n+1)}(x) = k^{n+1} \cdot e^{k \cdot x - k^2}$ herauskommt. Wende hierfür zuerst die Kettenregel **A1** mit der äußeren Funktion $u(x) = k^n \cdot e^x$ und der inneren Funktion $v(x) = k \cdot x - k^2$ auf $f^{(n)}(x) = k^n \cdot e^{k \cdot x - k^2}$ an:

$$f^{(n+1)}(x) = \left(f^{(n)}(x)\right)' = \left(k^n \cdot e^{k \cdot x - k^2}\right)'$$
$$= k^n \cdot e^{k \cdot x - k^2} \cdot k$$
$$= k^n \cdot k \cdot e^{k \cdot x - k^2}$$

Wende das Potenzgesetz **P2** mit $a = k$, $x = n$ und $y = 1$ (rückwärts) auf $k^n \cdot k$ an:

$$= k^{n+1} \cdot e^{k \cdot x - k^2} \checkmark$$

Du hast erfolgreich die Ableitung der Funktion $f^{(n)}(x) = k^n \cdot e^{k \cdot x - k^2}$ (also $f^{(n+1)}(x)$) berechnet und zur rechten Seite der Funktionsgleichung aus der Induktionsbehauptung umgeformt. Dadurch hast du bewiesen, dass die Implikation $\mathcal{A}(n) \Longrightarrow \mathcal{A}(n+1)$ wahr ist. Da $\mathcal{A}(n_0) = \mathcal{A}(1)$ ebenfalls wahr ist (Induktionsanfang), folgt mit dem Prinzip der vollständigen Induktion, dass die n-te Ableitung der Funktion $f(x) = e^{k \cdot x - k^2}$ für alle $n \in \mathbb{N}$ durch $f^{(n)}(x) = k^n \cdot e^{k \cdot x - k^2}$ berechnet werden kann. $\qquad\square$

Lösung Aufgabe 5.72 Es ist zu zeigen:

$$\forall n \in \mathbb{N} : f(x) = x \cdot e^x \Longrightarrow f^{(n)}(x) = (n+x) \cdot e^x$$

Beweis 5.72 x ist die Funktions- und n die Induktionsvariable.

1. **Induktionsanfang** $\mathcal{A}(n_0)$

Da die Behauptung für alle natürlichen Zahlen bewiesen werden soll, wird $n_0 = 1$ als Startwert gewählt. Zuerst wird die erste Ableitung der Funktion $f(x)$ berechnet, denn $f^{(n_0)}(x) = f^{(1)}(x) = f'(x)$. Wende hierfür die Produktregel **A2** mit $u(x) = x$ und $v(x) = e^x$ auf $f(x) = x \cdot e^x$ an:

$$f'(x) = 1 \cdot e^x + x \cdot e^x$$
$$= 1 \cdot e^x + x \cdot e^x$$
$$= (1 + x) \cdot e^x$$

Nun setzt du den Startwert $n_0 = 1$ in die allgemeine Ableitungsformel $f^{(n)}(x)$ ein und prüfst, ob die zuvor berechnete erste Ableitung herauskommt. Wenn das der Fall ist, hast du den Induktionsanfang gezeigt:

$$f^{(n_0)}(x) = (n_0 + x) \cdot e^x = (1 + x) \cdot e^x = f'(x) \checkmark$$

2. **Induktionsvoraussetzung** $\mathcal{A}(n)$

Es existiert (mindestens) eine natürliche Zahl n, für welche die n-te Ableitung der Funktion $f(x) = x \cdot e^x$ durch $f^{(n)}(x) = (n + x) \cdot e^x$ berechnet werden kann. Formal bedeutet das:

$$\exists n \in \mathbb{N} : f(x) = x \cdot e^x \implies f^{(n)}(x) = (n + x) \cdot e^x$$

3. **Induktionsbehauptung** $\mathcal{A}(n + 1)$

Unter der Voraussetzung, dass die n-te Ableitung der Funktion $f(x) = x \cdot e^x$ durch $f^{(n)}(x) = (n + x) \cdot e^x$ berechnet werden kann, lässt sich ihre $(n + 1)$-te Ableitung durch

$$\implies f^{(n+1)}(x) = ((n + 1) + x) \cdot e^x$$

berechnen.

4. **Induktionsschluss** $\mathcal{A}(n) \implies \mathcal{A}(n + 1)$

Die $(n + 1)$-te Ableitung der Funktion $f(x)$ ist die erste Ableitung der n-ten Ableitung, d. h. $f^{(n+1)}(x) = \left(f^{(n)}(x)\right)'$. Nach der Induktionsvoraussetzung ist $f^{(n)}(x) = (n + 1) \cdot e^x$. Um die Induktionsbehauptung zu zeigen, musst du also $f^{(n)}(x)$ einmal ableiten und den entstandenen Ausdruck so lange umformen, bis die rechte Seite der Funktionsgleichung $f^{(n+1)}(x) = ((n + 1) + x) \cdot e^x$ herauskommt. Wende hierfür zuerst die Produktregel **A2** mit $u(x) = n + x$ und $v(x) = e^x$ auf $f^{(n)}(x) = (n + x) \cdot e^x$ an:

$$
\begin{aligned}
f^{(n+1)}(x) = \left(f^{(n)}(x)\right)' &= ((n + x) \cdot e^x)' \\
&= 1 \cdot e^x + (n + x) \cdot e^x \\
&= (1 + n + x) \cdot e^x \\
&= ((n + 1) + x) \cdot e^x \checkmark
\end{aligned}
$$

Du hast erfolgreich die Ableitung der Funktion $f^{(n)}(x) = ((n + 1) + x) \cdot e^x$ (also $f^{(n+1)}(x)$) berechnet und zur rechten Seite der Funktionsgleichung aus der Induktionsbehauptung umgeformt. Dadurch hast du bewiesen, dass die Implikation $\mathcal{A}(n) \implies \mathcal{A}(n + 1)$ wahr ist. Da $\mathcal{A}(n_0) = \mathcal{A}(1)$ ebenfalls wahr ist (Induktionsanfang), folgt mit dem Prinzip der vollständigen Induktion, dass die n-te Ableitung der Funktion $f(x) = x \cdot e^x$ für alle $n \in \mathbb{N}$ durch $f^{(n)}(x) = (n + x) \cdot e^x$ berechnet werden kann. $\square$

Lösung Aufgabe 5.73 Es ist zu zeigen:

$$\forall n \in \mathbb{N} : f(x) = \sin(2 \cdot x) \Longrightarrow f^{(n)}(x) = 2^n \cdot \sin(0{,}5 \cdot n \cdot \pi + 2 \cdot x)$$

Beweis 5.73 x ist die Funktions- und n die Induktionsvariable.

1. **Induktionsanfang** $\mathcal{A}(n_0)$
   Da die Behauptung für alle natürlichen Zahlen bewiesen werden soll, wird $n_0 = 1$ als Startwert gewählt. Zuerst wird die erste Ableitung der Funktion $f(x)$ berechnet, denn $f^{(n_0)}(x) = f^{(1)}(x) = f'(x)$. Wende hierfür die Kettenregel **A1** mit der äußeren Funktion $u(x) = \sin(x)$ und der inneren Funktion $v(x) = 2 \cdot x$ auf $f(x) = \sin(2 \cdot x)$ an. Die Ableitung der äußeren Funktion ist nach **A13** die Kosinusfunktion:

$$f'(x) = \cos(2 \cdot x) \cdot 2$$
$$= 2 \cdot \cos(2 \cdot x)$$

   Nun setzt du den Startwert $n_0 = 1$ in die allgemeine Ableitungsformel $f^{(n)}(x)$ ein und prüfst, ob die zuvor berechnete erste Ableitung herauskommt. Wenn das der Fall ist, hast du den Induktionsanfang gezeigt:

$$f^{(n_0)}(x) = 2^{n_0} \cdot \sin(0{,}5 \cdot n_0 \cdot \pi + 2 \cdot x)$$
$$= 2^1 \cdot \sin(0{,}5 \cdot 1 \cdot \pi + 2 \cdot x)$$
$$= 2 \cdot \sin(0{,}5 \cdot \pi + 2 \cdot x)$$
$$= 2 \cdot \cos(2 \cdot x) = f'(x)\checkmark$$

   Die letzte Umformung ist dadurch begründet, dass die Sinusfunktion durch eine Verschiebung um $+0{,}5 \cdot \pi$ in die Kosinusfunktion überführt werden kann.

2. **Induktionsvoraussetzung** $\mathcal{A}(n)$
   Es existiert (mindestens) eine natürliche Zahl n, für welche die n-te Ableitung der Funktion $f(x) = \sin(2 \cdot x)$ durch $f^{(n)}(x) = 2^n \cdot \sin(0{,}5 \cdot n \cdot \pi + 2 \cdot x)$ berechnet werden kann. Formal bedeutet das:

$$\exists n \in \mathbb{N} : f(x) = \sin(2 \cdot x) \Longrightarrow f^{(n)}(x) = 2^n \cdot \sin(0{,}5 \cdot n \cdot \pi + 2 \cdot x)$$

3. **Induktionsbehauptung** $\mathcal{A}(n+1)$
   Unter der Voraussetzung, dass die n-te Ableitung der Funktion $f(x) = \sin(2 \cdot x)$ durch $f^{(n)}(x) = 2^n \cdot \sin(0{,}5 \cdot n \cdot \pi + 2 \cdot x)$ berechnet werden kann, lässt sich ihre $(n+1)$-te Ableitung durch

$$\Longrightarrow f^{(n+1)}(x) = 2^{n+1} \cdot \sin(0{,}5 \cdot (n+1) \cdot \pi + 2 \cdot x)$$

berechnen.

4. **Induktionsschluss** $\mathcal{A}(n) \Longrightarrow \mathcal{A}(n+1)$

Die $(n+1)$-te Ableitung der Funktion $f(x)$ ist die erste Ableitung der n-ten Ableitung, d. h. $f^{(n+1)}(x) = (f^{(n)}(x))'$. Nach der Induktionsvoraussetzung ist $f^{(n)}(x) = 2^n \cdot \sin(0{,}5 \cdot n \cdot \pi + 2 \cdot x)$. Um die Induktionsbehauptung zu zeigen, musst du also $f^{(n)}(x)$ einmal ableiten und den entstandenen Ausdruck so lange umformen, bis die rechte Seite der Funktionsgleichung $f^{(n+1)}(x) = 2^{n+1} \cdot \sin(0{,}5 \cdot (n+1) \cdot \pi + 2 \cdot x)$ herauskommt. Wende hierfür zuerst die Kettenregel **A1** mit der äußeren Funktion $u(x) = 2^n \cdot \sin(x)$ und der inneren Funktion $v(x) = 2 \cdot x$ auf $f^{(n)}(x) = 2^n \cdot \sin(0{,}5 \cdot n \cdot \pi + 2 \cdot x)$ an. Die Ableitung der äußeren Funktion ergibt sich wieder unter Anwendung von **A13** durch $f'(x) = 2^n \cdot \cos(x)$ (beachte, dass 2^n eine Konstante ist und *nicht* mit abgeleitet wird):

$$f^{(n+1)}(x) = \left(f^{(n)}(x)\right)' = (2^n \cdot \sin(0{,}5 \cdot n \cdot \pi + 2 \cdot x))'$$

$$= 2^n \cdot \cos(0{,}5 \cdot n \cdot \pi + 2 \cdot x) \cdot 2$$

$$= 2^n \cdot 2 \cdot \cos(0{,}5 \cdot n \cdot \pi + 2 \cdot x)$$

Wende anschließend das Potenzgesetz **P2** mit $a = 2$, $x = n$ und $y = 1$ auf $2^n \cdot 2$ an:

$$= 2^{n+1} \cdot \cos(0{,}5 \cdot n \cdot \pi + 2 \cdot x)$$

$$= 2^{n+1} \cdot \cos(0{,}5 \cdot n \cdot \pi + 2 \cdot x + 2 \cdot \pi)$$

Warum wurde im letzten Schritt $2 \cdot \pi$ addiert? Eine Verschiebung um $2 \cdot \pi$ hat doch keinen Einfluss! Das stimmt zwar, doch um von $\cos(x)$ auf $\sin(x)$ zu kommen, ist hier eine Verschiebung um $+1{,}5 \cdot \pi$ nötig: $\cos(x + 0{,}5 \cdot \pi) = \sin(x)$. Für die gegebene Funktion bleibt dabei ein $+0{,}5 \cdot \pi$ übrig:

$$= 2^{n+1} \cdot \sin(0{,}5 \cdot n \cdot \pi + 2 \cdot x + 0{,}5 \cdot \pi)$$

$$= 2^{n+1} \cdot \sin(0{,}5 \cdot n \cdot \pi + 0{,}5 \cdot \pi + 2 \cdot x)$$

$$= 2^{n+1} \cdot \sin(0{,}5 \cdot (n+1) \cdot \pi + 2 \cdot x) \checkmark$$

Du hast erfolgreich die Ableitung der Funktion $f^{(n)}(x) = 2^n \cdot \sin(0{,}5 \cdot n \cdot \pi + 2 \cdot x)$ (also $f^{(n+1)}(x)$) berechnet und zur rechten Seite der Funktionsgleichung aus der Induktionsbehauptung umgeformt. Dadurch hast du bewiesen, dass die Implikation $\mathcal{A}(n) \Longrightarrow \mathcal{A}(n+1)$ wahr ist. Da $\mathcal{A}(n_0) = \mathcal{A}(1)$ ebenfalls wahr ist (Induktionsanfang), folgt mit dem Prinzip der vollständigen Induktion, dass die n-te Ableitung der Funktion $f(x) = \sin(2 \cdot x)$ für alle $n \in \mathbb{N}$ durch $f^{(n)}(x) = 2^n \cdot \sin(0{,}5 \cdot n \cdot \pi + 2 \cdot x)$ berechnet werden kann. $\qquad\qquad\square$

Lösung Aufgabe 5.74 Im Gegensatz zu den Aufgaben 5.71, 5.72 und 5.73 musst du die Formel zur Berechnung der n-ten Ableitung der Funktion $f(x) = 2^x$ selbst ermitteln. Hierzu bietet es sich an, zunächst die ersten drei Ableitungen von $f(x)$ zu berechnen, um einen Bauplan für die noch folgenden Ableitungen zu erkennen.[7] Nutze dazu die Ableitungsregel für Exponentialfunktionen (**A11**) mit der Basis $a = 2$:

1. $f'(x) = \ln(2) \cdot 2^x = (\ln(2))^1 \cdot 2^x$,
2. $f''(x) = \ln(2) \cdot \ln(2) \cdot 2^x = (\ln(2))^2 \cdot 2^x$,
3. $f'''(x) = \ln(2) \cdot \ln(2) \cdot \ln(2) \cdot 2^x = (\ln(2))^3 \cdot 2^x$.

Mit jeder weiteren Ableitung wird ein zusätzlicher Faktor $\ln(2)$ zur vorherigen Ableitung multipliziert. Der Exponent n in $\ln(2)^n$ entspricht genau dem Ableitungsgrad ($n = 1$ für die erste Ableitung, $n = 2$ für die zweite Ableitung, $n = 3$ für die dritte Ableitung und immer so weiter). Eine naheliegende Vermutung ist also:

$$f^{(n)}(x) = (\ln(2))^n \cdot 2^x$$

Diese Ableitungsformel funktioniert selbstverständlich auch für $n = 0$, denn $f^{(0)}(x) = f(x)$ und $f^{(0)}(x) = (\ln(2))^0 \cdot 2^x = 1 \cdot 2^x = 2^x = f(x)$. Allerdings wird in der Aufgabe ein Beweis für alle $n \in \mathbb{N}$ gefordert, und 0 ist in $\mathbb{N}_0$, aber nicht in $\mathbb{N}$. Es ist zu zeigen:

$$\forall n \in \mathbb{N} : f(x) = 2^x \implies f^{(n)}(x) = (\ln(2))^n \cdot 2^x$$

Beweis 5.74 x ist die Funktions- und n die Induktionsvariable.

1. **Induktionsanfang** $\mathcal{A}(n_0)$
   Da die Behauptung für alle natürlichen Zahlen bewiesen werden soll, wird $n_0 = 1$ als Startwert gewählt. Die erste Ableitung der Funktion $f(x)$ hast du bereits berechnet: $f(x) = \ln(2) \cdot 2^x$. In der Klausur solltest du bei einer ähnlich lautenden Aufgabenstellung darauf hinweisen, dass du die Ableitung bereits gebildet hast (z. B. durch „siehe oben"). Der Prof weiß *diese* „Faulheit" zu schätzen. Du musst allerdings noch prüfen, ob durch Einsetzen des Startwerts $n_0 = 1$ in die allgemeine Ableitungsformel $f^{(n)}(x)$ tatsächlich die erste Ableitung herauskommt. Wenn das der Fall ist, hast du den Induktionsanfang gezeigt:

   $$f^{(n_0)}(x) = (\ln(2))^{n_0} \cdot 2^x = (\ln(2))^1 \cdot 2^x = \ln(2) \cdot 2^x = f'(x) \checkmark$$

   Um noch weniger Schreibaufwand in der Klausur zu haben, könntest du auch direkt „Induktionsanfang bereits beim Herleiten der allgemeinen Ableitungsformel gezeigt" aufschreiben. Davon ist jedoch abzuraten, denn bei einigen Profs müsstest du hier präziser werden,[8] z. B. indem du aufschreibst, wo genau sich der Induktionsanfang in der Herleitung versteckt oder warum er damit bereits gezeigt ist.

---

[7] Bei Bedarf sind natürlich auch mehr Ableitungen möglich. In den meisten Fällen reichen aber bereits drei von ihnen.
[8] Im Zweifelsfall musst du sogar so präzise werden, dass es weniger Aufwand wäre, den Induktionsanfang einfach aufzuschreiben.

2. **Induktionsvoraussetzung** $\mathcal{A}(n)$

   Es existiert (mindestens) eine natürliche Zahl n, für welche die n-te Ableitung der Funktion $f(x) = 2^x$ durch $f^{(n)}(x) = (\ln(2))^n \cdot 2^x$ berechnet werden kann. Formal bedeutet das:

   $$\exists n \in \mathbb{N} : f(x) = 2^x \implies f^{(n)}(x) = (\ln(2))^n \cdot 2^x$$

3. **Induktionsbehauptung** $\mathcal{A}(n + 1)$

   Unter der Voraussetzung, dass die n-te Ableitung der Funktion $f(x) = 2^x$ durch $f^{(n)}(x) = (\ln(2))^n \cdot 2^x$ berechnet werden kann, lässt sich ihre $(n + 1)$-te Ableitung durch

   $$\implies f^{(n+1)}(x) = (\ln(2))^{n+1} \cdot 2^x$$

   berechnen.

4. **Induktionsschluss** $\mathcal{A}(n) \implies \mathcal{A}(n + 1)$

   Die $(n + 1)$-te Ableitung der Funktion $f(x)$ ist die erste Ableitung der n-ten Ableitung, d. h. $f^{(n+1)}(x) = \left(f^{(n)}(x)\right)'$. Nach der Induktionsvoraussetzung ist $f^{(n)}(x) = (\ln(2))^n \cdot 2^x$. Um die Induktionsbehauptung zu zeigen, musst du also $f^{(n)}(x)$ einmal ableiten und den entstandenen Ausdruck so lange umformen, bis die rechte Seite der Funktionsgleichung $f^{(n+1)}(x) = (\ln(2))^{n+1} \cdot 2^x$ herauskommt. Wende hierfür die Ableitungsregel **A11** mit $a = 2$ auf den Faktor 2^x in $f^{(n)}(x) = (\ln(2))^n \cdot 2^x$ an. Da x und nicht n die Funktionsvariable ist, wird $(\ln(2))^n$ wie eine Konstante behandelt:

   $$f^{(n+1)}(x) = \left(f^{(n)}(x)\right)' = ((\ln(2))^n \cdot 2^x)'$$
   $$= (\ln(2))^n \cdot \ln(2) \cdot 2^x$$

   Wende das Potenzgesetz **P2** mit $a = \ln(2)$, $x = n$ und $y = 1$ (rückwärts) auf $(\ln(2))^n \cdot \ln(2)$ an:

   $$= (\ln(2))^{n+1} \cdot 2^x \checkmark$$

   Du hast erfolgreich die Ableitung der Funktion $f^{(n)}(x) = (\ln(2))^n \cdot 2^x$ (also $f^{(n+1)}(x)$) berechnet und zur rechten Seite der Funktionsgleichung aus der Induktionsbehauptung umgeformt. Dadurch hast du bewiesen, dass die Implikation $\mathcal{A}(n) \implies \mathcal{A}(n+1)$ wahr ist. Da $\mathcal{A}(n_0) = \mathcal{A}(1)$ ebenfalls wahr ist (Induktionsanfang), folgt mit dem Prinzip der vollständigen Induktion, dass die n-te Ableitung der Funktion $f(x) = 2^x$ für alle $n \in \mathbb{N}$ durch $f^{(n)}(x) = (\ln(2))^n \cdot 2^x$ berechnet werden kann. $\square$

Lösung Aufgabe 5.75 . Die Behauptung besitzt große Ähnlichkeit zu der aus Aufgabe 5.73. Statt $f(x) = \sin(2 \cdot x)$ wird eine reelle Konstante k als Faktor vor die Funktionsvariable x multipliziert. Für $k = 2$ erhältst du mit $f(x) = \sin(k \cdot x) = \sin(2 \cdot x)$ die Funkion aus Aufgabe 5.73 Es ist zu zeigen:

$$\forall n \in \mathbb{N} : f(x) = \sin(k \cdot x) \implies f^{(n)}(x) = k^n \cdot \sin(0{,}5 \cdot n \cdot \pi + k \cdot x)$$

Beweis 5.75 x ist die Funktionsvariable, k eine reelle Konstante und n die Induktionsvariable.

1. **Induktionsanfang** $\mathcal{A}(n_0)$

   Da die Behauptung für alle natürlichen Zahlen bewiesen werden soll, wird $n_0 = 1$ als Startwert gewählt. Zuerst wird die erste Ableitung der Funktion $f(x)$ berechnet, denn $f^{(n_0)}(x) = f^{(1)}(x) = f'(x)$. Wende hierfür die Kettenregel **A1** mit der äußeren Funktion $u(x) = \sin(x)$ und der inneren Funktion $v(x) = k \cdot x$ auf $f(x) = \sin(k \cdot x)$ an. Die Ableitung der äußeren Funktion ist nach **A13** die Kosinusfunktion:

   $$f'(x) = \cos(k \cdot x) \cdot k$$
   $$= k \cdot \cos(k \cdot x)$$

   Nun setzt du den Startwert $n_0 = 1$ in die allgemeine Ableitungsformel $f^{(n)}(x)$ ein und prüfst, ob die zuvor berechnete erste Ableitung herauskommt. Wenn das der Fall ist, hast du den Induktionsanfang gezeigt:

   $$f^{(n_0)}(x) = k^{n_0} \cdot \sin\left(0{,}5 \cdot n_0 \cdot \pi + k \cdot x\right)$$
   $$= k^1 \cdot \sin\left(0{,}5 \cdot 1 \cdot \pi + k \cdot x\right)$$
   $$= k \cdot \sin\left(0{,}5 \cdot \pi + k \cdot x\right)$$
   $$= k \cdot \cos\left(k \cdot x\right) = f'(x)\checkmark$$

   Die letzte Umformung ist dadurch begründet, dass die Sinusfunktion durch eine Verschiebung um $+0{,}5 \cdot \pi$ in die Kosinusfunktion überführt werden kann.

2. **Induktionsvoraussetzung** $\mathcal{A}(n)$

   Es existiert (mindestens) eine natürliche Zahl n, für welche die n-te Ableitung der Funktion $f(x) = \sin(k \cdot x)$ durch $f^{(n)}(x) = k^n \cdot \sin\left(0{,}5 \cdot n \cdot \pi + k \cdot x\right)$ berechnet werden kann. Formal bedeutet das:

   $$\exists n \in \mathbb{N} : f(x) = \sin(k \cdot x) \Longrightarrow f^{(n)}(x) = k^n \cdot \sin\left(0{,}5 \cdot n \cdot \pi + k \cdot x\right)$$

3. **Induktionsbehauptung** $\mathcal{A}(n + 1)$

   Unter der Voraussetzung, dass die n-te Ableitung der Funktion $f(x) = \sin(k \cdot x)$ durch $f^{(n)}(x) = k^n \cdot \sin\left(0{,}5 \cdot n \cdot \pi + k \cdot x\right)$ berechnet werden kann, lässt sich ihre $(n+1)$-te Ableitung durch

   $$\Longrightarrow f^{(n+1)}(x) = k^{n+1} \cdot \sin\left(0{,}5 \cdot (n + 1) \cdot \pi + k \cdot x\right)$$

   berechnen.

4. **Induktionsschluss** $\mathcal{A}(n) \Longrightarrow \mathcal{A}(n + 1)$

   Die $(n + 1)$-te Ableitung der Funktion $f(x)$ ist die erste Ableitung der n-ten Ableitung, d. h. $f^{(n+1)}(x) = \left(f^{(n)}(x)\right)'$. Nach der Induktionsvoraussetzung ist $f^{(n)}(x) =$

$k^n \cdot \sin(0.5 \cdot n \cdot \pi + k \cdot x)$. Um die Induktionsbehauptung zu zeigen, musst du also $f^{(n)}(x)$ einmal ableiten und den entstandenen Ausdruck so lange umformen, bis die rechte Seite der Funktionsgleichung $f^{(n+1)}(x) = k^{n+1} \cdot \sin(0.5 \cdot (n+1) \cdot \pi + k \cdot x)$ herauskommt. Wende hierfür zuerst die Kettenregel **A1** mit der äußeren Funktion $u(x) = k^n \cdot \sin(x)$ und der inneren Funktion $v(x) = k \cdot x$ auf $f^{(n)}(x) = k^n \cdot \sin(0.5 \cdot n \cdot \pi + k \cdot x)$ an. Die Ableitung der äußeren Funktion ergibt sich wieder unter Anwendung von **A13** durch $f'(x) = k^n \cdot \cos(x)$. Beachte, dass k^n eine Konstante ist und *nicht* mit abgeleitet wird:

$$f^{(n+1)}(x) = \left(f^{(n)}(x)\right)' = \left(k^n \cdot \sin(0.5 \cdot n \cdot \pi + k \cdot x)\right)'$$
$$= k^n \cdot \cos(0.5 \cdot n \cdot \pi + k \cdot x) \cdot k$$
$$= k^n \cdot k \cdot \cos(0.5 \cdot n \cdot \pi + k \cdot x)$$

Wende anschließend das Potenzgesetz **P2** mit $a = k$, $x = n$ und $y = 1$ auf $k^n \cdot k$ an:

$$= k^{n+1} \cdot \cos(0.5 \cdot n \cdot \pi + k \cdot x)$$
$$= k^{n+1} \cdot \cos(0.5 \cdot n \cdot \pi + k \cdot x + 2 \cdot \pi)$$

Warum wurde im letzten Schritt $2 \cdot \pi$ addiert? Eine Verschiebung um $2 \cdot \pi$ hat doch keinen Einfluss! Das stimmt zwar, doch um hier von $\cos(x)$ auf $\sin(x)$ zu kommen, ist eine Verschiebung um $+1.5 \cdot \pi$ nötig: $\cos(x + 0.5 \cdot \pi) = \sin(x)$. Für die gegebene Funktion bleibt dabei ein $+0.5 \cdot \pi$ übrig:

$$= k^{n+1} \cdot \sin(0.5 \cdot n \cdot \pi + k \cdot x + 0.5 \cdot \pi)$$
$$= k^{n+1} \cdot \sin(0.5 \cdot n \cdot \pi + 0.5 \cdot \pi + k \cdot x)$$
$$= k^{n+1} \cdot \sin(0.5 \cdot (n+1) \cdot \pi + k \cdot x)\checkmark$$

Du hast erfolgreich die Ableitung der Funktion $f^{(n)}(x) = k^n \cdot \sin(0.5 \cdot n \cdot \pi + k \cdot x)$ (also $f^{(n+1)}(x)$) berechnet und zur rechten Seite der Funktionsgleichung aus der Induktionsbehauptung umgeformt. Dadurch hast du bewiesen, dass die Implikation $\mathcal{A}(n) \implies \mathcal{A}(n+1)$ wahr ist. Da $\mathcal{A}(n_0) = \mathcal{A}(1)$ ebenfalls wahr ist (Induktionsanfang), folgt mit dem Prinzip der vollständigen Induktion, dass die n-te Ableitung der Funktion $f(x) = \sin(k \cdot x)$ für alle $n \in \mathbb{N}$ durch $f^{(n)}(x) = k^n \cdot \sin(0.5 \cdot n \cdot \pi + k \cdot x)$ berechnet werden kann. $\qquad\square$

Lösung Aufgabe 5.76 Die Behauptung besitzt große Ähnlichkeit zu der aus Aufgabe 5.75. Ausgangspunkt ist diesmal jedoch die Kosinusfunktion:

$$\forall n \in \mathbb{N} : f(x) = \cos(k \cdot x) \implies f^{(n)}(x) = k^n \cdot \cos(0.5 \cdot n \cdot \pi + k \cdot x)$$

Beweis 5.76 x ist die Funktionsvariable, k eine reelle Konstante und n die Induktionsvariable.

1. **Induktionsanfang** $\mathcal{A}(n_0)$

    Da die Behauptung für alle natürlichen Zahlen bewiesen werden soll, wird $n_0 = 1$ als Startwert gewählt. Zuerst wird die erste Ableitung der Funktion $f(x)$ berechnet, denn $f^{(n_0)}(x) = f^{(1)}(x) = f'(x)$. Wende hierfür die Kettenregel **A1** mit der äußeren Funktion $u(x) = \cos(x)$ und der inneren Funktion $v(x) = k \cdot x$ auf $f(x) = \cos(k \cdot x)$ an. Die Ableitung der äußeren Funktion ist nach **A14** die mit dem Faktor -1 multiplizierte Sinusfunktion:

    $$f'(x) = (-1) \cdot \sin(k \cdot x) \cdot k$$
    $$= k \cdot (-1) \cdot \sin(k \cdot x)$$

    Nun setzt du den Startwert $n_0 = 1$ in die allgemeine Ableitungsformel $f^{(n)}(x)$ ein und prüfst, ob die zuvor berechnete erste Ableitung herauskommt. Wenn das der Fall ist, hast du den Induktionsanfang gezeigt:

    $$f^{(n_0)}(x) = 2^{n_0} \cdot \cos(0{,}5 \cdot n_0 \cdot \pi + k \cdot x)$$
    $$= k^1 \cdot \cos(0{,}5 \cdot 1 \cdot \pi + k \cdot x)$$
    $$= k \cdot \cos(0{,}5 \cdot \pi + k \cdot x)$$
    $$= k \cdot (-1) \cdot \sin(k \cdot x) = f'(x) \checkmark$$

    Die letzte Umformung ist dadurch begründet, dass die Kosinusfunktion durch eine Verschiebung um $+0{,}5 \cdot \pi$ in die mit dem Faktor -1 multiplizierte Sinusfunktion überführt werden kann.

2. **Induktionsvoraussetzung** $\mathcal{A}(n)$

    Es existiert (mindestens) eine natürliche Zahl n, für welche die n-te Ableitung der Funktion $f(x) = \cos(k \cdot x)$ durch $f^{(n)}(x) = k^n \cdot \cos(0{,}5 \cdot n \cdot \pi + k \cdot x)$ berechnet werden kann. Formal bedeutet das:

    $$\exists n \in \mathbb{N} : f(x) = \cos(k \cdot x) \implies f^{(n)}(x) = k^n \cdot \cos(0{,}5 \cdot n \cdot \pi + k \cdot x)$$

3. **Induktionsbehauptung** $\mathcal{A}(n + 1)$

    Unter der Voraussetzung, dass die n-te Ableitung der Funktion $f(x) = \cos(k \cdot x)$ durch $f^{(n)}(x) = k^n \cdot \cos(0{,}5 \cdot n \cdot \pi + k \cdot x)$ berechnet werden kann, lässt sich ihre $(n + 1)$-te Ableitung durch

    $$\implies f^{(n+1)}(x) = k^{n+1} \cdot \cos(0{,}5 \cdot (n + 1) \cdot \pi + k \cdot x)$$

    berechnen.

4. **Induktionsschluss** $\mathcal{A}(n) \Longrightarrow \mathcal{A}(n+1)$

Die $(n+1)$-te Ableitung der Funktion $f(x)$ ist die erste Ableitung der n-ten Ableitung, d. h. $f^{(n+1)}(x) = \left(f^{(n)}(x)\right)'$. Nach der Induktionsvoraussetzung ist $f^{(n)}(x) = k^n \cdot \cos\left(0{,}5 \cdot n \cdot \pi + k \cdot x\right)$. Um die Induktionsbehauptung zu zeigen, musst du also $f^{(n)}(x)$ einmal ableiten und den entstandenen Ausdruck so lange umformen, bis die rechte Seite der Funktionsgleichung $f^{(n+1)}(x) = k^{n+1} \cdot \cos\left(0{,}5 \cdot (n+1) \cdot \pi + k \cdot x\right)$ herauskommt. Wende hierfür zuerst die Kettenregel **A1** mit der äußeren Funktion $u(x) = k^n \cdot \cos(x)$ und der inneren Funktion $v(x) = k \cdot x$ auf $f^{(n)}(x) = k^n \cdot \cos\left(0{,}5 \cdot n \cdot \pi + k \cdot x\right)$ an. Die Ableitung der äußeren Funktion ergibt sich wieder unter Anwendung von **A14** durch $f'(x) = k^n \cdot (-1) \cdot \sin(x)$. Beachte, dass k^n eine Konstante ist und *nicht* mit abgeleitet wird:

$$
\begin{aligned}
f^{(n+1)}(x) = \left(f^{(n)}(x)\right)' &= \left(k^n \cdot \cos\left(0{,}5 \cdot n \cdot \pi + k \cdot x\right)\right)' \\
&= k^n \cdot (-1) \cdot \sin(0{,}5 \cdot n \cdot \pi + k \cdot x) \cdot k \\
&= k^n \cdot k \cdot (-1) \cdot \sin(0{,}5 \cdot n \cdot \pi + k \cdot x)
\end{aligned}
$$

Wende anschließend das Potenzgesetz **P2** mit $a = k$, $x = n$ und $y = 1$ auf $k^n \cdot k$ an:

$$
= k^{n+1} \cdot (-1) \cdot \sin(0{,}5 \cdot n \cdot \pi + k \cdot x)
$$

Wenn du $(-1) \cdot \sin(0{,}5 \cdot n \cdot \pi + k \cdot x)$ um $+0{,}5 \cdot \pi$ verschiebst, erhältst du die in der Induktionsbehauptung auf der rechten Seite der Funktionsgleichung stehende Kosinusfunktion (und da willst du schließlich hinkommen):

$$
\begin{aligned}
&= k^{n+1} \cdot \cos(0{,}5 \cdot n \cdot \pi + 0{,}5 \cdot \pi + k \cdot x) \\
&= k^{n+1} \cdot \cos(0{,}5 \cdot (n+1) \cdot \pi + k \cdot x) \checkmark
\end{aligned}
$$

Du hast erfolgreich die Ableitung der Funktion $f^{(n)}(x) = k^n \cdot \cos\left(0{,}5 \cdot n \cdot \pi + k \cdot x\right)$ (also $f^{(n+1)}(x)$) berechnet und zur rechten Seite der Funktionsgleichung aus der Induktionsbehauptung umgeformt. Dadurch hast du bewiesen, dass die Implikation $\mathcal{A}(n) \Longrightarrow \mathcal{A}(n+1)$ wahr ist. Da $\mathcal{A}(n_0) = \mathcal{A}(1)$ ebenfalls wahr ist (Induktionsanfang), folgt mit dem Prinzip der vollständigen Induktion, dass die n-te Ableitung der Funktion $f(x) = \cos(k \cdot x)$ für alle $n \in \mathbb{N}$ durch $f^{(n)}(x) = k^n \cdot \cos\left(0{,}5 \cdot n \cdot \pi + k \cdot x\right)$ berechnet werden kann. $\qquad\square$

Lösung Aufgabe 5.78 In dieser Aufgabe geht es (anders als bisher) um die Berechnung der $(2 \cdot n)$-ten Ableitung einer Funktion. Es ist zu zeigen:

$$
\forall n \in \mathbb{N}: f(x) = \sin(k \cdot x) \Longrightarrow f^{(2 \cdot n)}(x) = (-1)^n \cdot k^{2 \cdot n} \cdot \sin(k \cdot x)
$$

Beweis 5.77 x ist die Funktionsvariable, k eine reelle Konstante und n die Induktionsvariable.

1. **Induktionsanfang** $\mathcal{A}(n_0)$

   Da die Behauptung für alle natürlichen Zahlen bewiesen werden soll, wird $n_0 = 1$ als Startwert gewählt. Statt wie bisher nur die erste Ableitung der Funktion $f(x)$ zu berechnen, wird nun bereits die zweite Ableitung für den Induktionsanfang benötigt, denn $f^{(2 \cdot n_0)}(x) = f^{(2)}(x) = f''(x)$. Wende zum Berechnen der ersten Ableitung die Kettenregel **A1** mit der äußeren Funktion $u(x) = \sin(x)$ und der inneren Funktion $v(x) = k \cdot x$ auf $f(x) = \sin(k \cdot x)$ an. Die Ableitung der äußeren Funktion ist nach **A13** die Kosinusfunktion:

$$f'(x) = \cos(k \cdot x) \cdot k$$
$$= k \cdot \cos(k \cdot x)$$

   Für die zweite Ableitung gehst du analog zur Berechnung der ersten Ableitung vor. Wende die Kettenregel **A1** mit der äußeren Funktion $u(x) = k \cdot \cos(x)$ und der inneren Funktion $v(x) = k \cdot x$ auf $\cos(k \cdot x)$ an:

$$f''(x) = (k \cdot \cos(k \cdot x))'$$
$$= k \cdot (-1) \cdot \sin(k \cdot x) \cdot k$$
$$= k^2 \cdot (-1) \cdot \sin(k \cdot x)$$
$$= (-1) \cdot k^2 \cdot \sin(k \cdot x)$$

   Nun setzt du den Startwert $n_0 = 1$ in die allgemeine Ableitungsformel $f^{(2 \cdot n)}(x)$ ein und prüfst, ob die zuvor berechnete zweite Ableitung herauskommt. Wenn das der Fall ist, hast du den Induktionsanfang gezeigt:

$$f^{(2 \cdot n_0)}(x) = (-1)^{n_0} \cdot k^{2 \cdot n_0} \cdot \sin(k \cdot x)$$
$$= (-1)^1 \cdot k^{2 \cdot 1} \cdot \sin(k \cdot x)$$
$$= (-1) \cdot k^2 \cdot \sin(k \cdot x) = f''(x) \checkmark$$

2. **Induktionsvoraussetzung** $\mathcal{A}(n)$

   Es existiert (mindestens) eine natürliche Zahl n, für welche die $(2 \cdot n)$-te Ableitung der Funktion $f(x) = \sin(k \cdot x)$ durch $f^{(2 \cdot n)}(x) = (-1)^n \cdot k^{2 \cdot n} \cdot \sin(k \cdot x)$ berechnet werden kann. Formal bedeutet das:

$$\exists n \in \mathbb{N} : f(x) = \sin(k \cdot x) \implies f^{(2 \cdot n)}(x) = (-1)^n \cdot k^{2 \cdot n} \cdot \sin(k \cdot x)$$

3. **Induktionsbehauptung** $\mathcal{A}(n + 1)$

   Unter der Voraussetzung, dass die $(2 \cdot n)$-te Ableitung der Funktion $f(x) = \sin(k \cdot x)$ durch $f^{(2 \cdot n)}(x) = (-1)^n \cdot k^{2 \cdot n} \cdot \sin(k \cdot x)$ berechnet werden kann, lässt sich ihre

$2 \cdot (n + 1)$-te Ableitung durch

$$\implies f^{(2 \cdot (n+1))}(x) = f^{(2 \cdot n+2)}(x) = (-1)^{n+1} \cdot k^{2 \cdot (n+1)} \cdot \sin{(k \cdot x)}$$

berechnen.

4. **Induktionsschluss** $\mathcal{A}(n) \implies \mathcal{A}(n + 1)$
   Die $2 \cdot (n + 1)$-te Ableitung der Funktion $f(x)$ ist die zweite Ableitung der $(2 \cdot n)$-ten Ableitung, d. h. $f^{(2 \cdot (n+1))}(x) = f^{(2 \cdot n+2)}(x) = \left(f^{(n)}(x)\right)'$. Nach der Induktionsvoraussetzung ist $f^{(2 \cdot n)}(x) = (-1)^n \cdot k^{2 \cdot n} \cdot \sin{(k \cdot x)}$. Um die Induktionsbehauptung zu zeigen, musst du also $f^{(2 \cdot n)}(x)$ zweimal ableiten und den entstandenen Ausdruck so lange umformen, bis die rechte Seite der Funktionsgleichung $f^{(2 \cdot (n+1))}(x) = f^{(2 \cdot n+2)}(x) = (-1)^{n+1} \cdot k^{2 \cdot (n+1)} \cdot \sin{(k \cdot x)}$ herauskommt. Wende hierfür zuerst die Kettenregel **A1** mit der äußeren Funktion $u(x) = (-1)^n \cdot k^{2 \cdot n} \cdot \sin{(x)}$ und der inneren Funktion $v(x) = k \cdot x$ auf $f^{(2 \cdot n)}(x) = (-1)^n \cdot k^{2 \cdot n} \cdot \sin{(k \cdot x)}$ an. Die Ableitung der äußeren Funktion ergibt sich wieder unter Anwendung von **A13** durch $f'(x) = (-1)^n \cdot k^{2 \cdot n} \cdot \cos{(x)}$. $(-1)^n \cdot k^{2 \cdot n}$ ist eine Konstante und wird daher *nicht* mit abgeleitet:

$$
\begin{aligned}
f^{(2 \cdot (n+1))}(x) = \left(f^{(2 \cdot n+2)}(x)\right)' &= \left((-1)^n \cdot k^{2 \cdot n} \cdot \sin{(k \cdot x)}\right)'' \\
&= \left((-1)^n \cdot k^{2 \cdot n} \cdot \cos{(k \cdot x)} \cdot k\right)' \\
&= \left((-1)^n \cdot k^{2 \cdot n} \cdot k \cdot \cos{(k \cdot x)}\right)'
\end{aligned}
$$

Leite den entstandenen Funktionsterm erneut mit der Kettenregel **A1** ab, wobei die äußere Funktion $u(x) = (-1)^n \cdot k^{2 \cdot n} \cdot k \cdot \cos{(x)}$ und die innere Funktion $v(x) = k \cdot x$ ist:

$$
\begin{aligned}
&= (-1)^n \cdot k^{2 \cdot n} \cdot k \cdot (-1) \sin{(k \cdot x)} \cdot k \\
&= (-1)^n \cdot k^{2 \cdot n} \cdot k \cdot k \cdot (-1) \sin{(k \cdot x)} \\
&= (-1)^n \cdot (-1) \cdot k^{2 \cdot n} \cdot k \cdot k \cdot \sin{(k \cdot x)} \\
&= (-1)^n \cdot (-1) \cdot k^{2 \cdot n} \cdot k^2 \cdot \sin{(k \cdot x)}
\end{aligned}
$$

Wende das Potenzgesetz **P2** mit $a = k$, $x = 2 \cdot n$ und $y = 2$ auf $k^{2 \cdot n} \cdot k^2$ an:

$$
\begin{aligned}
&= (-1)^n \cdot (-1) \cdot k^{2 \cdot n+2} \cdot \sin{(k \cdot x)} \\
&= (-1)^n \cdot (-1) \cdot k^{2 \cdot (n+1)} \cdot \sin{(k \cdot x)}
\end{aligned}
$$

Wende zum Schluss das Potenzgesetz **P2** mit $a = -1$, $x = n$ und $y = 1$ auf $(-1)^n \cdot (-1)$ an:

$$= (-1)^{n+1} \cdot k^{2 \cdot (n+1)} \cdot \sin{(k \cdot x)} \checkmark$$

Du hast erfolgreich die zweite Ableitung der Funktion $f^{(2 \cdot n)}(x) = (-1)^n \cdot k^{2 \cdot n} \cdot \sin{(k \cdot x)}$ (also $f^{(2 \cdot n+2)}(x)$) berechnet und zur rechten Seite der Funktionsgleichung aus der Induktionsbehauptung umgeformt. Dadurch hast du bewiesen, dass die Implikation $\mathcal{A}(n) \implies \mathcal{A}(n+1)$ wahr ist. Da $\mathcal{A}(n_0) = \mathcal{A}(1)$ ebenfalls wahr ist (Induktionsanfang), folgt mit dem Prinzip der vollständigen Induktion, dass die $(2 \cdot n)$-te Ableitung der Funktion $f(x) = \sin(k \cdot x)$ für alle $n \in \mathbb{N}$ durch $f^{(2 \cdot n)}(x) = (-1)^n \cdot k^{2 \cdot n} \cdot \sin(k \cdot x)$ berechnet werden kann.   □

Lösung Aufgabe 5.78 Zuerst musst du die n-te Ableitung der Funktion $f(x) = m^{2 \cdot x + 1} + m$ mit $m \in \mathbb{R}_{>0}$ ermitteln. Berechne hierfür zunächst die ersten drei Ableitungen von $f(x)$, um einen Bauplan für die noch folgenden Ableitungen zu erkennen. Verwende beim Ableiten die Kettenregel **A4** mit der äußeren Funktion $u(x) = m^x + m$ und der inneren Funktion $v(x) = 2 \cdot x + 1$. Der zweite Summand m fällt beim Ableiten direkt weg, da m eine Konstante und *nicht* die Funktionsvariable ist (das ist nämlich x):

- $f'(x) = \ln(m) \cdot m^{2x+1} \cdot 2 = 2^1 \cdot \ln(m)^1 \cdot m^{2x+1}$,
- $f''(x) = 2^1 \cdot \ln(m)^1 \cdot m^{2x+1} \cdot 2 = 2^2 \cdot \ln(m)^2 \cdot m^{2x+1}$,
- $f'''(x) = 2^2 \cdot \ln(m)^2 \cdot m^{2x+1} \cdot 2 = 2^3 \cdot \ln(m)^3 \cdot m^{2x+1}$.

Mit jeder weiteren Ableitung wird ein zusätzlicher Faktor $2 \cdot \ln(m)$ zur vorherigen Ableitung multipliziert, d. h., die Exponenten von 2 und $\ln(m)$ spiegeln den jeweiligen Ableitungsgrad wider. Eine naheliegende Vermutung ist folglich:

$$\forall n \in \mathbb{N} : f(x) = m^{2 \cdot x + 1} + m \implies f^{(n)}(x) = 2^n \cdot \ln(m)^n \cdot m^{2 \cdot x + 1}$$

Beweis 5.78 x ist die Funktionsvariable, $m > 0$ eine reelle Konstante und n die Induktionsvariable.

1. **Induktionsanfang $\mathcal{A}(n_0)$**
   Da die Behauptung für alle natürlichen Zahlen bewiesen werden soll, wird $n_0 = 1$ als Startwert gewählt. Die erste Ableitung der Funktion $f(x)$ hast du bereits berechnet: $f(x) = 2 \cdot \ln(m) \cdot m^{2 \cdot x + 1}$. Du musst allerdings noch prüfen, ob durch Einsetzen des Startwerts $n_0 = 1$ in die allgemeine Ableitungsformel $f^{(n)}(x)$ tatsächlich die erste Ableitung herauskommt. Wenn das der Fall ist, hast du den Induktionsanfang gezeigt:

$$f^{(n_0)}(x) = 2^{n_0} \cdot \ln(m)^{n_0} \cdot m^{2 \cdot x + 1} = 2^1 \cdot \ln(m)^1 \cdot m^{2 \cdot x + 1} = 2 \cdot \ln(m) \cdot m^{2 \cdot x + 1}$$
$$= f'(x) \checkmark$$

   Da du nach dem Einsetzen von $n_0 = 1$ in die allgemeine Ableitungsformel die zuvor berechnete erste Ableitung von $f(x)$ erhältst, ist der Induktionsanfang gezeigt.

2. **Induktionsvoraussetzung $\mathcal{A}(n)$**
   Es existiert (mindestens) eine natürliche Zahl n, für welche die n-te Ableitung der Funktion $f(x) = m^{2 \cdot x + 1} + m$ mit $m \in \mathbb{R}_{>0}$ durch $f^{(n)}(x) = 2^n \cdot \ln(m)^n \cdot m^{2 \cdot x + 1}$ berechnet werden kann. Formal bedeutet das:

$$\exists n \in \mathbb{N} : f(x) = m^{2 \cdot x + 1} + m \implies f^{(n)}(x) = 2^n \cdot \ln(m)^n \cdot m^{2 \cdot x + 1}$$

3. **Induktionsbehauptung** $\mathcal{A}(n+1)$

Unter der Voraussetzung, dass die n-te Ableitung der Funktion $f(x) = m^{2 \cdot x+1} + m$ mit $m \in \mathbb{R}_{>0}$ durch $f^{(n)}(x) = 2^n \cdot \ln(m)^n \cdot m^{2 \cdot x+1}$ berechnet werden kann, lässt sich ihre $(n+1)$-te Ableitung durch

$$\Longrightarrow f^{(n+1)}(x) = 2^{n+1} \cdot \ln(m)^{n+1} \cdot m^{2 \cdot x+1}$$

berechnen.

4. **Induktionsschluss** $\mathcal{A}(n) \Longrightarrow \mathcal{A}(n+1)$

Die $(n+1)$-te Ableitung der Funktion $f(x)$ ist die erste Ableitung der n-ten Ableitung, d. h. $f^{(n+1)}(x) = \left(f^{(n)}(x)\right)'$. Nach der Induktionsvoraussetzung ist $f^{(n)}(x) = 2^n \cdot \ln(m)^n \cdot m^{2 \cdot x+1}$. Um die Induktionsbehauptung zu zeigen, musst du also $f^{(n)}(x)$ einmal ableiten und den entstandenen Ausdruck so lange umformen, bis die rechte Seite der Funktionsgleichung $f^{(n+1)}(x) = \left(f^{(n)}(x)\right)' = 2^{n+1} \cdot \ln(m)^{n+1} \cdot m^{2 \cdot x+1}$ herauskommt. Nutze hierfür die Kettenregel mit der äußeren Funktion $u(x) = 2^n \cdot \ln(m)^n \cdot m^x$ und der inneren Funktion $v(x) = 2 \cdot x + 1$:

$$\begin{aligned} f^{(n+1)}(x) = \left(f^{(n)}(x)\right)' &= \left(2^n \cdot \ln(m)^n \cdot m^{2 \cdot x+1}\right)' \\ &= \ln(m) \cdot 2^n \cdot \ln(m)^n \cdot m^{2 \cdot x+1} \cdot 2 \\ &= 2^n \cdot 2 \cdot \ln(m)^n \cdot \ln(m) \cdot m^{2 \cdot x+1} \end{aligned}$$

Wende das Potenzgesetz **P2** $a = 2$, $x = n$, $y = 1$ auf $2^n \cdot 2$ und mit $a = \ln(m)$, $x = n$, $y = 1$ auf $\ln(m)^n \cdot \ln(m)$ an:

$$= 2^{n+1} \cdot \ln(m)^{n+1} \cdot m^{2 \cdot x+1} \checkmark$$

Du hast erfolgreich die erste Ableitung der Funktion $f^{(n)}(x) = 2^n \cdot \ln(m)^n \cdot m^{2 \cdot x+1}$, also $f^{(n+1)}(x)$, berechnet und zur rechten Seite der Funktionsgleichung aus der Induktionsbehauptung umgeformt. Dadurch hast du bewiesen, dass die Implikation $\mathcal{A}(n) \Longrightarrow \mathcal{A}(n+1)$ wahr ist. Da $\mathcal{A}(n_0) = \mathcal{A}(1)$ ebenfalls wahr ist (Induktionsanfang), folgt mit dem Prinzip der vollständigen Induktion, dass die n-te Ableitung der Funktion $f(x) = m^{2 \cdot x+1} + m$ mit $m \in \mathbb{R}_{>0}$ für alle $n \in \mathbb{N}$ durch $f^{(n)}(x) = 2^n \cdot \ln(m)^n \cdot m^{2 \cdot x+1}$ berechnet werden kann. $\square$

Lösung Aufgabe 5.79 Zuerst musst du die n-te Ableitung der Funktion $f(x) = \ln(k \cdot x)$ mit $k \cdot x \in \mathbb{R}_{>0}$ ermitteln. Berechne hierfür zunächst die ersten vier Ableitungen von $f(x)$, um einen Bauplan für die noch folgenden Ableitungen zu erkennen. Verwende beim Ableiten die Kettenregel **A4** in Kombination mit **A12**:

- $f'(x) = \frac{1}{k \cdot x} \cdot k = \frac{\cancel{k}}{\cancel{k} \cdot x} = (-1)^0 \cdot 1 \cdot \frac{1}{x^1}$
  (positives Vorzeichen),

- $f''(x) = (-1) \cdot 1 \cdot \frac{1}{x^2} = (-1)^1 \cdot 1 \cdot \frac{1}{x^2}$
  (negatives Vorzeichen),
- $f'''(x) = (-1) \cdot (-1) \cdot 1 \cdot 2 \cdot \frac{1}{x^3} = (-1)^2 \cdot 1 \cdot 2 \cdot \frac{1}{x^3}$
  (positives Vorzeichen),
- $f^{(4)}(x) = (-1) \cdot (-1)^2 \cdot 1 \cdot 2 \cdot 3 \cdot \frac{1}{x^4} = (-1)^3 \cdot 1 \cdot 2 \cdot 3 \cdot \frac{1}{x^4}$
  (negatives Vorzeichen).

Jetzt ist auch klar, wieso diesmal die ersten vier statt drei Ableitungen gesucht wurden: So siehst du das Pattern des Vorzeichenwechsels mit jeder weiteren Ableitung besser. Der Exponent des „Vorzeichens"(-1) ist stets 1 kleiner als der Ableitungsgrad n. Also ist $(-1)^{n-1}$ vermutlich ein Faktor in der allgemeinen Ableitungsformel. Für jede weitere Ableitung wird der vorherige Ableitungsgrad $n - 1$ als Faktor an die aktuelle Ableitung multipliziert. Somit ist $1 \cdot 2 \cdot \ldots \cdot (n - 2) \cdot (n - 1) = (n - 1)!$ ein Faktor der n-ten Ableitung. Der Exponent im Nenner entspricht direkt dem Ableitungsgrad n. Auf Basis dieser Überlegungen, ist folgende allgemeine Ableitungsformel für $f(x) = \ln(k \cdot x)$ sehr wahrscheinlich:

$$f^{(n)}(x) = (-1)^{n-1} \cdot (n - 1)! \cdot \frac{1}{x^n}$$

Es ist also zu zeigen:

$$\forall n \in \mathbb{N} : f(x) = \ln(k \cdot x) \Longrightarrow f^{(n)}(x) = (-1)^{n-1} \cdot (n - 1)! \cdot \frac{1}{x^n}$$

Beweis 5.79 x ist die Funktionsvariable, k eine reelle Konstante und n die Induktionsvariable.

1. **Induktionsanfang** $\mathcal{A}(n_0)$

   Da die Behauptung für alle natürlichen Zahlen bewiesen werden soll, wird $n_0 = 1$ als Startwert gewählt. Die erste Ableitung der Funktion $f(x)$ hast du bereits berechnet: $f(x) = (-1)^0 \cdot 1 \cdot \frac{1}{x^1} = \frac{1}{x}$. Du musst allerdings noch prüfen, ob durch Einsetzen des Startwerts $n_0 = 1$ in die allgemeine Ableitungsformel $f^{(n)}(x)$ tatsächlich die erste Ableitung herauskommt. Wenn das der Fall ist, hast du den Induktionsanfang gezeigt:

   $$f^{(n_0)}(x) = (-1)^{n_0-1} \cdot (n_0 - 1)! \cdot \frac{1}{x^{n_0}} = (-1)^{1-1} \cdot (1 - 1)! \cdot \frac{1}{x^1}$$

   $$= 0! \cdot \frac{k}{x} = 1 \cdot \frac{1}{x} = \frac{1}{x} = f'(x)\checkmark$$

2. **Induktionsvoraussetzung** $\mathcal{A}(n)$

   Es existiert (mindestens) eine natürliche Zahl n, für welche die n-te Ableitung der Funktion $f(x) = \ln(k \cdot x)$ mit $k \cdot x \in \mathbb{R}_{>0}$ durch $f^{(n)}(x) = (-1)^{n-1} \cdot (n - 1)! \cdot \frac{1}{x^n}$ berechnet werden kann. Formal bedeutet das:

   $$\exists n \in \mathbb{N} : f(x) = \ln(k \cdot x) \Longrightarrow f^{(n)}(x) = (-1)^{n-1} \cdot (n - 1)! \cdot \frac{1}{x^n}$$

3. **Induktionsbehauptung** $\mathcal{A}(n + 1)$

Unter der Voraussetzung, dass die n-te Ableitung der Funktion $f(x) = \ln(k \cdot x)$ mit $k \cdot x \in \mathbb{R}_{>0}$ durch $f^{(n)}(x) = (-1)^{n-1} \cdot (n - 1)! \cdot \frac{1}{x^n}$ berechnet werden kann, lässt sich ihre $(n + 1)$-te Ableitung durch

$$f^{(n+1)}(x) = (-1)^{(n+1)-1} \cdot ((n + 1) - 1)! \cdot \frac{1}{x^{n+1}}$$

berechnen.

4. **Induktionsschluss** $\mathcal{A}(n) \implies \mathcal{A}(n + 1)$

Die $(n + 1)$-te Ableitung der Funktion $f(x)$ ist die erste Ableitung der n-ten Ableitung, d. h. $f^{(n+1)}(x) = \left(f^{(n)}(x)\right)'$. Nach der Induktionsvoraussetzung ist $f^{(n)}(x) = (-1)^{n-1} \cdot (n - 1)! \cdot \frac{1}{x^n}$. Um die Induktionsbehauptung zu zeigen, musst du also $f^{(n)}(x)$ einmal ableiten und den entstandenen Ausdruck so lange umformen, bis die rechte Seite der Funktionsgleichung $f^{(n+1)}(x) = \left(f^{(n)}(x)\right)' = (-1)^{(n+1)-1} \cdot ((n+1) - 1)! \cdot \frac{1}{x^{n+1}}$ herauskommt. Nutze hierfür z. B. die Regel **A8** mit dem Exponenten $-n$:

$$f^{(n+1)}(x) = \left(f^{(n)}(x)\right)' = \left((-1)^{n-1} \cdot (n - 1)! \cdot \frac{1}{x^n}\right)'$$

$$= (-1)^{n-1} \cdot (n - 1)! \cdot (-1) \cdot n \cdot \frac{1}{x^{n+1}}$$

$$= (-1)^{n-1} \cdot (-1) \cdot (n - 1)! \cdot n \cdot \frac{1}{x^{n+1}}$$

Wende das Potenzgesetz **P2** mit $a = -1$, $x = n - 1$, $y = 1$ auf $(-1)^{n-1} \cdot (-1)$ an:

$$= (-1)^{n-1+1} \cdot (n - 1)! \cdot n \cdot \frac{1}{x^{n+1}}$$

$$= (-1)^{(n+1)-1} \cdot (n - 1)! \cdot n \cdot \frac{1}{x^{n+1}}$$

Es ist $n! = n \cdot (n - 1)!$, und $n!$ ist wiederum dasselbe wie $((n + 1) - 1)!$:

$$= (-1)^{(n+1)-1} \cdot n! \cdot \frac{1}{x^{n+1}}$$

$$= (-1)^{(n+1)-1} \cdot ((n + 1) - 1)! \cdot \frac{1}{x^{n+1}} \checkmark$$

Du hast erfolgreich die Ableitung der Funktion $f^{(n)}(x) = (-1)^{n-1} \cdot (n - 1)! \cdot \frac{1}{x^n}$ (also $f^{(n+1)}(x)$) berechnet und zur rechten Seite der Funktionsgleichung aus der Induktionsbehauptung umgeformt. Dadurch hast du bewiesen, dass die Implikation $\mathcal{A}(n) \implies \mathcal{A}(n + 1)$ wahr ist. Da $\mathcal{A}(n_0) = \mathcal{A}(1)$ ebenfalls wahr ist (Induktionsanfang), folgt mit dem Prinzip der vollständigen Induktion, dass die n-te Ableitung der Funktion $f(x) = \ln(k \cdot x)$ mit $k \cdot x \in \mathbb{R}_{>0}$ für alle $n \in \mathbb{N}$ durch $f^{(n)}(x) = (-1)^{n-1} \cdot (n - 1)! \cdot \frac{1}{x^n}$ berechnet werden kann. $\qquad \square$

Lösung Aufgabe 5.80 Es ist zu zeigen:

$$\forall n \in \mathbb{N} : f(x) = \frac{1}{m \cdot x + b} \implies f^{(n)}(x) = \frac{(-1)^n \cdot m^n \cdot n!}{(m \cdot x + b)^{n+1}}$$

Beweis 5.80 $x \in \mathbb{R} \setminus \left\{ -\frac{b}{m} \right\}$ ist die Funktionsvariable, $b, m \in \mathbb{R}$ mit $m \neq 0$ sind reelle Konstanten, und n ist die Induktionsvariable.

1. **Induktionsanfang** $\mathcal{A}(n_0)$

   Da die Behauptung für alle natürlichen Zahlen bewiesen werden soll, wird $n_0 = 1$ als Startwert gewählt. Die erste Ableitung der Funktion $f(x)$ kannst du mit der Kettenregel **A4** bilden. Dabei ist $u(x) = \frac{1}{x}$ die äußere und $v(x) = m \cdot x + b$ die innere Funktion:

   $$f'(x) = (-1) \cdot \frac{1}{(m \cdot x + b)^2} \cdot m = \frac{(-1) \cdot m}{(m \cdot x + b)^2}$$

   Jetzt musst du überprüfen, ob durch Einsetzen des Startwerts $n_0 = 1$ in die allgemeine Ableitungsformel $f^{(n)}(x)$ die soeben berechnete erste Ableitung herauskommt. Wenn das der Fall ist, hast du den Induktionsanfang gezeigt:

   $$\begin{aligned} f^{(n_0)}(x) &= \frac{(-1)^{n_0} \cdot m^{n_0} \cdot n_0!}{(m \cdot x + b)^{n_0+1}} \\ &= \frac{(-1)^1 \cdot m^1 \cdot 1!}{(m \cdot x + b)^{1+1}} = \frac{(-1) \cdot m^1 \cdot 1!}{(m \cdot x + b)^2} = \frac{(-1) \cdot m}{(m \cdot x + b)^2} = f'(x) \checkmark \end{aligned}$$

2. **Induktionsvoraussetzung** $\mathcal{A}(n)$

   Es existiert (mindestens) eine natürliche Zahl n, für welche die n-te Ableitung der Funktion $f(x) = \frac{1}{m \cdot x + b}$ mit $x \in \mathbb{R} \setminus \left\{ -\frac{b}{m} \right\}$ und $m \neq 0$ durch $f^{(n)}(x) = \frac{(-1)^n \cdot m^n \cdot n!}{(m \cdot x + b)^{n+1}}$ berechnet werden kann. Formal bedeutet das:

   $$\exists n \in \mathbb{N} : f(x) = \frac{1}{m \cdot x + b} \implies f^{(n)}(x) = \frac{(-1)^n \cdot m^n \cdot n!}{(m \cdot x + b)^{n+1}}$$

3. **Induktionsbehauptung** $\mathcal{A}(n + 1)$

   Unter der Voraussetzung, dass die n-te Ableitung der Funktion $f(x) = \frac{1}{m \cdot x + b}$ mit $x \in \mathbb{R} \setminus \left\{ -\frac{b}{m} \right\}$ und $m \neq 0$ durch $f^{(n)}(x) = \frac{(-1)^n \cdot m^n \cdot n!}{(m \cdot x + b)^{n+1}}$ berechnet werden kann, lässt sich ihre $(n + 1)$-te Ableitung durch

   $$\implies f^{(n+1)}(x) = \frac{(-1)^{n+1} \cdot m^{n+1} \cdot (n + 1)!}{(m \cdot x + b)^{(n+1)+1}}$$

   berechnen.

4. **Induktionsschluss** $\mathcal{A}(n) \implies \mathcal{A}(n+1)$

Die $(n+1)$-te Ableitung der Funktion $f(x)$ ist die erste Ableitung der n-ten Ableitung, d. h. $f^{(n+1)}(x) = \left(f^{(n)}(x)\right)'$. Nach der Induktionsvoraussetzung ist $f^{(n)}(x) = \frac{(-1)^n \cdot m^n \cdot n!}{(m \cdot x + b)^{n+1}}$. Um die Induktionsbehauptung zu zeigen, musst du also $f^{(n)}(x)$ einmal ableiten und den entstandenen Ausdruck so lange umformen, bis die rechte Seite der Funktionsgleichung $f^{(n+1)}(x) = \left(f^{(n)}(x)\right)' = \frac{(-1)^{n+1} \cdot m^{n+1} \cdot (n+1)!}{(m \cdot x + b)^{(n+1)+1}}$ herauskommt. Nutze wieder die aus dem Induktionsanfang bekannten Ableitungswerkzeuge:

$$f^{(n+1)}(x) = \left(f^{(n)}(x)\right)' = \left(\frac{(-1)^n \cdot m^n \cdot n!}{(m \cdot x + b)^{n+1}}\right)'$$

$$= (-1) \cdot (n+1) \cdot \frac{(-1)^n \cdot m^n \cdot n!}{(m \cdot x + b)^{n+1}} \cdot m$$

$$= \frac{(-1)^n \cdot (-1) \cdot m^n \cdot m \cdot (n+1) \cdot n!}{(m \cdot x + b)^{(n+1)+1}}$$

Wende das Potenzgesetz **P2** mit $a = -1$, $x = n$, $y = -1$ auf $(-1)^n \cdot (-1)$ und mit $a = m$, $x = n$, $y = 1$ auf $m^n \cdot m$ an. Forme außerdem $(n+1) \cdot n!$ mit **F2** zu $(n+1)!$ um:

$$= \frac{(-1)^{n+1} \cdot m^{n+1} \cdot (n+1)!}{(m \cdot x + b)^{(n+1)+1}} \checkmark$$

Du hast erfolgreich die Ableitung der Funktion $\frac{(-1)^n \cdot m^n \cdot n!}{(m \cdot x + b)^{n+1}}$ (also $f^{(n+1)}(x)$) berechnet und zur rechten Seite der Funktionsgleichung aus der Induktionsbehauptung umgeformt. Dadurch hast du bewiesen, dass die Implikation $\mathcal{A}(n) \implies \mathcal{A}(n+1)$ wahr ist. Da $\mathcal{A}(n_0) = \mathcal{A}(1)$ ebenfalls wahr ist (Induktionsanfang), folgt mit dem Prinzip der vollständigen Induktion, dass die n-te Ableitung der Funktion $f(x) = \frac{1}{m \cdot x + b}$ mit $x \in \mathbb{R} \setminus \left\{-\frac{b}{m}\right\}$ und $m \neq 0$ für alle $n \in \mathbb{N}$ durch $f^{(n)}(x) = \frac{(-1)^n \cdot m^n \cdot n!}{(m \cdot x + b)^{n+1}}$ berechnet werden kann. $\square$

5.6 Rekursionsformeln

5.6.1 Aufgaben für Einsteiger

Aufgaben

5.81 Gegeben sei die rekursiv definierte Folge $a : \mathbb{N} \longrightarrow \mathbb{N}$ mit

$$a_{n+1} = 3 \cdot a_n + 1$$

und dem Startwert $a_1 = 2$. Beweise durch vollständige Induktion, dass sich das n-te Glied dieser Folge durch die explizite Darstellung

$$a_n = 2{,}5 \cdot 3^{n-1} - 0{,}5$$

berechnen lässt.

5.82 Gegeben sei die rekursiv definierte Folge $b : \mathbb{N} \longrightarrow \mathbb{N}$ mit

$$b_{n+1} = -2 \cdot b_n + 3$$

und dem Startwert $b_1 = 0$. Beweise, dass sich das n-te Glied dieser Folge durch

$$b_n = (-1) \cdot (-2)^{n-1} + 1$$

berechnen lässt.

5.83 Gegeben sei die rekursiv definierte Folge $c : \mathbb{N} \longrightarrow \mathbb{N}$ mit

$$c_{n+1} = c_n - n^2$$

und dem Startwert $c_1 = 1$. Beweise durch vollständige Induktion, dass das n-te Glied dieser Folge mit $n \in \mathbb{N}$ durch die explizite Darstellung

$$c_n = -\frac{1}{6} \cdot \left(2 \cdot n^3 - 3 \cdot n^2 + n - 6 \right)$$

berechnet werden kann.

5.6.2   Aufgaben für Fortgeschrittene

Aufgaben

5.84 In Kap. 4 wurde bereits bewiesen, dass sich das n-te Glied der rekursiven Folge $b : \mathbb{N} \longrightarrow \mathbb{N}$ mit

$$b_{n+1} = 2 \cdot b_n + 1$$

und dem Startwert $b_1 = 1$ explizit durch $b_n = 2^n - 1$ berechnen lässt. Beweise, dass b_n auch durch die Summe

$$b_n = \sum_{k=1}^{n} 2^{k-1}$$

berechnet werden kann.

5.85 Gegeben sei die rekursiv definierte Folge $c : \mathbb{N} \longrightarrow \mathbb{N}$ mit

$$c_{m+1} = 3 \cdot (c_m - 2)$$

und dem Startwert $c_1 = 0$. Beweise, dass sich c_m für alle $m \in \mathbb{N}$ durch die explizite Darstellung

$$c_m = (-1) \cdot 3^m + 3$$

berechnen lässt.

5.6.3 Aufgaben für Profis

Aufgaben

5.86 In Kap. 4 wurde gezeigt, dass sich jedes Glied der rekursiv definierten arithmetischen Folge $a : \mathbb{N} \longrightarrow \mathbb{R}$ mit $a_{n+1} = a_n + d$ und $d \in \mathbb{R}$, sowie dem Startwert a_1 explizit durch $a_n = a_1 + (n-1) \cdot d$ ermitteln lässt. Beweise durch vollständige Induktion über $n \in \mathbb{N}$, dass das n-te Folgenglied für jede rekursiv definierte geometrische Folge $g : \mathbb{N} \longrightarrow \mathbb{R}$ mit

$$g_{n+1} = g_n \cdot q$$

und $q \in \mathbb{R} \setminus \{0\}$ durch $g_n = g_1 \cdot q^{n-1}$ mit dem Startwert g_1 berechnet werden kann. Damit lieferst du den lang erwarteten Beweis von Satz 4.15.

5.87 Das n-te Glied der rekursiv definierten Folge $a : \mathbb{N} \longrightarrow \mathbb{N}$ mit

$$a_{n+1} = 5 - 2 \cdot a_n$$

und dem Startwert $a_1 = -1$ kann durch die explizite Darstellung a_n berechnet werden. Finde a_n und beweise deine Vermutung.

5.88 Beweise, dass die rekursiv definierte Folge $b : \mathbb{N} \longrightarrow \mathbb{R}$ mit

$$b_{n+1} = 2 - \frac{1}{b_n}$$

und dem Startwert $b_1 = 3$ für alle $n \in \mathbb{N}$ explizit durch $b_n = \frac{2 \cdot n + 1}{2 \cdot n - 1}$ berechnet werden kann.

5.89 Die *Fibonacci-Folge* ist spätestens seit dem Blockbuster „*21*" in der Popkultur angekommen. Es handelt sich bei ihr um eine Folge $F : \mathbb{N} \longrightarrow \mathbb{N}$, die rekursiv durch

$$F_{n+1} = F_n + F_{n-1}$$

mit den Startwerten $F_1 = F_2 = 1$ definiert ist.[9] Beweise, dass für alle $n \in \mathbb{N}_{\geq 2}$ die Summe der ersten n quadrierten Fibonacci-Glieder

$$\sum_{k=1}^{n} F_k^2$$

durch den Ausdruck $F_n \cdot F_{n+1}$ berechnet werden kann.

5.6.4 Lösungen

Lösung Aufgabe 5.81 Es ist zu zeigen:

$$\forall n \in \mathbb{N} : a_{n+1} = 3 \cdot a_n + 1 \Longrightarrow a_n = 2{,}5 \cdot 3^{n-1} - 0{,}5$$

Beweis 5.81 n ist die Induktionsvariable.

1. **Induktionsanfang** $\mathcal{A}(n_0)$
   Da die Behauptung für alle natürlichen Zahlen bewiesen werden soll, wird $n_0 = 1$ als Startwert gewählt. Du musst nun testen, ob das n_0-te (also erste) Folgenglied durch die explizite Darstellung $a_n = 2{,}5 \cdot 3^{n-1} - 0{,}5$ berechnet werden kann. Für $n_0 = 1$ muss also der vorgegebene Startwert $a_1 = 2$ herauskommen:

   $$a_{n_0} = 2{,}5 \cdot 3^{1-1} - 0{,}5 = 2{,}5 \cdot 3^0 - 0{,}5 = 2{,}5 \cdot 1 - 0{,}5 = 2{,}5 - 0{,}5 = 2 = a_1 \checkmark$$

2. **Induktionsvoraussetzung** $\mathcal{A}(n)$
   Es existiert (mindestens) eine natürliche Zahl n, für die das n-te Folgenglied der rekursiv definierten Folge $a_{n+1} = 3 \cdot a_n + 1$ durch die explizite Darstellung $a_n = 2{,}5 \cdot 3^{n-1} - 0{,}5$ berechnet werden kann. Formal bedeutet das:

   $$\exists n \in \mathbb{N} : a_{n+1} = 3 \cdot a_n + 1 \Longrightarrow a_n = 2{,}5 \cdot 3^{n-1} - 0{,}5$$

3. **Induktionsbehauptung** $\mathcal{A}(n + 1)$
   Unter der Voraussetzung, dass das n-te Folgenglied der rekursiv definierten Folge $a_{n+1} = 3 \cdot a_n + 1$ durch die explizite Darstellung $a_n = 2{,}5 \cdot 3^{n-1} - 0{,}5$ berechnet werden kann, kann das $(n + 1)$-te Folgenglied durch die explizite Darstellung

   $$\Longrightarrow a_{n+1} = 2{,}5 \cdot 3^{(n+1)-1} - 0{,}5$$

   berechnet werden.

---

[9] Es gibt auch eine Variante, bei der man das 0-te Folgenglied $F_0 = 0$ mit berücksichtigt. Da man in den Folgen dieses Buchs bei 1 zu zählen beginnt, bleibt es bei der Zählvariante ab 1.

4. **Induktionsschluss** $\mathcal{A}(n) \Longrightarrow \mathcal{A}(n+1)$

Am Ende von deines Beweises musst du aus der Rekursionsgleichung $a_{n+1} = 3 \cdot a_n + 1$ und ihrer expliziten Darstellung $a_n = 2{,}5 \cdot 3^{n-1} - 0{,}5$ hergeleitet haben, dass $a_{n+1} = 2{,}5 \cdot 3^{(n+1)-1} - 0{,}5$ zur direkten Berechnung des $(n+1)$-ten Folgenglieds (d. h. ohne Rekursion) verwendet werden kann. Passenderweise steht auf der rechten Seite der Rekursionsgleichung bereits a_{n+1}, sodass du nur noch die Induktionsvoraussetzung auf a_n anwenden musst:

$$a_{n+1} = 3 \cdot a_n + 1$$
$$= 3 \cdot \left(2{,}5 \cdot 3^{n-1} - 0{,}5\right) + 1$$
$$= 3 \cdot 2{,}5 \cdot 3^{n-1} - 3 \cdot 0{,}5 + 1$$
$$= 2{,}5 \cdot 3 \cdot 3^{n-1} - 1{,}5 + 1$$

Wende das Potenzgesetz **P2** mit $a = 3$, $x = 1$ und $y = n - 1$ auf $3 \cdot 3^{n-1}$ an:

$$= 2{,}5 \cdot 3^{1+n-1} - 1{,}5 + 1$$
$$= 2{,}5 \cdot 3^{(n+1)-1} - 1{,}5 + 1 \checkmark$$

Dadurch hast du bewiesen, dass die Implikation $\mathcal{A}(n) \Longrightarrow \mathcal{A}(n+1)$ wahr ist. Da $\mathcal{A}(n_0) = \mathcal{A}(1)$ ebenfalls wahr ist (Induktionsanfang), folgt mit dem Prinzip der vollständigen Induktion, dass das n-te Folgenglied der rekursiv definierten Folge $a_{n+1} = 3 \cdot a_n + 1$ explizit durch $a_n = 2{,}5 \cdot 3^{n-1} - 0{,}5$ berechnet werden kann. □

Lösung Aufgabe 5.82 Es ist zu zeigen:

$$\forall n \in \mathbb{N} : b_{n+1} = -2 \cdot b_n + 3 \Longrightarrow b_n = (-1) \cdot (-2)^{n-1} + 1$$

Beweis 5.82 n ist die Induktionsvariable.

1. **Induktionsanfang** $\mathcal{A}(n_0)$
   Da die Behauptung für alle natürlichen Zahlen bewiesen werden soll, wird $n_0 = 1$ als Startwert gewählt. Du musst nun testen, ob das n_0-te (also erste) Folgenglied durch die explizite Darstellung $b_n = (-1) \cdot (-2)^{n-1} + 1$ berechnet werden kann. Für $n_0 = 1$ muss also der vorgegebene Startwert $b_1 = 0$ herauskommen:

$$b_{n_0} = (-1) \cdot (-2)^{1-1} + 1 = (-1) \cdot (-2)^0 + 1 = (-1) \cdot 1 + 1 = -1 + 1 = 0 = b_1 \checkmark$$

2. **Induktionsvoraussetzung** $\mathcal{A}(n)$
   Es existiert (mindestens) eine natürliche Zahl n, für die das n-te Folgenglied der rekursiv definierten Folge $b_{n+1} = -2 \cdot a_n + 3$ durch die explizite Darstellung

$b_n = (-1) \cdot (-2)^{n-1} + 1$ berechnet werden kann. Formal bedeutet das:

$$\exists n \in \mathbb{N} : b_{n+1} = -2 \cdot b_n + 3 \implies b_n = (-1) \cdot (-2)^{n-1} + 1$$

3. **Induktionsbehauptung** $\mathcal{A}(n+1)$

   Unter der Voraussetzung, dass das n-te Folgenglied der rekursiv definierten Folge $b_{n+1} = -2 \cdot b_n + 3$ durch die explizite Darstellung $b_n = (-1) \cdot (-2)^{n-1} + 1$ berechnet werden kann, kann das $(n+1)$-te Folgenglied explizit durch

   $$\implies b_{n+1} = (-1) \cdot (-2)^{(n+1)-1} + 1$$

   berechnet werden.

4. **Induktionsschluss** $\mathcal{A}(n) \implies \mathcal{A}(n+1)$

   Am Ende deines Beweises musst du aus der Rekursionsgleichung $b_{n+1} = -2 \cdot b_n + 3$ und ihrer expliziten Darstellung $b_n = (-1) \cdot (-2)^{n-1} + 1$ hergeleitet haben, dass $b_{n+1} = (-1) \cdot (-2)^{(n+1)-1} + 1$ zur direkten Berechnung des $(n+1)$-ten Folgenglieds (d. h. ohne Rekursion) verwendet werden kann. Passenderweise steht auf der rechten Seite der Rekursionsgleichung bereits b_{n+1}, sodass du nur noch die Induktionsvoraussetzung auf b_n anwenden musst:

   $$
   \begin{aligned}
   b_{n+1} &= -2 \cdot b_n + 3 \\
   &= -2 \cdot \left((-1) \cdot (-2)^{n-1} + 1 \right) + 3 \\
   &= -2 \cdot (-1) \cdot (-2)^{n-1} + (-2) \cdot 1 + 3 \\
   &= -2 \cdot (-1) \cdot (-2)^{n-1} - 2 + 3 \\
   &= -2 \cdot (-1) \cdot (-2)^{n-1} + 1 \\
   &= (-1) \cdot (-2) \cdot (-2)^{n-1} + 1
   \end{aligned}
   $$

   Wende das Potenzgesetz **P2** mit $a = -2$, $x = 1$ und $y = n - 1$ auf $(-2) \cdot (-2)^{n-1}$ an:

   $$
   \begin{aligned}
   &= (-1) \cdot (-2)^{1+n-1} + 1 \\
   &= (-1) \cdot (-2)^{(n+1)-1} + 1 \checkmark
   \end{aligned}
   $$

Dadurch hast du bewiesen, dass die Implikation $\mathcal{A}(n) \implies \mathcal{A}(n+1)$ wahr ist. Da $\mathcal{A}(n_0) = \mathcal{A}(1)$ ebenfalls wahr ist (Induktionsanfang), folgt mit dem Prinzip der vollständigen Induktion, dass das n-te Folgenglied der rekursiv definierten Folge $b_{n+1} = -2 \cdot b_n + 3$ durch die explizite Darstellung $b_n = (-1) \cdot (-2)^{n-1} + 1$ berechnet werden kann. $\square$

Lösung Aufgabe 5.83 Es ist zu zeigen:

$$\forall n \in \mathbb{N} : c_{n+1} = c_n - n^2 \implies c_n = -\frac{1}{6} \cdot \left(2 \cdot n^3 - 3 \cdot n^2 + n - 6 \right)$$

Beweis 5.83 n ist die Induktionsvariable.

1. **Induktionsanfang** $\mathcal{A}(n_0)$
   Da die Behauptung für alle natürlichen Zahlen bewiesen werden soll, wird $n_0 = 1$ als Startwert gewählt. Du musst nun testen, ob das n_0-te (also erste) Folgenglied durch die explizite Darstellung $c_n = -\frac{1}{6} \cdot \left(2 \cdot n^3 - 3 \cdot n^2 + n - 6\right)$ berechnet werden kann. Für $n_0 = 1$ muss also der vorgegebene Startwert $c_1 = 1$ herauskommen:

$$c_{n_0} = -\frac{1}{6} \cdot \left(2 \cdot 1^3 - 3 \cdot 1^2 + 1 - 6\right) = -\frac{1}{6} \cdot \left(2 \cdot 1 - 3 \cdot 1 + 1 - 6\right)$$

$$= -\frac{1}{6} \cdot \left(2 - 3 + 1 - 6\right) - \frac{1}{6} \cdot (-6) = \frac{\cancel{6}}{\cancel{6}} = 1 = c_1 \checkmark$$

2. **Induktionsvoraussetzung** $\mathcal{A}(n)$
   Es existiert (mindestens) eine natürliche Zahl n, für die das n-te Folgenglied der rekursiv definierten Folge $c_{n+1} = c_n - n^2$ durch die explizite Darstellung $c_n = -\frac{1}{6} \cdot \left(2 \cdot n^3 - 3 \cdot n^2 + n - 6\right)$ berechnet werden kann. Formal bedeutet das:

$$\exists n \in \mathbb{N} : c_{n+1} = c_n - n^2 \implies c_n = -\frac{1}{6} \cdot \left(2 \cdot n^3 - 3 \cdot n^2 + n - 6\right)$$

3. **Induktionsbehauptung** $\mathcal{A}(n+1)$
   Unter der Voraussetzung, dass das n-te Folgenglied der rekursiv definierten Folge $c_{n+1} = c_n - n^2$ durch die explizite Darstellung $c_n = -\frac{1}{6} \cdot \left(2 \cdot n^3 - 3 \cdot n^2 + n - 6\right)$ berechnet werden kann, kann das $(n+1)$-te Folgenglied explizit durch

$$\implies c_{n+1} = -\frac{1}{6} \cdot \left(2 \cdot (n+1)^3 - 3 \cdot (n+1)^2 + (n+1) - 6\right)$$

   berechnet werden.

4. **Induktionsschluss** $\mathcal{A}(n) \implies \mathcal{A}(n+1)$
   Am Ende deines Beweises musst du aus der Rekursionsgleichung $c_{n+1} = c_n - n^2$ und ihrer expliziten Darstellung $c_n = -\frac{1}{6} \cdot \left(2 \cdot n^3 - 3 \cdot n^2 + n - 6\right)$ hergeleitet haben, dass $c_{n+1} = -\frac{1}{6} \cdot \left(2 \cdot (n+1)^3 - 3 \cdot (n+1)^2 + (n+1) - 6\right)$ zur direkten Berechnung des $(n+1)$-ten Folgenglieds (d. h. ohne Rekursion) verwendet werden kann. Passenderweise steht auf der rechten Seite der Rekursionsgleichung bereits c_{n+1}, sodass du direkt die Induktionsvoraussetzung auf c_n anwenden kannst:

$$c_{n+1} = c_n - n^2$$

$$= \left(-\frac{1}{6} \cdot \left(2 \cdot n^3 - 3 \cdot n^2 + n - 6\right)\right) - n^2$$

$$= -\frac{1}{6} \cdot \left(2 \cdot n^3 - 3 \cdot n^2 + n - 6\right) - n^2$$

Der Rest des Beweises ist reine Mechanik. Multipliziere $-n^2$ mit 1 in Form von $\frac{6}{6}$, sodass du $-\frac{6}{6} \cdot n^2$ via Ausklammern des Faktors $-\frac{1}{6}$ in die Klammer ziehen kannst:

$$= -\frac{1}{6} \cdot \left(2 \cdot n^3 - 3 \cdot n^2 + n - 6\right) - \frac{6}{6} \cdot n^2$$

$$= -\frac{1}{6} \cdot \left(2 \cdot n^3 - 3 \cdot n^2 + n - 6 + 6 \cdot n^2\right)$$

$$= -\frac{1}{6} \cdot \left(2 \cdot n^3 - 3 \cdot n^2 + 6 \cdot n^2 + n + \underbrace{0}_{=1-1} - 6\right)$$

$$= -\frac{1}{6} \cdot \left(2 \cdot n^3 + 3 \cdot n^2 + n + 1 - 1 - 6\right)$$

$$= -\frac{1}{6} \cdot \left(2 \cdot n^3 + 3 \cdot n^2 + \underbrace{0}_{=6 \cdot n - 6 \cdot n} \overbrace{-1}^{=2-3} + (n+1) - 6\right)$$

$$= -\frac{1}{6} \cdot \left(2 \cdot n^3 + 6 \cdot n^2 - 3 \cdot n^2 + 6 \cdot n - 6 \cdot n + 2 - 3 + (n+1) - 6\right)$$

$$= -\frac{1}{6} \cdot \left(2 \cdot n^3 + 6 \cdot n^2 + 6 \cdot n + 2 - 3 \cdot n^2 - 6 \cdot n - 3 + (n+1) - 6\right)$$

$$= -\frac{1}{6} \cdot \left(2 \cdot (n^3 + 3 \cdot n^2 + 3 \cdot n + 1) - 3 \cdot (n^2 + 2 \cdot n + 1) + (n+1) - 6\right)$$

$$= -\frac{1}{6} \cdot \left(2 \cdot (n+1)^3 - 3 \cdot (n+1)^2 + (n+1) - 6\right) \checkmark$$

Dadurch hast du bewiesen, dass die Implikation $\mathcal{A}(n) \implies \mathcal{A}(n+1)$ wahr ist. Da $\mathcal{A}(n_0) = \mathcal{A}(1)$ ebenfalls wahr ist (Induktionsanfang), folgt mit dem Prinzip der vollständigen Induktion, dass das n-te Folgenglied der rekursiv definierten Folge $c_{n+1} = c_n - n^2$ durch die explizite Darstellung $c_n = -\frac{1}{6} \cdot \left(2 \cdot n^3 - 3 \cdot n^2 + n - 6\right)$ berechnet werden kann.

Das Problem dieser Aufgabe war wohl weniger der eigentliche Induktionsbeweis als vielmehr die zahlreichen Umformungen, die zu Fehlern geradezu einladen. Sieh diesen Beweis als Lehrstück dafür an, dass es oftmals durchaus Sinn ergibt, den Beweis „unten" (dort, wo du hinkommen willst) anzufangen und dich Schritt für Schritt nach „oben" durchzukämpfen.   □

Lösung Aufgabe 5.84 Es ist zu zeigen:

$$\forall n \in \mathbb{N} : b_{n+1} = 2 \cdot b_n + 1 \implies b_n = \sum_{k=1}^{n} 2^{k-1}$$

Beweis 5.84 n ist die Induktionsvariable.

1. **Induktionsanfang** $\mathcal{A}(n_0)$

   Da die Behauptung für alle natürlichen Zahlen bewiesen werden soll, wird $n_0 = 1$ als Startwert gewählt. Du musst nun testen, ob das n_0-te (also erste) Folgenglied durch die explizite Darstellung $b_n = \sum_{k=1}^{n} 2^{k-1}$ berechnet werden kann. Für $n_0 = 1$ muss also der vorgegebene Startwert $b_1 = 1$ herauskommen:

   $$b_{n_0} = \sum_{k=1}^{1} 2^{k-1} = 2^{1-1} = 2^0 = 1 = b_1 \checkmark$$

   Damit ist der Induktionsanfang gezeigt.

2. **Induktionsvoraussetzung** $\mathcal{A}(n)$

   Es existiert (mindestens) eine natürliche Zahl n, für die das n-te Folgenglied der rekursiv definierten Folge $b_{n+1} = 2 \cdot b_n + 1$ durch die explizite Darstellung $b_n = \sum_{k=1}^{n} 2^{k-1}$ berechnet werden kann. Formal bedeutet das:

   $$\exists n \in \mathbb{N} : b_{n+1} = 2 \cdot b_n + 1 \implies b_n = \sum_{k=1}^{n} 2^{k-1}$$

3. **Induktionsbehauptung** $\mathcal{A}(n+1)$

   Unter der Voraussetzung, dass das n-te Folgenglied der rekursiv definierten Folge $b_{n+1} = 2 \cdot b_n + 1$ durch die explizite Darstellung $b_n = \sum_{k=1}^{n} 2^{k-1}$ berechnet werden kann, kann das $(n+1)$-te Folgenglied explizit durch

   $$\implies b_{n+1} = \sum_{k=1}^{n+1} 2^{k-1}$$

   berechnet werden.

4. **Induktionsschluss** $\mathcal{A}(n) \implies \mathcal{A}(n+1)$

   Am Ende deines Beweises musst du aus der Rekursionsgleichung $b_{n+1} = 2 \cdot a_n + 1$ und ihrer expliziten Darstellung $b_n = \sum_{k=1}^{n} 2^{k-1}$ hergeleitet haben, dass $b_{n+1} = \sum_{k=1}^{n+1} 2^{k-1}$ zur direkten Berechnung des $(n+1)$-ten Folgenglieds (d. h. ohne Rekursion) verwendet werden kann. Passenderweise steht auf der rechten Seite der Rekursionsgleichung bereits b_{n+1}, sodass du nur noch die Induktionsvoraussetzung auf b_n anwenden musst:

   $$b_{n+1} = 2 \cdot b_n + 1$$

   $$= 2 \cdot \left(\sum_{k=1}^{n} 2^{k-1} \right) + 1$$

   $$= \left(2 \cdot \sum_{k=1}^{n} 2^{k-1} \right) + 1$$

Wende **Σ4** mit $c = 2$, $k_0 = 1$, dem Endwert n und $f_k = 2^{k-1}$ (rückwärts) auf $2 \cdot \sum_{k=1}^{n} 2^{k-1}$ an:

$$= \left(\sum_{k=1}^{n} 2 \cdot 2^{k-1} \right) + 1$$

Nutze das Potenzgesetz **P2** mit $a = 2$, $x = 1$ und $y = k - 1$, um $2 \cdot 2^{k-1}$ umzuformen:

$$= \left(\sum_{k=1}^{n} 2^{1+k-1} \right) + 1$$

$$= \left(\sum_{k=1}^{n} 2^{k+1-1} \right) + 1$$

$$= \left(\sum_{k=1}^{n} 2^{k} \right) + 1$$

Der Endwert der Summe entspricht bislang noch nicht dem gewünschten $n + 1$. Dies lässt sich aber durch eine Indexverschiebung (**Σ5**) um $\Delta = 1$ bewerkstelligen:

$$= \left(\sum_{k=1+\Delta}^{n+\Delta} 2^{k-\Delta} \right) + 1$$

$$= \left(\sum_{k=1+1}^{n+1} 2^{k-1} \right) + 1$$

$$= \left(\sum_{k=2}^{n+1} 2^{k-1} \right) + 1$$

Jetzt passt aber der Startwert nicht mehr. Glücklicherweise befindet sich außerhalb des Summenzeichens ein weiterer Summand (1). Diesen kannst du nun in die Summe ziehen, wodurch sich der Startwert um 1 verringert. Für $k = 1$ ist $f(k) = f(1) = 2^{1-1} = 2^0 = 1$ nämlich genau das herausgezogene Element:

$$= \sum_{k=2-1}^{n+1} 2^{k-1}$$

$$= \sum_{k=1}^{n+1} 2^{k-1} \checkmark$$

Dadurch hast du bewiesen, dass die Implikation $\mathcal{A}(n) \implies \mathcal{A}(n + 1)$ wahr ist. Da $\mathcal{A}(n_0) = \mathcal{A}(1)$ ebenfalls wahr ist (Induktionsanfang), folgt mit dem Prinzip der vollständigen Induktion, dass das n-te Folgenglied der rekursiv definierten Folge $b_{n+1} = 2 \cdot a_n + 1$ durch die explizite Darstellung $\sum_{k=1}^{n} 2^{k-1}$ berechnet werden kann. $\square$

Da du bis zu diesem Zeitpunkt bereits gezeigt hast, dass $\sum_{k=1}^{n} 2^{k-1} = 2^n - 1$ (Aufgabe 5.11) ist und dass das n-te Folgenglied der rekursiv definierten Folge $b_{n+1} = 2 \cdot b_n + 1$ durch $b_n = 2^n - 1$ definiert ist, könntest du die Behauptung aus dieser Aufgabe direkt zeigen. Warum solltest du dir also mehr Arbeit machen, als eigentlich nötig ist?

Beweis 5.85 (Direkter Beweis) Es ist zu zeigen, dass das n-te Glied der rekursiv definierten Folge $b_{n+1} = 2 \cdot b_n + 1$ für alle $n \in \mathbb{N}$ durch $b_n = \sum_{k=1}^{n} 2^{k-1}$ berechnet werden kann. In Kap. 4 wurde bereits bewiesen, dass sich das n-te Glied dieser rekursiv definierten Folge für alle $n \in \mathbb{N}$ durch $b_n = 2^n - 1$ berechnen lässt. In Aufgabe 5.11 wurde die Summenformel $\sum_{k=1}^{n} 2^{k-1} = 2^n - 1$ für alle $n \in \mathbb{N}$ bewiesen.[10] Daraus folgt:

$$b_n = \sum_{k=1}^{n} 2^{k-1} = 2^n - 1 \checkmark \qquad \square$$

Lösung Aufgabe 5.85 Es ist zu zeigen:

$$\forall m \in \mathbb{N} : c_{m+1} = 3 \cdot (c_m - 2) \implies c_m = (-1) \cdot 3^m + 3$$

Beweis 5.86 m ist die Induktionsvariable.

1. **Induktionsanfang** $\mathcal{A}(m_0)$
   Da die Behauptung für alle natürlichen Zahlen bewiesen werden soll, wird $m_0 = 1$ als Startwert gewählt. Du musst nun testen, ob das m_0-te (also erste) Folgenglied durch die explizite Darstellung $c_{m+1} = 3 \cdot (c_m - 2)$ berechnet werden kann. Für $m_0 = 1$ muss also der vorgegebene Startwert $c_1 = 0$ herauskommen:

$$c_{m_0} = (-1) \cdot 3^1 + 3 = -1 \cdot 3 + 3 = -3 + 3 = 0 = c_1 \checkmark$$

   Damit ist der Induktionsanfang gezeigt.

2. **Induktionsvoraussetzung** $\mathcal{A}(m)$
   Es existiert (mindestens) eine natürliche Zahl m, für die das m-te Folgenglied der rekursiv definierten Folge $c_{m+1} = 3 \cdot (c_m - 2)$ durch die explizite Darstellung $c_m = (-1) \cdot 3^m + 3$ berechnet werden kann. Formal bedeutet das:

$$\exists m \in \mathbb{N} : c_{m+1} = 3 \cdot (c_m - 2) \implies c_m = (-1) \cdot 3^m + 3$$

---

[10] In der Aufgabe wurde die Induktionsvariable durch k ersetzt. Mit $k \mapsto n$ und $n \mapsto k$ kannst du die Summenformeln ineinander überführen.

3. **Induktionsbehauptung** $\mathcal{A}(m+1)$

Unter der Voraussetzung, dass das m-te Folgenglied der rekursiv definierten Folge $c_{m+1} = 3 \cdot (c_m - 2)$ durch die explizite Darstellung $c_m = (-1) \cdot 3^m + 3$ berechnet werden kann, kann das $(m+1)$-te Folgenglied explizit durch

$$\Longrightarrow c_{m+1} = (-1) \cdot 3^{m+1} + 3$$

berechnet werden.

4. **Induktionsschluss** $\mathcal{A}(m) \Longrightarrow \mathcal{A}(m+1)$

Am Ende deines Beweises musst du aus der Rekursionsgleichung $c_{m+1} = 3 \cdot (c_m - 2)$ und ihrer expliziten Darstellung $c_m = (-1) \cdot 3^m + 3$ hergeleitet haben, dass $c_{m+1} = (-1) \cdot 3^{m+1} + 3$ zur direkten Berechnung des $(m+1)$-ten Folgenglieds (d. h. ohne Rekursion) verwendet werden kann. Passenderweise steht auf der rechten Seite der Rekursionsgleichung bereits c_{m+1}, sodass du nur noch die Induktionsvoraussetzung auf c_m anwenden musst:

$$
\begin{aligned}
c_{m+1} &= 3 \cdot (c_m - 2) \\
&= 3 \cdot (((-1) \cdot 3^m + 3) - 2) \\
&= 3 \cdot (-1) \cdot 3^m + 3 \cdot 3 - 3 \cdot 2 \\
&= 3 \cdot (-1) \cdot 3^m + 9 - 6 \\
&= 3 \cdot (-1) \cdot 3^m + 3 \\
&= (-1) \cdot 3 \cdot 3^m + 3
\end{aligned}
$$

Wende das Potenzgesetz **P2** mit $a = 3$, $x = 1$ und $y = m$ auf $3 \cdot 3^m$ an:

$$
\begin{aligned}
&= (-1) \cdot 3^{1+m} + 3 \\
&= (-1) \cdot 3^{m+1} + 3 \checkmark
\end{aligned}
$$

Dadurch hast du bewiesen, dass die Implikation $\mathcal{A}(m) \Longrightarrow \mathcal{A}(m+1)$ wahr ist. Da $\mathcal{A}(m_0) = \mathcal{A}(1)$ ebenfalls wahr ist (Induktionsanfang), folgt mit dem Prinzip der vollständigen Induktion, dass das m-te Folgenglied der rekursiv definierten Folge $c_{m+1} = 3 \cdot (c_m - 2)$ durch die explizite Darstellung $c_m = (-1) \cdot 3^m + 3$ berechnet werden kann. $\qquad\square$

Lösung Aufgabe 5.86 Sei $q \in \mathbb{R} \setminus \{0\}$ eine reelle Konstante und $g_1 \in \mathbb{R}$ der Startwert der rekursiv definierten geometrischen Folge $g_{n+1} = g_n \cdot q$. Es ist zu zeigen:

$$\forall n \in \mathbb{N} : g_{n+1} = g_n \cdot q \Longrightarrow g_n = g_1 \cdot q^{n-1}$$

Damit ist der Induktionsanfang gezeigt.

Beweis 5.87 n ist die Induktionsvariable.

1. **Induktionsanfang** $\mathcal{A}(n_0)$
   Da die Behauptung für alle natürlichen Zahlen bewiesen werden soll, wird $n_0 = 1$ als Startwert gewählt. Du musst nun testen, ob das n_0-te (also erste) Folgenglied durch die explizite Darstellung $g_n = g_1 \cdot q^{n-1}$ berechnet werden kann. Für $n_0 = 1$ muss also der vorgegebene Startwert g_1 herauskommen:

$$g_{n_0} = g_1 \cdot q^{n_0-1} = g_1 \cdot q^{1-1} = g_1 \cdot q^0 = g_1 \cdot 1 = g_1 \checkmark$$

2. **Induktionsvoraussetzung** $\mathcal{A}(n)$
   Es existiert (mindestens) eine natürliche Zahl n, für die das n-te Folgenglied der rekursiv definierten geometrischen Folge $g_{n+1} = g_n \cdot q$ mit dem Startwert $g_1 \in \mathbb{R}$ durch die explizite Darstellung $g_n = g_1 \cdot q^{n-1}$ berechnet werden kann. Formal bedeutet das:

$$\exists n \in \mathbb{N} : g_{n+1} = g_n \cdot q \implies g_n = g_1 \cdot q^{n-1}$$

3. **Induktionsbehauptung** $\mathcal{A}(n + 1)$
   Unter der Voraussetzung, dass das n-te Folgenglied der rekursiv definierten Folge $g_{n+1} = g_n \cdot q$ mit dem Startwert $g_1 \in \mathbb{R}$ durch die explizite Darstellung $g_n = g_1 \cdot q^{n-1}$ berechnet werden kann, kann das $(n + 1)$-te Folgenglied explizit durch

$$\implies g_{n+1} = g_n \cdot q^{(n+1)-1}$$

berechnet werden.

4. **Induktionsschluss** $\mathcal{A}(n) \implies \mathcal{A}(n + 1)$
   Am Ende deines Beweises musst du aus der Rekursionsgleichung $g_{n+1} = g_n \cdot q$ und ihrer expliziten Darstellung $g_n = q_1 \cdot q^{n-1}$ hergeleitet haben, dass $g_{n+1} = g_n \cdot q^{(n+1)-1}$ zur direkten Berechnung des $(n + 1)$-ten Folgenglieds (d. h. ohne Rekursion) verwendet werden kann. Passenderweise steht auf der rechten Seite der Rekursionsgleichung bereits g_{n+1}, sodass du nur noch die Induktionsvoraussetzung auf g_n anwenden musst:

$$\begin{aligned} g_{n+1} &= g_n \cdot q \\ &= \left(q_1 \cdot q^{n-1}\right) \cdot q \\ &= q_1 \cdot q^{n-1} \cdot q \end{aligned}$$

Wende das Potenzgesetz **P2** mit $a = q$, $x = n - 1$ und $y = 1$ auf $q^{n-1} \cdot q$ an:

$$\begin{aligned} &= q_1 \cdot q^{n-1+1} \\ &= q_1 \cdot q^{(n+1)-1} \checkmark \end{aligned}$$

Dadurch hast du bewiesen, dass die Implikation $\mathcal{A}(n) \Longrightarrow \mathcal{A}(n+1)$ wahr ist. Da $\mathcal{A}(n_0) = \mathcal{A}(1)$ ebenfalls wahr ist (Induktionsanfang), folgt mit dem Prinzip der vollständigen Induktion, dass das n-te Folgenglied der rekursiv definierten geometrischen Folge $g_{n+1} = g_n \cdot q$ durch die explizite Darstellung $g_n = g_1 \cdot q^{n-1}$ berechnet werden kann. Damit ist auch endlich Satz 4.15 bewiesen. $\square$

Lösung Aufgabe 5.87 Bei $a_{n+1} = 5 - 2 \cdot a_n$ handelt es sich um eine geometrische Folge (Definition 4.8). Die explizite Darstellung ist demnach von der Form:

$$a_n = g \cdot q^{n-1} + c$$

Du musst insgesamt drei Unbekannte (g, q und c) bestimmen. Zur eindeutigen Lösbarkeit sind drei Gleichungen nötig. Berechne zuerst die Werte $a(2)$ und $a(3)$ (a_1 kennst du bereits) über die Rekursionsgleichung $a_{n+1} = 5 - 2 \cdot a_n$:

- $a(2) = 5 - 2 \cdot a_1 = 5 - 2 \cdot 1 = 3$,
- $a(3) = 5 - 2 \cdot a_2 = 5 - 2 \cdot 3 = -1$.

Setze anschließend für n in $a_n = g \cdot q^{n-1} + c$ die Werte 1, 2 und 3 ein:

- $a_1 = 1 = g \cdot q^{1-1} + c = g \cdot q^0 + c = g \cdot 1 + c \Longleftrightarrow g + c = 1$,
- $a_2 = 3 = g \cdot q^{2-1} + c = g \cdot q^1 + c \Longleftrightarrow g \cdot q + c = 3$,
- $a_3 = -1 = g \cdot q^{3-1} + c = g \cdot q^2 + c \Longleftrightarrow g \cdot g \cdot q^2 + c = -1$.

Wenn du das entstandene Gleichungssystem löst, erhältst du $b = -\frac{8}{3}$, $q = -2$ und $c = \frac{5}{3}$. Die explizite Darstellung der rekursiv definierten Folge lautet also:

$$a_n = -\frac{8}{3} \cdot (-2)^{n-1} + \frac{5}{3}$$

Nachdem du nun die explizite Darstellung a_n gefunden hast, musst du Folgendes zeigen:

$$\forall n \in \mathbb{N} : a_{n+1} = 5 - 2 \cdot a_n \Longrightarrow a_n = -\frac{8}{3} \cdot (-2)^{n-1} + \frac{5}{3}.$$

Beweis 5.88 n ist die Induktionsvariable.

1. **Induktionsanfang** $\mathcal{A}(n_0)$

   Da die Behauptung für alle natürlichen Zahlen bewiesen werden soll, wird $n_0 = 1$ als Startwert gewählt. Du musst nun testen, ob das n_0-te (also erste) Folgenglied durch die explizite Darstellung $a_n = -\frac{8}{3} \cdot (-2)^{n-1} + \frac{5}{3}$ berechnet werden kann. Für $n_0 = 1$ muss also der vorgegebene Startwert $a_1 = -1$ herauskommen:

   $$a_{n_0} = a_n = -\frac{8}{3} \cdot (-2)^{1-1} + \frac{5}{3} = -\frac{8}{3} \cdot (-2)^0 + \frac{5}{3} = -\frac{8}{3} \cdot 1 + \frac{5}{3} = -\frac{8}{3} + \frac{5}{3}$$

   $$= \frac{-8+5}{3} + \frac{5}{3} = \frac{-\cancel{3}}{\cancel{3}} = -1 = b_1 \checkmark$$

   Damit ist der Induktionsanfang gezeigt.

2. **Induktionsvoraussetzung** $\mathcal{A}(n)$

Es existiert (mindestens) eine natürliche Zahl n, für die das n-te Folgenglied der rekursiv definierten Folge $a_{n+1} = 5 - 2 \cdot a_n$ durch die explizite Darstellung $a_n = -\frac{8}{3} \cdot (-2)^{n-1} + \frac{5}{3}$ berechnet werden kann. Formal bedeutet das:

$$\exists n \in \mathbb{N} : a_{n+1} = 5 - 2 \cdot a_n \implies a_n = -\frac{8}{3} \cdot (-2)^{n-1} + \frac{5}{3}$$

3. **Induktionsbehauptung** $\mathcal{A}(n+1)$

Unter der Voraussetzung, dass das n-te Folgenglied der rekursiv definierten Folge $a_{n+1} = 5 - 2 \cdot a_n$ durch die explizite Darstellung $a_n = -\frac{8}{3} \cdot (-2)^{n-1} + \frac{5}{3}$ berechnet werden kann, kann das $(n+1)$-te Folgenglied explizit durch

$$\implies a_{n+1} = -\frac{8}{3} \cdot (-2)^{(n+1)-1} + \frac{5}{3}$$

berechnet werden.

4. **Induktionsschluss** $\mathcal{A}(n) \implies \mathcal{A}(n+1)$

Am Ende deines Beweises musst du aus der Rekursionsgleichung $a_{n+1} = 5 - 2 \cdot a_n$ und ihrer expliziten Darstellung $a_{n+1} = -\frac{8}{3} \cdot (-2)^{n-1} + \frac{5}{3}$ hergeleitet haben, dass $a_{n+1} = -\frac{8}{3} \cdot (-2)^{(n+1)-1} + \frac{5}{3}$ zur direkten Berechnung des $(n+1)$-ten Folgenglieds (d. h. ohne Rekursion) verwendet werden kann. Passenderweise steht auf der rechten Seite der Rekursionsgleichung bereits a_{n+1}, sodass du nur noch die Induktionsvoraussetzung auf a_n anwenden musst:

$$
\begin{aligned}
a_{n+1} &= 5 - 2 \cdot a_n \\
&= 5 - 2 \cdot \left(-\frac{8}{3} \cdot (-2)^{n-1} + \frac{5}{3} \right) \\
&= 5 - 2 \cdot \left(-\frac{8}{3} \right) \cdot (-2)^{n-1} - 2 \cdot \frac{5}{3} \\
&= 5 - 2 \cdot \left(-\frac{8}{3} \right) \cdot (-2)^{n-1} - \frac{10}{3} \\
&= 5 - \frac{8}{3} \cdot (-2) \cdot (-2)^{n-1} - \frac{10}{3} \\
&= -\frac{8}{3} \cdot (-2) \cdot (-2)^{n-1} + 5 - \frac{10}{3} \\
&= -\frac{8}{3} \cdot (-2) \cdot (-2)^{n-1} + \frac{5}{3}
\end{aligned}
$$

Wende das Potenzgesetz **P2** mit $a = -2$, $x = 1$ und $y = n - 1$ auf $(-2) \cdot (-2)^{n-1}$ an:

$$
\begin{aligned}
&= -\frac{8}{3} \cdot (-2)^{1+n-1} + \frac{5}{3} \\
&= -\frac{8}{3} \cdot (-2)^{(n+1)-1} + \frac{5}{3} \checkmark
\end{aligned}
$$

Dadurch hast du bewiesen, dass die Implikation $\mathcal{A}(n) \implies \mathcal{A}(n+1)$ wahr ist. Da $\mathcal{A}(n_0) = \mathcal{A}(1)$ ebenfalls wahr ist (Induktionsanfang), folgt mit dem Prinzip der vollständigen Induktion, dass das n-te Folgenglied der rekursiv definierten Folge $a_{n+1} = 5 - 2 \cdot a_n$ durch die explizite Darstellung $a_n = -\frac{8}{3} \cdot (-2)^{n-1} + \frac{5}{3}$ berechnet werden kann.   □

Lösung Aufgabe 5.88 Es ist zu zeigen:

$$\forall n \in \mathbb{N} : b_{n+1} = 2 - \frac{1}{b_n} \implies b_n = \frac{2 \cdot n + 1}{2 \cdot n - 1}$$

Eine Division durch 0 ist hier nicht möglich, denn mit $n \geq 1$ ist $2 \cdot n - 1 \geq 1$, und es gibt auch kein Folgenglied b_n, das 0 werden könnte, was sich direkt aus dem Bauplan der Folge ergibt. Aus diesem Grund wird dahingehend auch keine Einschränkung getroffen.

Beweis 5.89 n ist die Induktionsvariable.

1. **Induktionsanfang** $\mathcal{A}(n_0)$
   Da die Behauptung für alle natürlichen Zahlen bewiesen werden soll, wird $n_0 = 1$ als Startwert gewählt. Du musst nun testen, ob das n_0-te (also erste) Folgenglied durch die explizite Darstellung $b_n = \frac{2 \cdot n + 1}{2 \cdot n - 1}$ berechnet werden kann. Für $n_0 = 1$ muss also der vorgegebene Startwert $b_1 = 3$ herauskommen:

   $$b_{n_0} = \frac{2 \cdot n_0 + 1}{2 \cdot n_0 - 1} = \frac{2 \cdot 1 + 1}{2 \cdot 1 - 1} = \frac{2 + 1}{2 - 1} = \frac{3}{1} = 3 = b_1 \checkmark$$

   Damit ist der Induktionsanfang gezeigt.

2. **Induktionsvoraussetzung** $\mathcal{A}(n)$
   Es existiert (mindestens) eine natürliche Zahl n, für die das n-te Folgenglied der rekursiv definierten Folge $b_{n+1} = 2 - \frac{1}{b_n}$ mit dem Startwert $b_1 = 3$ durch die explizite Darstellung $b_n = \frac{2 \cdot n + 1}{2 \cdot n - 1}$ berechnet werden kann. Formal bedeutet das:

   $$\exists n \in \mathbb{N} : b_{n+1} = 2 - \frac{1}{b_n} \implies b_n = \frac{2 \cdot n + 1}{2 \cdot n - 1}$$

3. **Induktionsbehauptung** $\mathcal{A}(n+1)$
   Unter der Voraussetzung, dass das n-te Folgenglied der rekursiv definierten Folge $b_{n+1} = 2 - \frac{1}{b_n}$ mit dem Startwert $b_1 = 3$ durch die explizite Darstellung $b_n = \frac{2 \cdot n + 1}{2 \cdot n - 1}$ berechnet werden kann, kann das $(n+1)$-te Folgenglied explizit durch

   $$\implies b_{n+1} = \frac{2 \cdot (n+1) + 1}{2 \cdot (n+1) - 1}$$

   berechnet werden.

4. **Induktionsschluss** $\mathcal{A}(n) \implies \mathcal{A}(n+1)$

Am Ende deines Beweises musst du aus der Rekursionsgleichung $b_{n+1} = 2 - \frac{1}{b_n}$ und ihrer expliziten Darstellung $b_{n+1} = 2 - \frac{1}{b_n}$ hergeleitet haben, dass $b_{n+1} = \frac{2\cdot(n+1)+1}{2\cdot(n+1)-1}$ zur direkten Berechnung des $(n+1)$-ten Folgenglieds (d. h. ohne Rekursion) verwendet werden kann. Passenderweise steht auf der rechten Seite der Rekursionsgleichung bereits b_{n+1}, sodass du nur noch die Induktionsvoraussetzung auf b_n anwenden musst:

$$b_{n+1} = 2 - \frac{1}{b_n}$$

$$= 2 - \frac{1}{\frac{2\cdot n+1}{2\cdot n-1}}$$

$$= 2 - \frac{2\cdot n - 1}{2\cdot n + 1}$$

$$= 2 \cdot \frac{2\cdot n + 1}{2\cdot n + 1} - \frac{2\cdot n - 1}{2\cdot n + 1}$$

$$= \frac{2 \cdot (2\cdot n + 1)}{2\cdot n + 1} - \frac{2\cdot n - 1}{2\cdot n + 1}$$

$$= \frac{2 \cdot (2\cdot n + 1) - (2\cdot n - 1)}{2\cdot n + 1}$$

$$= \frac{2\cdot 2\cdot n + 2 - 2\cdot n + 1}{2\cdot n + 1}$$

$$= \frac{4\cdot n - 2\cdot n + 2 + 1}{2\cdot n + 1}$$

$$= \frac{2\cdot n + 2 + 1}{2\cdot n + 1}$$

$$= \frac{2 \cdot (n + 1) + 1}{2\cdot n + 1}$$

Ergänze im Nenner 0 in Form der Differenz $2 - 2$:

$$= \frac{2 \cdot (n + 1) + 1}{2\cdot n + 1 + 2 - 2}$$

$$= \frac{2 \cdot (n + 1) + 1}{2\cdot n + 2 + 1 - 2}$$

$$= \frac{2 \cdot (n + 1) + 1}{2 \cdot (n + 1) + 1 - 2}$$

$$= \frac{2 \cdot (n + 1) + 1}{2 \cdot (n + 1) - 1} \checkmark$$

Dadurch hast du bewiesen, dass die Implikation $\mathcal{A}(n) \implies \mathcal{A}(n+1)$ wahr ist. Da $\mathcal{A}(n_0) = \mathcal{A}(1)$ ebenfalls wahr ist (Induktionsanfang), folgt mit dem Prinzip der vollständigen Induktion, dass das n-te Folgenglied der rekursiv definierten Folge $b_{n+1} = 2 - \frac{1}{b_n}$ durch die explizite Darstellung $b_n = \frac{2\cdot(n+1)+1}{2\cdot(n+1)-1}$ berechnet werden kann. $\square$

Lösung Aufgabe 5.89 Es ist zu zeigen:

$$\forall n \in \mathbb{N} : \sum_{k=1}^{n} F_k^2 = F_n \cdot F_{n+1}$$

Beweis 5.90 n ist die Induktionsvariable.

1. **Induktionsanfang** $\mathcal{A}(n_0)$
   Da die Behauptung für alle natürlichen Zahlen bewiesen werden soll, wird $n_0 = 1$ als Startwert gewählt. Setze den Startwert in beide Seiten der Summenformel ein und prüfe, ob die Ergebnisse gleich sind:
   a) $\displaystyle\sum_{k=1}^{n_0} F_k^2 = \sum_{k=1}^{1} F_k^2 = F_1^2 = 1^2$
   b) $F_{n_0} \cdot F_{n_0+1} = F_1 \cdot F_{1+1} = F_1 \cdot F_2 = 1 \cdot 1 = 1\checkmark$
   Damit ist der Induktionsanfang gezeigt.

2. **Induktionsvoraussetzung** $\mathcal{A}(n)$
   Es existiert (mindestens) eine natürliche Zahl n, für welche die Summe der ersten n quadrierten Glieder der Fibonacci-Folge durch den Ausdruck $F_n \cdot F_{n+1}$ berechnet werden kann. Formal bedeutet das:

   $$\exists n \in \mathbb{N} : \sum_{k=1}^{n} F_k^2 = f_n \cdot F_{n+1}$$

3. **Induktionsbehauptung** $\mathcal{A}(n + 1)$
   Unter der Voraussetzung, dass die Summe der ersten n quadrierten Glieder der Fibonacci-Folge durch den Ausdruck $F_n \cdot F_{n+1}$ berechnet werden kann, kann die Summe der ersten $n + 1$ quadrierten Glieder der Fibonacci-Folge durch $F_{n+1} \cdot F_{(n+1)+1}$ berechnet werden. Formal bedeutet das:

   $$\Longrightarrow \sum_{k=1}^{n+1} F_k^2 = F_{n+1} \cdot F_{(n+1)+1}$$

4. **Induktionsschluss** $\mathcal{A}(n) \Longrightarrow \mathcal{A}(n + 1)$
   Am Ende deines Beweises muss die rechte Seite der Summenformel aus der Induktionsbehauptung, also $F_{n+1} \cdot F_{(n+1)+1}$, herauskommen. Beginne deine Beweisführung mit der linken Seite der Summenformel aus der Induktionsbehauptung:

   $$\sum_{k=1}^{n+1} F_k^2$$

   Verwende $\Sigma 3$ mit $F(k) = F_k^2$, um das Summenzeichen aufzuspalten:

   $$= \left(\sum_{k=1}^{n} F_k^2 \right) + F_{n+1}^2$$

Verwende die Induktionsvoraussetzung und ersetze so $\sum_{k=1}^{n} F_k^2$ durch $F_n \cdot F_{n+1}$:

$$= (F_n \cdot F_{n+1}) + F_{n+1}^2$$
$$= F_n \cdot F_{n+1} + F_{n+1}^2$$
$$= F_{n+1}^2 + F_n \cdot F_{n+1}$$
$$= F_{n+1} \cdot \underbrace{(F_{n+1} + F_n)}_{F_{n+2}}$$

Um das $(n+2)$-te Folgenglied F_{n+2} der Fibonacci-Folge zu berechnen, muss das $(n+1)$-te Folgenglied F_{n+1} und das n-te F_n Folgenglied addiert werden. Daraus folgt:

$$= F_{n+1} \cdot F_{n+2}$$
$$= F_{n+1} \cdot F_{(n+1)+1} \checkmark$$

Dadurch hast du gezeigt, dass die Implikation $\mathcal{A}(n) \implies \mathcal{A}(n+1)$ wahr ist. Da $\mathcal{A}(n_0) = \mathcal{A}(1)$ ebenfalls wahr ist (Induktionsanfang), folgt mit dem Prinzip der vollständigen Induktion, dass die Summe $\sum_{k=1}^{n} F_k^2$ der ersten n quadrierten Glieder der Fibonacci-Folge für alle $n \in \mathbb{N}$ durch den Ausdruck $F_n \cdot F_{n+1}$ berechnet werden kann. $\qquad\square$

5.7 Matrizen

5.7.1 Aufgaben für Einsteiger

Aufgaben

5.90 Gegeben sei die Matrix $A \in \mathbb{R}^{3 \times 3}$ mit

$$A := \begin{bmatrix} 1 & 0 & 0 \\ 1 & 1 & 0 \\ 0 & 1 & 1 \end{bmatrix}.$$

Beweise durch vollständige Induktion, dass das Produkt $A^n = \underbrace{A \cdot A \cdot \ldots \cdot A}_{n\times}$ für alle $n \in \mathbb{N}$ als Ergebnis zur Matrix

$$A^n = \begin{bmatrix} 1 & 0 & 0 \\ n & 1 & 0 \\ 0{,}5 \cdot n \cdot (n-1) & n & 1 \end{bmatrix}$$

führt.

5.91 Gegeben sei die Matrix $B \in \mathbb{R}^{2 \times 2}$ mit

$$B := \begin{bmatrix} 1 & 1 \\ 1 & 1 \end{bmatrix}.$$

Beweise durch vollständige Induktion, dass das Produkt $B^n = \underbrace{B \cdot B \cdot \ldots \cdot B}_{n\times}$ für alle $n \in \mathbb{N}$ die Matrix

$$B^n = 2^{n-1} \cdot B$$

ergibt.

5.92 Gegeben sei die Matrix $C \in \mathbb{R}^{3 \times 3}$

$$C := \begin{bmatrix} 1 & 1 & 1 \\ 1 & 1 & 1 \\ 1 & 1 & 1 \end{bmatrix}.$$

Beweise, dass das Produkt $C^n = \underbrace{C \cdot C \cdot \ldots \cdot C}_{n\times}$ für alle $n \in \mathbb{N}$ die Matrix

$$C^n = 3^{n-1} \cdot C$$

ergibt.

5.93 Gegeben sei die Matrix $A \in \mathbb{R}^{3 \times 3}$ mit

$$A := \begin{bmatrix} 1 & 0 & 1 \\ 0 & 1 & 0 \\ 1 & 0 & 1 \end{bmatrix}.$$

Beweise durch vollständige Induktion über $m \in \mathbb{N}$, dass das Produkt A^m die Matrix

$$A^m = \frac{1}{2} \cdot \begin{bmatrix} 2^m & 0 & 2^m \\ 0 & 2 & 0 \\ 2^m & 0 & 2^m \end{bmatrix}$$

liefert.

5.94 Gegeben sei die Matrix $D \in \mathbb{R}^{3 \times 3}$ mit

$$D := \begin{bmatrix} -1 & 1 & -1 \\ 1 & -1 & 1 \\ -1 & 1 & -1 \end{bmatrix}.$$

Beweise durch vollständige Induktion, dass das Produkt $D^n = \underbrace{D \cdot D \cdot \ldots \cdot D}_{n\times}$ für alle

$n \in \mathbb{N}$ die Matrix

$$D^n = (-1)^n \cdot 3^{n-1} \cdot D$$

ergibt.

5.7.2 Aufgaben für Fortgeschrittene

Aufgaben

5.95 Beweise, dass das Matrizenprodukt

$$\underbrace{\begin{bmatrix} 1 & 2 & \ldots & n \end{bmatrix}}_{A \in \mathbb{R}^{1\times n}} \cdot \underbrace{\begin{bmatrix} 1 \\ 2 \\ \vdots \\ n \end{bmatrix}}_{B \in \mathbb{R}^{n\times 1}}$$

für alle $n \in \mathbb{N}$ als Ergebnis die 1×1-Matrix

$$\begin{bmatrix} \frac{n^3}{3} + \frac{n^2}{2} + \frac{n}{6} \end{bmatrix}$$

ergibt.

5.96 Gegeben sei die $m \times m$-Einheitsmatrix E_m. Beweise durch vollständige Induktion, dass für alle $n \in \mathbb{N}$ die Gleichung

$$E_m^n = E_m$$

erfüllt ist.

5.97 Gegeben sei die Matrix $M \in \mathbb{R}^{n\times n}$ mit $n \in \mathbb{N}$ und

$$M := \begin{bmatrix} 1 & 0 & 0 & \ldots & 0 \\ 0 & 2 & 0 & \ldots & 0 \\ \vdots & \vdots & \vdots & \ddots & \vdots \\ 0 & 0 & 0 & \ldots & n \end{bmatrix}.$$

Beweise, dass das Produkt M^k für alle $k \in \mathbb{N}$ die Matrix

$$
M^k = \begin{bmatrix}
1^k & 0 & 0 & \ldots & 0 \\
0 & 2^k & 0 & \ldots & 0 \\
\vdots & \vdots & \vdots & \ddots & \vdots \\
0 & 0 & 0 & \ldots & n^k
\end{bmatrix}
$$

liefert.

5.7.3 Aufgaben für Profis

Aufgaben

5.98 Gegeben sei die Matrix $C \in \mathbb{R}^{2\times2}$ mit

$$
C := \begin{bmatrix} 3 & 0 \\ 1 & 2 \end{bmatrix}.
$$

Beweise durch vollständige Induktion, dass das Produkt $C^k = \underbrace{C \cdot C \cdot \ldots \cdot C}_{k\times}$ für alle $k \in \mathbb{N}$ die Matrix

$$
C^k = \begin{bmatrix} 3^k & 0 \\ 3^k - 2^k & 2^k \end{bmatrix}
$$

ergibt.

5.99 Beweise durch vollständige Induktion, dass die Summenformel

$$
\sum_{k=1}^{n} \left(\begin{bmatrix} 1 & 0 & 1 \\ 0 & 1 & 1 \\ 0 & 1 & 0 \end{bmatrix} \cdot \begin{bmatrix} 1 & -1 & 0 \\ 0 & 0 & 1 \\ 0 & 1 & -1 \end{bmatrix} \right)^k = \frac{n \cdot (n+1)}{2} \cdot \begin{bmatrix} 1 & 0 & 0 \\ 0 & 1 & 0 \\ 0 & 0 & 1 \end{bmatrix}
$$

für alle $n \in \mathbb{N}$ erfüllt ist.

5.7.4 Lösungen

Lösung Aufgabe 5.90 Es ist zu zeigen:

$$
\forall n \in \mathbb{N} : A := \begin{bmatrix} 1 & 0 & 0 \\ 1 & 1 & 0 \\ 0 & 1 & 1 \end{bmatrix} \implies A^n = \begin{bmatrix} 1 & 0 & 0 \\ n & 1 & 0 \\ 0{,}5 \cdot n \cdot (n-1) & n & 1 \end{bmatrix}
$$

1. **Induktionsanfang** $\mathcal{A}(n_0)$

Da die Behauptung für alle natürlichen Zahlen gezeigt werden soll, wird $n_0 = 1$ als Startwert gewählt. Diesen setzt du in die Behauptung ein. Da $A^{n_0} = A^1 = A$ ist, muss nach dem Ersetzen aller n durch $n_0 = 1$ in A^n die Matrix A herauskommen, denn $A^1 = A$:

$$A^{n_0} = \begin{bmatrix} 1 & 0 & 0 \\ n_0 & 1 & 0 \\ 0{,}5 \cdot n_0 \cdot (n_0 - 1) & n_0 & 1 \end{bmatrix} = \begin{bmatrix} 1 & 0 & 0 \\ 1 & 1 & 0 \\ 0{,}5 \cdot 1 \cdot (1 - 1) & 1 & 1 \end{bmatrix} = \begin{bmatrix} 1 & 0 & 0 \\ 1 & 1 & 0 \\ 0{,}5 \cdot 0 & 1 & 1 \end{bmatrix}$$

$$= \begin{bmatrix} 1 & 0 & 0 \\ 1 & 1 & 0 \\ 0 & 1 & 1 \end{bmatrix} = A^1 = A\checkmark$$

Damit ist der Induktionsanfang gezeigt.

2. **Induktionsvoraussetzung** $\mathcal{A}(n)$

Es existiert (mindestens) eine natürliche Zahl $n \in \mathbb{N}$, für welche das Ergebnis der n-ten Potenz von A durch

$$A^n = \begin{bmatrix} 1 & 0 & 0 \\ n & 1 & 0 \\ 0{,}5 \cdot n \cdot (n - 1) & n & 1 \end{bmatrix}$$

berechnet werden kann. Formal bedeutet das:

$$\exists n \in \mathbb{N} : A := \begin{bmatrix} 1 & 0 & 0 \\ 1 & 1 & 0 \\ 0 & 1 & 1 \end{bmatrix} \implies A^n = \begin{bmatrix} 1 & 0 & 0 \\ n & 1 & 0 \\ 0{,}5 \cdot n \cdot (n - 1) & n & 1 \end{bmatrix}$$

3. **Induktionsbehauptung** $\mathcal{A}(n + 1)$

Wenn das Ergebnis der n-ten Potenz von A für ein $n \in \mathbb{N}$ die Matrix

$$A^n = \begin{bmatrix} 1 & 0 & 0 \\ n & 1 & 0 \\ 0{,}5 \cdot n \cdot (n - 1) & n & 1 \end{bmatrix}$$

ist, dann kann das Ergebnis der $(n + 1)$-ten Potenz von A durch

$$\implies A^n = \begin{bmatrix} 1 & 0 & 0 \\ n + 1 & 1 & 0 \\ 0{,}5 \cdot (n + 1) \cdot ((n + 1) - 1) & n + 1 & 1 \end{bmatrix}$$

berechnet werden.

4. **Induktionsschluss** $\mathcal{A}(n) \Longrightarrow \mathcal{A}(n+1)$

Am Ende deines Beweises muss die rechte Seite der Induktionsbehauptung in Form der Matrix

$$\begin{bmatrix} 1 & 0 & 0 \\ n+1 & 1 & 0 \\ 0{,}5 \cdot (n+1) \cdot ((n+1)-1) & n+1 & 1 \end{bmatrix}$$

herauskommen. Ausgangspunkt deiner Umformungen ist die $(n+1)$-te Potenz von A:

$$A^{n+1}$$

Wende (analog zu den reellen Zahlen) das Potenzgesetz **P2** mit $a = A$, $x = n$ und $y = 1$ (rückwärts) auf A^{n+1} an:

$$= A^n \cdot A$$

$$= A^n \cdot \begin{bmatrix} 1 & 0 & 0 \\ 1 & 1 & 0 \\ 0 & 1 & 1 \end{bmatrix}$$

Verwende die Induktionsvoraussetzung, um die Matrix A^n zu ersetzen:

$$= \begin{bmatrix} 1 & 0 & 0 \\ n & 1 & 0 \\ 0{,}5 \cdot n \cdot (n-1) & n & 1 \end{bmatrix} \cdot \begin{bmatrix} 1 & 0 & 0 \\ 1 & 1 & 0 \\ 0 & 1 & 1 \end{bmatrix}$$

$$= \begin{bmatrix} 1 & 0 & 0 \\ n+1 & 1 & 0 \\ 0{,}5 \cdot n \cdot (n-1) + n & n+1 & 1 \end{bmatrix}$$

$$= \begin{bmatrix} 1 & 0 & 0 \\ n+1 & 1 & 0 \\ 0{,}5 \cdot (n+1) \cdot ((n+1)-1) & n+1 & 1 \end{bmatrix} \checkmark$$

Damit bist du am Ende der Beweisführung angekommen, da du Schritt für Schritt die Gültigkeit der Implikation $\mathcal{A}(n) \Longrightarrow \mathcal{A}(n+1)$ gezeigt hast. Da $\mathcal{A}(n_0) = \mathcal{A}(1)$ ebenfalls wahr ist (Induktionsanfang), folgt mit dem Prinzip der vollständigen Induktion, dass das Ergebnis der n-ten Potenz von A für alle $n \in \mathbb{N}$ durch

$$A^n = \begin{bmatrix} 1 & 0 & 0 \\ n & 1 & 0 \\ 0{,}5 \cdot n \cdot (n-1) & n & 1 \end{bmatrix}$$

berechnet werden kann.

Lösung Aufgabe 5.91 Es ist zu zeigen:

$$\forall n \in \mathbb{N} : B := \begin{bmatrix} 1 & 1 \\ 1 & 1 \end{bmatrix} \implies B^n = 2^{n-1} \cdot B$$

1. **Induktionsanfang** $\mathcal{A}(n_0)$

   Als Startwert wird $n_0 = 1$ gewählt. Diesen setzt du in beide Seiten der Matrizenglei-chung $B^n = 2^{n-1} \cdot B$ ein:

   a) $B^{n_0} = B^1 = B$,

   b) $2^{n_0 - 1} \cdot B = 2^{1-1} \cdot B = 2^0 \cdot B = 1 \cdot B = B \checkmark$

   Da die Ergebnisse gleich sind, ist der Induktionsanfang gezeigt. Interessant ist, dass du bei dieser Behauptung für den Induktionsanfang nicht die Gestalt der Matrix B kennen musst.[11] Das heißt aber nicht, dass B beliebig gewählt werden kann, denn schließlich ist noch die Induktionsbehauptung zu zeigen.

2. **Induktionsvoraussetzung** $\mathcal{A}(n)$

   Für die Matrix B existiert (mindestens) eine natürliche Zahl $n \in \mathbb{N}$, welche die Glei-chung $B^n = 2^{n-1} \cdot B$ erfüllt. Formal bedeutet das:

   $$\exists n \in \mathbb{N} : B = \begin{bmatrix} 1 & 1 \\ 1 & 1 \end{bmatrix} \implies B^n = 2^{n-1} \cdot B$$

3. **Induktionsbehauptung** $\mathcal{A}(n + 1)$

   Wenn für die Matrix B ein n existiert, das die Gleichung $B^n = 2^{n-1} \cdot B$ erfüllt, dann folgt:

   $$\implies B^{n+1} = 2^{(n+1)-1} \cdot B$$

4. **Induktionsschluss** $\mathcal{A}(n) \implies \mathcal{A}(n + 1)$

   Am Ende deines Beweises muss die rechte Seite der Induktionsbehauptung, also $2^{(n+1)-1} \cdot B$, herauskommen. Ausgangspunkt deiner Umformungen ist die $(n + 1)$-te Potenz von B:

   $$B^{n+1}$$

   Wende (analog zu den reellen Zahlen) das Potenzgesetz **P2** mit $a = B$, $x = n$ und $y = 1$ auf B^{n+1} an:

   $$= B^n \cdot B$$

   $$= B^n \cdot \begin{bmatrix} 1 & 1 \\ 1 & 1 \end{bmatrix}$$

---

[11] Es muss nur sichergestellt sein, dass B quadratisch ist, damit das Produkt B^n definiert ist. Aber für $n = 1$ ist selbst diese Voraussetzung im Induktionsanfang nicht nötig.

Verwende die Induktionsvoraussetzung, um die Matrix B^n durch $2^{n-1} \cdot B$ zu ersetzen:

$$= 2^{n-1} \cdot B \cdot \begin{bmatrix} 1 & 1 \\ 1 & 1 \end{bmatrix}$$

$$= 2^{n-1} \cdot \begin{bmatrix} 1 & 1 \\ 1 & 1 \end{bmatrix} \cdot \begin{bmatrix} 1 & 1 \\ 1 & 1 \end{bmatrix}$$

$$= 2^{n-1} \cdot \begin{bmatrix} 2 & 2 \\ 2 & 2 \end{bmatrix}$$

Ziehe den Faktor 2 vor die Ergebnismatrix:

$$= 2^{n-1} \cdot \begin{bmatrix} 2 \cdot 1 & 2 \cdot 1 \\ 2 \cdot 1 & 2 \cdot 1 \end{bmatrix}$$

$$= 2^{n-1} \cdot 2 \cdot \begin{bmatrix} 1 & 1 \\ 1 & 1 \end{bmatrix}$$

Wende das Potenzgesetz **P2** mit $a = 2$, $x = n - 1$ und $y = 1$ auf $2^{n-1} \cdot 2$ an:

$$= 2^{n-1+1} \cdot \begin{bmatrix} 1 & 1 \\ 1 & 1 \end{bmatrix} = 2^{(n+1)-1} \cdot \begin{bmatrix} 1 & 1 \\ 1 & 1 \end{bmatrix} = 2^{(n+1)-1} \cdot B \checkmark$$

Und damit endet bereits dein Beweis, weil du Schritt für Schritt die Gültigkeit der Implikation $\mathcal{A}(n) \Longrightarrow \mathcal{A}(n + 1)$ gezeigt hast. Da $\mathcal{A}(n_0) = \mathcal{A}(1)$ ebenfalls wahr ist (Induktionsanfang), folgt mit dem Prinzip der vollständigen Induktion, dass die Gleichung $B^n = 2^{n-1} \cdot B$ für alle $n \in \mathbb{N}$ erfüllt ist.

Lösung Aufgabe 5.92 Es ist zu zeigen:

$$\forall n \in \mathbb{N} : C := \begin{bmatrix} 1 & 1 & 1 \\ 1 & 1 & 1 \\ 1 & 1 & 1 \end{bmatrix} \Longrightarrow C^n = 3^{n-1} \cdot C$$

1. **Induktionsanfang** $\mathcal{A}(n_0)$

   Als Startwert wird $n_0 = 1$ gewählt. Diesen setzt du in beide Seiten der Matrizenglei-chung $C^n = 3^{n-1} \cdot C$ ein. Sind die Ergebnisse gleich, so ist der Induktionsanfang gezeigt:

   a) $C^{n_0} = C^1 = C$,

   b) $3^{n_0-1} \cdot C = 3^{1-1} \cdot C = 3^0 \cdot C = 1 \cdot C = C \checkmark$

   Wie schon in Aufgabe 5.91 erwähnt wurde, muss C für den Induktionsanfang nicht bekannt sein. Aber auch hier ist die Induktionsbehauptung noch nicht gezeigt, weshalb du nicht daraus schließen darfst, dass die Behauptung für alle Matrizen gilt.

2. **Induktionsvoraussetzung** $\mathcal{A}(n)$

Für die Matrix C existiert (mindestens) eine natürliche Zahl $n \in \mathbb{N}$, welche die Gleichung $C^n = 3^{n-1} \cdot C$ erfüllt. Formal bedeutet das:

$$\exists n \in \mathbb{N} : C := \begin{bmatrix} 1 & 1 & 1 \\ 1 & 1 & 1 \\ 1 & 1 & 1 \end{bmatrix} \implies C^n = 3^{n-1} \cdot C$$

3. **Induktionsbehauptung** $\mathcal{A}(n+1)$

Wenn für die Matrix C ein n existiert, das die Gleichung $C^n = 3^{n-1} \cdot C$ erfüllt, dann folgt:

$$\implies C^{n+1} = 3^{(n+1)-1} \cdot C$$

4. **Induktionsschluss** $\mathcal{A}(n) \implies \mathcal{A}(n+1)$

Am Ende deines Beweises muss die rechte Seite der Induktionsbehauptung, also $3^{(n+1)-1} \cdot C$, herauskommen. Ausgangspunkt deiner Umformungen ist die $(n+1)$-te Potenz von C:

$$C^{n+1}$$

Wende (analog zu den reellen Zahlen) das Potenzgesetz **P2** mit $a = C$, $x = n$ und $y = 1$ (rückwärts) auf C^{n+1} an:

$$= C^n \cdot C$$

$$= C^n \cdot \begin{bmatrix} 1 & 1 & 1 \\ 1 & 1 & 1 \\ 1 & 1 & 1 \end{bmatrix}$$

Verwende die Induktionsvoraussetzung, um die Matrix C^n durch $3^{n-1} \cdot C$ zu ersetzen:

$$= 3^{n-1} \cdot C \cdot \begin{bmatrix} 1 & 1 & 1 \\ 1 & 1 & 1 \\ 1 & 1 & 1 \end{bmatrix}$$

$$= 3^{n-1} \cdot \begin{bmatrix} 1 & 1 & 1 \\ 1 & 1 & 1 \\ 1 & 1 & 1 \end{bmatrix} \cdot \begin{bmatrix} 1 & 1 & 1 \\ 1 & 1 & 1 \\ 1 & 1 & 1 \end{bmatrix}$$

$$= 3^{n-1} \cdot \begin{bmatrix} 3 & 3 & 3 \\ 3 & 3 & 3 \\ 3 & 3 & 3 \end{bmatrix}$$

Ziehe den Faktor 3 vor die Ergebnismatrix:

$$= 3^{n-1} \cdot \begin{bmatrix} 3\cdot1 & 3\cdot1 & 3\cdot1 \\ 3\cdot1 & 3\cdot1 & 3\cdot1 \\ 3\cdot1 & 3\cdot1 & 3\cdot1 \end{bmatrix}$$

$$= 3^{n-1} \cdot 3 \cdot \begin{bmatrix} 1 & 1 & 1 \\ 1 & 1 & 1 \\ 1 & 1 & 1 \end{bmatrix}$$

Wende das Potenzgesetz **P2** mit $a = 3$, $x = n - 1$ und $y = 1$ auf $3^{n-1} \cdot 3$ an:

$$= 3^{n-1+1} \cdot \begin{bmatrix} 1 & 1 & 1 \\ 1 & 1 & 1 \\ 1 & 1 & 1 \end{bmatrix} = 3^{(n+1)-1} \cdot \begin{bmatrix} 1 & 1 & 1 \\ 1 & 1 & 1 \\ 1 & 1 & 1 \end{bmatrix} = 3^{(n+1)-1} \cdot C \checkmark$$

Und damit endet dein Beweis, weil du Schritt für Schritt die Gültigkeit der Implikation $\mathcal{A}(n) \implies \mathcal{A}(n + 1)$ gezeigt hast. Da $\mathcal{A}(n_0) = \mathcal{A}(1)$ ebenfalls wahr ist (Induktionsanfang), folgt mit dem Prinzip der vollständigen Induktion, dass die Gleichung $C^n = 3^{n-1} \cdot C$ für alle $n \in \mathbb{N}$ erfüllt ist.

Lösung Aufgabe 5.93   Es ist zu zeigen:

$$\forall m \in \mathbb{N} : A := \begin{bmatrix} 1 & 0 & 1 \\ 0 & 1 & 0 \\ 1 & 0 & 1 \end{bmatrix} \implies A^m = 0{,}5 \cdot \begin{bmatrix} 2^m & 0 & 2^m \\ 0 & 2 & 0 \\ 2^m & 0 & 2^m \end{bmatrix}$$

1. **Induktionsanfang** $\mathcal{A}(m_0)$

   Als Startwert wird $m_0 = 1$ gewählt. Diesen setzt du in die Matrix A^m ein und prüfst, ob die Matrix A herauskommt. Ist das der Fall, dann hast du den Induktionsanfang gezeigt:

$$A^{m_0} = A^1 = 0{,}5 \cdot \begin{bmatrix} 2^1 & 0 & 2^1 \\ 0 & 2 & 0 \\ 2^1 & 0 & 2^1 \end{bmatrix} = \begin{bmatrix} 0{,}5\cdot2 & 0{,}5\cdot0 & 0{,}5\cdot2 \\ 0{,}5\cdot0 & 0{,}5\cdot2 & 0{,}5\cdot0 \\ 0{,}5\cdot2 & 0{,}5\cdot0 & 0{,}5\cdot2 \end{bmatrix} = \begin{bmatrix} 1 & 0 & 1 \\ 0 & 1 & 0 \\ 1 & 0 & 1 \end{bmatrix} = A\checkmark$$

   berechnet werden kann.

2. **Induktionsvoraussetzung** $\mathcal{A}(m)$

   Es existiert (mindestens) eine natürliche Zahl $m \in \mathbb{N}$, für welche das Ergebnis der m-ten Potenz von A durch

$$A^m = 0{,}5 \cdot \begin{bmatrix} 2^m & 0 & 2^m \\ 0 & 2 & 0 \\ 2^m & 0 & 2^m \end{bmatrix}$$

3. **Induktionsbehauptung** $\mathcal{A}(m+1)$

Wenn das Ergebnis der m-ten Potenz von A für ein $m \in \mathbb{N}$ die Matrix

$$A^m = 0{,}5 \cdot \begin{bmatrix} 2^m & 0 & 2^m \\ 0 & 2 & 0 \\ 2^m & 0 & 2^m \end{bmatrix}$$

ist, dann kann das Ergebnis der $(m+1)$-ten Potenz von A durch

$$\implies A^{m+1} = 0{,}5 \cdot \begin{bmatrix} 2^{m+1} & 0 & 2^{m+1} \\ 0 & 2 & 0 \\ 2^{m+1} & 0 & 2^{m+1} \end{bmatrix}$$

berechnet werden.

4. **Induktionsschluss** $\mathcal{A}(m) \implies \mathcal{A}(m+1)$

Am Ende deines Beweises muss die rechte Seite der Induktionsbehauptung in Form der Matrix

$$A^{m+1} = 0{,}5 \cdot \begin{bmatrix} 2^{m+1} & 0 & 2^{m+1} \\ 0 & 2 & 0 \\ 2^{m+1} & 0 & 2^{m+1} \end{bmatrix}$$

herauskommen. Ausgangspunkt deiner Umformungen ist die $(m+1)$-te Potenz von A:

$$A^{m+1}$$

Wende (analog zu den reellen Zahlen) das Potenzgesetz **P2** mit $a = A$, $x = m$ und $y = 1$ (rückwärts) auf A^{m+1} an:

$$= A^m \cdot A$$

$$= A^m \cdot \begin{bmatrix} 1 & 0 & 1 \\ 0 & 1 & 0 \\ 1 & 0 & 1 \end{bmatrix}$$

Verwende die Induktionsvoraussetzung, um die Matrix A^m zu ersetzen:

$$= 0{,}5 \cdot \begin{bmatrix} 2^m & 0 & 2^m \\ 0 & 2 & 0 \\ 2^m & 0 & 2^m \end{bmatrix} \cdot \begin{bmatrix} 1 & 0 & 1 \\ 0 & 1 & 0 \\ 1 & 0 & 1 \end{bmatrix}$$

$$= 0{,}5 \cdot \begin{bmatrix} 2^m + 2^m & 0 & 2^m + 2^m \\ 0 & 2 & 0 \\ 2^m + 2^m & 0 & 2^m + 2^m \end{bmatrix}$$

$$= 0{,}5 \cdot \begin{bmatrix} 2^m \cdot 2 & 0 & 2^m \cdot 2 \\ 0 & 2 & 0 \\ 2^m \cdot 2 & 0 & 2^m \cdot 2 \end{bmatrix}$$

Wende das Potenzgesetz **P2** mit $a = 2$, $x = m$ und $y = 1$ auf jeden Eintrag $2^m \cdot 2$ an:

$$= 0{,}5 \cdot \begin{bmatrix} 2^{m+1} & 0 & 2^{m+1} \\ 0 & 2 & 0 \\ 2^{m+1} & 0 & 2^{m+1} \end{bmatrix} \checkmark$$

Du hast nun Schritt für Schritt die Gültigkeit der Implikation $\mathcal{A}(m) \implies \mathcal{A}(m+1)$ gezeigt. Da $\mathcal{A}(m_0) = \mathcal{A}(1)$ ebenfalls wahr ist (Induktionsanfang), folgt mit dem Prinzip der vollständigen Induktion, dass das Ergebnis der m-ten Potenz von A für alle $m \in \mathbb{N}$ durch

$$A^m = \begin{bmatrix} 2^m & 0 & 2^m \\ 0 & 2 & 0 \\ 2^m & 0 & 2^m \end{bmatrix}$$

gegeben ist.

Lösung Aufgabe 5.94 Es ist zu zeigen:

$$\forall n \in \mathbb{N} : D := \begin{bmatrix} -1 & 1 & -1 \\ 1 & -1 & 1 \\ -1 & 1 & -1 \end{bmatrix} \implies D^n = (-1)^{n-1} \cdot 3^{n-1} \cdot D$$

1. **Induktionsanfang $\mathcal{A}(n_0)$**
   Als Startwert wird $n_0 = 1$ gewählt. Diesen setzt du in beide Seiten der Matrizengleichung $D^n = (-1)^n \cdot 3^{n-1} \cdot D$ ein:
   (a) $D^{n_0} = D^1 = D$,
   (b) $(-1)^{n_0-1} \cdot 3^{n_0-1} \cdot D = (-1)^{1-1} \cdot 3^{1-1} \cdot D = (-1)^0 \cdot 3^0 \cdot D = 1 \cdot 1 \cdot D = D\checkmark$
   Da die Ergebnisse gleich sind, ist der Induktionsanfang gezeigt.

2. **Induktionsvoraussetzung $\mathcal{A}(n)$**
   Für die Matrix D existiert (mindestens) eine natürliche Zahl $n \in \mathbb{N}$, welche die Matrizengleichung $D^n = (-1)^{n-1} \cdot 3^{n-1} \cdot D$ erfüllt. Formal bedeutet das:

$$\exists n \in \mathbb{N} : D := \begin{bmatrix} -1 & 1 & -1 \\ 1 & -1 & 1 \\ -1 & 1 & -1 \end{bmatrix} \implies D^n = (-1)^{n-1} \cdot 3^{n-1} \cdot D$$

3. **Induktionsbehauptung $\mathcal{A}(n+1)$**
   Wenn für die Matrix C ein n existiert, das die Gleichung $D^n = (-1)^{n-1} \cdot 3^{n-1} \cdot D$ erfüllt, dann folgt:

$$\implies D^{n+1} = (-1)^{(n+1)-1} \cdot 3^{(n+1)-1} \cdot D$$

4. **Induktionsschluss** $\mathcal{A}(n) \implies \mathcal{A}(n+1)$

Am Ende deines Beweises muss die rechte Seite der Induktionsbehauptung, also $(-1)^{(n+1)-1} \cdot 3^{(n+1)-1} \cdot D$, herauskommen. Ausgangspunkt deiner Umformungen ist die $(n+1)$-te Potenz von D:

$$D^{n+1}$$

Wende (analog zu den reellen Zahlen) das Potenzgesetz **P2** mit $a = D$, $x = n$ und $y = 1$ (rückwärts) auf D^{n+1} an:

$$= D^n \cdot D$$

$$= D^n \cdot \begin{bmatrix} -1 & 1 & -1 \\ 1 & -1 & 1 \\ -1 & 1 & -1 \end{bmatrix}$$

Verwende die Induktionsvoraussetzung, um die Matrix D^n durch $(-1)^{n-1} \cdot 3^{n-1} \cdot D$ zu ersetzen:

$$= (-1)^{n-1} \cdot 3^{n-1} \cdot \begin{bmatrix} -1 & 1 & -1 \\ 1 & -1 & 1 \\ -1 & 1 & -1 \end{bmatrix}$$

$$= (-1)^{n-1} \cdot 3^{n-1} \cdot \begin{bmatrix} -1 & 1 & -1 \\ 1 & -1 & 1 \\ -1 & 1 & -1 \end{bmatrix} \cdot \begin{bmatrix} -1 & 1 & -1 \\ 1 & -1 & 1 \\ -1 & 1 & -1 \end{bmatrix}$$

$$= (-1)^{n-1} \cdot 3^{n-1} \cdot \begin{bmatrix} 3 & -3 & 3 \\ -3 & 3 & -3 \\ 3 & -3 & 3 \end{bmatrix}$$

Ziehe den Faktor -3 vor die Ergebnismatrix:

$$= (-1)^{n-1} \cdot 3^{n-1} \cdot \begin{bmatrix} (-3) \cdot (-1) & (-3) \cdot 1 & (-3) \cdot (-1) \\ (-3) \cdot 1 & (-3) \cdot (-1) & (-3) \cdot 1 \\ (-3) \cdot (-1) & (-3) \cdot 1 & (-3) \cdot (-1) \end{bmatrix}$$

$$= (-1)^{n-1} \cdot 3^{n-1} \cdot (-3) \cdot \begin{bmatrix} -1 & 1 & -1 \\ 1 & -1 & 1 \\ -1 & 1 & -1 \end{bmatrix}$$

$$= (-1)^{n-1} \cdot 3^{n-1} \cdot (-1) \cdot 3 \cdot \begin{bmatrix} -1 & 1 & -1 \\ 1 & -1 & 1 \\ -1 & 1 & -1 \end{bmatrix}$$

$$= (-1)^{n-1} \cdot (-1) \cdot 3^{n-1} \cdot 3 \cdot \begin{bmatrix} -1 & 1 & -1 \\ 1 & -1 & 1 \\ -1 & 1 & -1 \end{bmatrix}$$

Wende das Potenzgesetz **P2** mit $a = 3$, $x = n - 1$, $y = 1$ auf $3^{n-1} \cdot 3$ und mit $a = -1$, $x = n - 1$, $y = 1$ auf $(-1)^{n-1} \cdot (-1)$ an:

$$= (-1)^{n-1+1} \cdot 3^{n-1+1} \cdot \begin{bmatrix} -1 & 1 & -1 \\ 1 & -1 & 1 \\ -1 & 1 & -1 \end{bmatrix}$$

$$= (-1)^{(n+1)-1} \cdot 3^{(n+1)-1} \cdot \begin{bmatrix} -1 & 1 & -1 \\ 1 & -1 & 1 \\ -1 & 1 & -1 \end{bmatrix} \checkmark$$

Und damit endet dein Beweis, weil du Schritt für Schritt die Gültigkeit der Implikation $\mathcal{A}(n) \implies \mathcal{A}(n+1)$ gezeigt hast. Da $\mathcal{A}(n_0) = \mathcal{A}(1)$ ebenfalls wahr ist (Induktionsanfang), folgt mit dem Prinzip der vollständigen Induktion, dass die Matrizengleichung $(-1)^{n-1} \cdot 3^{n-1} \cdot D$ für alle $n \in \mathbb{N}$ erfüllt ist.

Lösung Aufgabe 5.95 $A \in \mathbb{R}^{1 \times n}$ ist eine $(1 \times n)$- und $B \in \mathbb{R}^{n \times 1}$-Matrix. Das Matrizenprodukt

$$A \cdot B = \begin{bmatrix} 1 & 2 & \dots & n \end{bmatrix} \cdot \begin{bmatrix} 1 \\ 2 \\ \vdots \\ n \end{bmatrix}$$

führt zu einer (1×1)-Matrix $((1 \times \not{n}) \cdot (\not{n} \times 1))$ und kann mit dem Summenzeichen wie folgt geschrieben werden:

$$\left[\sum_{k=1}^{n} a_{1,k} \cdot b_{k,1} \right]$$

Es ist also zu zeigen:

$$\forall n \in \mathbb{N} : \left[\sum_{k=1}^{n} a_{1,k} \cdot b_{k,1} \right] = \left[\frac{n^3}{3} + \frac{n^2}{2} + \frac{n}{6} \right]$$

1. **Induktionsanfang** $\mathcal{A}(n_0)$

   Da die Behauptung für alle natürlichen Zahlen bewiesen werden soll, wird $n_0 = 1$ als Startwert gewählt. Diesen setzt du in beide Seiten der Behauptung ein und prüfst, ob dasselbe Ergebnis herauskommt:

   $$\left[n_0 \right] \cdot \left[n_0 \right] = \left[1 \right] \cdot \left[1 \right] = \left[1 \cdot 1 \right] = \left[1 \right]$$

   $$\left[\frac{n_0^3}{3} + \frac{n_0^2}{2} + \frac{n_0}{6} \right] = \left[\frac{1^3}{3} + \frac{1^2}{2} + \frac{1}{6} \right] = \left[\frac{2}{6} + \frac{3}{6} + \frac{1}{6} \right] = \left[\frac{\not{6}}{\not{6}} \right] = \left[1 \right] \checkmark$$

   Damit ist der Induktionsanfang gezeigt und du kannst mit dem Formulieren der Induktionsvoraussetzung weitermachen.

2. **Induktionsvoraussetzung** $\mathcal{A}(n)$

   Es existiert (mindestens) eine natürliche Zahl $n \in \mathbb{N}$, für welche die Gleichung

   $$\exists n \in \mathbb{N} : A \cdot B = \left[\sum_{k=1}^{n} a_{1,k} \cdot b_{k,1} \right] = \left[\frac{n^3}{3} + \frac{n^2}{2} + \frac{n}{6} \right]$$

   mit

   $$A := \left[1 \quad 2 \quad \ldots \quad n \right], B := \begin{bmatrix} 1 \\ 2 \\ \vdots \\ n \end{bmatrix}$$

   erfüllt ist.

3. **Induktionsbehauptung** $\mathcal{A}(n+1)$

   Unter der Voraussetzung, dass

   $$\left[\sum_{k=1}^{n} a_{1,k} \cdot b_{k,1} \right] = \left[\frac{n^3}{3} + \frac{n^2}{2} + \frac{n}{6} \right]$$

   mit

   $$A := \left[1 \quad 2 \quad \ldots \quad n \right], B := \begin{bmatrix} 1 \\ 2 \\ \vdots \\ n \end{bmatrix}$$

für ein $n \in \mathbb{N}$ gilt, folgt:

$$\Longrightarrow \left[\sum_{k=1}^{n+1} a_{1,k} \cdot b_{k,1}\right] = \left[\frac{(n+1)^3}{3} + \frac{(n+1)^2}{2} + \frac{n+1}{6}\right]$$

mit

$$A := \begin{bmatrix} 1 & 2 & \dots & n & n+1 \end{bmatrix}, B := \begin{bmatrix} 1 \\ 2 \\ \vdots \\ n \\ n+1 \end{bmatrix}$$

Beachte, dass sich die Maße der Matrix ebenfalls ändern! In A kommt eine Spalte und in B eine Zeile (jeweils mit dem Wert $n+1$) hinzu.

4. **Induktionsschluss** $\mathcal{A}(n) \Longrightarrow \mathcal{A}(n+1)$

   Am Ende deines Beweises muss die rechte Seite der Induktionsbehauptung in Form der Matrix

$$\left[\frac{(n+1)^3}{3} + \frac{(n+1)^2}{2} + \frac{n+1}{6}\right]$$

herauskommen. Ausgangspunkt deiner Umformungen ist die linke Seite der Matrizengleichung aus der Induktionsbehauptung:

$$A \cdot B = \left[\sum_{k=1}^{n+1} a_{1,k} \cdot b_{k,1}\right]$$

Verwende $\Sigma 3$ mit $f(k) = a_{1,k} \cdot b_{k,1}$, um das Summenzeichen aufzuspalten:

$$= \left[\left(\sum_{k=1}^{n} a_{1,k} \cdot b_{k,1}\right) + a_{1,n+1} \cdot b_{k,n+1}\right]$$

$$= \left[\sum_{k=1}^{n} a_{1,k} \cdot b_{k,1}\right] + \left[a_{1,n+1} \cdot b_{n+1,1}\right]$$

Verwende die Induktionsvoraussetzung und ersetze so den ersten Summanden:

$$= \left[\frac{n^3}{3} + \frac{n^2}{2} + \frac{n}{6}\right] + \left[a_{1,n+1} \cdot b_{n+1,1}\right]$$

$$= \left[\frac{n^3}{3} + \frac{n^2}{2} + \frac{n}{6} + a_{1,n+1} \cdot b_{n+1,1}\right]$$

Was ist $a_{1,n+1} \cdot b_{n+1,1}$? Es handelt sich dabei jeweils um die Zahlen $n + 1$, d. h. $a_{1,n+1} \cdot b_{k,n+1} = (n + 1) \cdot (n + 1) = (n + 1)^2$. Das sind genau die beiden Elemente, die aus der $1 \times n$- und $(n \times 1)$- eine $(1 \times n + 1)$- und $(n + 1 \times 1)$-Matrix gemacht haben:

$$= \left[\frac{n^3}{3} + \frac{n^2}{2} + \frac{n}{6} + (n + 1)^2 \right]$$

$$= \left[\frac{2}{2} \cdot \frac{n^3}{3} + \frac{3}{3} \cdot \frac{n^2}{2} + \frac{n}{6} + \frac{6}{6} \cdot (n + 1)^2 \right]$$

$$= \left[\frac{2 \cdot n^3}{6} + \frac{3 \cdot n^2}{6} + \frac{n}{6} + \frac{6 \cdot (n+1)^2}{6} \right]$$

$$= \left[\frac{2 \cdot n^3 + 3 \cdot n^2 + n + 6 \cdot (n+1)^2}{6} \right]$$

$$= \left[\frac{2 \cdot n^3 + 3 \cdot n^2 + n + 6 \cdot (n^2 + 2 \cdot n + 1)}{6} \right]$$

$$= \left[\frac{2 \cdot n^3 + 3 \cdot n^2 + n + 6 \cdot n^2 + 6 \cdot 2 \cdot n + 6 \cdot 1}{6} \right]$$

$$= \left[\frac{2 \cdot n^3 + 9 \cdot n^2 + 13 \cdot n + 6}{6} \right]$$

$$= \left[\frac{2 \cdot n^3 + 6 \cdot n^2 + 3 \cdot n^2 + 6 \cdot n + 6 \cdot + n + 3 + 2 + 1}{6} \right]$$

$$= \left[\frac{2 \cdot n^3 + 6 \cdot n^2 + 6 \cdot n + 2 + 3 \cdot n^2 + 6 \cdot 3 + n + 1}{6} \right]$$

$$= \left[\frac{2 \cdot (n^3 + 3 \cdot n^2 + 3 \cdot n + 1) + 3 \cdot (n^2 + 2 \cdot 1) + (n + 1)}{6} \right]$$

$$= \left[\frac{2 \cdot (n+1)^3 + 3 \cdot (n+1)^2 + (n+1)}{6} \right]$$

$$= \left[\frac{\cancel{2} \cdot (n+1)^3}{\cancel{6}} + \frac{\cancel{3} \cdot (n+1)^2}{\cancel{6}} + \frac{(n+1)}{6} \right]$$

$$= \left[\frac{(n+1)^3}{3} + \frac{(n+1)^2}{2} + \frac{n+1}{6} \right] \checkmark$$

Lösung Aufgabe 5.96 Es ist zu zeigen:

$$\forall n \in \mathbb{N} : E_m^n = E_m$$

Auch wenn diese Erkenntnis trivial erscheinen mag, ist das Formulieren eines vollständigen Induktionsbeweises dennoch hilfreich. n ist die Induktionsvariable.

1. **Induktionsanfang** $\mathcal{A}(n_0)$
   Da die Behauptung für alle natürlichen Zahlen $n \in \mathbb{N}$ bewiesen werden soll, wird
   $n_0 = 1$ als Startwert gewählt. Setze diesen in beide Seiten der zu beweisenden Matrizengleichung ein und überprüfe, ob eine wahre Aussage herauskommt:

   $$E_m^{n_0} = E_m^1 = E_m \checkmark$$

   Das dürfte dein bislang kürzester Induktionsanfang gewesen sein.

2. **Induktionsvoraussetzung** $\mathcal{A}(n)$

   $$\exists n \in \mathbb{N} : E_m^n = E_m$$

3. **Induktionsbehauptung** $\mathcal{A}(n + 1)$
   Unter der Voraussetzung, dass es ein $n \in \mathbb{N}$ gibt, für das die Matrizengleichung $E_m^n = E_m$ wahr ist, folgt:

   $$\Longrightarrow E_m^{n+1} = E_m$$

4. **Induktionsschluss** $\mathcal{A}(n) \Longrightarrow \mathcal{A}(n + 1)$
   Am Ende deines Beweises muss die rechte Seite der Induktionsbehauptung, also die
   Matrix E_m, herauskommen. Beginne deinen Beweis mit der linken Seite der Indukti-
   onsbehauptung:

   $$E_m^{n+1}$$

   Wende (analog zu den reellen Zahlen) das Potenzgesetz **P2** mit $a = E_m$, $x = n$ und
   $y = 1$ auf E_m^{n+1} an:

   $$= E_m^n \cdot E_m$$

   Nach der Induktionsvoraussetzung ist E_m^n dasselbe wie E_m:

   $$= E_m \cdot E_m$$

   Da die Multiplikation der Einheitsmatrix das Ergebnis nicht ändert, folgt:

   $$= E_m \checkmark$$

   Um der Frage direkt entgegenzuwirken: Ja, die Matrizenprodukte sind allesamt definiert, da ausschließlich quadratische $(m \times m)$-Matrizen verwendet wurden. Du hast
   nun Schritt für Schritt die Gültigkeit der Implikation $\mathcal{A}(n) \Longrightarrow \mathcal{A}(n + 1)$ gezeigt.
   Da $\mathcal{A}(n_0) = \mathcal{A}(1)$ ebenfalls wahr ist (Induktionsanfang), folgt mit dem Prinzip der
   vollständigen Induktion, dass das Ergebnis der Matrizengleichung $E_m^n = E_m$ für alle
   $n \in \mathbb{N}$ wahr ist.

Lösung Aufgabe 5.97 n ist die Zeilen- bzw. Spaltenanzahl von M und k die Induktions-variable. Es ist zu zeigen:

$$\forall k \in \mathbb{N} : M := \begin{bmatrix} 1 & 0 & 0 & \cdots & 0 \\ 0 & 2 & 0 & \cdots & 0 \\ \vdots & \vdots & \vdots & \ddots & \vdots \\ 0 & 0 & 0 & \cdots & n \end{bmatrix} \implies M^k = \begin{bmatrix} 1^k & 0 & 0 & \cdots & 0 \\ 0 & 2^k & 0 & \cdots & 0 \\ \vdots & \vdots & \vdots & \ddots & \vdots \\ 0 & 0 & 0 & \cdots & n^k \end{bmatrix}$$

1. **Induktionsanfang** $\mathcal{A}(k_0)$

   Als Startwert wird $k_0 = 1$ gewählt. Diesen setzt du in die Matrix M^k ein und prüfst, ob die Matrix M herauskommt. Ist das der Fall, dann hast du den Induktionsanfang gezeigt:

$$M^{k_0} = \begin{bmatrix} 1^{k_0} & 0 & 0 & \cdots & 0 \\ 0 & 2^{k_0} & 0 & \cdots & 0 \\ \vdots & \vdots & \vdots & \ddots & \vdots \\ 0 & 0 & 0 & \cdots & n^{k_0} \end{bmatrix} = \begin{bmatrix} 1^1 & 0 & 0 & \cdots & 0 \\ 0 & 2^1 & 0 & \cdots & 0 \\ \vdots & \vdots & \vdots & \ddots & \vdots \\ 0 & 0 & 0 & \cdots & n^1 \end{bmatrix}$$

$$= \begin{bmatrix} 1 & 0 & 0 & \cdots & 0 \\ 0 & 2 & 0 & \cdots & 0 \\ \vdots & \vdots & \vdots & \ddots & \vdots \\ 0 & 0 & 0 & \cdots & n \end{bmatrix} = M \checkmark$$

2. **Induktionsvoraussetzung** $\mathcal{A}(k)$

   Es existiert (mindestens) eine natürliche Zahl $k \in \mathbb{N}$, für welche das Ergebnis der k-ten Potenz von M durch

$$\exists k \in \mathbb{N} : M := \begin{bmatrix} 1 & 0 & 0 & \cdots & 0 \\ 0 & 2 & 0 & \cdots & 0 \\ \vdots & \vdots & \vdots & \ddots & \vdots \\ 0 & 0 & 0 & \cdots & n \end{bmatrix} \implies M^k = \begin{bmatrix} 1^k & 0 & 0 & \cdots & 0 \\ 0 & 2^k & 0 & \cdots & 0 \\ \vdots & \vdots & \vdots & \ddots & \vdots \\ 0 & 0 & 0 & \cdots & n^k \end{bmatrix}$$

   berechnet werden kann.

3. **Induktionsbehauptung** $\mathcal{A}(k + 1)$

   Wenn das Ergebnis der k-ten Potenz von M für ein $k \in \mathbb{N}$ die Matrix

$$M^k = \begin{bmatrix} 1^k & 0 & 0 & \cdots & 0 \\ 0 & 2^k & 0 & \cdots & 0 \\ \vdots & \vdots & \vdots & \ddots & \vdots \\ 0 & 0 & 0 & \cdots & n^k \end{bmatrix}$$

ist, dann kann das Ergebnis der $(m+1)$-ten Potenz von A durch

$$\Longrightarrow M^{k+1} = \begin{bmatrix} 1^{k+1} & 0 & 0 & \dots & 0 \\ 0 & 2^{k+1} & 0 & \dots & 0 \\ \vdots & \vdots & \vdots & \ddots & \vdots \\ 0 & 0 & 0 & \dots & n^{k+1} \end{bmatrix}$$

angegeben werden.

4. **Induktionsschluss** $\mathcal{A}(k) \Longrightarrow \mathcal{A}(k+1)$

Am Ende deines Beweises muss die rechte Seite der Induktionsbehauptung in Form der Matrix

$$M^{k+1} = \begin{bmatrix} 1^{k+1} & 0 & 0 & \dots & 0 \\ 0 & 2^{k+1} & 0 & \dots & 0 \\ \vdots & \vdots & \vdots & \ddots & \vdots \\ 0 & 0 & 0 & \dots & n^{k+1} \end{bmatrix}$$

herauskommen. Ausgangspunkt deiner Umformungen ist die $(k+1)$-te Potenz von M:

$$M^{k+1}$$

Wende (analog zu den reellen Zahlen) das Potenzgesetz **P2** mit $a = M$, $x = k$ und $y = 1$ (rückwärts) auf M^{k+1} an:

$$= M^k \cdot M$$

Verwende die Induktionsvoraussetzung, um die Matrix M^k zu ersetzen:

$$= \begin{bmatrix} 1^k & 0 & 0 & \dots & 0 \\ 0 & 2^k & 0 & \dots & 0 \\ \vdots & \vdots & \vdots & \ddots & \vdots \\ 0 & 0 & 0 & \dots & n^k \end{bmatrix} \cdot \begin{bmatrix} 1 & 0 & 0 & \dots & 0 \\ 0 & 2 & 0 & \dots & 0 \\ \vdots & \vdots & \vdots & \ddots & \vdots \\ 0 & 0 & 0 & \dots & n \end{bmatrix}$$

$$= \begin{bmatrix} 1 \cdot 1^k & 0 & 0 & \dots & 0 \\ 0 & 2 \cdot 2^k & 0 & \dots & 0 \\ \vdots & \vdots & \vdots & \ddots & \vdots \\ 0 & 0 & 0 & \dots & n \cdot n^k \end{bmatrix}$$

Wende das Potenzgesetz **P2** auf jedes Element der Hauptdiagonale $(m_{1,1}, m_{2,2}, \ldots, m_{n,n})$ mit $a = m_{i,i}$, $x = k$, $y = 1$ und $1 \leq i \leq n$ an:

$$= \begin{bmatrix} 1^{k+1} & 0 & 0 & \ldots & 0 \\ 0 & 2^{k+1} & 0 & \ldots & 0 \\ \vdots & \vdots & \vdots & \ddots & \vdots \\ 0 & 0 & 0 & \ldots & n^{k+1} \end{bmatrix} \checkmark$$

Du hast nun Schritt für Schritt die Gültigkeit der Implikation $\mathcal{A}(k) \implies \mathcal{A}(k+1)$ gezeigt. Da $\mathcal{A}(k_0) = \mathcal{A}(1)$ ebenfalls wahr ist (Induktionsanfang), folgt mit dem Prinzip der vollständigen Induktion, dass das Ergebnis der k-ten Potenz von M für alle $k \in \mathbb{N}$ durch

$$M^k = \begin{bmatrix} 1^k & 0 & 0 & \ldots & 0 \\ 0 & 2^k & 0 & \ldots & 0 \\ \vdots & \vdots & \vdots & \ddots & \vdots \\ 0 & 0 & 0 & \ldots & n^k \end{bmatrix}$$

gegeben ist.

Lösung Aufgabe 5.98 Es ist zu zeigen:

$$\forall k \in \mathbb{N} : C := \begin{bmatrix} 3 & 0 \\ 1 & 2 \end{bmatrix} \implies C^k = \begin{bmatrix} 3^k & 0 \\ 3^k - 2^k & 2^k \end{bmatrix}$$

Die Induktionsvariable ist k.

1. **Induktionsanfang** $\mathcal{A}(k_0)$
   Da die Behauptung für alle natürlichen Zahlen bewiesen werden soll, wird $k_0 = 1$ als Startwert gewählt. Diesen setzt du in die Behauptung ein. Da $C^{k_0} = C^1 = C$ ist, muss nach dem Ersetzen aller k durch $k_0 = 1$ in C^k die Matrix C herauskommen, denn $C^1 = C$:

$$C^{k_0} = \begin{bmatrix} 3^{k_0} & 0 \\ 3^{k_0} - 2^{k_0} & 2^{k_0} \end{bmatrix} = \begin{bmatrix} 3^1 & 0 \\ 3^1 - 2^1 & 2^1 \end{bmatrix} = \begin{bmatrix} 3 & 0 \\ 3 - 2 & 2 \end{bmatrix}$$

$$= \begin{bmatrix} 3 & 0 \\ 1 & 2 \end{bmatrix} = C^1 = C \checkmark$$

Damit ist der Induktionsanfang gezeigt.

2. **Induktionsvoraussetzung** $\mathcal{A}(k)$

Es existiert (mindestens) eine natürliche Zahl $k \in \mathbb{N}$, für welche das Ergebnis der k-ten Potenz von C durch

$$C^k = \begin{bmatrix} 3^k & 0 \\ 3^k - 2^k & 2^k \end{bmatrix}$$

gegeben ist. Formal bedeutet das:

$$\exists k \in \mathbb{N} : C := \begin{bmatrix} 3 & 0 \\ 1 & 2 \end{bmatrix} \implies C^k = \begin{bmatrix} 3^k & 0 \\ 3^k - 2^k & 2^k \end{bmatrix}$$

3. **Induktionsbehauptung** $\mathcal{A}(k + 1)$

Wenn das Ergebnis der k-ten Potenz von C für ein $k \in \mathbb{N}$ die Matrix

$$C^k = \begin{bmatrix} 3^k & 0 \\ 3^k - 2^k & 2^k \end{bmatrix}$$

ist, dann ist das Ergebnis der $(k + 1)$-ten Potenz von C durch

$$\implies C^{k+1} = \begin{bmatrix} 3^{k+1} & 0 \\ 3^{k+1} - 2^{k+1} & 2^{k+1} \end{bmatrix}$$

gegeben.

4. **Induktionsschluss** $\mathcal{A}(k) \implies \mathcal{A}(k + 1)$

Am Ende deines Beweises muss die rechte Seite der Induktionsbehauptung in Form der Matrix

$$\begin{bmatrix} 3^{k+1} & 0 \\ 3^{k+1} - 2^{k+1} & 2^{k+1} \end{bmatrix}$$

herauskommen. Ausgangspunkt deiner Umformungen ist die $(k+1)$-te Potenz von C:

$$C^{k+1}$$

Wende (analog zu den reellen Zahlen) das Potenzgesetz **P2** mit $a = C$, $x = k$ und $y = 1$ (rückwärts) auf C^{k+1} an:

$$= C^k \cdot C$$

$$= C^k \cdot \begin{bmatrix} 3 & 0 \\ 1 & 2 \end{bmatrix}$$

Verwende die Induktionsvoraussetzung, um die Matrix C^k zu ersetzen:

$$= \begin{bmatrix} 3^k & 0 \\ 3^k - 2^k & 2^k \end{bmatrix} \cdot \begin{bmatrix} 3 & 0 \\ 1 & 2 \end{bmatrix}$$

$$= \begin{bmatrix} 3 \cdot 3^k + 0 \cdot 1 & 3^k \cdot 0 + 0 \cdot 2 \\ 3 \cdot (3^k - 2^k) + 1 \cdot 2^k & (3^k - 2^k) \cdot 0 + 2^k \cdot 2 \end{bmatrix}$$

$$= \begin{bmatrix} 3 \cdot 3^k & 0 \\ 3 \cdot 3^k - 3 \cdot 2^k + 2^k & 2^k \cdot 2 \end{bmatrix}$$

$$= \begin{bmatrix} 3^k \cdot 3 & 0 \\ 3^k \cdot 3 - 2^k \cdot 2 & 2^k \cdot 2 \end{bmatrix}$$

Wende das Potenzgesetz **P2** mit $a = 3$, $x = k$ und $y = 1$ auf alle $3^k \cdot 3$ und mit $a = 2$, $x = k$ und $y = 1$ auf alle $2^k \cdot 2$ an:

$$= \begin{bmatrix} 3^{k+1} & 0 \\ 3^{k+1} - 2^{k+1} & 2^{k+1} \end{bmatrix} \checkmark$$

Du hast Schritt für Schritt die Gültigkeit der Implikation $\mathcal{A}(k) \implies \mathcal{A}(k+1)$ gezeigt. Da $\mathcal{A}(k_0) = \mathcal{A}(1)$ ebenfalls wahr ist (Induktionsanfang), folgt mit dem Prinzip der vollständigen Induktion, dass das Ergebnis der k-ten Potenz von C für alle $k \in \mathbb{N}$ durch

$$C^k = \begin{bmatrix} 3^k & 0 \\ 3^k - 2^k & 2^k \end{bmatrix}$$

berechnet werden kann.

Lösung Aufgabe 5.99 Um während des Beweises Schreibaufwand zu sparen, kannst du

$$\sum_{k=1}^{n} \left(\begin{bmatrix} 1 & 0 & 1 \\ 0 & 1 & 1 \\ 0 & 1 & 0 \end{bmatrix} \cdot \begin{bmatrix} 1 & -1 & 0 \\ 0 & 0 & 1 \\ 0 & 1 & -1 \end{bmatrix} \right) \cdot k = \frac{n \cdot (n+1)}{2} \cdot \begin{bmatrix} 1 & 0 & 0 \\ 0 & 1 & 0 \\ 0 & 0 & 1 \end{bmatrix}$$

in eine äquivalente Aussage umformulieren. Berechne hierfür das Produkt der beiden Matrizen innerhalb des Summenzeichens:

$$\begin{bmatrix} 1 & 0 & 1 \\ 0 & 1 & 1 \\ 0 & 1 & 0 \end{bmatrix} \cdot \begin{bmatrix} 1 & -1 & 0 \\ 0 & 0 & 1 \\ 0 & 1 & -1 \end{bmatrix} = \begin{bmatrix} 1 & 0 & 0 \\ 0 & 1 & 0 \\ 0 & 0 & 1 \end{bmatrix} = E_3$$

Die rechte Seite der Matrizengleichung lässt sich ebenfalls übersichtlicher schreiben:

$$\frac{n \cdot (n+1)}{2} \cdot E_3$$

Es ist also zu zeigen:

$$\forall n \in \mathbb{N} : \sum_{k=1}^{n} E_3 \cdot k = \frac{n \cdot (n+1)}{2} \cdot E_3$$

1. **Induktionsanfang** $\mathcal{A}(n_0)$

   Als Startwert wird $n_0 = 1$ gewählt. Diesen setzt du in beide Seiten der Matrizengleichung ein:

   (a)

   $$\sum_{k=1}^{n_0} E_3 \cdot k = \sum_{k=1}^{1} E_3 \cdot k = E_3 \cdot 1 = E_3,$$

   (b)

   $$\frac{n_0 \cdot (n_0 + 1)}{2} \cdot E_3 = \frac{1 \cdot (1+1)}{2} \cdot E_3 = \frac{1 \cdot 2}{2} \cdot E_3 = \frac{\not2}{\not2} \cdot E_3 = E_3 \checkmark$$

   Da die Ergebnisse gleich sind, ist der Induktionsanfang gezeigt.

2. **Induktionsvoraussetzung** $\mathcal{A}(n)$

   $$\exists n \in \mathbb{N} : \sum_{k=1}^{n} E_3 \cdot k = \frac{n \cdot (n+1)}{2} \cdot E_3$$

3. **Induktionsbehauptung** $\mathcal{A}(n+1)$

   Unter der Voraussetzung, dass die Matrizengleichung

   $$\sum_{k=1}^{n} E_3 \cdot k = \frac{n \cdot (n+1)}{2} \cdot E_3$$

   für ein $n \in \mathbb{N}$ erfüllt ist, folgt:

   $$\Longrightarrow \sum_{k=1}^{n+1} E_3 \cdot k = \frac{(n+1) \cdot ((n+1)+1)}{2} \cdot E_3$$

4. **Induktionsschluss** $\mathcal{A}(n) \Longrightarrow \mathcal{A}(n+1)$

   Am Ende deines Beweises muss die rechte Seite der Induktionsbehauptung, also die Matrix

   $$\frac{(n+1) \cdot ((n+1)+1)}{2} \cdot E_3,$$

herauskommen. Beginne mit der linken Seite der Induktionsbehauptung:

$$\sum_{k=1}^{n+1} E_3 \cdot k$$

Verwende $\Sigma 3$ mit $f(k) = E_3 \cdot k$, um das Summenzeichen aufzuspalten:

$$= \left(\sum_{k=1}^{n} E_3 \cdot k \right) + E_3 \cdot (n+1)$$

Verwende die Induktionsvoraussetzung, um $\sum_{k=1}^{n} E_3 \cdot k$ durch $\frac{n \cdot (n+1)}{2} \cdot E_3$ zu ersetzen:

$$= \left(\frac{n \cdot (n+1)}{2} \cdot E_3 \right) + E_3 \cdot (n+1)$$

$$= \frac{n \cdot (n+1)}{2} \cdot E_3 + E_3 \cdot (n+1)$$

$$= \left(\frac{n \cdot (n+1)}{2} + (n+1) \right) \cdot E_3$$

$$= \frac{n \cdot (n+1) + 2 \cdot (n+1)}{2} \cdot E_3$$

$$= \frac{(n+1) \cdot (n+2)}{2} \cdot E_3$$

$$= \frac{(n+1) \cdot ((n+1)+1)}{2} \cdot E_3 \checkmark$$

Da du Schritt für Schritt die Gültigkeit der Implikation $\mathcal{A}(n) \implies \mathcal{A}(n+1)$ gezeigt hast und $\mathcal{A}(n_0) = \mathcal{A}(1)$ ebenfalls wahr ist (Induktionsanfang), folgt mit dem Prinzip der vollständigen Induktion, dass die Matrizengleichung

$$\sum_{k=1}^{n} E_3 \cdot k = \frac{n \cdot (n+1)}{2} \cdot E_3$$

und somit auch die äquivalente (ursprünglich zu zeigende) Matrizengleichung

$$\sum_{k=1}^{n} \left(\begin{bmatrix} 1 & 0 & 1 \\ 0 & 1 & 1 \\ 0 & 1 & 0 \end{bmatrix} \cdot \begin{bmatrix} 1 & -1 & 0 \\ 0 & 0 & 1 \\ 0 & 1 & -1 \end{bmatrix} \right) \cdot k = \frac{n \cdot (n+1)}{2} \cdot \begin{bmatrix} 1 & 0 & 0 \\ 0 & 1 & 0 \\ 0 & 0 & 1 \end{bmatrix}$$

für alle $n \in \mathbb{N}$ erfüllt sind.

5.8 Sonstige Problemstellungen

In diesem letzten Übungsabschnitt wirst du mit Problemen konfrontiert, die teilweise Mischungen aus den vorangegangenen Problemklassen sind. Außerdem hast du die Möglichkeit, nach vermutlich fast einem Jahrzehnt einen mathematischen Beweis für bereits aus der Mittelstufe bekannte geometrische Zusammenhänge zu formulieren.

5.8.1 Alte Bekannte

Aufgaben

5.100 Drücke die Summe der (3×1)-Matrizen

$$\begin{bmatrix} 1 \\ 2 \\ 1 \end{bmatrix} + \begin{bmatrix} 3 \\ 4 \\ 2 \end{bmatrix} + \begin{bmatrix} 5 \\ 6 \\ 3 \end{bmatrix} + \begin{bmatrix} 7 \\ 8 \\ 4 \end{bmatrix} + \ldots + \begin{bmatrix} 2 \cdot n - 1 \\ 2 \cdot n \\ n \end{bmatrix}$$

mit Hilfe des Summenzeichens aus. Beweise durch vollständige Induktion, dass die Summe für alle $n \in \mathbb{N}$ die (3×1)-Matrix

$$\begin{bmatrix} n^2 \\ n \cdot (n+1) \\ 0{,}5 \cdot n \cdot (n+1) \end{bmatrix}$$

ergibt.

5.8.2 Summe von Binärzahlen

Aufgaben

5.101 Gegeben sei die Summe der ersten n Binärzahlen, die jeweils nur aus Einsen bestehen:

$$(1)_{(2)} + (11)_{(2)} + (111)_{(2)} + \ldots + (\underbrace{111\ldots1}_{n\times})_{(2)}$$

Beweise durch vollständige Induktion, dass der Wert dieser Summe im Dezimalsystem für alle natürlichen Zahlen durch

$$(-n + 2^{n+1} - 2)_{(10)}$$

berechnet werden kann.

5.8.3 Die Größe des Nachfolgers

Aufgaben

5.102 Beweise durch vollständige Induktion, dass der Nachfolger einer natürlichen Zahl (inklusive 0) größer als ihr Vorgänger ist.

5.8.4 Innenwinkelsumme in einem konvexen n-Eck

Aufgaben

5.103 Aus der Mittelstufe ist dir sicherlich noch bekannt, dass sich die Summe der Innenwinkel in einem (konvexen[12]) n-Ecks durch folgende Formel berechnen lässt:

$$(n - 2) \cdot 180°$$

Anhand des Vorfaktors $n - 2$ kann man erkennen, dass erst Werte ab $n = 3$ (drei Ecken) Sinn ergeben, da ansonsten entweder eine negative Innenwinkelsumme oder 0 herauskommt. Eine geometrische Interpretation führt zu derselben Erkenntnis, da es keine Ein- oder Zweiecke mit einem von 0 verschiedenen Flächeninhalt gibt (schließlich bilden diese Figuren keine geschlossene Fläche). Beweise, dass diese Formel zur Berechnung der Innenwinkelsumme für alle $n \in \mathbb{N}_{\geq 3}$ gilt.

5.8.5 Ein Hauch Analysis

Aufgaben

5.104 Seien $a_1, a_2, \ldots, a_n \in \mathbb{R}_{>0}$ mit

$$\prod_{k=1}^{n} a_k = 1.$$

Beweise, dass für alle $n \in \mathbb{N}$ die Ungleichung

$$\sum_{k=1}^{n} a_k \geq n$$

erfüllt ist.

---

[12] *Konvex* bedeutet, dass zwei beliebige Punkte innerhalb des n-Eck eine Verbindungsstrecke haben, die nur aus inneren Punkten besteht. Optisch entspricht das einem n-Eck, dessen Kanten durchgehend nach außen gestülpt sind. Für diese Aufgabe wird durchgehend von einem konvexen n-Eck ausgegangen.

5.8.6 Lösungen

Lösung Aufgabe 5.100 Diese Aufgabe ist ein Sammelsurium aus verschiedenen Summenformeln, die du bereits erfolgreich bewiesen hast. Um das zu erkennen, musst du die Summe der einzelnen Zeilen der (3×1)-Matrizen betrachten:

- Zeile 1: $1 + 3 + 5 + 7 + \ldots + 2 \cdot n - 1$ ist die Summe der ersten n ungeraden natürlichen Zahlen.
- Zeile 2: $2 + 4 + 6 + 8 + \ldots + 2 \cdot n$ ist die Summe der ersten n geraden natürlichen Zahlen.
- Zeile 3: $1 + 2 + 3 + 4 + \ldots + n$ ist die Summe der ersten n natürlichen Zahlen.

Bis auf n (Endwert) kann für die Laufvariable des Summenzeichens jeder beliebige Buchstabe gewählt werden (aus Gewohnheitsgründen wieder k). Die Baupläne für die einzelnen (3×1)-Matrizen sind bereits durch die jeweilige Zeile des n-ten Summanden vorgegeben. Da n der Endwert ist, muss dieser im letzten Summanden lediglich durch k (den Namen der Laufvariable) ersetzt und der Startwert auf 1 gesetzt werden:

$$
\sum_{k=1}^{n} \begin{bmatrix} 2 \cdot k - 1 \\ 2 \cdot k \\ n \end{bmatrix} = \begin{bmatrix} n^2 \\ n \cdot (n+1) \\ 0{,}5 \cdot n \cdot (n+1) \end{bmatrix}
$$

Es ist also zu zeigen:

$$
\forall n \in \mathbb{N} : \sum_{k=1}^{n} \begin{bmatrix} 2 \cdot k - 1 \\ 2 \cdot k \\ n \end{bmatrix} = \begin{bmatrix} n^2 \\ n \cdot (n+1) \\ 0{,}5 \cdot n \cdot (n+1) \end{bmatrix}
$$

Beweis 5.91 k ist die Laufvariable des Produktzeichens und n die Induktionsvariable.

1. **Induktionsanfang** $\mathcal{A}(n_0)$
   Da die Behauptung für alle natürlichen Zahlen gezeigt werden soll, wird $n_0 = 1$ als Startwert gewählt und dieser in beide Seiten der Summenformel eingesetzt:
   (a)

$$
\sum_{k=1}^{n_0} \begin{bmatrix} 2 \cdot k - 1 \\ 2 \cdot k \\ n \end{bmatrix} = \sum_{k=1}^{1} \begin{bmatrix} 2 \cdot k - 1 \\ 2 \cdot k \\ n \end{bmatrix} = \begin{bmatrix} 2 \cdot 1 - 1 \\ 2 \cdot 1 \\ 1 \end{bmatrix} = \begin{bmatrix} 2 - 1 \\ 2 \\ 1 \end{bmatrix} = \begin{bmatrix} 1 \\ 2 \\ 1 \end{bmatrix},
$$

   (b)

$$
\begin{bmatrix} n_0^2 \\ n_0 \cdot (n_0 + 1) \\ 0{,}5 \cdot n_0 \cdot (n_0 + 1) \end{bmatrix} = \begin{bmatrix} 1^2 \\ 1 \cdot (1 + 1) \\ 0{,}5 \cdot 1 \cdot (1 + 1) \end{bmatrix} = \begin{bmatrix} 1 \\ 1 \cdot 2 \\ 0{,}5 \cdot 1 \cdot 2 \end{bmatrix} = \begin{bmatrix} 1 \\ 2 \\ 1 \end{bmatrix} \checkmark
$$

Da die Ergebnisse gleich sind, ist der Induktionsanfang gezeigt.

2. **Induktionsvoraussetzung** $\mathcal{A}(n)$

$$\exists n \in \mathbb{N}: \sum_{k=1}^{n} \begin{bmatrix} 2 \cdot k - 1 \\ 2 \cdot k \\ n \end{bmatrix} = \begin{bmatrix} n^2 \\ n \cdot (n+1) \\ 0{,}5 \cdot n \cdot (n+1) \end{bmatrix}$$

3. **Induktionsbehauptung** $\mathcal{A}(n+1)$

Unter der Voraussetzung, dass die Summenformel

$$\sum_{k=1}^{n} \begin{bmatrix} 2 \cdot k - 1 \\ 2 \cdot k \\ n \end{bmatrix} = \begin{bmatrix} n^2 \\ n \cdot (n+1) \\ 0{,}5 \cdot n \cdot (n+1) \end{bmatrix}$$

für ein $n \in \mathbb{N}$ gilt, folgt:

$$\implies \sum_{k=1}^{n+1} \begin{bmatrix} 2 \cdot k - 1 \\ 2 \cdot k \\ n \end{bmatrix} = \begin{bmatrix} (n+1)^2 \\ (n+1) \cdot ((n+1)+1) \\ 0{,}5 \cdot (n+1) \cdot ((n+1)+1) \end{bmatrix}$$

4. **Induktionsschluss** $\mathcal{A}(n) \implies \mathcal{A}(n+1)$

Am Ende deines Beweises muss die rechte Seite der Produktformel aus der Induktionsbehauptung, also die (3×1)-Matrix

$$\begin{bmatrix} (n+1)^2 \\ (n+1) \cdot ((n+1)+1) \\ 0{,}5 \cdot (n+1) \cdot ((n+1)+1) \end{bmatrix}$$

herauskommen. Beginne deine Beweisführung mit der linken Seite der Produktformel aus der Induktionsbehauptung:

$$\sum_{k=1}^{n+1} \begin{bmatrix} 2 \cdot k - 1 \\ 2 \cdot k \\ n \end{bmatrix}$$

Verwende $\Sigma 3$, um das Summenzeichen aufzuspalten:

$$= \left(\sum_{k=1}^{n} \begin{bmatrix} 2 \cdot k - 1 \\ 2 \cdot k \\ n \end{bmatrix} \right) + \begin{bmatrix} 2 \cdot (n+1) - 1 \\ 2 \cdot (n+1) \\ n+1 \end{bmatrix}$$

Verwende die Induktionsvoraussetzung und ersetze so das eingeklammerte Summenzeichen durch die (3×1)-Matrix von der rechten Seite der Induktionsvoraussetzung:

$$= \left(\begin{bmatrix} n^2 \\ n \cdot (n+1) \\ 0{,}5 \cdot n \cdot (n+1) \end{bmatrix} \right) + \begin{bmatrix} 2 \cdot (n+1) - 1 \\ 2 \cdot (n+1) \\ n+1 \end{bmatrix}$$

$$= \begin{bmatrix} n^2 \\ n \cdot (n+1) \\ 0{,}5 \cdot n \cdot (n+1) \end{bmatrix} + \begin{bmatrix} 2 \cdot (n+1) - 1 \\ 2 \cdot (n+1) \\ n+1 \end{bmatrix}$$

$$= \begin{bmatrix} n^2 + 2 \cdot (n+1) - 1 \\ n \cdot (n+1) + 2 \cdot (n+1) \\ 0{,}5 \cdot n \cdot (n+1) + n + 1 \end{bmatrix}$$

$$= \begin{bmatrix} n^2 + 2 \cdot n + 2 - 1 \\ (n+1) \cdot (n+2) \\ 0{,}5 \cdot n \cdot (n+1) + \underbrace{0{,}5 \cdot 2}_{=1} \cdot (n+1) \end{bmatrix}$$

$$= \begin{bmatrix} n^2 + 2 \cdot n + 1 \\ (n+1) \cdot ((n+1) + 1) \\ 0{,}5 \cdot (n+1) \cdot (n+2) \end{bmatrix}$$

$$= \begin{bmatrix} n^2 + 2 \cdot n + 1 \\ (n+1) \cdot ((n+1) + 1) \\ 0{,}5 \cdot (n+1) \cdot ((n+1) + 1) \end{bmatrix}$$

Wende abschließend die erste binomische Formel **B1** mit $a = n$ und $b = 1$ (rückwärts) auf $n^2 + 2 \cdot n + 1$ an:

$$= \begin{bmatrix} (n+1)^2 \\ (n+1) \cdot ((n+1) + 1) \\ 0{,}5 \cdot (n+1) \cdot ((n+1) + 1) \end{bmatrix} \checkmark$$

Damit ist die Summenformel für alle $n \in \mathbb{N}$ gezeigt. $\square$

Lösung Aufgabe 5.101   Die Informationen aus der Aufgabenstellung müssen zunächst in „schön beweisbare Häppchen" aufgeteilt werden. Hierfür könnten z. B. die Binärzahlen in ihre Dezimalzahlen überführt werden:

- $(1)_{(2)} = (1 \cdot 2^0)_{(10)} = (1)_{(10)}$,
- $(11)_{(2)} = (1 \cdot 2^0 + 1 \cdot 2^1)_{(10)} = (1 + 2)_{(10)} = (3)_{(10)}$,
- $(111)_{(2)} = (1 \cdot 2^0 + 1 \cdot 2^1 + 1 \cdot 2^2)_{(10)} = (1 + 2 + 4)_{(10)} = (7)_{(10)}$,
- $(\underbrace{111\ldots1}_{n\times})_{(2)} = (1 \cdot 2^0 + 1 \cdot 2^1 + 1 \cdot 2^2 + \ldots + 2^{n-1})_{(10)} = (1 + 2 + 4 + \ldots + 2^{n-1})_{(10)} =$
$(2^n - 1)_{(10)}$.

Eine Binärzahl mit n Stellen, die nur aus Einsen besteht, besitzt den dezimalen Wert $2^n - 1$.
Die Summe

$$(1)_{(2)} + (11)_{(2)} + (111)_{(2)} + \ldots + (\underbrace{111\ldots1}_{n\times})_{(2)}$$

würde im Dezimalsystem also

$$(2^1 - 1)_{(10)} + (2^2 - 1)_{(2)} + (2^3 - 1)_{(2)} + \ldots + (\underbrace{2^n - 1}_{n\times})_{(10)}$$

lauten. Diese Summe kann, so wird es in der Aufgabenstellung zumindest behauptet, durch $(-n + 2^{n+1} - 2)_{(10)}$ berechnet werden. Um aus dieser Vermutung eine bewiesene Tatsache zu machen, musst du deine Induktionskünste auf die Behauptung

$$\forall n \in \mathbb{N} : \sum_{k=1}^{n} (2^k - 1)_{(10)} = (-n + 2^{n+1} - 2)_{(10)}$$

anwenden.

Beweis 5.92 k ist die Laufvariable des Summenzeichens und n die Induktionsvariable.

1. **Induktionsanfang** $\mathcal{A}(n_0)$
   Da die Behauptung für alle natürlichen Zahlen bewiesen werden soll, wird $n_0 = 1$ als Startwert gewählt und dieser in beide Seiten der Summenformel eingesetzt:
   (a) $\sum\limits_{k=1}^{n_0} (2^k - 1)_{(10)} = \sum\limits_{k=1}^{1} (2^k - 1)_{(10)} = (2^1 - 1)_{(10)} = (2 - 1)_{(10)} = (1)_{(10)}$,
   (b) $(-n_0 + 2^{n_0+1} - 2)_{(10)} = (-1 + 2^{1+1} - 2)_{(10)} = (-1 + 2^2 - 2)_{(10)} = (-1 + 4 - 2)_{(10)} =$
   $(1)_{(10)} \checkmark$

2. **Induktionsvoraussetzung** $\mathcal{A}(n)$

$$\exists n \in \mathbb{N} : \sum_{k=1}^{n} (2^k - 1)_{(10)} = (-n + 2^{n+1} - 2)_{(10)}$$

3. **Induktionsbehauptung** $\mathcal{A}(n+1)$

Unter der Voraussetzung, dass die Summenformel $\sum_{k=1}^{n}(2^k-1)_{(10)} = (-n+2^{n+1}-2)_{(10)}$ für ein $n \in \mathbb{N}$ gilt, folgt:

$$\implies \sum_{k=1}^{n+1}(2^k-1)_{(10)} = (-(n+1)+2^{(n+1)+1}-2)_{(10)}$$

4. **Induktionsschluss** $\mathcal{A}(n) \implies \mathcal{A}(n+1)$

Am Ende deines Beweises muss die rechte Seite der Summenformel aus der Induktionsbehauptung, also $(-(n+1)+2^{(n+1)+1}-2)_{(10)}$, herauskommen. Beginne deine Beweisführung mit der linken Seite der Summenformel aus der Induktionsbehauptung:

$$\sum_{k=1}^{n+1}(2^k-1)_{(10)}$$

Verwende $\boldsymbol{\Sigma 3}$ mit $f(k) = (2^k-1)_{(10)}$, um das Summenzeichen aufzuspalten:

$$= \left(\sum_{k=1}^{n}(2^k-1)_{(10)}\right) + (2^{n+1}-1)_{(10)}$$

Verwende die Induktionsvoraussetzung und ersetze so $\sum_{k=1}^{n}(2^k-1)_{(10)}$ durch $(-n+2^{n+1}-2)_{(10)}$:

$$= \left((-n+2^{n+1}-2)_{(10)}\right) + (2^{n+1}-1)_{(10)}$$
$$= (-n+2^{n+1}-2)_{(10)} + (2^{n+1}-1)_{(10)}$$
$$= (-n+2^{n+1}-2+2^{n+1}-1)_{(10)}$$
$$= (-n-1+2^{n+1}+2^{n+1}-2)_{(10)}$$
$$= (-n-1+2^{n+1}\cdot 2-2)_{(10)}$$

Wende das Potenzgesetz **P2** mit $a=2$, $x=n+1$ und $y=1$ (rückwärts) auf $2^{n+1}\cdot 2$ an:

$$= (-n-1+2^{n+1+1}-2)_{(10)}$$
$$= (-n-1+2^{(n+1)+1}-2)_{(10)}$$
$$= (-(n+1)+2^{(n+1)+1}-2)_{(10)}\checkmark$$

Du hast Schritt für Schritt den Ausdruck $\sum_{k=1}^{n+1}(2^k-1)_{(10)}$ zu $(-(n+1)+2^{(n+1)+1}-2)_{(10)}$ umgeformt und damit gezeigt, dass die Implikation $\mathcal{A}(n) \implies \mathcal{A}(n+1)$ wahr ist. Da $\mathcal{A}(n_0) = \mathcal{A}(1)$ ebenfalls wahr ist (Induktionsanfang), folgt mit dem Prinzip der vollständigen Induktion, dass die Summenformel $\sum_{k=1}^{n}(2^k - 1)_{(10)} = (-n + 2^{n+1} - 2)_{(10)}$ für alle $n \in \mathbb{N}$ funktioniert. Du hättest dir den Klammerspaß zur Kennzeichnung der verschiedenen Zahlensysteme auch sparen können (da es in der Aufgabenstellung jedoch vorgegeben war, fährst du mit der Beibehaltungsstrategie im Zweifelsfall am sichersten). □

Lösung Aufgabe 5.102 Die zu beweisende Behauptung lässt sich in sehr wenigen Zeichen ausdrücken:

$$\forall n \in \mathbb{N}_0 : n + 1 > n$$

$n + 1$ ist der direkte Nachfolger von n. Wenn du auf beiden Seiten n subtrahierst, erhältst du mit $1 > 0$ bereits eine wahre Aussage und wärst schon fertig, oder? Ja, wenn in der Aufgabe nicht explizit ein Beweis durch vollständige Induktion gefordert wäre. Die Kunst ist es nun, sich an das bekannte *Induktionsschema* zu halten.

Beweis 5.93

1. **Induktionsanfang** $\mathcal{A}(n_0)$
   Da die Ungleichung für alle natürlichen Zahlen inklusive der 0 wahr sein soll, wird $n_0 = 0$ als Startwert gewählt:

   $$n_0 + 1 = 0 + 1 = 1 > 0 = n_0 \checkmark$$

2. **Induktionsvoraussetzung** $\mathcal{A}(n)$

   $$\exists n \in \mathbb{N}_0 : n + 1 > n$$

3. **Induktionsbehauptung** $\mathcal{A}(n + 1)$
   Unter der Voraussetzung, dass $n + 1 > n$ für ein $n \in \mathbb{N}_0$ gilt, folgt:

   $$\Longrightarrow (n + 1) + 1 > n + 1$$

4. **Induktionsschluss** $\mathcal{A}(n) \Longrightarrow \mathcal{A}(n + 1)$
   Am Ende deines Induktionsbeweises muss klar erkennbar sein, dass $(n + 1) + 1$ tatsächlich größer als $n + 1$ ist. Beginne mit der linken Seite der Ungleichung aus der Induktionsbehauptung:

   $$\underbrace{(n + 1)}_{>n} + 1$$

Nach der Induktionsvoraussetzung ist $n + 1 > n$. Somit ist $(n + 1) + 1$ größer als $n + 1$, denn wenn du auf etwas, das größer als n ist, zusätzlich noch 1 addierst, ist das Ergebnis größer als $n + 1$:

$$> n + 1 \checkmark$$

Und schon bist du fertig. Du hast nun Schritt für Schritt die Gültigkeit der Ungleichung $(n + 1) + 1 > n + 1$ nachgewiesen und damit gezeigt, dass die Implikation $\mathcal{A}(n) \implies \mathcal{A}(n + 1)$ wahr ist. Da $\mathcal{A}(n_0) = \mathcal{A}(0)$ ebenfalls wahr ist (Induktionsanfang), folgt mit dem Prinzip der vollständigen Induktion, dass die Ungleichung $n + 1 > n$ für alle $n \in \mathbb{N}_0$ wahr und somit jeder Nachfolger einer natürlichen Zahl (inklusive der 0) größer als ihr Vorgänger ist. Eigentlich eignet sich dieses Beispiel wunderbar, um sich noch einmal die Funktionsweise der vollständigen Induktion vor Augen zu führen, da man die Idee des Dominosteins n, der seinen Nachfolger $n + 1$ umstößt, eins zu eins wiederfindet. $\qquad\qquad\qquad\qquad\qquad\qquad\qquad\qquad\qquad\qquad\qquad\qquad\qquad\quad$ $\square$

Lösung Aufgabe 5.103 Die Schwierigkeit dieser Aufgabe besteht darin, dass der zu beweisenden Formel ein geometrisches Problem zugrunde liegt, das nicht für jedermann einen sofort offensichtlichen Induktionscharakter besitzt. Machst du dir jedoch klar, dass es um die (zählbaren) Ecken und die davon abhängige Innenwinkelsumme der n-Ecke geht, ist es gar nicht schwer, sich auf das Problem einzulassen. Die Behauptung ist, dass sich die Innenwinkelsumme für alle n-Ecke mit mindestens drei Ecken (d. h. $n \in \mathbb{N}_{\geq 3}$) durch

$$(n - 2) \cdot 180°$$

berechnen lässt. Die Anzahl der Ecken n ist die Induktionsvariable.

Beweis 5.94

1. **Induktionsanfang** $\mathcal{A}(n_0)$

   Da die Behauptung für alle $n \in \mathbb{N}_{\geq 3}$ gelten soll, gehst du für den Induktionsanfang also von einem $n_0 = 3$-Eck aus. Für ein 3-Eck liefert die Formel zur Berechnung der Innensumme:

   $$(n_0 - 2) \cdot 180° = (3 - 2) \cdot 180° = 1 \cdot 180° = 180°$$

   Da du gerade mit Interesse diese Worte liest, wirst du die Mittelstufe erfolgreich abgeschlossen haben und (hoffentlich) nicht anzweifeln, dass ein Dreieck eine Innenwinkelsumme von 180° besitzt. Der Induktionsanfang ist jedenfalls hiermit gezeigt.

2. **Induktionsvoraussetzung** $\mathcal{A}(n)$

   Es existiert (mindestens) ein $n \in \mathbb{N}_{\geq 3}$, für das die Innenwinkelsumme eines (konvexen) n-Ecks durch den Ausdruck $(n - 2) \cdot 180°$ berechnet werden kann.

3. **Induktionsbehauptung** $\mathcal{A}(n + 1)$

   Unter der Voraussetzung, dass die Innenwinkelsumme eines (konvexen) n-Ecks für ein $n \in \mathbb{N}_{\geq 3}$ durch den Ausdruck $(n-2) \cdot 180°$ berechnet werden kann, ist die Berechnung der Innenwinkelsumme eines $(n + 1)$-Ecks durch

   $$\implies ((n + 1) - 2) \cdot 180°$$

   möglich.

Abb. 5.1 Aufteilung des $(n +$ 1)-Ecks in ein n-Eck und ein Dreieck

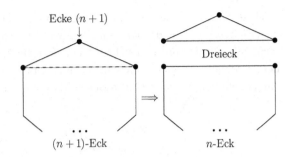

4. **Induktionsschluss** $\mathcal{A}(n) \implies \mathcal{A}(n + 1)$

   Du musst ausgehend von einem $(n + 1)$-Eck darauf schließen, dass dessen Innenwinkelsumme durch $((n+1)-2)\cdot 180°$ berechnet werden kann. Stelle dir vor, was passiert, wenn du von dem $(n + 1)$-Eck eine Ecke entfernst und die beiden anliegenden Ecken der soeben entfernten Ecke verbindest. Welche geometrische Figur hast du gerade aus dem ehemaligen $(n + 1)$-Eck geschnitten? Richtig, ein Dreieck! Und ein Dreieck hat bekanntlich eine Innenwinkelsumme von $180°$. Abb. 5.1 illustriert diesen Sachverhalt. Für ein n-Eck (und das liegt nach dem Entfernen einer Ecke aus einem $(n+1)$-Eck vor) kann die Innenwinkelsumme nach der Induktionsvoraussetzung durch $(n - 2) \cdot 180°$ berechnet werden Wenn du nun das aus dem $(n + 1)$-Eck herausgeschnittene Dreieck wieder an das n-Eck „klebst" (und zwar dort, wo du es zuvor herausgeschnitten hast), dann erhältst du wieder ein $(n + 1)$-Eck und erweiterst die Innenwinkelsumme um weitere $180°$. Daraus folgt:

   $$(n - 2) \cdot 180° + 180° = (n - 2 + 1) \cdot 180° = ((n + 1) - 2) \cdot 180° \checkmark$$

   Damit ist nun auch der Induktionschluss und die Implikation $\mathcal{A}(n) \implies \mathcal{A}(n + 1)$ gezeigt. Da du im Induktionsanfang auch die Gültigkeit von $\mathcal{A}(n_0) = \mathcal{A}(3)$ nachgewiesen hast, folgt mit dem Prinzip der vollständigen Induktion, dass die Innenwinkelsumme eines (konvexen) n-Ecks durch $(n - 2) \cdot 180°$ berechnet werden kann.   □

Lösung Aufgabe 5.104 Da das der letzte (aber dadurch nicht automatisch der schwierigste) Induktionsbeweis in diesem Buch ist, kannst du eine kurze Schweigeminute einlegen und noch einmal Revue passieren lassen, was du die vergangenen 103 Aufgaben alles gelernt hast. Aus jeder Problemklasse hast du souverän einfache, mittelschwere, sowie teils sehr anspruchsvolle Probleme gelöst und bist dadurch bestens auf Induktionsaufgaben jeden Schwierigkeitsgrads in deiner nächsten Klausur vorbereitet. Vor diesem Hintergrund wird es für dich ein Leichtes sein zu erkennen, dass dieses letzte Problem am besten in die Klasse *Ungleichungen* passt.

   Gegeben sind n reelle Werte $a_1, a_2, \ldots, a_n \in \mathbb{R}_{>0}$, die multipliziert als Produkt genau 1 ergeben. Ein mögliches Beispiel für $n = 2$ wäre $a_1 = 0{,}5$ und $a_2 = 2$, denn $a_1 \cdot a_2 = 0{,}5 \cdot 2 = 1$. Es wird behauptet, dass die Summe dieser beiden Werte mindestens genauso groß ist wie die Anzahl der Messwerte. Ob das in diesem Beispiel auch der Falls ist? Natürlich trifft das zu, denn $a_1 + a_2 = 0,5 + 2 = 2,5 \geq 2$. Für zwei Werte mag das noch recht überschaubar und einleuchtend sein, doch für 5, 20, 42 oder gar 1000 Messwerte ist der tatsächliche Ausgang ungewiss und müsste im Zweifel händisch ausgerechnet werden. Außer natürlich, du findest einen Beweis dafür, dass die folgende Behauptung gilt:

$$\forall n \in \mathbb{N} : \prod_{k=1}^{n} a_k = 1 \Longrightarrow \sum_{k=1}^{n} a_k \geq n$$

Beweis 5.95 k ist die Laufvariable des Summen- bzw. Produktzeichens und n die Induktionsvariable. Alle a_i mit $1 \leq i \leq n$ sind reelle Zahlen größer als 0.

1. **Induktionsanfang** $\mathcal{A}(n_0)$
   Da die Behauptung für alle $n \in \mathbb{N}$ bewiesen werden soll, wird $n_0 = 1$ als Startwert gewählt. Für $n = 1$ ist das Produkt

$$\prod_{k=1}^{n_0} a_k = \prod_{k=1}^{1} a_k = a_1$$

genau dann 1, wenn $a_1 = 1$ ist. Die Summe ist dann:

$$\sum_{k=1}^{n_0} a_k = \sum_{k=1}^{1} a_k = a_1 = 1 \geq 1 = n_0 \checkmark$$

Damit ist der Induktionsanfang gezeigt.

2. **Induktionsvoraussetzung** $\mathcal{A}(n)$
   Es existiert mindestens ein $n \in \mathbb{N}$, für das die Summe $\sum_{k}^{n} a_k$ in dem Fall, dass das Produkt $\prod_{k=1}^{n} a_k$ der n Werte a_i mit $1 \leq i \leq n$ genau 1 ist, mindestens genauso groß ist wie die Anzahl der Werte n. Die wörtliche Formulierung erscheint fast schon kompliziert, wenn du sie mit der mathematisch präzisen Variante vergleichst:

$$\exists n \in \mathbb{N} : \prod_{k=1}^{n} a_k = 1 \Longrightarrow \sum_{k=1}^{n} a_k \geq n$$

3. **Induktionsbehauptung** $\mathcal{A}(n + 1)$
   Unter der Voraussetzung, dass die Implikation $\prod_{k=1}^{n} a_k = 1 \Longrightarrow \sum_{k=1}^{n} a_k \geq n$ gilt, folgt für n Werte $a_1, a_2, \dots a_n, a_{n+1} \in \mathbb{R}_{>0}$, deren Produkt

$$\prod_{k=1}^{n+1} a_k = a_1 \cdot a_2 \cdot \dots \cdot a_n \cdot a_{n+1}$$

genau 1 ergibt:

$$\implies \sum_{k=1}^{n+1} a_k \geq n + 1$$

4. **Induktionsschluss** $\mathcal{A}(n) \implies \mathcal{A}(n + 1)$

Am Ende deines Induktionsbeweises muss klar erkennbar sein, dass $\sum_{k=1}^{n+1} a_k$ tatsächlich größer als oder gleich $n+1$ ist. Der Beweis setzt jedoch noch weiter vorne, nämlich bereits bei dem Produkt $\prod_{k=1}^{n+1} a_k$, an. Du weißt zwar, dass das Produkt der einzelnen Werte genau 1 ist, doch für den späteren Beweis sind weitere Informationen hilfreich. Nimm an, dass die Werte $a_1, a_2, \ldots, a_n, a_{n+1}$ der Größe nach sortiert sind, d. h.

$$a_1 \leq a_2 \leq \ldots \leq a_n \leq a_{n+1}.$$

Du musst aus den jetzigen $n + 1$ Werten n Werte machen, damit du die Induktionsvoraussetzung anwenden kannst. Du kannst z. B. das Produkt des ersten und letzten Werts als eigenen Wert auffassen: $a_1 \cdot a_{n+1} = a_1'$. Dann liegen mit

$$a_1' \cdot a_2 \cdot \ldots \cdot a_n$$

wieder n Werte vor, deren Produkt immer noch 1 ist. Im Endeffekt hast du nichts anderes gemacht, als die Faktoren zu tauschen und das Assoziativgesetz **R1** anzuwenden, denn:

$$a_1 \cdot a_2 \cdot \ldots \cdot a_n \cdot a_{n+1}$$

$$= a_1 \cdot a_{n+1} \cdot a_2 \cdot \ldots \cdot a_n$$

$$= \underbrace{(a_1 \cdot a_{n+1})}_{a_1'} \cdot a_2 \cdot \ldots \cdot a_n$$

Die Frage, ob und wofür dieses ganze Vorgeplänkel gebraucht wird, ist durchaus berechtigt. Sieh dir dazu einfach an, was passieren würde, wenn du nach Schema F vorgehen würdest:

$$\sum_{k=1}^{n+1} a_k$$

$$= \left(\sum_{k=1}^{n} a_k \right) + a_{n+1}$$

Und an der Stelle ist bereits Schluss, denn auch wenn es verlockend klingt, wie bisher die Induktionsvoraussetzung auf $\sum_{k=1}^{n} a_k$ anzuwenden, würdest du dann von einer falschen Annahme ausgehen: Das Produkt der Werte $a_1, a_2, \ldots a_n$ muss nämlich genau 1 sein, was jedoch nicht der Fall ist, da in der Induktionsbehauptung das Produkt $a_1 \cdot$

$a_2 \cdot \ldots \cdot a_n \cdot a_{n+1}$ den Wert 1 besitzt und nicht sichergestellt ist, dass das auch für $a_1 \cdot a_2 \cdot \ldots \cdot a_n$ gilt. Während z. B. das Produkt

$$\underbrace{0,25}_{a_1} \cdot \underbrace{0,5}_{a_2} \cdot \underbrace{2}_{a_3} \cdot \underbrace{4}_{a_4}$$

genau 1 ist, ist $a_1 \cdot a_2 \cdot a_3 = 0,25 \cdot 0,5 \cdot 2 \neq 1$. Du darfst also nicht einfach ein Element entfernen und hoffen, dass du eine 1 erwischt hast.[13] Du bist jedoch herzlich dazu eingeladen, eine detaillierte Fallunterscheidung durchzuführen, was die ganze Sache potenziell erheblich verkompliziert. Nun sollte ausreichend motiviert sein, weshalb das klassische Vorgehen hier unweigerlich zum Scheitern führt.

Doch zurück zur Ausgangslage: Das Produkt $a_1' \cdot a_2 \cdot \ldots \cdot a_n$ mit $a_1' = a_1 \cdot a_{n+1}$ besitzt n Faktoren und ergibt genau 1. Nach der Induktionsvoraussetzung ist die Summe $a_1' + a_2 + \ldots + a_n$ dieser n Werte größer als oder gleich n:

$$a_1' + a_2 + \ldots + a_n \geq n$$

Wenn du a_1' auf beiden Seiten der Ungleichung subtrahierst, erhältst den äquivalenten Ausdruck

$$\Longleftrightarrow a_2 + \ldots + a_n \geq n - a_1'.$$

Was bringt dir das? Es ist wohl hilfreich, an dieser Stelle bereits zu verraten, wo die Reise hingeht: Auf der rechten Seite der Ungleichung soll die Summe $\sum_{k=1}^{n+1} a_k$ stehen. Ja, genau die Summe, die vorher noch als Argument für das Vorgeplänkel herhalten musste. Addiere hierfür die Summanden a_1 und a_{n+1} auf beiden Seiten der Ungleichung:

$$\Longleftrightarrow a_2 + \ldots + a_n + a_1 + a_{n+1} \geq n - a_1' + a_1 + a_{n+1}$$

$$\Longleftrightarrow a_1 + a_2 + \ldots + a_n + a_{n+1} \geq n - a_1' + a_1 + a_{n+1}$$

$$\Longleftrightarrow \sum_{k=1}^{n+1} a_k \geq n - a_1' + a_1 + a_{n+1}$$

Auch wenn du dadurch mit den bisherigen argumentationsästhetischen Gepflogenheiten beim Beweisen durch vollständige Induktion brichst (keine Äquivalenzumformungen!), hast du die Mathematik auf deiner Seite, da du nichts Verbotenes gemacht hast. Du hast sauber die Induktionsvoraussetzung angewendet und einen Ausdruck kreiert, der es dir ermöglicht, ab *jetzt* genau so weiterzumachen, wie du es bisher gewohnt warst:

$$\sum_{k=1}^{n+1} a_k$$

---

[13] Für die 1 würde es nämlich keinen Unterschied machen, denn $a_1 \cdot a_2 \cdot a_3 = 0,5 \cdot 2 \cdot 1 = 1$ und $a_1 \cdot a_2 = 0,5 \cdot 2 = 1$.

Mit dem Vorgeplänkel folgt:

$$\geq n - \underbrace{a_1'}_{=a_1 \cdot a_{n+1}} + a_1 + a_{n+1}$$

$$= n - a_1 \cdot a_{n+1} + a_1 + a_{n+1}$$

$$= n + a_1 - a_1 \cdot a_{n+1} + a_{n+1}$$

$$= n + a_1 \cdot (1 - a_{n+1}) + a_{n+1}$$

Wende den *cleveren Trick* (auch der kommt in diesem *grande finale* noch einmal vor) an, indem du 0 in Form der Differenz $1 - 1$ addierst:

$$= n + a_1 \cdot (1 - a_{n+1}) + a_{n+1} + 1 - 1$$

$$= n + a_1 \cdot (1 - a_{n+1}) + a_{n+1} - 1 + 1$$

Klammere den Faktor -1 in $a_{n+1} - 1$ aus:

$$= n + a_1 \cdot (1 - a_{n+1}) - 1 \cdot (-a_{n+1} + 1) + 1$$

$$= n + a_1 \cdot (1 - a_{n+1}) - (1 - a_{n+1}) + 1$$

Jetzt kannst du zudem noch den Faktor $(1 - a_{n+1})$ ausklammern und erhältst:

$$= n + (1 - a_{n+1}) \cdot (a_1 - 1) + 1$$

$$= n + (a_1 - 1) \cdot (1 - a_{n+1}) + 1$$

Das Licht am Ende des Tunnels rückt schnellen Schrittes näher. Das Einzige, was fehlt, um den Beweis mit dem Schluss $\geq n + 1$ zu beenden, ist ein hieb- und stichfestes Argument dafür, dass $(a_1 - 1) \cdot (1 - a_{n+1}) \geq 1$ ist. Erinnerst du dich an den Anfang dieses Beweises, in dem es hieß, dass man von sortierten Elementen $a_1, a_2, \ldots, a_n, a_{n+1}$ ausgehen soll? Genau dieser Umstand ist der Schlüssel zum Erfolg. a_1 als kleinstes Element muss ≤ 1 sein und a_{n+1} als größtes Element ≥ 1. Andernfalls hätte das Produkt $a_1 \cdot a_{n+1} \cdot a_2 \cdot \ldots \cdot a_n$ niemals den Wert 1 ergeben. Wenn das kleinste und größte Element beispielsweise beide > 1 wären, gäbe es keine kleinere Zahl, die im Produkt diesen „Überschuss nach oben" ausgleichen könnte. Was aber bedeutet es, wenn $a_1 \leq 1$ und $a_{n+1} \geq 1$ sind? Dann sind $a_1 - 1 \leq 0$ und $1 - a_{n+1} \leq 0$. Da das Produkt zweier negativer Zahlen positiv ist, ist $(a_1 - 1) \cdot (1 - a_{n+1}) \geq 0$ und daraus folgt:

$$= n + \overbrace{\underbrace{(a_1 - 1)}_{\leq 0} \cdot \underbrace{(1 - a_{n+1})}_{\leq 0}}^{\geq 0} + 1$$

$$\geq n + 1 \checkmark$$

Ende. $\qquad\qquad\qquad\qquad\qquad\qquad\qquad\qquad\qquad\qquad\qquad\qquad\qquad$ $\square$

Anhang A Symboltabelle

Tab. A.1 Relationen

$=$	Gleich	$>$	Größer	$<$	Kleiner
$\neq$	Ungleich	$\geq$	Größer gleich	$\leq$	Kleiner gleich
$\approx$	Ungefähr	$:=$	Definiert als	$\mid$	Teilt

Tab. A.2 Arithmetik

$+$	Plus	$\cdot$	Mal	$\pm$	Plus minus
$-$	Minus	$\div$	Geteilt	$\mp$	Minus plus
$\%$	Prozent	Σ	Summe	Π	Produkt
∞	Unendlich				

Tab. A.3 Mengen

$\mathbb{N}$	Natürliche Zahlen	$\mathbb{Z}$	Ganze Zahlen
$\mathbb{Q}$	Rationale Zahlen	$\mathbb{I}$	Irrationale Zahlen
$\mathbb{R}$	Reelle Zahlen	$\mathbb{C}$	Komplexe Zahlen
$\emptyset, \{\}$	Leere Menge	$\subset$	Echte Teilmenge
$\cup$	Vereinigungsmenge	$\subseteq$	Teilmenge
$\cap$	Schnittmenge	$\mathcal{P}(M)$	Potenzmenge von M
$\setminus$	Differenzmenge	$\in$	Element von

Tab. A.4 Logik

$\neg$	Nicht	$\wedge$	Und	$\Longrightarrow$	Folgt
$\bot$	Widerspruch	$\vee$	Oder	$\Longleftrightarrow$	Äquivalent
$\exists$	Es existiert	$\exists!$	$\exists$ genau ein	$\forall$	Für alle
$\Box$	Beweisbox	$\checkmark$	Korrekt		

© Springer-Verlag GmbH Deutschland, ein Teil von Springer Nature 2019
F.A. Dalwigk, *Vollständige Induktion*, https://doi.org/10.1007/978-3-662-58633-4

Anhang B Formelsammlung

Tab. B.1 Rechenregeln für Potenzen. Seien $a, b, x, y \in \mathbb{R}$

	Regel	Erklärung
P1	$a^0 = 1$	Für $a \neq 0$ besitzt die Potenz a^0 mit dem Exponenten 0 immer den Wert 1
P2	$a^x \cdot a^n = a^{x+y}$	Die Multiplikation zweier Potenzen a^x und a^y mit gleicher Basis a erfolgt durch die Addition der Exponenten x und y
P3	$a^x \div a^y = a^{x-y}$	Die Division zweier Potenzen a^x und a^y mit gleicher Basis a erfolgt durch die Subtraktion des Exponenten y von x
P4	$a^{-x} = \frac{1}{a^x}$	Für $a \neq 0$ ist der Wert einer Potenz a^{-x} mit negativem Exponenten $-x$ ($x > 0$) äquivalent zum Kehrwert der Potenz mit positivem Exponenten x. Diese Eigenschaft ergibt sich aus **P3** mit $x = 0$ und $y \geq 0$
P5	$(a^x)^y = a^{x \cdot y}$	Eine Potenz a^x wird mit y potenziert, indem man das Produkt $x \cdot y$ der Exponenten x und y bildet. Dies ist vergleichbar mit **W5**
P6	$a^x \cdot b^x = (a \cdot b)^x$	Potenzen a^x und b^x mit gleichem Exponenten x werden miteinander multipliziert, indem man das Produkt der Basen a und b bildet. Der Exponent bleibt dabei unverändert. Dies ist vergleichbar mit **W3**
P7	$a^x \div b^x = (a \div b)^x$	Die Potenz a^x wird durch b^x mit $b \neq 0$ und gleichem Exponenten x dividiert, indem man den Quotienten $a \div b$ der Basen a und b bildet. Der Exponent bleibt dabei unverändert
P8	$a^{x \div y} = \sqrt[y]{a^x}$	Für $y \neq 0$ entspricht die Potenz $a^{x \div y}$ mit dem gebrochenen Exponenten $x \div y$ der y-ten Wurzel aus a^x. Für $y = 2$ und $x = 1$ ergibt sich die „klassische" Quadratwurzel $a^{1 \div 2} = \sqrt[2]{a^1} = \sqrt{a}$. Für gerade y muss die Basis a zusätzlich größer als 0 sein, da man sonst aus einer negativen Zahl die Wurzel zieht, was in den reellen Zahlen $\mathbb{R}$ nicht möglich ist. Siehe **W4**

Tab. B.2 Rechenregeln für Logarithmen. Seien $x \in \mathbb{R}$ und $a, b, m \in \mathbb{R} \setminus \{0\}$

	Regel	Erklärung
L1	$\log_a(b) = x \Longleftrightarrow a^x = b$	Der Logarithmus von b zur Basis a löst die Gleichung $a^x = b$
L2	$\log_2(b) := \mathrm{lb}(m) := \mathrm{ld}(b)$	(Binärer Logarithmus) Den Logarithmus von b zur Basis 2 kürzt man durch die Schreibweisen $\mathrm{lb}(b)$ oder $\mathrm{ld}(b)$ ab
L3	$\log_{10}(b) := \log(b) := \lg(b)$	(Dekadischer Logarithmus) Den Logarithmus von b zur Basis 10 kürzt man durch die Schreibweisen $\log(b)$ oder $\lg(b)$ ab
L4	$\log_e(b) := \ln(b)$	(Natürlicher Logarithmus) Den Logarithmus von b zur Basis e kürzt man durch die Schreibweise $\ln(b)$ ab
L5	$\log_a(a) = 1$	Der Logarithmus von a zur selben Basis a ist immer 1, denn $a^1 = a$
L6	$\log_a(1) = 0$	Der Logarithmus von 1 zur Basis a ist immer 0, denn $a^0 = 1$
L7	$\log_a(b \cdot c) = \log_a(b) + \log_a(c)$	Der Logarithmus des Produkts zweier Zahlen b und c zur selben Basis a kann durch die Addition der Logarithmen von b und c zur Basis a berechnet werden
L8	$\log_a(b \div c) = \log_a(b) - \log_a(c)$	Der Logarithmus des Quotienten $\frac{b}{c}$ zweier Zahlen b und c mit $c \neq 0$ zur selben Basis a kann durch die Subtraktion des Logarithmus von c zur Basis a von dem Logarithmus von b zur Basis a berechnet werden
L9	$\log_a(b^m) = m \cdot \log_a(b)$	Der Logarithmus einer Potenz b^m zur Basis a kann durch die Multiplikation des Logarithmus von b zur Basis a mit dem Exponenten m der Potenz b^m berechnet werden
L10	$\log_a\left(\sqrt[n]{b^m}\right) = (m \div n) \cdot \log_a(b)$	Für $n \neq 0$ ist $\log_a\left(\sqrt[n]{b^m}\right) = \log_a(b^{m \div n})$ (**P8** bzw. **W4**). Mit **L9** folgt: $\log_a(b^{m \div n}) = (m \div n) \cdot \log_a(b)$
L11	$\log_a(b) = \log_m(b) \div \log_m(a)$	(Basiswechsel) Der Logarithmus von b zur Basis a kann für $a \neq 1$ durch einen beliebigen Logarithmus zur Basis m berechnet werden. Hierzu dividiert man den Logarithmus von b zur Basis m durch den Logarithmus von a zur selben Basis m

Tab. B.3 Rechenregeln für Wurzeln. Seien $x, y \in \mathbb{R}_{\geq 0}$ und $a, b, m, n \in \mathbb{R}$

	Regel	Erklärung
W1	$a \cdot \sqrt[n]{x} \pm b \cdot \sqrt[n]{x} = (a \pm b) \cdot \sqrt[n]{x}$	Zwei Wurzeln mit demselben Radikanden x und demselben Wurzelexponenten n können addiert (subtrahiert) werden
W2	$\sqrt[n]{x} \cdot \sqrt[n]{y} = \sqrt[n]{x \cdot y}$	Werden zwei Wurzeln $\sqrt[n]{x}$ und $\sqrt[n]{y}$ mit demselben Wurzelexponenten n miteinander multipliziert, dann besitzt die Ergebniswurzel als Radikanden das Produkt der Radikanden x und y mit dem Wurzelexponenten n
W3	$\sqrt[n]{x} \div \sqrt[n]{y} = \sqrt[n]{x \div y}$	Wenn die Wurzel $\sqrt[n]{x}$ durch die Wurzel $\sqrt[n]{y}$ mit demselben Wurzelexponenten n und $y \neq 0$ dividiert wird, dann besitzt die Ergebniswurzel als Radikanden den Quotienten $\frac{x}{y}$ mit dem Wurzelexponenten n. Dies ist vergleichbar mit **P6**
W4	$\sqrt[n]{a^m} = a^{m \div n}$	Für $n \neq 0$ entspricht die Wurzel $\sqrt[n]{a^m}$ mit dem gebrochenen Exponenten $m \div n$ der der Potenz $a^{m \div n}$. Für gerade n muss die Basis a zusätzlich größer als 0 sein, da man sonst aus einer negativen Zahl die Wurzel zieht, was in den reellen Zahlen $\mathbb{R}$ nicht möglich ist. Siehe **P8**
W5	$\sqrt[m]{\sqrt[n]{x}} = \sqrt[m \cdot n]{x}$	Wenn man aus einer Wurzel mit dem Wurzelexponenten n die m-te Wurzel (Wurzelexponent $= m$) zieht, dann besitzt die Ergebniswurzel als Wurzelexponenten das Produkt der Wurzelexponenten m und n. Dies ist vergleichbar mit **P5**

Tab. B.4 Rechenregeln für Fakultäten

	Regel	Erklärung
F1	$0! = 1$	$0!$ ist definiert als 1 (und nicht 0)
F2	$(n + 1)! = (n + 1) \cdot n!$	Es gilt $n! = n \cdot (n - 1) \cdot \ldots \cdot 3 \cdot 2 \cdot 1$. Startet man bei $n + 1$, so erhält man $(n + 1) \cdot \underbrace{n \cdot (n - 1) \cdot \ldots \cdot 3 \cdot 2 \cdot 1}_{=n!}$ Diese Regel kommt bei sehr vielen Induktionsbeweisen für Summenformeln zum Einsatz
F3	$(n - 1)! = n! \div n$	Es gilt $n! = n \cdot \underbrace{(n - 1) \cdot \ldots \cdot 3 \cdot 2 \cdot 1}_{=(n-1)!}$. Um bei $n - 1$ zu starten, muss man $n!$ durch n mit $n \neq 0$ dividieren

Tab. B.5 Binomische Formeln und Rechenregeln für den Binomialkoeffizienten. Seien $a, b \in \mathbb{R}$ und $n, m, k \in \mathbb{N}_0$ mit $k \leq n$

	Regel	Erklärung
B1	$(a+b)^2 = a^2 + 2 \cdot a \cdot b + b^2$	1. Binomische Formel
B2	$(a-b)^2 = a^2 - 2 \cdot a \cdot b + b^2$	2. Binomische Formel
B3	$(a+b) \cdot (a-b) = a^2 - b^2$	3. Binomische Formel
B4	$(a+b)^n = \sum_{k=0}^{n} \binom{n}{k} \cdot a^{n-k} \cdot b^k$	Binomischer Lehrsatz
B5	$\binom{n}{n} = \binom{n}{0} = 1$	Es gibt genau eine Möglichkeit, aus einer Urne mit n Kugeln n Kugeln ohne Zurücklegen und ohne Beachtung der Reihenfolge zu ziehen (alle Kugeln ziehen). Analog gibt es nur eine Möglichkeit 0 Kugeln aus n Kugeln zu ziehen (keine Kugel ziehen). Für $\binom{n}{k}$ mit $k = n$ ergibt sich $\binom{n}{0}$ aus dem Symmetriesatz **B6** (und umgekehrt)
B6	$\binom{n}{k} = 0$ mit $k > n$	Es gibt keine Möglichkeit, aus einer Urne mit n Kugeln mehr als n ohne Zurücklegen und ohne Beachtung der Reihenfolge zu ziehen. Dies ergibt sich auch aus **B8** mit $n = k$, denn $\binom{n}{n+1} = \binom{n}{n} - \binom{n+1}{n+1} = 1 - 1 = 0$
B7	$\binom{n}{k} = \binom{n}{n-k}$	(Symmetriesatz) Der Binomialkoeffizient $\binom{n}{k}$ ist symmetrisch. Den größten Wert besitzt ein Binomialkoeffizient in der „Mitte" (bzw. den beiden mittleren Werten), während die Werte nach „Außen" abflachen
B8	$\binom{n+1}{k+1} = \binom{n}{k} + \binom{n}{k+1}$	(Additionssatz) Im sog. Pascal'schen Dreieck kann der Binomialkoeffizient durch Addition der beiden direkt oberhalb liegenden Binomialkoeffizienten berechnet werden
B9	$\binom{n+1}{k} = \binom{n}{k} + \binom{n}{k-1}$	
B10	$\binom{n+m}{n} + \binom{n+m}{n+1} = \binom{n+m+1}{n+1}$	

Tab. B.6 Allgemeine Rechengesetze (Assoziativgesetz, Kommutativgesetz, Distributivgesetz. Seien $x, y, z \in \mathbb{R}$ und $\dotplus$ eine verkürzte Schreibweise der beiden Operatoren $\cdot$ und $+$

	Regel	Erklärung
R1	$(x \dotplus y) \dotplus z = x \dotplus (y \dotplus z)$	Assoziativgesetz
R2	$x \dotplus y = y \dotplus x$	Kommutativgesetz
R3	$x \cdot (y + z) = x \cdot y + x \cdot z$	Distributivgesetz

Tab. B.7 Ableitungsregeln. Seien $f(x)$ und $g(x)$ reelle differenzierbare Funktionen, sowie $a, b, c \in \mathbb{R}$

	Regel	Erklärung
A1	$(u(x) \pm v(x))' = u'(x) \pm v'(x)$	Summen-/Differenzregel
A2	$(u(x) \cdot v(x))' = u'(x) \cdot v(x) + u(x) \cdot v'(x)$	Produktregel
A3	$\left(\frac{u(x)}{v(x)}\right)' = \frac{u'(x) \cdot v(x) - u(x) \cdot v'(x)}{v(x)^2}$, $v(x) \neq 0$	Quotientenregel
A4	$u(v(x))' = u'(v(x)) \cdot v'(x)$	Kettenregel, $u(x)$ ist die *äußere* und $v(x)$ die *innere* Funktion
A5	$\left(\frac{1}{v(x)}\right)' = -\frac{v(x)}{v(x)^2}$, $v(x) \neq 0$	Reziprokenregel, **A3** mit $u(x) = 1$
A6	$f(x) = c \implies f'(x) = 0$	Eine Konstante c verschwindet beim Ableiten (d. h., sie wird zu 0)
A7	$f(x) = a \cdot g(x) \implies f'(x) = a \cdot g'(x)$	Ein Faktor, der an eine Funktion $g(x)$ multipliziert wird, bleibt beim Ableiten erhalten
A8	$f(x) = x^n \implies f'(x) = n \cdot x^{n-1}$	Die Ableitung einer Potenzfunktion ergibt sich durch Multiplizieren der Potenzfunktion x^n mit dem Exponenten n und anschließendes Dekrementieren (1 subtrahieren) des Exponenten
A9	$f(x) = \sqrt{a \cdot x} \implies f'(x) = \frac{a}{2\sqrt{a \cdot x}}$	Mit **P8** gilt: $\sqrt{a \cdot x} = (a \cdot x)^{0,5}$. Diese Funktion wird wie **A1** mit $f(x) = x^{0,5}$ und $g(x) = ax$ abgeleitet. $f(x)$ und $g(x)$ werden mit **A8** abgeleitet: $0,5 \cdot a \cdot (a \cdot x)^{-0,5}$. Durch **P4** ergibt sich die gezeigte Darstellung der Ableitung
A10	$f(x) = a^x \implies f'(x) = \ln(a) \cdot a^x$	Die Ableitung der Exponentialfunktion a^x wird gebildet, indem man diese Funktion mit dem natürlichen Logarithmus $\ln(a)$ der Basis a multipliziert
A11	$f(x) = e^x \implies f'(x) = e^x$	Die Ableitung der e-Funktion ist die Funktion selbst. Mit **A10** folgt: $f'(x) = \ln(e) \cdot e^x$. Nach **L4** ist $\ln(e) = \log_{(e)}(e)$, und mit **L5** folgt: $\ln(e) = 1$.
A12	$f(x) = \ln(x) \implies f'(x) = x^{-1} = \frac{1}{x}$	Die Ableitung der natürlichen Logarithmusfunktion ist der Kehrwert von x bzw. x^{-1} (**P4** mit $a = x$ und $m = 1$)
A13	$f(x) = \sin(x) \implies f'(x) = \cos(x)$	Die Ableitung der Sinus- ist die Kosinusfunktion
A14	$f(x) = \cos(x) \implies f'(x) = -\sin(x)$	Die Ableitung der Kosinus- ist die mit -1 multiplizierte Sinusfunktion

Tab. B.8 Rechenregeln für Summenzeichen Σ. Seien $a, b, c \in \mathbb{R}$ und $k, k_0, l, l_0, m, n \in \mathbb{N}_0$

	Regel	Erklärung
$\Sigma 1$	$\left(\displaystyle\sum_{k=k_0}^{n} f(k)\right) \pm \left(\displaystyle\sum_{k=k_0}^{n} g(k)\right)$ $= \displaystyle\sum_{k=k_0}^{n} f(k) \pm g(k)$	Zwei Summenzeichen, welche dieselben Startwerte k_0 und Endwerte n besitzen und denen die Bildungsregeln $f(x)$ und $g(x)$ zugrunde liegen, können zu einem Summenzeichen zusammengefasst werden, dessen Laufvariable den Startwert k_0 und den Endwert n besitzt. Diesem Summenzeichen liegt das Bildungsgesetz $f(k) + g(k)$ zugrunde
$\Sigma 2$	$\left(\displaystyle\sum_{k=k_0}^{m_1} f(k)\right) + \left(\displaystyle\sum_{k=m_1+1}^{m_2} f(k)\right)$ $= \left(\displaystyle\sum_{k=k_0}^{m_2} f(k)\right)$	Addiert man die Summe eines Summenzeichens, dessen Laufvariable den Startwert k_0 und den Endwert m_1 besitzt, zu einem Summenzeichen, dessen Laufvariable den Startwert $m_1 + 1$ (eins mehr als der Endwert des ersten Summenzeichens) und den Endwert m_2 besitzt, dann kann man diese zu einem Summenzeichen zusammenfassen, dessen Laufvariable den Startwert k_0 und den Endwert m_2 besitzt. Dies funktioniert nur, wenn beiden Summenzeichen die Bildungsregel $f(k)$ zugrunde liegt
$\Sigma 3$	$\displaystyle\sum_{k=k_0}^{n+1} f(k) = \left(\displaystyle\sum_{k=k_0}^{n} f(k)\right)$ $+ f(n + 1)$	Dies ist eine Spezialform von $\Sigma 2$ mit $m = n + 1$. Diese Regel kommt bei sehr vielen Induktionsbeweisen zum Einsatz
$\Sigma 4$	$\displaystyle\sum_{k=k_0}^{n} c \cdot f(k) = c \cdot \displaystyle\sum_{k=k_0}^{n} f(k)$	Konstante (nicht von der Laufvariablen k) abhängige Faktoren können vor das Summenzeichen gezogen werden
$\Sigma 5$	$\displaystyle\sum_{k=k_0}^{n} f(k) = \displaystyle\sum_{k=k_0+\Delta}^{n+\Delta} f(k - \Delta)$	(Indexverschiebung) Eine Indexverschiebung für das Summenzeichen erfolgt durch das Addieren der Verschiebung Δ auf den Start-/Endwert und das anschließende Ersetzen von jedem k in $f(k)$ durch $k - \Delta$
$\Sigma 6$	$\displaystyle\sum_{k=k_0}^{n} f(k) = 0$ mit $n < k_0$	(Leere Summe) Wenn beim Summenzeichen der Endwert kleiner als der Startwert ist, liegt die leere Summe mit dem Wert 0 vor

Tab. B.9 Rechenregeln für Produktzeichen Π. Seien $a, b, c \in \mathbb{R}$ und $k, k_0, l, l_0, m, n \in \mathbb{N}_0$

	Regel	Erklärung
$\Pi 1$	$\left(\prod_{k=k_0}^{n} f(k) \right) \cdot \left(\prod_{k=k_0}^{n} g(k) \right)$ $= \prod_{k=k_0}^{n} f(k) \cdot g(k)$	Zwei Produktzeichen, welche dieselben Startwerte k_0 und Endwerte n besitzen und denen die Bildungsregeln $f(x)$ und $g(x)$ zugrunde liegen, können zu einem Produktzeichen zusammengefasst werden, dessen Laufvariable den Startwert k_0 und den Endwert n besitzt. Diesem Produktzeichen liegt das Bildungsgesetz $f(k) \cdot g(k)$ zugrunde
$\Pi 2$	$\left(\prod_{k=k_0}^{n} f(k) \right) \cdot \left(\prod_{k=n+1}^{m} f(k) \right)$ $= \left(\prod_{k=k_0}^{m} f(k) \right)$	Multipliziert man das Produkt eines Produktzeichens, dessen Laufvariable den Startwert k_0 und den Endwert n besitzt, mit einem Produktzeichen, dessen Laufvariable den Startwert $n + 1$ (eins mehr als der Endwert des ersten Produktzeichens) und den Endwert m besitzt, dann kann man diese zu einem Produktzeichen zusammenfassen, dessen Laufvariable den Startwert k_0 und den Endwert m besitzt. Dies funktioniert nur, wenn beiden Produktzeichen die Bildungsregel $f(k)$ zugrunde liegt
$\Pi 3$	$\prod_{k=k_0}^{n+1} f(k) = \left(\prod_{k=k_0}^{n} f(k) \right) \cdot f(n + 1)$	Dies ist eine Spezialform von **$\Pi 3$** mit $m = n + 1$. Diese Regel kommt bei sehr vielen Induktionsbeweisen zum Einsatz
$\Pi 4$	$\prod_{k=k_0}^{n} c \cdot f(k) = c^{n-k_0} \cdot \prod_{k=k_0}^{n} f(k)$	Konstante (nicht von der Laufvariablen k abhängige) Faktoren können als n-te Potenz vor das Produktzeichen gezogen werden
$\Pi 5$	$\prod_{k=k_0}^{n} f(k) = \prod_{k=k_0+\Delta}^{n+\Delta} f(k - \Delta)$	(Indexverschiebung) Eine Indexverschiebung für das Produktzeichen erfolgt durch das Addieren der Verschiebung Δ auf den Start-/Endwert und das anschließende Ersetzen von jedem k in $f(k)$ durch $k - \Delta$
$\Pi 6$	$\prod_{k=k_0}^{n} f(k) = 0$ mit $n < k_0$	(Leeres Produkt) Wenn beim Produktzeichen der Endwert kleiner als der Startwert ist, liegt das leere Produkt mit dem Wert 0 vor

Literaturverzeichnis

Cantor G (1874) Ueber eine Eigenschaft des Inbegriffes aller reellen algebraischen Zahlen. J Reine Angew Math 77:258–262

Casiro F (2005) Das Hotel Hilbert. In: Unendlich (plus eins). Hilbert Hotel, Russells Barbier, Peanos Himmelsleiter, Cantors Diagonale, Plancks Konstante. Spektrum der Wissenschaft Spezial 05(2):76–80

CeVis (Center of Complex Systems and Visualization) (2009) Zahlensysteme. In: Zahlensysteme – Skript zum Workshop. WS, Bd. 2009/10. Universität Bremen, Bremen

DIN 5473:1992-07, Logik und Mengenlehre; Zeichen und Begriffe (ISO 8037-1:1986), Beuth Verlag GmbH

Hartlieb S, Unger L (2016) Kurs 01202 – Elementare Zahlentheorie mit MAPLE. Fernuniversität Hagen, Hagen, S 8

Ohlbach HJ, Eisinger N (2017) Design Patterns für mathematische Beweise: Ein Leitfaden insbesondere für Informatiker. Springer Vieweg+Teubner, München, S 111

Schubert M (2012) Mathematik für Informatiker: Ausführlich erklärt mit vielen Programmbeispielen und Aufgaben. Springer Vieweg+Teubner, Wiesbaden, S 206

Tabak J (2004) Numbers: Computers, Philosophers, and the Search for Meaning (History of Mathematics). Facts on File, New York, S 151

Technische Universität München (2012) Schachbrett und Reiskörner. TUM (Technische Universität München). http://www-hm.ma.tum.de/ws1213/lba1/erg/erg07.pdf

von Waltershausen WS (1856) Gauss zum Gedächtnis. S. Hirzel Verlag (SHV), Leipzig, S 12

Sachverzeichnis

Springer

Printed in the United States
By Bookmasters